新世纪计算机类本科系列教材

计算机操作系统

方 敏 主编

方 敏 王亚平

权义宁 王长山 编著

西安电子科技大学出版社

内 容 简 介

本书从原理、技术、设计实现三个方面讲述了计算机操作系统，即首先从操作系统设计原理出发，介绍操作系统的设计思想和实现技术，然后回到目前普及的现代操作系统上加以实例讲解和深化，最后是实际应用。全书以 UNIX 和 Windows 2000/XP 为实例辅助原理介绍，并给出相应的编程接口和实用操作。这种集原理、技术以及设计实现于一体的特点是本书的独到之处。

本书适合作为计算机专业本科及其他相关专业的操作系统教程，对于从事计算机应用和开发的技术人员也具有很高的参考价值。

图书在版编目(CIP)数据

计算机操作系统 / 方敏主编. —西安：西安电子科技大学出版社，2004.8(2021.3 重印)
ISBN 978 - 7 - 5606 - 1432 - 8

Ⅰ. 计… Ⅱ. 方… Ⅲ. 操作系统—高等学校—教材 Ⅳ. TP316

中国版本图书馆 CIP 数据核字(2004)第 066463 号

策　　划　臧延新
责任编辑　阎　彬　雷鸿俊　臧延新
出版发行　西安电子科技大学出版社(西安市太白南路 2 号)
电　　话　(029)88242885　88201467　　邮　编　710071
网　　址　www.xduph.com　　　　　　电子邮箱　xdupfxb001@163.com
经　　销　新华书店
印刷单位　陕西天意印务有限责任公司
版　　次　2004 年 8 月第 1 版　　2021 年 3 月第 6 次印刷
开　　本　787 毫米×1092 毫米　1/16　印张　26.5
字　　数　622 千字
印　　数　17 001～18 000 册
定　　价　58.00 元
ISBN 978–7–5606–1432–8/TP
XDUP 1703001–6
如有印装问题可调换

前　言

操作系统是计算机的核心和灵魂。操作系统软件的设计对整个计算机的功能和性能起着至关重要的作用。对于学习操作系统的学生来讲，不仅要理解这门课程中的概念和原理，更重要的是要了解在真正的操作系统中如何实现这些原理。为了达到这一目的，我们编写了这本书，希望通过这种将概念阐释和实际操作系统相结合的方式，使大家更系统、直观、深刻地理解操作系统，并学以致用。

本书在解释基本概念、方法和技术的同时，加入了许多 UNIX 和 Windows 2000/XP 操作系统中的实例，融入了许多操作系统方面的新知识和新的发展趋势，将理论与实践紧密结合，这使本书更为实用，适应了现代教学的需要。

本书的参考学时数为 60 学时。

本书共 10 章。

第 1 章是操作系统概述，介绍了操作系统的基本概念和特征，研究了有关操作系统的几种观点，回顾了操作系统的发展历史，分类介绍了当今比较流行和成熟的几种操作系统。

第 2 章是作业管理和用户接口，介绍了 DOS 和 UNIX 系统的作业组织与管理以及系统功能调用。在用户接口方面着重介绍了图形用户接口（GUI）以及用户管理和配置管理。

第 3 章的进程管理和第 4 章的死锁同属于处理器管理的内容。进程管理一章从进程的引入谈起，分析了进程的概念和控制、进程间的相互作用、进程通信和进程调度，进而引出进程存在的问题以及为了解决这些问题而引入的线程，并介绍了 UNIX 和 Windows 2000/XP 中的进程和线程的模型。死锁一章从死锁的产生原因入手，分析了产生死锁的必要条件，介绍了死锁的预防和避免、死锁的检测和解除等内容。

第 5 章是存储管理，分析了存储体系、存储管理的目的和任务，介绍了几种存储管理的方案，引用了 UNIX 和 Windows 2000/XP 存储管理的具体实例。

第 6 章是文件管理，介绍了文件、文件系统、文件目录等概念以及文件的结构和文件的存取方式、文件系统的实现和使用等内容，对文件系统的可靠性和安全性、文件系统的性能做了分析，还介绍了 UNIX 和 Windows 2000/XP 系统文件管理的具体实例。

第 7 章是设备管理，介绍了 I/O 的特点、I/O 设备的分类以及设备管理的目标和任务，还从管理的角度介绍了 I/O 软件的原理和组成、设备与主机间的连接模式以及与设备相关的技术等，并以实例研究了 UNIX 和 Windows 2000/XP 的设备管理。

第 8 章是网络操作系统，阐述了网络操作系统的组成与功能结构，网络操作系统和 OSI/RM 的对应关系以及 Windows NT/2000/XP、UNIX 这些常用操作系统的网络结构与特性。

第 9 章是分布式计算机系统，介绍了分布式系统的作用、分类和特征，着重介绍了分布式文件系统以及分布式系统中的通信问题。

第 10 章是应用开发篇，着重介绍了 UNIX 系统和 Windows 系统的实用程序设计，若让学生在计算机上实践学习，效果会更佳。

本书的第 1~4 章及第 8 章由方敏编写，第 6 章、第 7 章由王亚平编写，第 5 章、第 10 章由权义宁编写，第 9 章由王亚平和王长山共同编写。全书由方敏统稿。在本书的编写过程中，得到了院、系领导的大力支持，任敬等还帮助录入了部分文稿，在此一并表示衷心的感谢。

本书内容参考了部分国内外教材以及互联网上的技术资料，在这里对参考书籍和参考资料的著作者也表示深深的谢意。

由于作者水平有限，书中难免存在一些缺点和错误，殷切希望广大读者给予批评指正。

作　者

2004 年 5 月

目　　录

第 1 章　操作系统概述

操作系统在计算机科学的发展过程中是功不可没的，没有它也就没有计算机科学的普及与发展。半个多世纪以来，在计算机科学领域的研发人员的不断创新与艰苦努力下，操作系统经历了从无到有、从最初的监控程序逐渐演变成目前可以并发执行的多用户多任务的高级系统软件的发展过程，并产生了许多有关操作系统的基本理论和核心技术。操作系统之所以能够不断推陈出新，其动力源于人们总是会发现一个使用中的操作系统版本还存在着各种各样的问题与不足，并且总是难以完全达到预期的设计目标，因此人们不得不重新设计或改造已有版本。可以说新操作系统的研究与开发过程也就是计算机科学与技术不断创新的过程。设计开发操作系统的目标是让用户以更有效的手段，更加方便地使用计算机资源。为了实现这个目标，需要研究有关操作系统的基本原理、相关技术与具体实现的编程方法。

本章的主要内容包括：
- 操作系统的定义。
- 操作系统的分类。
- 操作系统研究的几种观点。
- 操作系统的结构。
- 操作系统内核体系结构。
- UNIX 和 Windows 操作系统简介。

1.1　操作系统的地位

计算机系统由硬件和软件两部分组成。通常把未配置软件的计算机称为裸机。直接使用裸机不仅不方便，而且将严重降低工作效率和机器的利用率。操作系统(OS，Operation System)是为了填补人与机器之间的鸿沟，即为了建立用户与计算机之间的接口，而为裸机配置的一种系统软件。由图 1.1 可以看出，操作系统是裸机上的第一层软件，是对硬件系统功能的首次扩充。它在计算机系统中占据着重要而特殊的地位，所有其他软件，如编辑程序、汇编程序、编译程序、数据库管理系统等系统软件以及大量的应用软件都是建立在操作系统基础上的，并得到了它的支持和服务。从用户角度看，当计算机配置了操作系统后，用户不再直接使用计算机系统硬件，而是利用操作系统所提供的命令和服务去操纵计算机。操作系统已成为现代计算机系统中必不可少的最重要的系统软件。

操作系统的地位：位于系统硬件之上，所有其他软件之下(是其他软件的共同环境)。

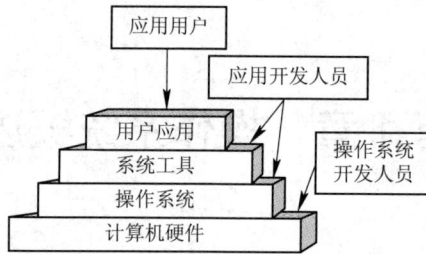

图 1.1　操作系统在计算机系统中的地位

配置操作系统的目标有：

(1) 提供一个计算机用户与计算机硬件系统之间的接口，使计算机系统更易于使用。

(2) 有效地控制和管理计算机系统中的各种硬件和软件资源，使之得到更有效的利用。

(3) 合理地组织计算机系统的工作流程，以改善系统性能(如响应时间、系统吞吐量等)。

(4) 遵循国际标准，设计和构筑开放式的环境，支持可扩展的体系结构，支持应用程序的可移植性和可互操作性。

从不同角度看，操作系统具有以下特性：

(1) 有效性(系统管理人员的观点)：管理和分配硬件与软件资源，合理地组织计算机的工作流程。

(2) 方便性(用户的观点)：提供良好的、一致的用户接口，弥补硬件系统的类型和数量上的差别。

(3) 可扩充性(开放的观点)：是指硬件的类型和规模、操作系统本身的功能和管理策略、多个系统之间的资源共享和互操作的可扩展性能。

1.2　操作系统的定义

由于操作系统向用户隐蔽了系统使用的硬件设备，因此操作系统要为它上面的应用软件提供一组命令或系统调用接口供用户程序使用。例如：用户要使用一个硬件设备如磁盘，可以通过系统命令或系统调用来间接完成，而不需要亲自动手编写一个磁盘设备驱动程序。因此，对于用户来说，当计算机加载操作系统后，用户不再直接与计算机硬件打交道，而是利用操作系统提供的命令和功能去使用计算机。为了与裸机相区别，有人把此时的计算机称为虚拟计算机，简称虚拟机。

在应用软件与操作系统之间还存在着其他的系统实用程序和工具，如编译程序、汇编程序、编辑程序以及数据库等，它们和操作系统一起为用户组成了一个非常有效的工作环境。这些实用程序虽然属于系统软件，但不属于操作系统的组成部分。

用户程序在最顶层运行，用来处理各种各样的实际业务，诸如工程计算、人事档案管理以及电子游戏等。

尽管操作系统这个概念从诞生至今已有了几十年了，计算机使用人员一般都知道它，但要对其下一个精确的定义并非轻而易举。很多论述操作系统的书籍都从不同的角度对操作系统下了不同的定义。综上所述，通常把操作系统定义为：操作系统是控制和管理计算机硬件和软件资源、合理地组织计算机的工作流程以方便用户使用的程序的集合。

当用分层的方法来处理运行在裸机之上的所有程序(软件)时,由于操作系统处于硬件和软件的中央位置,因此很早就有人把操作系统称为计算机系统软件的核心,简称核心或内核(kernal)。软件分层的方法强调:内核把用户程序和机器硬件属性隔离开,以便位于核心之上的程序代码与体系结构不相关,这样可以比较容易地把它们移植到不同体系结构的其他机器上。

操作系统虽然是软件,但由于操作系统在计算机中的特殊位置,因此人们要真正掌握操作系统必须具备计算机硬件基础知识,例如:计算机组成原理、计算机接口技术等。

1.3　操作系统的特征

1. 并发(concurrence)

并行性和并发性是既相似又有区别的两个概念。并行性是指两个或多个事件在同一时刻发生,而并发性是指两个或多个事件在同一时间间隔内发生。在多道程序环境下,并发性是指宏观上在一段时间内有多道程序在同时运行。但在单处理机系统中,每一时刻仅能执行一道程序,故微观上这些程序是在交替执行的。能并发执行的程序称为并发程序,相应的系统称为并发系统。为使程序能并发执行,系统必须为该程序建立进程。所谓进程,简单来说,是指在系统中能独立运行和进行资源分配的基本单位,它能和其他程序并发执行。有关进程的概念将在第 3 章详细介绍。程序的并发执行,有效地改善了系统资源的利用率并提高了系统的吞吐量,但它使系统复杂化,操作系统必须具备控制和管理各种并发活动的能力。

2. 共享(sharing)

资源共享是指系统中的硬件和软件资源不再为某个程序所独占,而是供多个用户共同使用。根据资源属性的不同,可有以下两种不同的资源共享方式。

一种共享方式是,系统中的很多资源虽能提供给多个作业(进程)使用,但在一段时间内却只允许一个作业访问该资源,这称为互斥共享。当一个进程正在访问该资源时,其他欲访问该资源的进程必须等待,仅当该进程访问完并释放该资源后,才允许另一进程对该资源进行访问。许多物理设备诸如字符设备、磁带机以及某些变量、表格等都属于临界资源,它们要求互斥共享。

另一种共享方式是,允许在一段时间内,由多个进程同时对资源进行访问。这里所谓的"同时"仍然是宏观上的。而微观上,这些进程可能是交替地对该资源进行访问。

并发和共享是操作系统的两个最基本的特征,而这两者之间又是互相依存的:一方面,资源共享是以程序的并发执行为条件的,假若系统不允许程序并发执行,就不存在资源共享问题;另一方面,若系统不能对资源共享实施有效的管理,势必影响到程序的并发执行。

3. 虚拟(virtual)

在操作系统中,所谓虚拟,是指把一个物理上的实体变为若干个逻辑上的对应物,前者是实的,即是实际存在的,而后者是虚的,是逻辑上的。例如,在多道程序系统中,虽然只有一个 CPU,每次只能执行一道程序,但通过分时使用,在一段时间间隔内,宏观上这台处理机能同时运行多道程序。它给用户的感觉是每道程序都有一个 CPU 在为它服务。多道程序技术可以把一台物理上的 CPU 虚拟为多台逻辑上的 CPU。同理，利用 SPOOLing (Simultaneous Peripheral Operations On Line，外围设备同时联机操作)技术，可以把一台物理上的 I/O 设备虚拟为多台逻辑上的 I/O 设备。此外，也可把一条物理信道虚拟为多条逻辑信道。

4．不确定性(uncertainty)

在操作系统中，不确定性主要有两种类型：

(1) 程序执行结果是不确定的，即对同一程序使用相同的输入，在相同的环境下运行多次，却可能获得完全不同的结果，亦即程序是不可再现的。这种不确定性是绝对不允许的，因而也是操作系统必须解决的主要问题。

(2) 多道程序环境下程序的执行是以异步方式进行的，换言之，每个程序在何时执行，多个程序间的执行顺序以及完成每道程序所需的时间都是不确定的，因而也是不可预知的。这种不确定性却是允许的。因为，不论程序以何种顺序和速度向前推进，只要在相同的运行环境下给予相同的输入，其运行结果总是确定的。这也正是操作系统的一个重要特征。

1.4　操作系统的发展

操作系统已有几十年的历史，到 20 世纪 80 年代虽趋于成熟，但目前仍继续向前发展着。随着计算机系统结构的发展，现已形成了多处理机操作系统、网络操作系统和分布式操作系统。

回顾计算机的发展历史就会发现，操作系统的重大改进与计算机硬件的更新换代相吻合。每当对操作系统做出新的关键性需求分析时，这些新的需求有些必须得到计算机系统结构的硬件支持。因此各代计算机的划分主要是以硬件和操作系统软件技术的创新为依据的。新一代计算机系统除了要继承上一代的全部优点外，更重要的是要克服上一代存在的问题和不足。与此同时，新的设计理论和技术又会产生许多新的有待解决的问题。事物就是这样在不断解决问题的过程中向前发展的。

下面将沿着计算机发展的足迹来对操作系统进行分析。

1.4.1　操作系统的发展历史

操作系统是在人们不断改善计算机系统性能和提高资源利用率的过程中逐步形成和发展起来的。操作系统发展的主要动力是"需求推动发展"。

1．人工操作方式

在早期的计算机系统中，程序的每一次运行都需要很多人工干预，操作过程繁琐，占用很多时间，而且也很容易产生错误，往往准备的时间很长，而执行的时间却很短。同时，在执行的过程中要占用整个系统的全部硬件资源，利用率很低。一个用户的程序运行完毕后，才让下一个用户上机操作。这种人工操作方式具有以下两个特点：

(1) 用户独占全机。一台计算机为一个用户独占，系统中的全部资源由他一人支配，因此用户可以较方便地使用各种资源，不会出现因资源已被其他用户占用而等待的现象，但资源的利用率却非常低。

(2) CPU 等待人工操作。用户仅在上机时才能将自己的程序和数据通过穿孔纸带或卡片装入相应的输入设备，显然，此时 CPU 空闲。当计算完成，进行卸带或取卡操作时，CPU 又空闲。由此可见，CPU 的利用极不充分，这在运行短程序时尤为突出。

人工操作方式严重影响了系统资源的利用率，形成了所谓的人机矛盾。但对于早期的计算机来说，此矛盾尚不突出，因为计算机本身拥有的资源并不多，且计算速度低，计算所需时间相对较长。但随着计算机运算速度的提高和规模的扩大，人机矛盾就变得严重起来了。

随着速度的大幅度提高，CPU 和设备之间速度不匹配的矛盾也日益突出，这就导致了一种关键性硬件——通道的出现。它可使 CPU 的运算和 I/O 操作并行执行，它采用缓冲技术使速度不匹配的矛盾得到了缓和。而脱机输入/输出技术的引入，进一步获得了令人较为满意的结果。

2. 脱机输入/输出技术(Off-Line I/O Technic)

1) 脱机输入技术

为解决低速输入设备与 CPU 速度不匹配的问题，人们将用户程序和数据在一台外围计算机的控制下，预先从低速输入设备输入到磁带上。当需要这些程序和数据时，再从磁带机高速输入到内存，从而大大加快了程序的输入过程，减少了 CPU 等待输入的时间。

2) 脱机输出技术

当程序运行完毕或告一段落，CPU 需要输出时，无需直接把计算结果送至低速输出设备，而是高速地把结果送到磁带上，然后在另一台外围机的控制下，把磁带上的计算结果由相应的输出设备输出，这就大大加快了程序的输出过程。

在采用脱机输入/输出技术时，由于程序和数据都是在外围计算机的控制下完成的，是脱离主机进行的，故称之为脱机输入/输出方式；反之，由主机控制的输入/输出方式称为联机输入/输出方式。

3. 批处理技术

批处理技术是指计算机系统对一批作业自动进行处理的一种技术。所谓作业，是指用户程序及其所需的数据和命令的集合。在脱机输入/输出方式中，事先已把一批作业记录在一盘磁带上，这意味着作业的处理是成批的，且处理顺序已经排定。我们在系统中再配置监督程序，在它的控制下，先把磁带上的第一个作业传送到内存，并把运行的控制权交给它。当第一个作业处理完后又把控制权交还给监督程序，由监督程序再把第二个作业输入内存。按这种方式对磁带上的作业自动地、一个个地处理，直至把磁带上的所有作业全部处理完毕，这便形成了最初的批处理技术。可见，批处理技术是在解决人机矛盾和 CPU 与 I/O 设备速度不匹配的矛盾的过程中，亦即在提高资源利用率的过程中形成的。

4. 多道程序设计技术

1) 多道程序

在采用批处理技术时，内存中仅存放一道程序，每当该程序发出 I/O 请求后，便处于等待 I/O 完成状态，致使 CPU 空闲。为改善 CPU 的利用率而引入了多道程序设计技术，即同时把几个作业放入内存，并允许它们交替执行，共享系统中的各种硬/软件资源。当一道程序因 I/O 请求而暂停执行时，CPU 便立即转去执行另一道程序。这样不仅使 CPU 得到充分利用，同时还可提高 I/O 设备和内存的利用率。允许多道程序运行的系统称为多道程序系统。

2) 多道程序系统需解决的问题

虽然多道程序技术能提高系统的吞吐量并有效地提高资源利用率，但实现多道程序还需妥善地解决下述一系列问题：

(1) 在一个连续的内存空间中，同时驻留了多道程序，系统应为每道程序分配好内存空间，使它们各得其所，不会相互重叠而丢失信息，又应防止某道程序由于人为的因素或出现异常情况而破坏其他程序。

(2) 在单处理机系统中，系统只有一个处理机为各道程序所共享，这必将引起各道程序对处理机的竞争。系统应协调这些程序对处理机的使用，使各道程序最终都能获得处理机而运行；对于紧急的任务，还应能使之优先获得处理机。

(3) 一个系统中的 I/O 设备数量通常少于多道程序所要求的数量，这也会引起各道程序对 I/O 设备的争用，系统应为各道程序分配 I/O 设备。此外，I/O 设备品种繁多，驱动程序又直接与硬件相关，需要各种类型的缓冲，因此系统应对它们进行有效的管理，既要能提高 I/O 设备的利用率，又要能极大地方便用户对设备的使用。

(4) 在一个系统中运行的程序可能具有不同的类型。有的程序属计算型，即该程序需要经过大量的计算后方才要求输入/输出；而有的程序属 I/O 型，其计算量小，但要求操作的量却较大。不同程序所要求的资源也有多有少，紧急程度也各不相同。系统应组织好这些程序的运行，以保证系统的吞吐量最大且资源利用率最高，而又不延误紧急程序的运行。

(5) 系统把大量有意义的信息以文件的形式存放在各种存储介质上。为提高存储空间的利用率，加速对信息的检索速度，系统应对它们进行组织和管理；并且为了方便使用，系统还应提供存储和检索文件信息的手段。

为解决上述问题，在多道程序系统中必须设置一组有机结合的管理软件和方便用户使用计算机的软件，这样便形成了操作系统。

1.4.2 操作系统的分类

1. 微机操作系统

微型计算机的出现给人类的生活带来了翻天覆地的变化，导致了计算机产业的革命，其应用渗入到各个领域的发展当中。在微型计算机的普及过程中，微机操作系统功不可没。

1) 单用户微机操作系统

目前最有代表性的单用户微机操作系统有以下三种：

(1) CP/M。CP/M 是 Control Program/Monitor 的缩写。它是在 1975 年由 Digital Research 公司率先推出的、带有软盘系统的 8 位微机操作系统。它配置在以 Intel 8080、8085、Z80 芯片为基础的微机上。1979 年，该公司又推出了增加硬盘管理功能的 CP/M2.2 版本。由于 CP/M 具有较好的层次结构、可适应性、可移植性以及易学易用性，因此它在 8 位微机的操作系统中占据了统治地位，成为事实上的 8 位微机操作系统的标准。

(2) MS-DOS。1981 年，IBM 公司首次推出了 IBM-PC 个人微机，在微机中采用了

Microsoft 公司开发的 MS-DOS 操作系统。该操作系统在 CP/M 的基础上进行了较大的扩充，增加了许多内部和外部命令，使该操作系统具有较强的功能及性能优良的文件系统，又因为它配置在 IBM-PC 机上，所以随着该机种及其兼容机的畅销，MS-DOS 操作系统也就成为事实上的 16 位微机单用户单任务操作系统标准。尽管 MS-DOS 在不断改进，但从 1.0 版本直至 3.3 版本为止，都仍属于单用户单任务操作系统，这是因为它受到 Intel 8086/8088 体系结构的限制，其寻址范围为 1 MB，并缺乏以硬件为基础的存储保护机制。

(3) OS/2。1987 年 4 月，IBM 公司在推出下一代个人系统 PS/2 的同时，发表了 OS/2。它是一种在 80286 保护方式下工作的单用户/多任务操作系统。该系统的硬件必须以 80286 或 80386 为芯片，存储容量在 1 MB 以上并带有硬盘。OS/2 能够实现真正的多任务处理，它允许 16 个任务并发执行，并且能够运行原 MS-DOS 软件。

2) 多用户微机操作系统

在 20 世纪 80 年代到 90 年代，陆续出现了支持多用户的操作系统，其中 Microsoft 公司开发的 Windows 系列、芬兰科学家 Linus Torvalds 创建的 Linux 尤为出众。这些系统不仅支持多用户多任务，而且具有 GUI(图形用户界面)，支持网络通信、数据库、多媒体等，功能显得日益强大。有关 Windows 和 UNIX 操作系统的内容我们会在以后的章节详细介绍。

2. 批处理系统的类型

1) 单道批处理系统

单道批处理系统是早期计算机系统中所配置的一种操作系统类型，其特征是：

(1) 无需作业调度和进程调度，只按作业在外存中排定的顺序，依次将它们调入内存，将处理机分配给调入的作业使之运行。

(2) 仅当前一道作业运行完成，或出现不能处理的异常情况时，才重新调入其后继作业进入内存运行，在内存中始终只保持一道作业。

(3) 作业完成的顺序与作业进入内存的顺序直接相关，即先进入内存的先完成。

2) 多道批处理系统

在多道批处理系统中，同时被执行的程序不止一个，在任意一个时刻，它们都处于开始点和终止点之间。20 世纪 60 年代中期到 70 年代中期，人们利用多道批处理来提高资源的利用率。该系统的特征是：

(1) 需经过作业调度和进程调度。从作业提交给系统并在外存上形成后备作业队列开始，到它获得处理机运行，需经过两级调度：

● 作业调度。系统按一定的算法将后备队列中的若干个作业送入内存，并为每个作业产生进程，插入进程队列。

● 进程调度。系统按一定算法从进程队列中取出一个进程，使之获得处理机的执行。

(2) 内存中可同时驻留多道作业。宏观上，有几道作业在同时运行；在单处理机时，每个时刻只有一道作业在执行，各作业交替使用 CPU，即微观上，每个时刻只有一道程序在运行。

(3) 作业完成的先后顺序与其进入内存的顺序并无严格的对应关系，即后进入内存的作业有可能先完成。

3) 远程批处理系统

远程批处理系统是配置在联机系统和计算机网络中的一种批处理系统，它能接收从远程系统送来的批量型作业，对它进行处理后，将结果送至指定系统。该系统是在通常的批处理系统基础上，再加上远程作业录入(RJE)程序后形成的。RJE 程序具有接收远地作业，并将它纳入本地批处理作业队列中的功能。远程作业被接收以后可得到像本地作业一样的处理。远地批处理的功能十分有用，它是构成分布式处理系统的基本条件之一。

批处理系统诞生于 20 世纪 60 年代初期，至今仍是主要的操作系统类型之一。批处理系统的主要优点是：

(1) 系统吞吐量大。吞吐量是指系统在单位时间内所完成的总工作量。批处理系统能以较多的时间对作业进行处理，操作系统的开销较小，故可获得较大的系统吞吐量。

(2) 资源利用率高。在批处理系统中采取了一系列措施来提高资源利用率，使系统资源得到有效的利用。

批处理系统也存在着某些严重缺点：

(1) 周转时间长。所谓周转时间，是指从作业进入系统开始，到作业完成所经历的时间。由于在批处理系统中，一个作业一旦运行便将运行到完成，因此短作业的周转时间显著增大。

(2) 不能提供交互作用能力。用户将作业提交给系统后，直到该作业运行结束或出错，都无法与自己的作业进行交互作用，因此，用户必须提供一份作业说明书，详细地说明作业应如何运行，以及对可能出现的某种情况应采取的措施等。这将给程序的修改和调试带来不便。

3. 分时系统

1) 分时和分时系统

分时系统既是操作系统的一种类型，又是对配置了分时操作系统的计算机系统的一种称呼。通常，在一台主机上连接了多个键盘显示终端，用户可以通过各自的终端，以交互作用方式使用计算机，共享主机上所配置的各种硬/软件资源。比较著名的分时系统有：美国麻省理工学院在 1963 年开发的 CTSS(Compatibel Time Sharing System)；麻省理工学院、贝尔实验室和通用电器公司联合开发的分时系统 MULTICS(Multiplexed Information and Computing Service)。下面给出分时的定义。

分时是指把计算机的系统资源进行时间上的分割，每个时间段称为一个时间片，每个用户依次轮流使用时间片。

在一个系统中，如果多个用户分时地使用同一个计算机，那么这样的系统称为分时系统。在分时系统中，一个时间片通常为几十毫秒，这个时间同计算机的速率有关。为此，在硬件上要采用中断机构和时钟，时钟使得 CPU 每运行一个时间片就产生一次时钟中断。中断后控制权转向操作系统程序，操作系统轮流地处理各个用户的作业，从而把时间片分给各个终端用户，见图 1.2。

当时钟中断发生时，CPU 的控制权发生转让。转让方式可分为抢占式和非抢占式(preemptive & non-preemptive)两种。

- 抢占式：操作系统强迫程序转让 CPU 控制权。

● 非抢占式：程序主动转让 CPU 控制权。

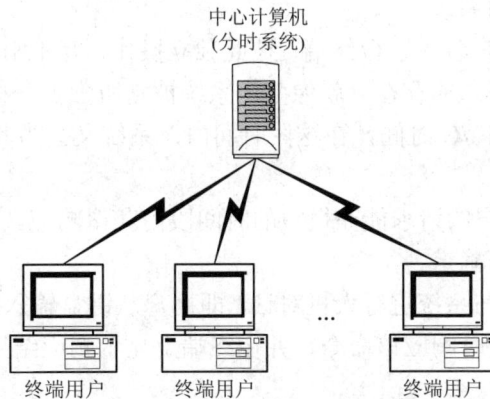

图 1.2　分时系统概念图

2) 分时系统的实现技术

为使终端用户不仅在编辑时能和系统进行会话，而且在作业处理过程中的各个阶段也能与自己的作业交互作用，就要求系统能对用户键入的命令及时响应。显然，在分时系统中，作业的运行方式不能像在批处理系统中那样，一个作业长期占有 CPU 运行，其他作业则因不能获得 CPU 而处于长期等待的状态，致使其用户请求不能得到及时响应。

实现分时系统有下述几种方法：

(1) 简单分时系统。在简单分时系统中，内存中只有一道程序作为现行作业，其他作业仍在外存上。为使系统能及时响应用户请求，规定每个作业在运行一个时间片(timeslice)的时间(例如 100 ms)后便暂停运行，由系统将它调至外存(调出)，再从外存上选一作业装入内存(调入)，作为下一个时间片的现行作业投入运行。若在不太长的时间内，例如 3 s 内能使所有的作业都轮流运行一个时间片，亦即在指定时间内每个用户作业都一定能运行，那么就能使终端用户与自己的作业交互作用，从而保证每个用户请求都能获得及时响应。在简单分时系统中，由于内存中只存放一道程序，故系统性能欠佳。

(2) 具有前台和后台的分时系统。为了改善系统性能，引入了所谓前台和后台的概念。这里，把内存划分为前台和后台两部分。前台存放按时间片调进/调出的作业流，后台存放批处理作业。当前台正在调进/调出或无调进/调出作业流时，才运行后台的批处理作业，并给它分配较长的时间片。

(3) 基于多道程序设计的分时系统。为了进一步改善系统性能，在分时系统中引入了多道程序设计技术，即在内存中可同时装入多道程序，每道程序无固定位置，对小作业可多装入几道程序，对一些较大作业则少装入几道程序。系统把所有具备运行条件的作业排成一个批处理作业时，应赋予终端型作业以较高的优先权，并将它们排成一个高优先权队列，而将批处理作业另外排成一个队列。平时轮转运行高优先权队列的作业，以保证终端用户的请求能获得及时响应，仅当队列空时，才运行批处理作业队列中的作业。

3) 分时系统的特征

分时系统有以下 4 个基本特征：

(1) 同时性。系统将若干个用户终端通过多路卡连接到一台主机上。宏观上，多个用户同时工作，共享系统资源；微观上，各终端作业轮流运行一个时间片。这样使得多个用户可以同时操作，共同使用系统。

(2) 独立性。每个用户各占一台终端，彼此独立操作，互不干扰。从用户角度说，每一用户并不感觉到有其他用户的存在，就像整个系统被它所独占一样。系统在各个用户之间迅速轮流服务，充分利用 I/O 时间，在这段时间内，系统又去为其他用户服务，从而提高系统的利用率。

(3) 及时性。终端用户的请求能在很短的时间段内获得响应。该响应时间段的大小由人们所能接受的等待时间来确定。

(4) 交互性。用户能与系统进行人机对话，即用户从键盘输入命令，请求系统服务和控制程序的运行。系统能及时响应该命令，并在终端上显示响应结果。交互作用是分时系统的重要特征。

4) 响应时间

在批处理系统中，主要考虑如何提高机器的利用率，而在分时系统中，必须注意响应时间。

(1) 决定响应时间的因素有以下 4 个：

• 系统开销。在单道分时系统中，系统开销主要是调进和调出，即对换。在多道分时系统中，开销主要是进程调度和对换。对换所需的时间，主要由对外存的访问时间和信息的传输时间两部分组成。内、外存之间信息的对换速度愈高，CPU 便能以更多的时间去处理终端用户作业的请求，从而减少响应时间。为此，应选用存取速度高的磁盘作为外存。

• 用户数目。如果系统中有 n 个同时性用户，时间片为 q，则每个用户作业轮转一次所需时间 T 为

$$T = nq$$

可把 nq 看做响应时间。当时间片 q 一定时，响应时间 T 与用户数目 n 成比例，这就限制了同时性用户的数目。

• 时间片。当用户数 n 一定时，响应时间正比于 q，因而适当地减少时间片长度，便可改善对用户的响应时间。但随着时间片的减少，使原来只需一个中等时间片即能完成的作业或命令，可能需要若干个时间片才能完成，这样反而增加了响应时间且降低了系统效率。因此，在考虑时间片大小时，应针对 70%～80%的命令和作业，使之能在一个时间片内完成。

• 对换信息量。在单道批处理环境下，对换所需时间将随着对换信息量的增加而增加，CPU 用于处理终端用户程序的时间将因对换时间的增加而减少，从而延长了作业在内存的驻留时间。

(2) 响应时间的改善。减少用户数目及减少时间片的大小，无疑可改善响应时间，但这会影响系统性能。这里介绍两种通过减少对换信息量来改善响应时间的方法：

• 采用重入码文件以减少对换信息量。利用重入码编制成的文件可供多个终端用户共享，减少了总的程序量，从而减少了对换数据量。

• 引入虚拟存储技术来减少对换信息量。通常，一个用户的程序和数据全部调入内存后，才能运行。在引入虚拟存储技术后，只需将用户程序中当前要运行的程序和数据调入内存，就可运行，从而减少了对换信息量。

4. 实时操作系统

实时操作系统主要用于过程控制、事务处理等有实时要求的领域,其主要特征是实时性和可靠性。近几年来,微机又经常以嵌入的形式配置在许多仪器和设备中,构成所谓的智能仪器和智能设备,使仪器和设备的性能显著提高。在这种应用情况下,对所配置操作系统的主要要求是能实时地响应和处理外部事件。

1) 实时系统的定义

实时系统是指在限定的时间内对输入进行快速处理并作出响应的计算机处理系统,它分为硬件实时系统和软件实时系统。实时系统用于工业过程控制、军事实时控制、金融等领域。系统的主要要求是:响应时间短,系统可靠性高。

2) 实时操作系统的任务类型

实时任务一般分为以下两类:

- 周期性实时任务:根据用户规定的时间启动该任务的执行,并按照严格的循环时间重复执行该任务。
- 非周期性实时任务:允许推迟一确定时间再执行。

实时系统要解决以下几个问题:

(1) 实时时钟管理。对实时任务进行实时处理是实时系统的主要目标之一。周期性实时任务和非周期性实时任务中所需要的时间,都是由实时时钟产生的脉冲来计量的。为此,系统要设置实时时钟以及相应的时钟管理程序,用来向系统提供日期、时刻以及对定时任务和延迟任务进行控制的信号。

(2) 过载保护。过载是指进入系统的任务数目超出系统的处理能力。在设计实时系统时,应给予系统足够的处理能力,使之能及时处理系统中的所有任务。尽管如此,由于被处理的任务进入系统时带有很大的随机性,使得在某段时间内系统中的任务数超过了它的处理能力,从而产生了所谓"过载"问题。为此,系统必须具备某种防护机构以保证即使出现过载,系统仍能正常运行。

当系统中出现短暂的峰值负载时,可以通过缓冲区予以平滑,即将各任务收容于缓冲区中,并按一定的策略排成一个或几个队列等候处理。若系统中出现的峰值负载是持续性的,则系统必须采取相应措施。最简单的办法是在系统中设置一个防护机构,使之一旦出现过载就要启动防护机制。如不及时处理过载,就会造成不堪设想的后果。因此,在控制系统中,通常采用的办法是抛弃一些不重要的任务或降低某些周期性任务的频率。

(3) 连续人机会话。人机对话是由终端把消息发送给计算机开始的,当计算机把回答信息送回终端后,会话便算结束。类似地,用户可发来第三次、第四次有关该问题的消息。

(4) 高度的可靠性和安全性。在实时系统中,软/硬件的任何故障都会给系统带来严重后果。因此,在实时系统中,必须采取相应的软/硬件措施,保证系统的绝对安全和高度可靠。例如,在硬件上采用双工体制。在严格的双工系统中,有两台完全相同的计算机:一台用作主机,用于实时控制或实时处理;一台作为后备,它和主机并行工作。两台机器中任一时刻都保持相同的 CPU 现场,若一台主机发生故障,后备机就立即代替主机继续工作,以保证系统的不间断运行。

3) 实时系统和分时系统的区别

上面介绍的实时系统和分时系统有许多相同之处,例如都涉及到若干个同时性用户,连接多台终端，都有交互作用，都要求一定的响应时间等等。因此，这两种系统很容易被混淆。在区分一个系统是分时系统还是实时系统时，除了要看系统的应用环境外，还要区分以下几点：

(1) 系统的设计目标不同。分时系统的设计目标是提供一种随时可供多个用户使用的通用性很强的操作系统。而许多实时系统大多是专用系统，它仅允许终端操作员访问有限数量的专用程序，而不能修改一组已有的程序。

(2) 交互性的强弱。分时系统是通用性很强的计算机系统，用户和系统之间有较强的会话能力，交互性强。而实时系统大都是具有特殊用途的专用系统，它仅允许操作员访问有限数量的专用程序，而不能书写程序或修改一组已存在的程序，因而交互性弱。

(3) 响应时间的长短。分时系统对响应时间的要求一般以人能接受的等待时间为标准，响应时间通常为毫秒级或秒级。而实时系统所要求的响应时间比较严格，一般以控制过程或信息处理中所能接受的延迟为标准。

5. 网络操作系统

1) 计算机网络

计算机网络是指通过数据通信系统把地理上分散的计算机和终端设备连接起来，以达到数据通信和资源共享的目的的一种计算机集合。可见，计算机网络是在计算机技术和通信技术高度发展的基础上，将这两种技术相结合的产物。按网络所覆盖的地理范围和互连计算机之间的距离的不同，可把计算机网络分成两种：广域网 WAN(Wide Area Network)和局域网 LAN(Local Area Network)。WAN 中的计算机之间互连的距离常为几十千米到几千千米范围，可以覆盖一个国家乃至几大洲。网络中的通信设施由电信部门提供，所连接的计算机大多是大、中、小型机。局域网中计算机之间的距离常为几十米至几千米，网络传输速率快，往往属于一个集团或一个建筑物。

2) 计算机网络的基本特征

计算机网络具有以下 4 个基本特征：

(1) 自治性。每台计算机有自己的内存、I/O 设备和操作系统，因而具有较强的自治能力，能独立承担分配给它的任务。

(2) 分布性。分布性包含 3 个方面的含义：

- 地理分布：系统中的所有计算机，在地理上是分开的。
- 功能分布：各个计算机可独立承担任务。
- 任务分布：可把一个大任务划分成若干个子任务，分别由不同的计算机去执行。

(3) 互连性。把地理上分布的资源在物理上和逻辑上连接在一起，并通过通信网络相互作用。

(4) 统一性。在统一的网络操作系统的控制下，使分散的计算机系统能相互协调，实现网络通信和资源共享，完成各自的或共同的任务，并向网络用户提供统一的接口。

3) 网络操作系统的功能和定义

网络操作系统(NOS)是在各种各样自治的计算机原有的操作系统的基础上具有的访问各种网络功能的模块。其主要任务是用统一的方法管理整个网络中共享资源的使用和任务的处理。网络操作系统定义为：建立在主机操作系统基础上，用于管理网络通信和共享资源，协调各主机上任务的运行，并向用户提供统一的、有效的网络接口的软件集合。网络操作系统是用户或用户程序与主机操作系统之间的接口，网络用户只有通过网络操作系统，方能取得网络所提供的各种服务。因此，它具有以下几个基本功能：

(1) 网络通信：实现源主机与目标主机之间无差错的数据传输。其主要功能是：为通信双方建立和拆除通信链路；对传输过程中的数据差错进行检查和校正，并使收、发速率匹配。在出现异常事件时，它还应具有及时进行处理的能力。

(2) 资源管理：采用统一的、有效的方法协调诸用户对共享资源的使用，使用户使用远地资源也像使用本地资源一样。对资源的具体管理和控制，仍由主机操作系统实现。

(3) 提供多种网络服务：向网络用户提供的主要服务有电子邮件服务，文件传送、存取和管理服务等等。网络操作系统所能提供的服务正在不断地丰富和发展中。

(4) 提供网络接口：向网络用户提供统一、经济地使用网络共享资源和取得网络服务的网络接口，使用户无需了解很多共享资源的属性和有关网络的知识。

6. 分布式操作系统

分布式操作系统是指能直接对系统中的各类资源进行动态分配和管理，有效控制和协调任务的并行执行，允许系统中的处理单元无主次之分，并向用户提供统一的、有效的接口的软件集合。

1) 分布式系统

分布式系统是 20 世纪 80 年代初发展起来的多处理机系统，其计算或处理功能都集中在一台主机上，所有的任务也都由主机处理。所以也把分布式系统称为集中式处理系统。而在分布式处理系统中，计算和处理功能分散在构成分布式系统的各个处理单元上。相应地，可把一个大任务划分成可以并行执行的多个子任务，并动态地把这些任务分配到各处理单元上去，使它们并行执行。可见，分布式处理系统最基本的特征是处理上的分布，而处理分布的实质是功能和任务的分布。分布式处理系统又可称为分布式系统。

由此得知，分布式系统是指由多个处理单元构成的系统。其中，每个处理单元都包含有处理机和局部存储器，它们能独立承担系统分配给它们的任务。各个处理单元通过互连网络连接在一起，在统一的分布式操作系统的控制和管理下，实现各处理单元间的通信和资源共享，动态地分配任务和对任务进行并行处理。

在分布式系统中，如果处理单元是计算机，则系统可称为分布式计算机系统。如果处理单元是处理机和局部存储器，则只能称为分布式处理系统。通常，分布式系统以计算机网络为基础，这是最常见的分布式系统。

2) 分布式系统的基本特征

分布式系统具有如下 4 个基本特征：

(1) 分布性。分布式系统具有功能分布和任务分布的特征。对于松散耦合系统，它还可能呈现地理分布的特征。分布式系统比计算机网络更着重于任务的分布性，因而它具有较完善的任务分配功能。

(2) 自治性。不论分布式系统中的处理单元采用何种形式，它至少包含有处理机和局都存储器，具有独立执行任务的能力，因而每个处理单元都具有一定的自治性，但通常不具有各自独立的操作系统。

(3) 模块性。分布式系统的结构已趋向于模块化，即系统由若干个在结构上完全相同并具有相同功能的处理单元构成。因此，任务可以分配到其中的任一个处理单元上去执行。模块性简化了系统的实现，提高了系统的性能和可靠性。

(4) 并行性。由于有多个处理单元，因而可把一个作业的诸任务分配到多个处理单元上进行并行处理。在分布式系统中，还可按流水线方式，使一道程序的各个程序段并行执行。

3) 分布式操作系统的功能

分布式操作系统具有以下功能：

(1) 资源管理功能：能对并行工作的大量处理单元、存储器和设备等资源进行有效的动态管理。由于系统具有的模块性，不仅简化了系统对资源的管理，更提高了资源利用率。

(2) 任务分配功能：在分布式系统中，任务的分配不是以一个任务为单位，而是以一组能并行执行的任务集为单位的，同时将它们分配到多个处理单元上使之能并行执行。

(3) 分布式进程同步和通信功能：系统采取分布式同步方式来保证不同处理机上的进程严格同步，实现它们之间的通信，以达到高度并行执行的目的。

(4) 各处理单元无主、从之分，都具有执行管理程序的能力。

7. 并行操作系统

并行计算机性能的有效发挥在一定程度上依赖于操作系统的有效支持。并行计算机上的操作系统称为并行操作系统。目前，并行计算机上的操作系统大多是以为单处理机系统而设计的 UNIX 操作系统为基础的。对于并行计算机来说，这并不是真正的并行操作系统。并行操作系统与传统串行操作系统的主要差别在于，前者在资源调度与管理、进程同步与通信等方面要比后者具有更强的功能。美国 Carngie Mellon 大学设计和实现的 MACH 操作系统，对 UNIX 4.3 BSD 版本的内核进行了改造和扩充，使之成为一个可支持紧密耦合和松散耦合的多机操作系统。该操作系统已经移植到各类 VAX 机、SUN2 工作站和 Encore Multimax 多机系统上。

8. 嵌入式操作系统

1) 嵌入式系统的特点

嵌入式操作系统(Embeded Operating System)具有以下特点：

(1) 嵌入式系统通常是面向特定应用的。嵌入式 CPU 与通用型的最大不同就是：嵌入式 CPU 大多工作在为特定用户群设计的系统中，它通常都具有功耗低、体积小、集成度高等特点，能够把通用 CPU 中许多由板卡完成的任务集成在芯片内部，从而有利于嵌入式系统设计趋于小型化，移动能力大大增强，跟网络的耦合也越来越紧密。

(2) 嵌入式系统是将先进的计算机技术、半导体技术和电子技术与各个行业的具体应用相结合的产物。这一点决定了它必然是一个技术密集、资金密集、高度分散、不断创新的知识集成系统。

(3) 嵌入式系统的硬件和软件都必须高效率地设计，量体裁衣，去除冗余，力争在同样的硅片面积上实现更高的性能，这样才能在具体应用中对处理器的选择更具有竞争力。

(4) 嵌入式系统和具体应用有机地结合在一起，它的升级换代也是和具体产品同步进行的，因此嵌入式系统产品一旦进入市场，则具有较长的生命周期。

(5) 为了提高执行速度和系统可靠性，嵌入式系统中的软件一般都固化在存储器芯片或单片机本身中，而不是存储于磁盘等载体中。

(6) 嵌入式系统本身不具备自主开发能力，即使设计完成以后用户通常也不能对其中的程序功能进行修改，必须有一套开发工具和环境才能进行开发。

2) 嵌入式系统的分类及应用

嵌入式系统有不同的分类方法，这里根据嵌入式系统的复杂程度，可以将嵌入式系统分为以下 4 类：

(1) 单个微处理器。这类系统可以在小型设备(如温度传感器、气体探测器及断路器)中找到。这类设备是根据设备的用途来设计的。

(2) 不带计时功能的微处理器装置。这类系统可在过程控制、信号放大器、位置传感器及阀门传动器等中找到。这类设备也不太可能受到 Y2K 的影响。但是，如果它依赖于一个内部操作时钟，那么这个时钟可能受 Y2K 问题的影响。

(3) 带计时功能的组件。这类系统可见于开关装置、控制器、电话交换机、电梯、数据采集系统、医药监视系统、诊断及实时控制系统等。它们是一个大系统的局部组件，由它们的传感器收集数据并传递给该系统。这种组件可同 PC 机一起操作，并可包括某种数据库。

(4) 在制造或过程控制中使用的计算机系统。对于这类系统，可通过计算机与仪器、机械及设备相连来控制这些装置的工作。这类系统包括自动仓储系统和自动发货系统。在这些系统中，计算机用于总体控制和监视，而不是对单个设备直接控制。过程控制系统可与业务系统连接(如根据销售额和库存量来决定定单或产品量)。

3) 嵌入式操作系统一览

嵌入式系统并不是一个新生的事物，从 20 世纪 80 年代起，国际上就有一些 IT 组织或公司，开始进行商用嵌入式系统和专用操作系统的研发，涌现了如下一些著名的嵌入式系统。

(1) Windows CE。Microsoft Windows CE 是从整体上为有限资源的平台设计的多线程、优先权完整、多任务的操作系统。它的模块化设计允许它对从掌上电脑到专用的工业控制器的用户电子设备进行定制。其操作系统的基本内核需要至少 200 KB 的 ROM。

(2) VxWorks。VxWorks 是目前嵌入式系统领域中使用最广泛、市场占有率最高的系统。它支持多种处理器，如 x86、i960、Sun Sparc、Motorola MC68xxx、MIPS RX000、POWER PC 等等。大多数的 VxWorks API 是专有的，采用 GNU 的编译和调试器。

(3) pSOS。生产 pSOS 的 ISI 公司已经被 WindRiver 公司兼并。现在，pSOS 属于 WindRiver 公司的产品。这个系统是一个模块化、高性能的实时操作系统，专为嵌入式微处理器设计。它提供一个完全的多任务环境，在定制的或是商业化的硬件上提供高性能和高可靠性，可以让开发者根据操作系统的功能和内存需求定制成每一个应用所需的系统。开发者可以利用它来实现从简单的单个独立设备到复杂的、网络化的多处理器系统。

(4) QNX。QLLS 公司的 QNX 是一个实时的、可扩充的操作系统，它部分遵循 POSIX 相关标准，如 POSIX.1b 实时扩展。它提供了一个很小的微内核以及一些可选的配合进程。其内核仅提供 4 种服务：进程调度、进程间通信、底层网络通信和中断处理。其进程在独立的地址空间运行。所有其他的 OS 服务都实现为协作的用户进程，因此 QNX 内核非常小巧(QNX 4.x 大约为 12 KB)且运行速度极快。这个灵活的结构可以使用户根据实际的需求，将系统配置成微小的嵌入式操作系统或是包括几百个处理器的超级虚拟机操作系统。

(5) Palm OS。3Com 公司的 Palm OS 在 PDA 市场上占有很大的市场份额。它有开放的操作系统应用程序接口(API)，开发商可以根据需要，自行开发所需要的应用程序。

(6) OS-9。Microwave 的 OS-9 是为微处理器的关键实时任务而设计的操作系统，广泛应用于高科技产品中，包括消费电子产品、工业自动化、无线通信产品、医疗仪器及数字电视/多媒体设备。它提供了很好的安全性和容错性。与其他的嵌入式系统相比，它的灵活性和可升级性非常突出。

(7) LynxOS。Lynx Real-time Systems 的 LynxOS 是一个分布式、嵌入式、可规模扩展的实时操作系统，它遵循 POSIX.1a、POSIX.1b 和 POSIX.1c 标准。LynxOS 支持线程概念，提供 256 个全局用户线程优先级；提供一些传统的、非实时系统的服务特征，包括基于调用需求的虚拟内存，一个基于 Motif 的用户图形界面，与工业标准兼容的网络系统以及应用开发工具。

(8) μC/OS-Ⅱ。μC/OS-Ⅱ是源码公开的实时嵌入式操作系统。

目前，世面上有很多商业性嵌入式系统都在努力为自己争取着嵌入式市场的份额(见图1.3)。但是，这些专用操作系统均属于商业化产品，价格昂贵。而且，由于它们各自的源代码不公开，使得每个系统上的应用软件与其他系统都无法兼容。由于这种封闭性还导致了商业嵌入式系统在对各种设备的支持方面存在很大的问题，使得对它们的软件移植变得很困难。在嵌入式这个 IT 产业的新的关键领域，Linux 操作系统适时地出现在了各嵌入式厂商面前，由于 Linux 自身的诸多优势，使它成为嵌入式操作系统的新宠。

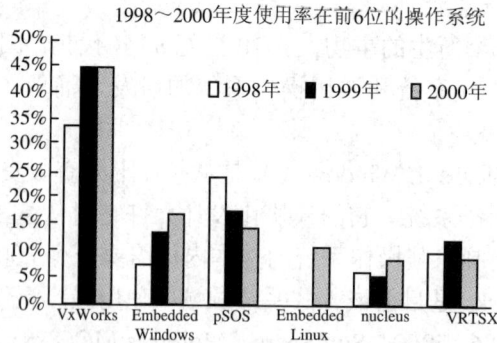

图 1.3　1998～2000 年嵌入式操作系统的使用趋势

4) 嵌入式系统的发展趋势

以信息家电为代表的互联网时代的嵌入式产品，不仅为嵌入式市场展现了美好的前景，注入了新的生命，同时也对嵌入式系统技术，特别是软件技术提出了新的挑战。这主要包括：支持日趋增长的功能密度，灵活的网络连接，轻便的移动应用和多媒体的信息处理。此外，当然还需应付更加激烈的市场竞争。

(1) 嵌入式应用软件的开发需要强大的开发工具和操作系统的支持。随着因特网技术的成熟及带宽的提高，ICP 和 ASP 在网上提供的信息内容日趋丰富，应用项目多种多样，像电话手机、电话座机及电冰箱、微波炉等嵌入式电子设备的功能不再单一，电气结构也更为复杂。为了满足应用功能的升级，设计师们一方面采用更强大的嵌入式处理器(如 32 位、64 位 RISC 芯片)或信号处理器 DSP，另一方面还采用实时多任务编程技术和交叉开发工具技术来控制功能复杂性，简化应用程序设计，保障软件质量和缩短开发周期。

目前，国外商品化的嵌入式实时操作系统已进入市场的有 WindRiver、Microsoft、QNX 和 Nuclear 等产品。我国自主开发的嵌入式系统软件产品如科银(CoreTek)公司的嵌入式软件开发平台 DeltaSystem，它不仅包括 DeltaCore 嵌入式实时操作系统，而且还包括 LamdaTools 交叉开发工具套件、测试工具和应用组件等。

(2) 联网成为必然趋势。为适应嵌入式分布处理结构和上网需求，面向 21 世纪的嵌入式系统要求配备标准的一种或多种网络通信接口。针对外部联网要求，嵌入式设备必须配有通信接口，也相应需要 TCP/IP 协议簇软件的支持。由于家用电器相互关联(如防盗报警、灯光能源控制、影视设备和信息终端交换信息)及实验现场仪器要协调工作等要求，新一代嵌入式设备还需具备 IEEE1394、USB、CAN、Bluetooth 或 IrDA 通信接口，同时也需要提供相应的通信组网协议软件和物理层驱动软件。为了支持应用软件的特定编程模式，如 Web 或无线 Web 编程模式，嵌入式系统还需要相应的浏览器，如 HTML、WML 等。

(3) 支持小型电子设备，实现小尺寸、微功耗和低成本。为满足这种特性，要求嵌入式产品设计者要相应降低处理器的性能，限制内存容量和复用接口芯片。这就相应提高了对嵌入式软件设计技术的要求。例如，选用最佳的编程模型并不断改进算法，采用 Java 编程模式，优化编译器性能。因此，既要软件人员有丰富的经验，更需要发展先进的嵌入式软件技术，如 Java、Web 和 WAP 等。

(4) 提供精巧的多媒体人机界面。嵌入式设备之所以为用户接受，重要因素之一是它们与使用者之间自然的人机交互界面，如司机操纵高度自动化的汽车主要还是通过习惯的方向盘、脚踏板和操纵杆，人们与信息终端交互也要求以 GUI 屏幕为中心的多媒体界面。现在，手写文字输入，语音拨号上网，收发电子邮件以及彩色图形、图像等都已取得了初步成效。

1.5　操作系统结构研究

操作系统是一个大型软件系统，对它的分析、设计等都是一个极其复杂的问题。长期以来，人们对这个问题进行了大量的研究，提出了各种观点，试图给出一种系统方法，以便利于研究、剖析和设计操作系统的功能、组成部分、工作过程以及体系结构。本节给出研究操作系统结构的几种观点或方法，即资源管理观点、层次结构观点、用户观点以及模块接口法、虚拟机、客户机/服务器系统等。这些观点和方法彼此并不矛盾，可让我们从不同角度加深对操作系统的分析和理解。

1.5.1　资源管理的观点

操作系统的资源管理观点的实质在于把操作系统看成是计算机系统的资源管理程序。按其作用来说，计算机系统中有 5 大资源：作业、处理机、存储器、外部设备和磁盘信息。这 5 类资源构成了操作系统本身和用户作业工作的主要物质基础和环境。它们的使用方法和管理策略决定了整个操作系统的规模、类型、功能和实现。基于这一观点，可以把操作系统看成是由一组资源管理程序所组成的。对应于上述 5 类资源，可以把操作系统划分成作业管理、处理机管理、存储管理、设备管理和文件系统这 5 大部分。由此，可以用资源管理的观点来组织操作系统的有关内容。

操作系统所管理的资源虽说只有 5 大类，但实际上系统中的软/硬件资源数量庞大，需分类研究资源的使用方法和管理策略，以便寻求一种管理资源的普遍原则和系统方法。

1.5.2　层次结构观点

层次结构观点是将系统按层次结构分解成若干部分。一般把操作系统中需要直接和硬件通信的部分定义为最底层，其他各层依次建立在其底层基础之上。

层次结构观点的基本思想是：从最底层的裸机开始，相继地在每一层虚拟机上编制程序去构造更高一层的虚拟机；重复这一过程，直至构造出所需的系统为止。这种改造、扩充虚拟机的方法称为分层虚拟机法，也称有序分层法。

1968 年，E.W.Dijkstra 和他的学生在荷兰的 Eimdhoven 技术学院所开发的 THE 系统，就是按此模型构造的第一个操作系统。THE 系统是为荷兰的 Wlectrologica X8 计算机配备的一个简单的批处理系统，其内存只有 32 K 个字，每字 27 比特。该系统共分为 6 层，如图 1.4 所示。

第 5 层	操作员
第 4 层	用户程序
第 3 层	输入/输出管理
第 2 层	操作员—进程通信
第 1 层	内存和磁盘管理
第 0 层	处理器分配和多道程序

图 1.4　THE 操作系统的结构

在第 0 层中进行处理器分配，即在第 0 层中提供了基本的 CPU 多道程序功能。在中断发生或定时器到达时，由该层软件进行进程切换。第 0 层是由一些连续的进程组成的，编写这些进程时不用再考虑在单处理器上进行多程序运行的细节。

在第 1 层中进行内存管理，它分配进程的内存空间，在内存用完时则在磁鼓上分配 512 K 字的空间用作交换。在第 1 层上，进程不用考虑它是在磁盘上还是在内存中运行。第 1 层软件负责需要访问某一页面时，确保它已在内存中。

第 2 层软件处理进程与操作员控制台之间的通信。在第 2 层上，可认为每个进程都有自己的操作员控制台。

第 3 层软件负责管理 I/O 设备和相关的信息流缓冲区。在第 3 层上，每个进程都与有良好特性的抽象 I/O 设备打交道，而不必考虑外部设备的物理细节。

第 4 层是用户程序层，在该层上用户程序不用考虑进程、内存、控制台或 I/O 设备等细节。

第 5 层由系统操作员进程组成。

有序分层法的优点是：

(1) 把功能实现的无序性改为有序性，可显著地提高设计的准确性或减少设计中返工的现象。

(2) 把模块间的复杂依赖关系改为单向依赖关系，即高层软件依赖于低层软件，而低层

软件不依赖于高层软件,它带来四点好处:

- 在设计低层软件时,可以不考虑高层软件的实现方法。
- 高层软件中的错误不会影响到低层软件,这给调试和维护操作系统带来了较大方便。
- 系统不会产生递归调用,从而避免了死锁的发生。
- 在增加、修改或替换一个层次时不会影响到其他层次,有利于系统的维护和扩充。

1.5.3　模块接口法

模块接口法是指将整个系统分成若干个模块,每个模块具有一定的功能,模块之间的通信只能通过预先定义的接口进行,或者说模块之间的相互关系仅限于接口参数的传递。它与层次法不同的是,系统中的模块可以自由调用,而没有上层和下层的关系。因此,可以说层次法也是模块法,其模块之间的调用关系不是任意的,上层模块只能允许调用它的直接下层模块。

模块接口法的主要优点是:

(1) 加速了操作系统的研制过程。

(2) 增加了操作系统的灵活性。

(3) 可以获得较高的系统效率。

正因为如此,这种方法至今仍在使用。一个典例的例子是 UNIX 系统,它就属于模块化操作系统。

模块接口法的主要缺点是:

(1) 由于模块的划分和接口功能的规定是在开始设计时确定的,因此很难保证完全正确合理,而在此基础上所进行的模块设计,也很难保证其正确性,而且连接起来也比较困难。

(2) 由于模块接口法是从功能观点而不是从资源管理观点来设计系统的,因此模块之间的牵连过多,有可能造成循环依赖,从而降低了模块的相对独立性。

1.5.4　虚拟机

OS/360 的最早版本是纯粹的批处理系统,然而有许多 360 用户希望使用分时系统,于是 IBM 公司和另外的一些研究小组决定开发一个分时系统。IBM 随后提供了一套分时系统 TSS/360,它非常庞大,运行缓慢,几乎没有人用它。结果在花费了约五千万美元的研制费用后,该系统最后被弃之不用(Graham,1970)。但是在麻省剑桥的一个 IBM 研究中心则开发了另一个完全不同的系统,这个系统被 IBM 最终用作产品。它目前仍在 IBM 的大型主机上广泛使用。

这个系统最初被命名为 CP/CMS,后来改名为 VM/370(Seawright and Mackinnon,1979)。它是基于这样的设计思想设计的:应提供多道程序,是一个比裸机具有更方便的扩展界面的计算机。

这个系统的核心被称为虚拟机监控程序(virtual machine monitor),它在裸机上运行并具备了多道程序功能。该系统向上层提供了若干台虚拟机,如图 1.5 所示。它不同于其他操作系统的是:这些虚拟机不是那种具有文件等优良特征的扩展计算机;与之相反,它们仅仅是精确复制的裸机的硬件。它包含:核心态/用户态、I/O 功能、中断及其他真实硬件所具有的全部内容。

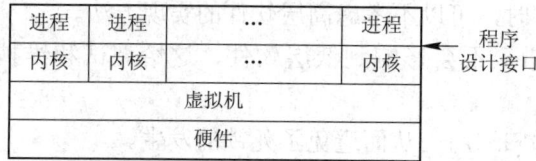

进程	进程	...	进程
内核	内核	...	内核
虚拟机			
硬件			

程序
设计接口

图 1.5　虚拟机结构

由于每台虚拟机都与裸机相同，因此每台虚拟机可以运行一台裸机所能够运行的任何类型的操作系统。不同的虚拟机可以运行不同的操作系统，有一些虚拟机运行 OS/360 的后续版本从事批处理或事务处理，而另一些虚拟机运行单用户、交互式系统供分时用户们使用，这个系统称为会话监控系统 CMS(Conversational Monitor System)。

CMS 的程序在执行系统调用时，它的系统调用陷入其虚拟机的操作系统中，而不是调用 VM/370，就像在真正的计算机上一样。然后，CMS 发出硬件 I/O 指令，在虚拟硬盘上读或执行该系统调用所需的其他操作。这些 I/O 指令被 VM/370 捕获，作为对真实硬件模拟的一部分，VM/370 随后就执行这些指令。这样，将多道程序的功能和提供扩展机器的功能完全分开后，它们各自都更简单、更灵活和易于维护。

1.5.5　客户机/服务器系统

操作系统的一个发展趋势是，尽可能地从操作系统中去掉一些内容，只留下一个很小的内核(kernel)，将代码移到更高层次。通常采用的方法是，由用户进程来实现大多数操作系统的功能。例如：读一文件块，客户机进程(client process)把请示发给服务器进程(server process)，随后服务器进程完成这个操作并返回应答信息。操作系统内核的全部工作是处理客户机与服务器之间的通信。操作系统被分成了多个部分，每个部分仅仅处理一个方面的功能，例如进程服务、终端服务、存储服务或文件服务等。每个部分更小、更易于管理。而且，所有的服务都以用户进程的形式运行，它们不在核心态下运行，所以不直接访问硬件。这样处理的结果是：如果文件服务器中发生错误，则文件服务器有可能崩溃，但是整个系统不会崩溃。

客户机/服务器模型的另一个优点是，它适用于分布系统，如果客户机通过消息传递与服务器通信，那么客户机不需知道这条消息是在本地机处理的，还是通过网络送给了远地机器上的服务器。这两种情况下，客户机对它们的处理都是相同的：发送请求，接收应答。内核只负责处理客户机与服务器之间的消息传递。

1.5.6　用户观点

用户如何通过操作系统使用计算机呢？有两种方式：程序级接口和作业控制级接口。操作系统是用户和计算机之间的接口，也就是说，用户通过操作系统使用计算机。那么，从用户的角度来看操作系统，就要求操作系统能给用户提供各种服务，使其感到方便好用。

1. 程序级接口

大多数用户只需要计算机能解决自己的问题。他们对操作系统的内部特性，例如分页、分段、设备管理等不感兴趣，他们只关心操作系统的外部特性，即操作系统给用户提供了哪些功能。

　　用户和操作系统在程序级的接口是一组系统调用命令。用户在编制程序中，需要和操作系统打交道，例如向系统提出使用外部设备的要求，进行有关磁盘的操作，申请分配和收回内存区以及其他各种控制要求等等。这些操作如果都放在用户程序中去解决，不仅增加了用户程序编制的工作量，而且也相当繁琐和困难。为此，操作系统向用户提供了所需要的各种系统调用，用户可使用这些系统调用完成自己的工作。这些系统调用一般是用汇编语言编写的，因此，用户在其汇编语言程序中可以直接使用系统调用，就像使用汇编语句或机器指令一样方便。在 MS-DOS 中可使用 INT 21H 软中断实现系统功能调用。在 UNIX 系统中，用 C 语言编写的程序也可以使用系统调用。用户可以在编制程序时使用过程调用语句 trap，它们通过相应的编译程序被翻译成相关的系统调用。

2. 作业控制级的接口

　　用户和操作系统在作业控制级的接口是命令方式和图形界面。在联机工作时，用户使用键盘命令或点击图形用户界面中的应用程序图标来操纵计算机。用户通过控制台或终端键入命令或点击应用程序图标后，控制转入操作系统，由操作系统解释该命令并具体执行之。在完成指定操作后，控制又返回到控制台或终端，用户又可打入下一命令。这些命令执行后便可实现整个作业的控制。

　　在脱机工作时，利用作业控制语言来控制作业的运行。在用户作业进入系统前，用户必须事先用作业控制语言写好作业操作说明，并穿好卡片连同作业的程序和数据一起提交给系统。当系统调度到该作业时，由系统解释作业控制语言，并按其规定执行。

　　上面讨论了研究操作系统的几种主要观点，其目的在于让我们加深对操作系统的了解。这几种主要观点从不同角度揭示了操作系统的实质。在本书中主要采用资源管理的观点并适当结合其他几种观点来讨论操作系统的原理和实现。

1.6　内核体系结构模型

1.6.1　微内核

　　在计算机科学不断发展的进程中，出现过各种各样的操作系统。从目前应用较广泛的操作系统来看，考虑到核心各模块间的通信方式，内核系统结构可分为两大类：微内核模型(microkernel)和单内核模型(monolithic kernel)。

　　内核中的大部分模块都是独立的进程，并在一定的特权状态下运行，各模块之间通过消息传递进行通信。使用这种机制的系统内核称为微内核。

　　在微内核设计中，最根本的思想是要保持内核尽量小。因此它把大部分传统上属于操作系统的代码分离出来放在了更高的层次上，让它们在用户状态运行。这样只留下一个很小的内核，所以叫做微内核。它的典型运用有客户/服务器模型(client/server 系统)。图 1.6 给出了微内核模型。

　　在微内核模型中，内核起到了消息中继的作用，由它接收消息并转发出去。例如：用户进程 1 要向文件系统模块传递消息(交互)，这个消息是直接通过微内核来转发的。这种实现方式有助于实现模块间的相互隔离，提高了系统的安全性指标。同时，系统中不需要的模块可以不加载到内存中，以便使核心更有效地利用内存。

微内核的基本指导思想是保证内核尽可能的小。这样当把整个内核移植到新的平台上时，所做的工作量就要少得多，因为其他模块都只依赖于微内核或另外的其他模块，而并不需要直接和新平台的硬件打交道。

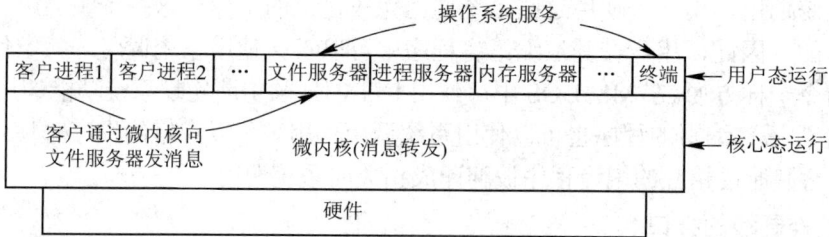

图 1.6　微内核系统结构模型

1.6.2　单内核

整个核心系统可以分为若干模块，但是在核心运行时，它是一个独立的二进制映像。模块间的通信是通过调用其他模块中的函数实现的。采用这种机制的系统核心称为单内核。单内核系统结构的模型如图 1.7 所示。

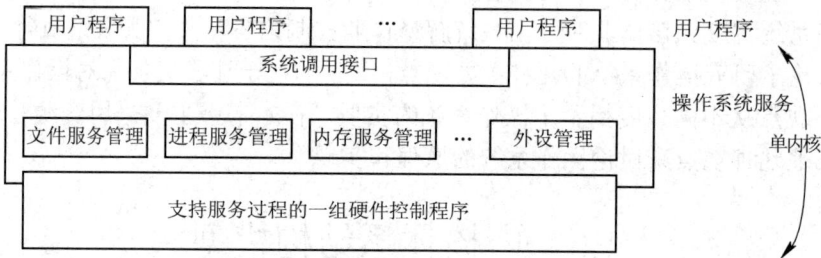

图 1.7　单内核操作系统结构模型

在单内核模型中，用户程序首先使用系统库进行系统调用。该调用通过执行一条中断指令而被内核函数截获，此时程序从用户态切换到核心态，由操作系统控制找到相应的中断服务子程序，而这些服务过程有时进一步需要和底层的服务过程或者是硬件通信，以便完成系统调用所要求的服务。单内核的组织方式相对简单，在大部分情况下运行状态良好，只是内核移植相对微内核来说比较困难。

一个实用的、效率高的操作系统很少单纯采用单内核或单纯采用微内核模型。不管是单内核模型还是微内核模型，它们都有着各自的优点或缺点。例如：总体上看，Linux 内核是一个单内核，但是它在单内核的设计中引入了微内核的许多设计与实现方法。实践证明，这种在单内核的模式中吸收某些微内核的实现方法所产生的混合体比单纯使用单内核系统的功能要强大而且也实用。如今，Linux 系统已经被成功移植到已有的大部分机型中。

由于微内核模型的可移植性强，因此是未来的发展趋势。众所周知的 Mach 微内核已经向世人证明了它所具有的可移植性优势。

1.7　UNIX 操作系统

上面介绍了操作系统的定义和种类,下面给出一个常用的操作系统实例 UNIX,以使我们加深对操作系统的理解。

1.7.1　UNIX 操作系统概述

UNIX 操作系统是一个通用的、交互式的分时多用户操作系统。它是美国 Bell 实验室的 K. Thompson 和 D.M. Ritchie 于 1969~1971 年设计并实现的。

UNIX 操作系统最初是用汇编语言编写的,目的是为了在 Bell 实验室内构造一种进行程序设计研究和开发的良好环境,仅限于 Bell 实验室内部使用。它于 1974 年 7 月在美国《ACM 通信》上正式发表。

1973 年,Bell 实验室用 C 语言改写了 UNIX,增加了实用程序,并开始对外授权,这就是最早的 UNIX 版本——UNIX V。1975 年发表了版本 6,1978 年发表了版本 7,它们主要运行在 PDP-11 和 Interdata 8/32 计算机上,这就是当代 UNIX 的前身。1982 年正式发表了实时 UNIX 系统。1983 年,Bell 实验室的 USG 小组正式推出当今世界上最为流行的版本——UNIX System Ⅴ。从此,UNIX 在全球风行起来,迅速被计算机界采用,成为比较理想的操作系统。

1.7.2　UNIX 系统的特点

UNIX 系统之所以在相当短的时间内取得这样大的成功,其根本原因在于 UNIX 本身的性能和特点:

(1) UNIX 是一个分时、多用户、多任务的操作系统,这是 UNIX 有别于 PC-DOS 的根本特征。UNIX 系统不是一个实时的系统,尽管有些 UNIX 已经具有实时控制能力,但是标准的 UNIX 系统版本是不包含这些功能的。

(2) 内核和核外程序有机结合。按这种设计思想,UNIX 系统在结构上分成两大部分:内核程序和核外程序。

内核部分就是一般所说的 UNIX 操作系统,它包括了进程管理、存储管理、设备管理及文件管理等几个部分。能够从内核中分离出来的部分,则以核外形式出现,并在用户环境下运行。内核向核外程序提供了强有力的支持;核外程序则以内核为基础,灵活而恰到好处地运用了内核的支持。两者结合起来作为一个整体,向用户提供各种良好的服务。

(3) 良好的用户界面。UNIX 向用户提供两种界面。一种是用户使用命令,通过终端和系统进行交互作用的界面,简称为用户界面。另一种是面向用户程序的界面,称为系统调用。

UNIX 用户界面是一种命令程序设计语言 Shell,它不但具有一般命令语言的功能,而且还具有某些程序设计语言的特点。

系统调用是用户在编写程序时使用的界面。UNIX 在汇编语言和 C 语言中提供了这种界面。用户可以把它看成是 C 语言的一部分加以应用。

(4) 树形结构的文件系统。UNIX 具有一个树形结构的文件系统，它由基本文件系统和若干个子文件系统组成。这一点与 PC-DOS 相同。但 UNIX 系统的文件系统是可装卸的，它不仅可以扩大文件的存储空间，而且有利于安全和保密。

(5) 文件和设备统一处理。在 UNIX 系统中，普通文件、文件的目录表和输入、输出设备都是作为文件统一处理的。它们在用户面前具有相同的语法和语义，这样既简化了系统的设计，又便于用户使用。

(6) 丰富的核外程序。UNIX 系统的核外部分包含了非常丰富的软件开发工具、文本处理软件、高级语言处理程序和系统实用程序。在语言处理程序方面，UNIX 能够提供十几种常用程序设计语言的编译和解释程序，如 C、FORTRAN77、PASCAL、APL、ALGOL、SNOBAL、BASIC 等。用户通过 Shell 命令使用这些程序。正是这些系统软件给用户提供了相当完备的程序设计环境。

(7) 系统用高级语言编写，可移植性好。UNIX 的系统内核和核外程序基本上用 C 语言编写，这使得系统易于理解、修改和扩充，并使系统具有很好的移植性。

1.7.3　UNIX 操作系统的结构

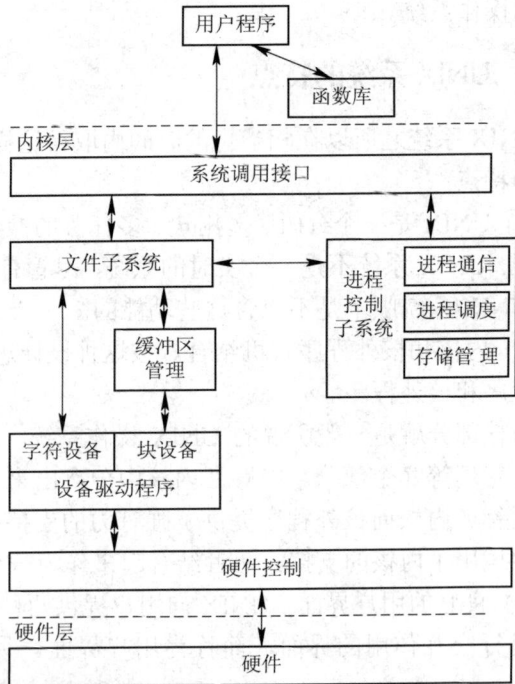

UNIX 系统分为内核和外壳两部分。UNIX 系统的结构如图 1.8 所示，其内核完成的功能见图 1.9。

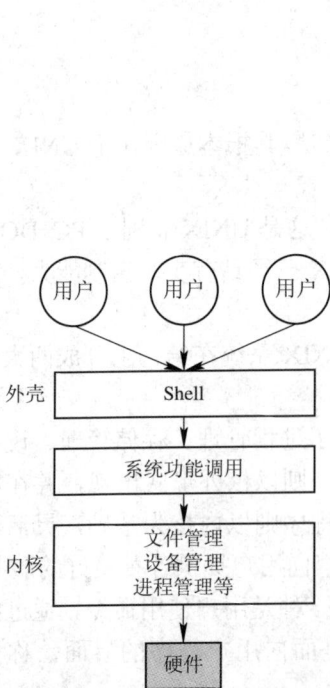

图 1.8　UNIX 操作系统的结构　　　　图 1.9　内核实现的功能

UNIX 的内核是常驻内存的部分，是用户不能随意改变的部分，即通常称为 UNIX 操作系统的部分。它包括进程管理、存储管理、设备管理和文件管理及操作系统的其他重要功能。一般来说，UNIX 系统的核心部分是不公开的，是看不见的。

把不必常驻内存的程序从内核中分离出来，以核外程序的形式在用户环境下运行。UNIX 系统的这一部分软件远比核心部分大得多且丰富得多，并且可以不断修改和扩充。

在 UNIX 系统内核和系统实用程序之间的是 UNIX 向用户提供的两种界面。一种是系统调用，它是专供 UNIX 系统的用户设计和开发应用程序时使用的；另一种接口是命令级接口，不管是普通用户，还是程序员，都是以命令形式调用核外的实用程序来使用 UNIX 系统的。UNIX 系统的 Shell 命令解释用户所发出的命令，并调用系统内核的相应部分执行命令。它是 UNIX 系统内核面向用户级的接口。

UNIX 内核源程序含有数十个源代码文件。这些文件按编译方式大致分成三类：C 语言程序文件、C 语言全局变量和符号常量文件以及汇编语言程序文件。

1.8　Windows NT/2000/XP 简介

1.8.1　Windows NT

Windows NT 是 Windows 桌面图形用户接口和 LAN Manager 的汇集，前者基于 DOS 操作系统，后者基于 OS/2。Windows NT 具有完整的网络操作系统的功能，不依赖于任何执行的操作系统。虽然它能和 UNIX、IBM 公司的 MVS 等操作系统通信，然而作为一个能运行在各种硬件平台的分布式操作系统，它成为了 UNIX 的竞争对手。

第一个 Windows NT 版本是 NT 3.1，是 32 位的核心操作系统，但它也能运行已有的 Windows、MS-DOS 和基于字符的 OS/2 应用。它还包括了所有 Windows 的联网功能。

该版本的改进版本是 Windows NT Advanced server 3.1(NTAS)，它提供了更多的功能和特性，包括安全性、可靠性等。它是为更大规模的网络而设计的，可运行在支持多个服务器的一些关键应用中。

之后，Microsoft 又推出了 Windows NT 3.5。Microsoft 公司致力于提供单一的、可伸缩的 Windows NT 产品。例如，桌面工作站是一个能提供 GUI、支持和网上其他系统合作的客户机部分；而中央服务器既能提供 LAN Manager 的功能，还能提供其他的功能，构成一个单一的分布式或网络操作系统。因此，这些产品易于得到更优化的性能，使得管理更方便。

1.8.2　Windows 2000

Windows 2000 实际上是从 Windows NT 5.0 发展而来的，原本是 Windows NT 4.0 的升级版本，但是考虑到未来计算机软件的发展趋势，也为了迎接新千年的到来，最终将这个操作系统命名为 Windows 2000。

Windows 2000 是微软公司迄今为止投入最大的一个产品，它集 Windows 98 和 Windows NT 4.0 的很多优良功能于一身，已不是单纯的 Windows NT 的升级，而成为 Windows 大家族中的一个新的系列——Windows 2000 系列。在这个系列中包括了微软新开发的四个产品：Windows 2000 Professional、Windows 2000 Server、Windows 2000 Advanced Server 和 Windows 2000 Datacenter Server。这四个产品中 Professional 是桌面操作系统，适合移动用户使用，可以用于升级 Windows 98 和 Windows NT Workstation 4.0。Server 是网络服务器操作系统，可以用于升级 Windows NT Server 4.0。Advanced Server 则是 Windows NT Server 4.0

企业版的升级产品。Datacenter Server 是一个全新的产品。

微软推出的 Windows 2000 系列中有三个产品都是用于服务器的，我们暂且称其为 Server 系列。其中，Windows 2000 Server 用于工作组和部门服务器，Windows 2000 Advanced Server 用于应用程序服务器和更强劲的部门服务器，Windows 2000 Advanced Server 用于运行核心业务的数据中心服务器系统。这三种操作系统都应用于网络服务器，具有的显著特点如下：

(1) 全面的 Internet 和应用软件服务。通过与用于新一代数字化商业方式的重要的 Internet 服务集成，Windows 2000 Server 系列使建立和部署强大的电子商务、知识管理和其他商业方式更为容易。

(2) 增强的可靠性和可扩展性。与 Windows NT 4.0 相比，Windows 2000 Server 具有更高水平的整体系统的可靠性和规模性。例如，系统已针对 32 位处理器进行了优化，支持最高达 64 GB 的内存，并建立了更强大的系统体系。

(3) 强大的端对端管理使成本更低。为降低成本，Windows 2000 Server 为客户的服务器、网络和基于 Windows 的客户系统提供综合的管理服务。例如，"活动目录(Active Directory)"服务为 Windows 2000 的系统管理提供了有效的方法。

1.8.3 Windows XP

Windows XP 是继 Windows 2000 之后微软公司推出的又一个 Windows 版本，是一种基于 NT 技术的纯 32 位操作系统，使用了更加稳定和安全的 NT 内核。Windows XP 集成了 Windows 2000 的安全性、可靠性和强大的管理功能以及 Windows 98/Me 的即插即用功能、简易用户界面等各种先进功能，性能更加稳定，是一款更加优秀的 Windows 产品，是微软迈向 Microsoft.NET 的重要一步。

Windows XP 采用了智能化的用户界面，更方便用户的使用；其出色的应用程序和设备兼容性，使它可以运行更多的程序和兼容更多的新设备；强大的安全性能够更有效地保护用户的数据文件的安全；简便和强大的管理功能使用户能够更方便、有效地管理计算机。

Windows XP 目前主要有两个版本，即针对于家庭用户的 Windows XP Home Edition 和针对于商业用户的 Windows XP Professional。这两个版本区别不大，家庭版减去了专业版中一些家庭用户用不到的功能和工具。

本章介绍了操作系统的定义，给出了研究操作系统的几个主要观点，目的在于加深大家对操作系统的了解。这几种观点从不同角度揭示了操作系统的原理和设计方法。在本书的后续章节，我们主要以资源管理观点并辅助以其他几种观点来阐述操作系统的原理及设计方法。

习　　题

1. 试给出操作系统的定义，并说明现代操作系统的基本特征是什么。
2. 操作系统的形成和发展经历了哪几个阶段？当前操作系统发展的趋势如何？
3. 操作系统的主要功能是什么？形成的标志是什么？

4. 解释下列名词：共享、并发、并行、不确定性。

5. 操作系统可分为哪几种类型？每一种操作系统的设计目标是什么？

6. 什么是多道程序？它的主要特点是什么？实现多道程序设计要解决哪几个问题？

7. 为什么要引进分时系统？分时系统的特点是什么？

8. 实时系统分为哪几类？在设计中要考虑哪些问题？

9. 什么是 SPOOLing？你认为将来高档个人计算机会将 SPOOLing 作为标准特性吗？

10. 在早期的计算机中，每一个字节数据的读写都是由 CPU 直接进行处理的，这种组织结构对多道程序技术的出现有什么影响？

11. 客户机/服务器模型在分布式系统中很流行，它能够用于单机系统吗？

第 2 章　作业管理和用户接口

作业管理是操作系统中 5 大资源管理功能之一，它和进程管理都属于处理机管理，而作业管理是处理机的高级管理，进程管理属于处理机的低级管理。对一个用户来说，他所关心的不是操作系统的内部实现细节，而是操作系统的外部特性。以用户观点研究操作系统，要求操作系统能为用户提供更多的服务，以方便用户对计算机的使用。

操作系统是用户与计算机之间的接口，为使用户方便地使用操作系统，操作系统向用户提供了"用户与操作系统的接口"。该接口支持用户与操作系统之间进行交互，即用户向操作系统请求提供特定服务，而系统把服务的结果返回给用户。操作系统向用户提供了两类接口，一类是作业控制级接口，另一类是程序级接口。

作业控制级接口为用户提供对作业运行全过程的控制功能，它从最初的命令驱动方式发展到菜单驱动、图符驱动乃至现在的视窗操作环境。

程序接口是操作系统专门为用户程序设置的，也是用户程序取得操作系统服务的一个途径。程序接口通常由各种系统调用组成。在每个操作系统中，一般都有几十条甚至上百条系统调用。用户正是通过操作系统提供的一组系统调用来请求并获得系统资源的，以便在编制程序的时候使用。

本章的主要内容包括：

- 作业的定义与控制。
- 作业的调度。
- 系统功能调用。
- 操作系统提供的用户接口及用户管理。

2.1　作业的组织和管理

2.1.1　作业和作业处理过程

1. 作业的概念

作业是用户在一次算题过程中或一个事务处理过程中要求计算机系统所做工作的总和，它是用户向计算机系统提交一项工作的基本单位。把要求计算机系统所做工作的相对独立的步骤叫做一个作业步，作业由不同的顺序相连的作业步组成。

根据计算机系统作业处理方式的不同，通常可把作业分为脱机作业和联机作业两大类：

(1) 脱机作业：是指用户不能直接与计算机系统交互，中间需要通过操作员进行控制和干预的作业。脱机作业通常在批处理系统中使用，所以也被称为批量型作业或是后台作业。

(2) 联机作业：用户能够直接与计算机系统交互作用，所以联机作业也称为交互型作业、终端作业或者前台作业。联机作业多用于分时系统中。目前的单用户微机操作系统大都采用这种方式。

用户向操作系统提供作业加工步骤的方式称为作业控制方式。根据作业类型的不同，可以把作业控制方式分为两种：

(1) 脱机作业控制方式(也称为作业自动控制方式)：即用户把作业执行的目的连同程序和数据及故障处理措施一起输入到系统中，由系统根据该目的来控制作业执行的全过程。

(2) 联机作业控制方式(也称作业直接控制方式)：采用人机对话的方式来控制作业的运行。

2. 作业的组成

作业由程序、数据和作业控制信息(如作业说明书)三部分组成。作业控制信息包括作业基本情况、作业控制和作业资源要求的描述，它体现用户对作业控制的意图。

在批处理系统中，用户不能直接与自己的作业交互作用，只能委托系统代替用户进行控制和干预。批处理作业控制语言便是提供给批处理作业用户的、为实现所需功能委托系统代为控制的一种语言。用户用批处理作业控制语言把需要对作业进行的控制和干预事先写在作业说明书上，然后将作业连同作业说明书一起提供给系统。当系统调度到该作业并运行时，就调用命令解释程序，对作业说明书上的命令逐行地解释执行。如果作业在执行过程中出现异常现象，系统也将根据作业说明书上的指示进行干预。这样，作业一直在作业说明书的控制下运行，直至遇到作业结束语句时，系统才停止该作业的运行。

作业说明书包括三方面的内容：

(1) 作业基本情况：包括用户名、作业名、编程语言、最大处理时间等。

(2) 作业控制描述：包括作业控制方式、作业步的操作顺序、作业执行出错处理。

(3) 作业资源要求描述：包括处理时间、优先级、内存空间、外设类型和数量、实用程序要求等。

在批处理系统中，用户时常把成批的作业按照某种次序依次输入系统，这就形成了作业流。不同的系统可以有一个或多个作业流。由于批处理系统常常与 SPOOLing 技术相联系，因此也称 SPOOLing 系统。

3. 作业的处理过程

一个作业从进入系统到运行结束，一般需要经历"输入"、"后备"、"执行"和"完成" 4 个阶段，相应地，称作业处于输入、后备、执行和完成 4 个不同的状态。

(1) 输入状态。又称为提交或录入，是指用户将自己的程序和数据提交给系统的后援存储器。关于作业的输入有多种方式，如联机输入、脱机输入、SPOOLing 系统输入等。

(2) 后备状态。在作业的输入阶段，操作员将用户提交的作业通过脱机输入或调用SPOOLing 系统输入过程，将作业输入到直接存取的后援存储器，然后由"作业注册"程序负责为进入系统的作业建立作业控制块，并把它加入到后备作业队列中，等待作业调度程序调度，这时作业处于后备状态。

(3) 执行状态。一个作业被作业调度程序选中并分配了必要的资源，建立了一组相应的进程后，该作业就进入了执行状态。作业调度进程将当前调度到的一批(或一个)作业变成为运行状态后，自己便进入睡眠状态，以等待调度下一批作业。处于执行状态的作业获取了在处理机上运行的资格，它可以由进程调度程序选中而在处理机上运行，也可以等待进程调度。根据其进程活动的情况又可以分为就绪状态、运行状态和阻塞状态等 3 种状态。

(4) 完成状态。当作业正常运行结束或因发生错误而终止时，作业进入完成状态，退出系统。此时，由系统的"终止作业"程序将其作业控制块从现行作业队列中除去，并负责回收资源，然后将作业的运行结果信息编入输出文件，再通过有关联机输出设备输出。

作业退出的工作流程如下所述：

- 把输出结果送到输出设备上(启动缓输出进程完成)。
- 回收各种资源。
- 缓输出进程(脱机)。
- 从输出井上将结果输出。

作业状态转换过程如图 2.1 所示。

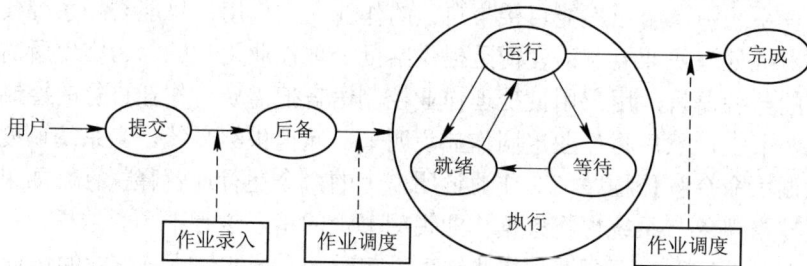

图 2.1　批处理系统中的作业处理及状态

2.1.2　作业的输入/输出方式

作业的输入是指把作业从输入介质上送入系统并加以组织，在磁盘上形成一个后备作业的过程。作业的输出是指将作业执行的结果由系统经输出设备输出。作业的输入/输出方式有以下几种。

1．联机输入/输出

该方式由主机直接控制输入/输出。由于主机和外围设备的速度相差悬殊，因而这种方式降低了 CPU 的利用率。

2．脱机输入/输出(人工干预)

由于主机和外围设备的速度相差悬殊，早期的输入/输出采用脱机外围设备解决这一问题。专门设置一台卫星机(或称外围处理机)负责输入/输出，利用外围处理机把作业先输入到辅助存储器上(如磁盘，磁带)，然后再通过辅助存储器与主机相连。同样，作业执行结束后，其计算结果及有关信息通常也是存储到辅助存储器上的，然后再通过辅助存储器在外围机上进行输出。由于外围计算机只负责外围设备与磁带机上的信息传递，因此其操作独立于中心计算机，而不在主处理机的直接控制下进行，所以，称为脱机外围设备操作。脱机外围设备操作在一定程度上缓解了输入/输出与 CPU 速度间的矛盾，但却带来了一些问题，如操作员在中心计算机和外围机之间的手工操作效率较低，不同批次中的作业无法搭配运行，不易实现优先级调度等。

3．SPOOLing 系统

一般的输入/输出设备都是独享设备并属于慢速设备，因此，当一个作业使用这类设备进行一次较大量的数据交换时，其他需要同时访问该设备的作业就要等待较长时间，从而降低了整个系统的并发能力。SPOOLing 技术正是针对上述问题提出的一种设备管理技术。

在多道程序系统中，用程序模拟脱机输入/输出时外围控制机的功能，便可在主机的直接控制下实现脱机输入/输出功能。此时，外围设备的 I/O 操作与 CPU 对数据的处理同时进行，这种在联机情况下实现的外围设备同时操作称为 SPOOLing，也称伪脱机。SPOOLing 系统的核心思想是利用一台可共享的、高速大容量的块设备(磁盘)来模拟独占设备的操作，使一台独占设备变成多台可并行使用的虚拟设备。SPOOLing 技术是在通道技术和多道程序设计基础上产生的，它由主机和相应的通道共同承担作业的输入/输出工作，利用磁盘作为后援存储器，实现外围设备同时联机操作。SPOOLing 系统由专门负责 I/O 的常驻内存的进程以及输入井、输出井组成。

输入井和输出井是在磁盘上开辟的两个大存储空间。输入井是模拟脱机输入时的磁盘，用于暂存 I/O 设备输入的数据；输出井是模拟脱机输出时的磁盘，用于暂存用户程序的输出数据。它们的作用是调节 CPU 的速度与输入/输出的不协调性。

输入缓冲区和输出缓冲区是在内存中开辟的两个缓冲区。输入缓冲区用于暂存从输入设备送来的数据，以后再传送给输入井；输出缓冲区用于暂存从输出井送来的数据，以后再传送给输出设备。

输入进程 SP1 和输出进程 SP2 属于系统进程，其优先级高于其他任何用户进程，它们和其他用户进程一样，接受系统调度程序的调度运行，其工作流程见图 2.2。进程 SP1 模拟脱机输入时的外围机，将用户要求的数据从输入机通过输入缓冲区送到输入井。当 CPU 需要输入数据时，直接从输入井读入内存。SP2 进程模拟脱机输出时的外围控制机，把用户要求输出的数据先从内存送到输出井，待输出设备空闲时，再将输出井中的数据经过输出缓冲区送到输出设备上。

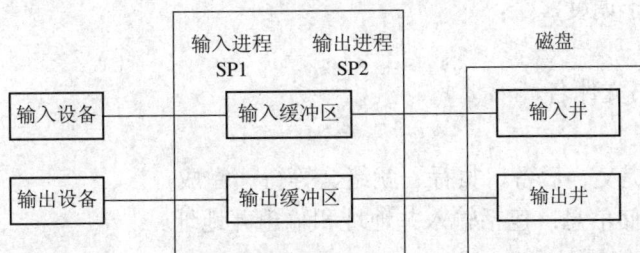

图 2.2　SPOOLing 的工作流程

与脱机外围设备的 I/O 相反，由于 SPOOLing 系统的输入/输出作业是通过主机分别执行相应的输入/输出进程实现的，因此采用的是联机方式，是与主机同时进行的外围设备操作。这样，一方面可以实现 I/O 设备繁忙的输入/输出与主机处理的并行执行，另一方面输入井中的作业可以参与调度，增加了作业调度的灵活性。例如，一个高优先级的作业被 SPOOLing 的输入进程读入磁盘中的输入井后，有可能很快被作业调度程序选中，进而投入运行，大大地缩短了该作业的等待时间。

SPOOLing 系统具有如下优点：

(1) 提高了 I/O 速度。SPOOLing 系统对数据进行的 I/O 操作，已从对低速 I/O 设备进行的 I/O 操作演变为对输入井或输出井中数据的存取，如同脱机输入/输出一样，提高了 I/O 的存取速度，缓和了 CPU 与低速 I/O 设备之间速度不匹配的矛盾。

(2) 将独占设备改造为共享设备。在 SPOOLing 系统中，实际上并没有为任何作业分配设备，而只是在输入井或输出井中为其分配了一个存储区和建立了一张 I/O 请求表。这样，便把独占设备改造为共享设备。

(3) 实现了虚拟设备功能。宏观上，虽然是多个进程在同时使用一台独立设备，而对每一个进程而言，它们都认为自己是独占了一个设备，当然，该设备只是逻辑上的设备。SPOOLing 系统实现了将独占设备变换为若干台对应的逻辑设备的功能。

2.1.3 作业控制块

1．作业控制块

在多道批处理系统中通常有上百个作业被收容在输入井(磁盘)中。为了管理和调度作业，每个作业进入系统时，系统会自动为其建立作业控制块(Job Control Block，JCB)，用来存放管理和控制作业所必需的信息。

系统为每一个作业创建一个作业控制块，用来记录与作业有关的各种信息，只有当作业退出系统时，JCB 才被撤消。因此，JCB 是一个作业存在的惟一标志，是系统为管理作业所设置的一个数据结构。每个 JCB 的具体内容根据作业调度的要求而定，它包括该作业的标识信息、状态信息、调度参数、资源需求和其他控制信息等，如：

(1) 作业名。

(2) 用户名及用户账号。

(3) 内存需求量。

(4) 估计执行时间。

(5) 优先数(用于调度)。

(6) 作业类型。

(7) 作业说明书文件名。

(8) 资源要求量。

(9) 作业状态(提交、后备、执行、就绪、等待、完成)。

(10) 作业的存储信息：包括输入井地址和输出井地址。

2．作业后备队列

作业建立完成后，形成一个"后备作业"。输入井中存在着许多后备作业，为了调度程序能够方便地工作，通常按照某种原则将这些后备作业的 JCB 排成一个或多个序列，形成作业后备队列。

2.1.4 作业调度

在一些操作系统中，一个作业从提交到完成需要经过高级、中级和低级三级调度，见图 2.3。

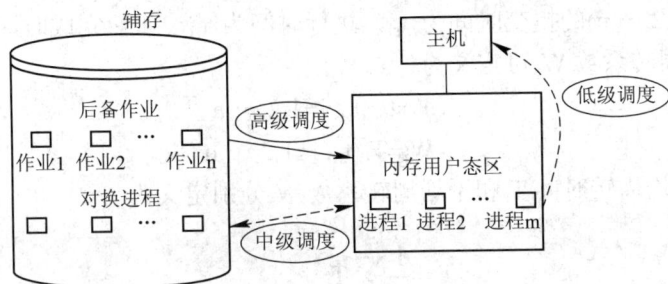

图 2.3　三种调度

(1) 高级调度(又称作业调度)：将已进入系统并处于后备状态的作业按某种算法选择一个或一批，为其建立进程，并进入主机。

(2) 中级调度(又称对换调度)：负责决定进程在内存和辅存盘交换区间的对换。在内存紧张时，为了将进程调入内存，必须将内存中的一些进程切换至盘交换区，以便为调入进程腾出空间。因此，中级调度是为了缓解内存资源的紧张状态，在多道程序范畴内实现进程动态覆盖的虚拟存储技术。

(3) 低级调度(又称进程级调度)：主要决定内存中的哪个进程可以占据 CPU，使其处于运行状态。

在实际系统中三种调度并不一定同时存在。例如，在分布式操作系统中，一般只需要中级调度和低级调度；在批处理系统中，有作业调度，但不一定有中级调度。

作业调度程序选择到的作业只是有资格获得处理机，但不一定立刻就能占有它并在其上运行，即此刻作业得到的是一台虚处理机而不是物理处理机。至于一个已被作业调度程序调度到的作业何时能够真正在处理机上运行，则取决于"进程调度"所遵循的调度策略和作业的性质。

1. 作业调度算法的评价因素

作业调度又称为高级调度或宏观调度，它根据系统的情况和作业调度策略，将一些作业置为执行状态。作业调度程序通常作为一个进程在系统中执行，它在系统初始化时被创建。它的主要功能是审查系统是否能满足用户作业的资源要求以及按照一定的算法选取作业。

作业调度按照某种算法把后备状态作业中的一个或一批作业调到主机上运行。调度的关键在于确定调度算法。在选择调度算法时要考虑到各种因素，以获得一个好的作业搭配，使得系统资源(主要是 CPU 和外设)能够得到高效的利用。对于批处理系统，有以下评估作业调度算法好坏的标准。

(1) CPU 利用率。希望获得较高的 CPU 的利用率。CPU 的利用率可从 0%～100%。在实际的系统中，一般 CPU 的利用率从 40%(轻负荷系统)～90%(重负荷系统)。通常，在一定的 I/O 等待时间的百分比之下，运行程序道数越多，CPU 空闲时间的百分比越低。

(2) 吞吐量。它表示单位时间内 CPU 完成作业的数量。对长作业来说，吞吐量可能是每小时一个作业；而对于短作业处理，它可以达到每秒钟 10 个作业。

(3) 周转时间。通常把周转时间或周转系数作为评价批处理系统的性能指标，下面给出它们的定义。

设作业 $J_i(i=1,2,\cdots,n)$的提交时间为 t_{si}，执行时间为 t_{ri}，作业完成时间为 t_{oi}，则作业 J_i 的周转时间 T_i 和周转系数 W_i 可定义为

$$T_i=t_{oi}-t_{si},\ i=1,2,\cdots,n$$

$$W_i=T_i/t_{ri},\ i=1,2,\cdots,n$$

n 个作业的平均周转时间 T 和平均周转系数 W 分别定义为

$$T = \frac{1}{n}\sum_{i=1}^{n} T_i$$

$$W = \frac{1}{n}\sum_{i=1}^{n} W_i$$

对每个用户来说，总是希望自己的作业在提交后能立即执行，从而使该作业的周转时间最短，即周转时间等于作业执行时间：$T_i=t_{ri}$，而周转系数 $W_i=1$。但是对于一个计算机系统来说，不可能同时满足每个用户的这种要求，而只能使系统的平均周转时间或平均周转系数最小。显然，作业的平均周转时间越短，意味着这个作业在系统中停留的时间越短，因而系统的吞吐率也就越高，同时，也能使用户感到比较满意。因此，用平均周转时间和平均周转系数来衡量调度性能比较合理。

上述评估要求往往是互相矛盾的，要想提高吞吐量，则应优先考虑运行短作业；要想提高 CPU 的利用率，则应优先考虑长作业。因此作业调度算法的选择要从不同系统的设计目标出发，在各种要求之间取得较好的平衡。

2. 如何选择调度算法

在选择调度算法时要考虑到各种因素，例如作业的进入时间、优先数、存储要求、设备申请、系统均衡、用户满意程度和系统效率等。由于这些因素之间常常互相矛盾，又很难兼顾，因此在选择算法时应着重考虑对系统至关重要的因素，牺牲某些次要因素。下面给出选择调度算法的依据：

(1) 选择的调度算法应与系统的整个设计目标一致。例如，批处理系统应注重提高计算机系统的效率，尽量增加系统的处理能力；而分时系统应保证用户能接受的响应时间；实时系统的调度策略是在保证及时响应和处理与时间有关的事件的前提下，才考虑系统资源的利用率。

(2) 注意系统资源的均衡搭配使用，使"I/O 繁忙"的作业和"CPU 繁忙"的作业搭配起来执行。

(3) 平衡系统和用户的要求。由于系统和用户的要求往往是矛盾的，系统的设计目标往往希望资源的利用率越高越好，而用户希望作业的周转时间越短越好，因此确定算法时要尽量平衡双方的需求。

3. 作业调度算法

1) 单道批处理系统的作业调度算法

对于单道批处理系统，常用的作业调度算法有：

(1) 先来先服务调度算法(FCFS)。先来先服务调度算法是一种比较简单的调度算法。当

在作业调度中采用该算法时，作业控制块按照作业的创建时间串成作业队列，每次调度时从后备作业队列中选择队首的一个作业，将它调入内存，为它分配资源，创建进程开始执行。

FCFS 调度算法优先考虑在系统中等待时间最长的作业，而不管它运行时间的长短，忽视了吞吐量和平均周转时间等因素。因此这种算法有利于长作业，而不利于短作业；有利于 CPU 繁忙型的作业，而不利于 I/O 繁忙型的作业。

(2) 短作业优先调度算法(SJF)。短作业优先调度算法是指对短作业优先调度的算法，作业控制块按照作业的估计运行时间串成作业队列，每次调度时从后备作业队列中选择队首的一个作业。短作业优先调度算法可以照顾到在所有作业中占很大比例的短作业，使它们能够比长作业优先执行。

SJF 调度算法能够有效地降低作业的平均等待时间，提高系统的吞吐量，但也存在着不容忽视的缺点：

该算法对长作业非常不利，如果不断有短作业进入系统的后备队列，则调度程序总是优先调度那些短作业，哪怕它是后进来的作业，这样致使某些长作业得不到调度，无限期地等待，这种情况称为"饥饿"现象。同时，该算法没有考虑作业的紧迫程度，因而不能保证紧迫性作业会得到及时处理。

(3) 最高响应比优先调度算法(HRP)。在批处理系统中，短作业优先算法是一个比较好的算法。其主要的缺点是长作业的运行得不到保证。如果能为每个作业设置一个优先权，并使它以速率 a 增加，则长作业在等待一定的时间后，必然有机会分配到处理机。该优先权的变化可描述为

$$优先权=(等待时间+要求服务时间)/要求服务时间$$

由于等待时间加上要求服务时间就是系统对该作业的响应时间，故该优先权又相当于响应比 RP，因此可表示为

$$RP=\frac{作业响应时间}{作业估计运行时间}$$
$$=1+\frac{作业等待时间}{作业估计运行时间}$$

由上式可以看出：如果作业的等待时间相同，则要求服务的时间越短，其优先权越高，因此该算法有利于短作业；当要求服务的时间相同时，作业的优先权决定于其等待时间，因而实现了先来先服务；对于长作业，当其等待时间足够长时，其优先权便可以升到很高，从而也可获得处理机，这样就克服了"饥饿"现象。因此，最高响应比优先调度算法既照顾了短作业，又考虑了作业到达的先后次序，避免了长作业长期等待而得不到服务的情况，因此，该算法是一种较好的折衷算法。

2) 多道批处理系统的作业调度算法

在多道批处理系统中，为提高处理机的利用率，改善主存和 I/O 设备的利用情况，作业调度程序可以选择多个作业同时执行。在多道批处理系统中，通常采用以下两种作业调度算法：

(1) 优先级调度算法。在多道批处理系统中，为了照顾时间紧迫的作业或"I/O 繁忙"的作业，可根据下述方法设置作业优先级，并根据优先级进行作业调度：

- 时间要求紧迫的作业获得高优先级。
- "I/O 繁忙"的作业获得高优先级，以便充分发挥外设的效率。
- 在一个兼顾分时操作和批处理的系统中，为了照顾终端会话型作业，给它以高优先级，以便获得合理的响应时间。

(2) 均衡调度算法。这种算法的基本思想是根据系统的运行情况和作业本身的特性对作业进行分类。作业调度程序轮流地从这些不同类别的作业中挑选作业执行。这种算法力求均衡地使用系统的各种资源，既注意发挥系统效率，又使用户满意。例如：把出现在输入井中的作业分成 A、B、C 3 类，每类作业再按照优先级排成 1 个队列：

A 队：短作业队列，作业计算时间小于一定值，无特殊外设要求。

B 队：要用到磁带的作业队列，它们属于 I/O 繁忙的作业。

C 队：长作业队列，作业计算时间超过一定值。

在作业调度时，从这 3 个作业队列的队首分别选择 1 个作业调度执行。

4. 作业调度算法的性能分析

以上内容使我们对调度算法有了理论上的了解，下面给出具体的例子来分析几种算法的适用情况。

1) 单道程序环境下作业调度性能的分析

设有 4 个作业，它们的提交时刻、执行时间如表 2.1 所示。

表 2.1　4 个作业的提交时刻和执行时间

作　业	提　交　时　刻	执　行　时　间
1	8.00	2.00
2	8.50	0.50
3	9.00	0.10
4	9.50	0.20

这里的时刻采用十进制计数，只是为了方便。

(1) 先来先服务调度算法。按照先来先服务思想，4 个作业的执行顺序是 1，2，3，4。计算该作业序列的平均周转时间 T 和平均周转系数 W，如表 2.2 所示。

表 2.2　计算 T 和 W(先来先服务调度算法)

作　业	提交时刻 t_s	执行时间 t_r/小时	开始时刻 t_{ls}	完成时刻 t_o	周转时间 T_i/小时	周转系数 W_i
1	8.00	2.00	8.00	10.00	2.00	1.00
2	8.50	0.50	10.00	10.50	2.00	4.00
3	9.00	0.10	10.50	10.60	1.60	16.00
4	9.50	0.20	10.60	10.80	1.30	6.50
平均周转时间 T=1.725 小时 平均周转系数 W=6.875					6.90	27.50

(2) 最短作业优先调度算法。按最短作业优先调度算法，该作业序列的执行顺序为 1，

3，4，2。由于在 8.00 开始执行作业，当时仅有 1，而作业 2，3，4 尚未到达，故作业 1 是最短作业。作业 1 执行完成后是 10.00，此时作业 2，3，4 均已经到达，故选最短作业 3，依此类推，平均周转时间和平均周转系数的计算结果如表 2.3 所示。

表 2.3　计算 T 和 W(最短作业优先调度算法)

作　业	提交时刻 t_s	执行时间 t_r/小时	开始时刻 t_{ls}	完成时刻 t_o	周转时间 T_i/小时	周转系数 W_i
1	8.00	2.00	8.00	10.00	2.00	1.00
2	8.50	0.50	10.30	10.80	2.30	4.60
3	9.00	0.10	10.00	10.10	1.10	11.00
4	9.50	0.20	10.10	10.30	0.80	4.00
平均周转时间 T=1.55 小时 平均周转系数 W=5.15					6.20	20.60

(3) 最高响应比优先调度算法。按最高响应比优先调度算法，该作业序列的执行顺序为 1，3，2，4。当作业 1 执行完成时，计算作业 2，3，4 的响应比分别为：4，11，3.5，因此，作业 1 执行完成后选中作业 3 执行。按此算法求得的平均周转时间和平均周转系数如表 2.4 所示。

表 2.4　计算 T 和 W(最高响应比优先调度算法)

作　业	提交时刻 t_s	执行时间 t_r/小时	开始时刻 t_{ls}	完成时刻 t_o	周转时间 T_i/小时	周转系数 W_i
1	8.00	2.00	8.00	10.00	2.00	1.00
2	8.50	0.50	10.10	10.60	2.10	4.20
3	9.00	0.10	10.00	10.10	1.10	11.00
4	9.50	0.20	10.60	10.80	1.30	6.50
平均周转时间 T=1.625 小时 平均周转系数 W=5.675					6.50	22.7

从上述分析结果可以看出：就平均周转时间和平均周转系数来说，最短作业优先算法最小，先来先服务算法最大，最高响应比优先调度算法居中。

2) 多道程序环境下作业调度性能的分析

有一个具有两道作业的批处理系统，作业调度采用短作业优先调度算法，作业进驻内存后，采用以优先数为基础的抢占式调度算法，即作业运行时间越短，其对应产生的优先数越大。如有 4 个作业序列，现已知它们的提交时刻和运行时间如表 2.5 所示。

表 2.5　4 个作业的提交时刻和运行时间

作业号	提交时刻	运行时间/分钟
1	10:00	30
2	10:05	20
3	10:10	20
4	10:20	10

本题在解答时应注意区分两次调度：一是作业调度，它将后备状态的作业调度进内存，本题中的系统是两道作业系统，因此每次只能有两个作业进入系统；另一个调度是作业进入内存后采用以优先数为基础的调度，优先数越大，优先级越高，优先级高者抢占使用 CPU。

10:00，作业 1 进入，只有这一个作业，所以它投入运行。10:05，作业 2 进入，系统可以支持两道环境，所以它也被调入。这时我们基于优先数可抢占式调度策略来决定谁被执行。优先数可以根据作业估计运行时间的长短来决定。在 10:05 时，作业 1 还需要 25 分钟，作业 2 需要 20 分钟，所以作业 2 运行，作业 1 被中断进行等待。10:10，作业 3 到达输入井，由于内存中已经有两个作业，因此它不能被调入内存。10:20，作业 4 也只有在输入井中等待。

10:25，作业 2 结束运行，退出内存。比较作业 3、4 的运行时间，作业 4 短，因此作业 4 被作业调度程序调入内存。现在内存中有作业 1、4，由于作业 1 还需要 25 分钟，作业 4 需要 10 分钟，因此作业 4 先执行，完成后退出内存。接下来执行作业 3，最后作业 1 执行完毕。总的执行顺序是 1、2、4、3、1。计算可得周转时间、周转系数、平均周转时间、平均周转系数如表 2.6 所示。

表 2.6　计算结果

作业	提交时刻 t_s	执行时间 t_r/分钟	开始时刻 t_{ls}	完成时刻 t_o	周转时间 T_i/分钟	周转系数 W_i
1	10:00	30	10:00	11:20	80	2.667
2	10:05	20	10:05	10:25	20	1
3	10:10	20	10:35	10:55	45	2.25
4	10:20	10	10:25	10:35	15	1.5
平均周转时间 T=40 分钟 平均周转系数 W=1.854					160	7.417

2.2　作业控制方式

作业控制方式可以有以下两种：

脱机作业控制：用户输入作业说明书，整个作业的运行由系统控制。

联机作业控制：通过联机命令语言和会话式程序设计语言控制作业运行。

2.2.1　脱机作业控制方式

作业控制语言(JCL)是人们根据一个作业在运行过程中所能遇到的各种情况及状态改变，总结出的一种表达作业控制意图和步骤的语言。在脱机作业控制中，用户在需要执行作业前，用这种语言写出准确完整的作业说明书，和源程序、执行数据一起提交给系统，由操作系统按照用户的既定要求实现自动控制，解脱操作员的繁忙工作。

JCL 包括两种类型的语句：① 表达申请功能的说明性语句；② 作业控制和操作的执行性语句。表 2.7 是一个 151-1 操作系统的简单作业控制说明书，各语句含义解释如下：

表 2.7 151-1 的作业控制说明书

标号	动词	参数	注释
	JL:	A102,ABCD,65,2500;	(1)
	SQ:	KH1,GD2,CD3;	(2)
	BY:	ALGOL,A202,A203,36;	(3)
	ZR:	A203;	(4)
	QD:	1.36;	(5)
	CL:	Y;	(6)
36	CL:	W;	(7)

(1) 作业名=A102，用户名=ABCD，优先级=65，内存要求=2500，申请建立此作业。

(2) 申请外设资源：宽行打印机 1 台，光电机 2 台，磁带机 3 台。

(3) 编译源文件 A202。该文件使用 ALGOL 语言编写，文件名 A202 经过编译后形成目标文件 A203。

(4) 编译语句正确执行后执行该语句，把 A203 装入该作业的内存区中。

(5) 按启动点 1 启动 A203 运行，在该程序出现各种事件时转到标号 36 的语句执行撤离。

(6) 在 A203 运行完毕时开始执行本语句，完成有条件撤离该作业。

(7) 该语句是编译过程中或 A203 程序运行过程中出现错误时转来的，无条件撤离该作业。

2.2.2 联机作业控制方式

联机作业控制中，操作命令提供了交互式的用户接口。用户通过控制终端键入操作命令，向系统提出各种要求，命令解释系统会解释这些命令，以完成各种操作。例如，UNIX 中的 Shell 就是这样的用途。用户登录(控制台登录或远程登录)后，由系统自动执行一些命令脚本，然后进入 Shell(字符或 GUI 界面)，接受用户的命令和操作，最后退出系统。

1. MS-DOS 的作业控制

1) DOS 命令处理程序

DOS 的命令处理程序 command.com 处于 DOS 的最外层，直接面向用户。它驻留在内存中，在系统运行期间不再退出。为了给应用程序的执行提供更大的内存空间，它又被分为常驻部分和暂驻部分(可被应用程序覆盖)。

(1) 命令类型。DOS 中的操作命令分成三类：

内部命令：随 command.com 装入内存，都集中在根目录下的 command.com 文件里。如 dir(显示一个目录下的文件和子目录)，cd(改变目录)，copy(复制)等。

外部命令：以 com 和 exe 为后缀的文件，存在于外存中。如 format(格式化)，diskcopy (磁盘复制)，xcopy(拷贝目录和文件)等。

批处理文件：由一组内部命令或外部命令以及批处理命令组成的命令序列构成的文件，类型名为.bat。如系统引导时加载的 autoexec.bat。

(2) 命令处理程序的组成。命令处理程序可分为三部分：

非常驻部分：DOS 在启动后会自动运行 autoexec.bat 这个文件，该文件是一个特殊的批处理文件，由若干个命令行组成，系统启动时执行它，进行一些处理。

常驻部分：包括三个中断处理子程序(终止地址 INT 22H、CTRL-BREAK 处理 INT 23H 和标准错误处理 INT 24H)和一个恢复暂驻部分的程序。

暂驻部分：也称覆盖部分，这部分包括所有的内部命令处理程序、批命令处理程序以及一个用来装入并执行外部命令的程序。

2) 命令处理举例

command.com 文件中存放着所有命令及执行的入口地址，用户输入一个命令后，系统要进行识别，找到相应的处理程序，否则会提示用户输入的命令有误，重新输入。

(1) 内部命令：直接由 command.com 本身完成，功能简单，使用频繁。例如 dir，cd，copy。

(2) 外部命令：通过运行相应的可执行文件来完成。例如 format，xcopy。命令行选项通常是：/option，如"/?"选项可显示各命令的命令行选项列表。

(3) 输入/输出重定向和管道：<，>，>>，|。

- "<"为输入重定向。例如：

  find   string < temp.txt   将显示文件 temp.txt 中有 string 串的行

  more < temp.txt   将逐屏显示输出文件 temp.txt 的内容

- ">"为输出重定向，">>"为追加输出重定向。例如：

  dir > temp.txt   将把 dir 命令在屏幕上的输出保存在新文件 temp.txt 中

  dir >> temp.txt   将屏幕输出追加在文件 temp.txt 的结尾

- 管道"|"是将前一个命令的屏幕输出作为后一个命令的键盘输入。例如：

  dir | sort   将把 dir 命令的输出按行进行排序

3) DOS 批处理

后缀是 bat 的文件就是批处理文件，它的作用就是把若干条要被多次重复使用的命令组织成一个文件，一次性的成批执行。例如下面的批处理将显示当前目录及其子目录中所有的文件名(含路径名)：

```
echo off

for   /R %%f  in  (*.*)  do  echo  %%f
```

2. UNIX 的作业控制

UNIX 系统的典型作业就是一系列命令行，在命令行中可以是一些简单的命令、Shell 脚本文件、以管道相连的命令等。这些命令拥有相同的作业 ID。

1) 与作业控制有关的 Shell 命令

UNIX 系统提供的 Shell 本质上是一个解释程序，Shell 命令一般具有以下几个特性：

(1) 命令行。和 DOS 一样，在 UNIX 命令中也有内部命令和外部命令之分。内部命令实际上是 Shell 程序的一部分，包含的是一些精简的 UNIX 系统命令，这些命令在 Shell 程序内部完成运行。通常在 UNIX 系统加载运行时，Shell 就被加载并驻留在系统内存中。外部命令是 UNIX 系统中的使用程序的部分内容，因为使用程序的功能通常都比较强大，所以它们包含的程序量也会很大，在系统加载时并不随系统一起被加载到内存中，而是在需要时才将其调入内存。通常，外部命令的实体并不包含在 Shell 中，只是其命令执行过程是由 Shell 程序控制的。Shell 程序管理外部命令的路径查找、加载、分析、解释和执行。

命令行的基本格式为：

command arguments

command 是合法的 UNIX 命令或 Shell 程序，arguments 参数被传送给可执行的代码。如"ls -a -l"中的-a 表示列出所有文件，-l 表示列出所有信息。

内部命令：如 cd(改变工作目录)，exec(执行一个命令)等；

外部命令：如 ls(列出目录的内容)，mkdir(建立目录)等。

(2) 保留字。保留字是 Shell 程序中具有特殊意义的字符，如 do，if，while 等。

(3) Shell 变量。Shell 变量是作为字符串存储的，如 PATH 是保存命令执行的搜索路径，PWD 是保存当前工作目录的绝对路径名。

在 CShell 中，变量赋值命令的基本格式是

set[变量名[=变量值]]或 set　变量名=word

变量的值可以用命令 print 或 echo 查看。

(4) 通配符。通配符是特殊的符号。"*"表示任意的或所有的字符，如 hh*表示以 hh 开头的所有字符串，如果用来表示文件名则是指所有以 hh 开头的文件。"？"表示一个字符，如 hh? 表示以 hh 开头的所有三个字符的字符串，表示文件名则是指以 hh 开头的有三个字符的文件名。

2) Shell 脚本文件

UNIX 系统中的 Shell 脚本，类似于批处理的概念，是包含一个或多个 Shell 命令集合的文件。在需要执行这些命令的时候，只需要输入这个脚本的名字就可以了，不必再逐条输入命令，简化了操作的过程。

一般的 Shell 中指定解释执行脚本的程序都是以"#!/bin/sh"或"#!/opt/bin/perl"开头的。其中，perl 是一个文本文件分析工具。在 CShell 中有三种方式运行脚本：① 为文件添加脚本的执行权限；② 运行/bin/csh [脚本文件名]命令；③ 脚本文件以#!/bin/csh 开始，强制脚本在 CShell 中执行，当 Shell 读到"#!"时，这一行的其他部分就是要执行的 Shell 的绝对路径，文件的脚本将在这个新的 Shell 中执行。

例如：下面是一个脚本文件 pbook 的内容：

```
#!/bin/sh
#A Shell script for print the book
cat chap1 chap3 >book
lp book
```

在这个文件中，第一行说明这是脚本文件，并让 Shell 把这个文件传给 Shell 程序本身执行；第二行以"#"开头，表示注释的文字部分；第三行的 cat 命令可以实现文件串接并显示文件内容，把 chap1 和 chap3 的内容连接并存入 book 中；第四行是打印 book 文件。如果要实现以上的操作，只需输入一条命令：/home/larry#pbook 就可以完成了。

3) 管道

UNIX 系统可以通过管道实现将一个命令的标准输出连接到另一个命令的标准输入上。

管道是指通过使用"|"把一个命令或进程的输出作为另一个命令或进程的输入的方法。通过管道连接起来的命令称为过滤器，它是一类 UNIX 命令。

例如："ls -l | wc -l"可给出文件数目。

管道常与重定向技术结合，实现更复杂的操作。Shell 提供了输入/输出重定向工具："<"为标准输入重定向；">"和">>"为标准输出重定向。如："2>"和"2>>"为标准错误输出重定向，2 表示标准错误输出的设备号；">&"是标准输出和标准错误输出重定向。例如：

cat >myfile

表示从键盘上读用户的输入，并将输出写到文件 myfile 中，而不是输出到标准输出设备——显示器上。

如果用户希望将程序的标准输出转到文件后，不覆盖原先的内容，而是追加在文件的尾部，则可以使用输出转向符">>"，例如：

cat >>myfile

表示将标准输出的内容添加到文件 myfile 的尾部。

2.3 系统功能调用

前面已经介绍了作业控制级接口，下面我们介绍系统功能调用这一程序级接口。系统调用是操作系统提供给软件开发人员的程序级接口，开发人员可利用它使用系统功能。所谓系统功能调用，就是指用户在程序中调用操作系统提供的一些子功能，是用户在程序级请求操作系统服务的一种手段。

2.3.1　系统调用及实现

1. 程序的状态

在计算机系统中运行的程序，大体上可以分为两类：系统程序和用户程序。这两类程序的作用是不同的，前者是后者的管理者和控制者，系统程序享有普通用户程序不能享有的特权。在早期的操作系统中就已发现，如果让用户程序和系统程序具有相同的特权，则对整个系统的安全极为不利。例如：系统的物理设备由操作系统统一管理，如果允许用户任意使用外设指令，就会将系统设备的状态搞乱。因此，为了更好地管理和控制多道程序，需要让系统程序享有用户程序所不能享有的特权。这就应该将用户程序的运行和系统程序的运行区分开来：

把操作系统程序运行的状态称为管态或者系统态；

把用户程序运行的状态称为算态或者目态。

在 UNIX 中，系统程序运行的状态叫核心态，用户程序运行的状态叫做用户态。

为了区分只能在管态下允许执行，而不能在算态下调用的一类专用指令，引进了特权指令。特权指令是一类只能在管态下执行而不能在算态下执行的特殊的指令。这些指令在不同的机器中有不同的规定，通常与硬件有很大的关系。常见的特权指令有如下几类：

(1) 传送程序状态字指令。该指令负责从内存单元取出程序状态字，送到程序状态寄存器中，可用来改变程序的运行状态。

(2) 启动、测试和控制外设的指令。这些指令直接用于操纵外部设备的运行。

(3) 存取特殊寄存器的指令。特殊寄存器是指系统中的中断寄存器、时钟寄存器、上/下界地址寄存器等，这些寄存器只能在管态下由系统程序存取。

以上特权指令意味着只有操作系统才能执行输入/输出操作，才能改变内存寄存器和处理机状态寄存器，这样保证了在核心态下执行的程序具有一些必要的特权。

2. 系统功能调用

前面介绍过，用户程序只能在算态下运行，并且不能使用特权指令。那么，如果用户程序想要启动外设，或者要完成在算态下无法完成的工作，那么它该怎么办呢？例如，用户程序要求使用外设，就要使用"启动外设"的指令，而启动外设指令是特权指令，在算态下不能够使用，所以启动外设的工作必须在管态下由操作系统去完成。这就需要有一个类似于硬件中断处理的处理机构，当用户使用操作系统调用时，产生一条相应的指令。当处理机在执行到该指令时发生相应的中断，并发出有关的信号给该处理机构，该处理机构在收到处理机发来的信号后，启动相关的处理程序去完成该系统调用所要求的功能，完成后再返回到用户程序。为实现这一点必须有三个条件：

(1) 需要有这样一条指令，它能使处理机从算态进入管态，并向操作系统提出要代为完成的工作。

(2) 在管态下由操作系统完成用户程序提出的请求。

(3) 操作系统完成所做工作后，应返回到用户程序，即从管态又回到原来的算态。

访管指令就是用来解决以上问题的，一般的计算机中都设有访管指令。访管指令本身不是特权指令，其基本功能是"自愿进管"，能引起访管中断。

当用户程序希望完成在算态下无法完成的工作时，可在其程序中安排一条访管指令，要求操作系统提供相应的服务。当执行访管指令时，引起访管中断。中断发生后，硬件开始响应中断，保护原来的程序状态字(PSW)到内存固定单元，再从内存另一固定单元中取出新的 PSW 送程序状态字寄存器。由于新的 PSW 中事先已预置为"管态"，从而使处理机进入管态。在管态下由中断处理程序完成用户程序所请求的功能。中断处理程序的工作完成后，通过恢复原来的 PSW 到程序状态寄存器，又可返回到用户程序，且从管态又回到算态。

综上所述，系统功能调用就是用户在程序中用访管指令调用由操作系统提供的子功能集合。把其中的每一个子功能称为一个系统调用命令，也称为一条广义指令。

3. 系统调用与普通过程调用的区别

系统调用在本质上是一种过程调用，但它是一种特殊的过程调用，与一般用户程序中的过程调用有明显的区别。

1) 运行在不同的系统状态

一般的过程调用，其调用或被调用的过程要么都是子程序，要么都是系统程序，而且都运行在同一系统状态下，即系统态(管态)或用户态(目态)。而系统调用的调用过程是用户程序，它运行在用户态；其被调用过程是系统过程，运行在系统态。

2) 通过软中断进入

一般的过程调用可直接由调用过程转向被调用过程。而执行系统调用时，因为调用过程和被调用过程处于不同的系统状态，所以不允许由调用过程直接转向被调用过程，只能通过软中断机制，先进入操作系统核心，经核心处理后，才能转向相应的命令处理程序。

3) 返回问题

一般的过程调用，当被调用过程执行完后，将返回到调用过程继续执行。然而，在采用了抢占剥夺调度方式的系统中，在被调用过程执行完后，要对系统中所有要求运行的进程进行优先权的分析。当调用进程仍然具有最高优先权时，将返回到调用进程继续执行，否则，将进行重新调度，让优先权高的进程先执行。

4. 系统调用的功能

系统调用功能是操作系统提供给程序设计人员的一种服务。程序设计人员在编写程序时，可以利用系统调用来请求操作系统的服务。不同的操作系统为用户提供的系统调用的数量或形式是不同的。一般的系统为用户提供几十到上百条系统调用。

1) UNIX 的系统功能

UNIX 的系统调用接口见图 2.4。UNIX 提供的系统功能主要包含有设备管理、文件管理、进程和存储管理等。

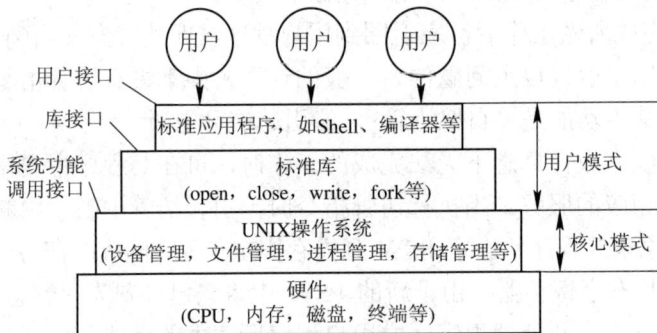

图 2.4　UNIX 的系统调用接口

(1) 设备管理：设备的读写和控制。其系统调用见表 2.8。

表 2.8　设备管理系统调用

ioctl	设备配置
open	设备打开
close	设备关闭
read	读设备
write	写设备

(2) 文件管理：文件读写和文件控制。其系统调用见表 2.9。

表 2.9　文件管理系统调用

open	文件打开
close	文件关闭
read	读文件
write	写文件
seek	读/写指针定位
creat	文件创建
stat	读文件状态
mount	安装文件系统
chmod	修改文件属性

(3) 进程控制：创建、终止、暂停等控制。其系统调用见表 2.10。

表 2.10　进程控制系统调用

fork	创建进程
exit	进程自我终止
wait	阻塞当前进程
sleep	进程睡眠
getpid	读父进程标识

(4) 进程通信：消息队列、共享存储区、socket 等通信渠道的建立、使用和删除。其系统调用见表 2.11。

表 2.11　进程通信系统调用

msgget	获取消息队列标识数
msgsnd	向消息队列发消息
msgrcv	从消息队列中接收一个消息
shmget	创建共享内存段
shmat	共享内存段映射到进程的虚拟地址
semget	创建一个信号灯组
semop	对信号灯组的控制

(5) 存储管理：内存的申请和释放。其系统调用见表 2.12。

表 2.12　存储管理系统调用

brk	改变数据段大小
mmap	建立同文件的映射
unmap	去掉同文件的映射

(6) 系统管理：设置和读取时间、读取用户和主机标识等。其系统调用见表 2.13。

表 2.13　系统管理系统调用

gtime	读取时间
stime	设置时间
getuid	读取用户标识

(7) 文件保护系统调用见表 2.14。

表 2.14　文件保护系统调用

access(path, mode)	使用真实 UID 和 GID 作许可检验
getuid()	获得真实 UID
geteuid()	获得有效 UID
getgid()	获得真实 GID
getegid()	获得有效 GID
chown(path, owner, group)	改变用户和组
setuid(uid)	设定 UID
setgid(gid)	设定 GID
chmod(path, mod)	改变文件保护模式

2) Windows 系统的应用程序接口

Windows 系统以应用程序接口(Application Programming Interface，API)的形式提供给用户很多系统功能调用的函数，功能十分强大。Windows API 是 Windows 视窗系统提供给用户进行系统编程和外设控制的强大的程序级接口。Windows API 主要通过 WIN32 子系统的应用程序接口实现，它是 Microsoft 32 位平台的应用程序编程接口。所有在 WIN32 平台上运行的应用程序都可以调用这些函数。使用 WIN32 API，应用程序可以充分挖掘 Windows 的 32 位操作系统的潜力。Mircrosoft 的所有 32 位平台都支持统一的 API，包括函数、结构、消息、宏及接口。图 2.5 给出了应用程序接口的示意图，表 2.15 列出了 WIN32 常用的应用程序接口。

API 是一个程序内的一组函数调用，程序员用它创建其他程序。WIN32 API 利用三个主要组件提供 Windows 的大部分函数。这三个组件分别是 USER32.DLL、GDI32.DLL 和 KERNEL32.DLL。其中，KERNEL32 可完成内存管理、程序的装入、执行和任务调度等功能，它需要调用原 MS-DOS 中的文件管理、磁盘输入/输出和程序执行等功能；USER32 是一个程序库，它用来对声音、时钟、鼠标器及键盘输入等操作进行管理；GDI32 是一个功能十分丰富的子程序库，它提供了图形与文字输出、图像操作和窗口管理等各种与显示和打印有关的功能。KERNEL32、USER32 和 GDI32 模块中的库函数可被应用程序调用。

图 2.5　WIN32 应用程序接口

表 2.15　Win32 支持的应用程序接口

Win32 API 函数	描　　述
CreateProcess	新建进程
CreateThread	在一个已存在的进程中创建一个线程
CreateFiber	新建纤程
ExitProcess	结束当前进程及其所有线程
ExitThread	结束线程
ExitFiber	结束纤程
SetPriorityClass	设定进程的优先级
SetThreadPriority	设定一个线程的优先权
CreateSemaphore	新建一信号
CreateMutex	新建一互斥对象
OpenSemaphore	打开已存在的信号
OpenMutex	打开已存在的互斥
WaitForSingleObject	单个信号、互斥等上的阻塞
WaitForMultipleObjects	一套给定句柄的对象上的阻塞
PulseEvent	设定事件信号，然后去掉信号
ReleaseMutex	释放互斥以允许另一个线程获得它
ReleaseSemaphore	释放信号量
EnterCriticalSection	获得临界区的锁
LeaveCriticalSection	释放临界区的锁

2.3.2　系统调用的实现过程

在不同的操作系统中，系统调用的实现方式可能不同，但大体上都可以把系统调用的执行过程分为以下几步：

(1) 设置系统调用号和参数。

(2) 系统调用命令的一般性处理。

(3) 系统调用命令处理程序的具体处理。

1. 设置系统调用号和参数

一个系统中往往设置了许多条系统调用命令，并赋予每条命令一个惟一的系统调用号。在有的系统中，直接把系统调用号放在系统调用的命令中，如 IBM 370 和早期的 UNIX 系统，其系统调用命令的低 8 位用作系统调用号。在另外一些系统中，将系统调用号装入某指定寄存器和内存单元中，例如 MS-DOS 是将系统调用号放在 AH 寄存器中。

对于设置系统调用所需要的参数，有两种方式：

(1) 直接将参数送入相应的寄存器。MS-DOS 便是采用这种方式，即用 mov 指令将各个参数送到相应的寄存器中。这种方式的主要问题是：由于寄存器数量有限，因而限制了设置参数的数目。

(2) 参数表达方式。将系统调用所需的参数放入一张参数表中，再将指向该参数表的指针放在某个规定的寄存器中。UNIX 系统采用的是这种方式。其参数表中最多允许有 10 个参数。该方式可进一步分为直接和间接两种方式。

2. 系统调用命令的一般性处理

在设置了系统调用号和参数后，便可执行一条系统调用命令。在不同的系统中可采用不同的方式来进行一般性处理：在 UNIX 系统中是执行 trap 指令；在 MS-DOS 中是执行 INT 21H 软中断。它们首先保护 CPU 现场，将处理机状态字 PSW、程序计数器 PC、系统调用号、用户栈指针以及通用寄存器等压入堆栈，然后将用户定义的参数传送到指定的地方保存起来。在 UNIX 系统中是将参数表中的参数传送到 User 结构的 U.U-arg 中。

为了使不同的系统调用能方便地转向相应的命令处理程序，在系统中还配置了一张系统调用入口表。表中的每个表目对应一条系统调用命令，它包含有该系统调用自带参数的数目、系统调用命令处理程序的入口地址等。因此，核心可以根据系统调用功能号去查找该表，找到相应命令处理程序的入口地址，进而转去执行它。

3. 命令处理程序的实现过程

对于不同的系统调用命令，其命令处理程序将执行不同的功能。我们以一条在文件操作中常用的 create 命令为例来说明它。

进入 create 的命令处理程序后，核心将根据用户给定的文件路径名并利用目录检索过程，去查找该指定文件的目录项。查找目录时可以用顺序查找法，也可以用 Hash 查找法。如果在文件目录中找到了指定文件的目录项，表示用户要利用一个已经存在的文件来建立一个新文件；但如果该文件的属性中有不允许写属性，或者创建者不具有对该文件进行修改的权限，系统核心便认为出错而做出错处理；若不存在权限问题，便将已存在文件的数据盘块释放，准备写入新的数据文件。如未找到指定文件，则表示要创建一新文件，核心便从其父目录文件中找出一空目录项并初始化该目录项，包括填写文件名、文件属性、文件建立日期等，然后将新建文件打开。

4. UNIX 系统调用的实现

在 UNIX 中，由自陷指令 trap 实现系统调用，系统通过这一指令借助于硬件中断机构为用户提供系统核心的接口。UNIX 系统调用的数目视版本不同而有差异。UNIX 版本 7 约有 50 个系统调用；而 system V 则大约有 64 个系统调用，其中 32 个是常用的。

所有系统调用程序的自带参数个数和程序入口地址均按系统调用编号次序存入系统调用入口表中。该表记作 sysent，描述如下：

```
struct sysent {
int count;              /*对应系统调用自带参数的个数*/
int (*call)();          /*系统调用程序的入口地址*/
} sysent[64];
```

UNIX 操作系统有两种系统调用方式：直接系统调用和间接系统调用。其中功能号为 0 的调用是间接系统调用，其余都是直接系统调用。一般情况下，使用直接系统调用除可以使用寄存器 r_0 传递参数外，其他参数都跟在 trap 指令的后面。而使用间接系统调用时，跟随 trap 指令的是一个指向程序数据区的一个指针，该程序数据区内有一直接系统调用 trap

指令，其后跟 r_0 外的参数。UNIX 的系统调用方式如图 2.6 所示。

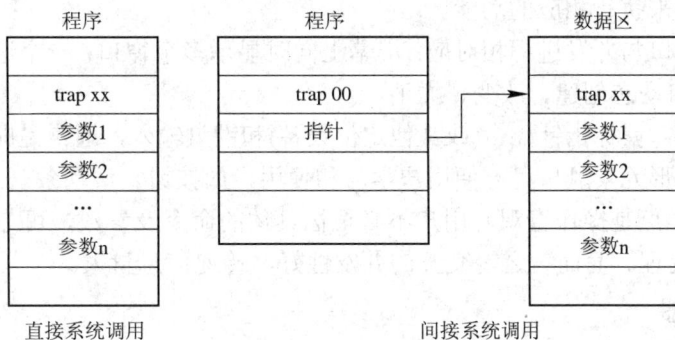

图 2.6　UNIX 的系统调用方式

系统调用的执行过程如图 2.7 所示。具体步骤如下：

(1) 设置系统调用号和参数，然后执行 trap 指令。调用号作为指令的一部分(如早期的 UNIX)，或装入到特定寄存器里，或以寄存器指针指向参数表(内存区域)。

(2) 入口的一般性处理。保护 CPU 现场，改变 CPU 执行状态(处理机状态字 PSW 切换，地址空间表切换)，将参数取到核心空间。

(3) 查入口地址表，跳转到相应的功能子程序执行。

(4) 恢复 CPU 现场，将执行结果装入适当位置，执行中断返回指令。

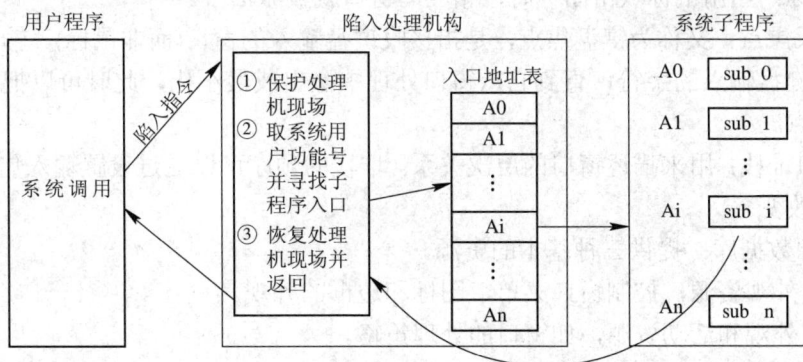

图 2.7　系统调用的执行过程

2.4　图形用户接口

在命令行方式下，用户与操作系统的交互要求用户记忆命令格式。在图形用户接口 (Graphic User Interface, GUI) 方式下，用户可利用鼠标对屏幕上的图标进行操作，完成与操作系统的交互，从而减少记忆内容，方便用户使用。它的技术基础是高分辨显示器和鼠标。下面我们结合 Xwindow 和 MS Windows 系统介绍这方面的内容。

2.4.1　概述

1. 窗口系统(window system)

窗口系统提供了 GUI 的一般功能，它的主要特点有：

(1) 利用图形元素表示功能：将各种图形元素显示在屏幕上，用户可以通过操纵图形元素(如菜单、图标)来执行相应的功能。

(2) 同屏多窗口与并发进程相对应：屏幕上同时显示多个窗口；一个进程可以对应一个或多个窗口；窗口动态创建、改变、撤消。

(3) 输入方式：鼠标指针点击(或其他定位设备)和键盘输入，通常是即时交互的方式。

(4) 一致的图形元素风格可方便用户学习和使用，如按钮、滚动条。

窗口系统的优点是操作直观，用户不必记忆具体的命令及参数，可与多个进程交互，便于进行多媒体处理。简而言之，交互的并发性好，传递信息量大。

2. 窗口管理器

窗口管理器是窗口系统所提供功能的一种特定实现。窗口系统提供的基本功能中有交互地改变窗口的大小，即使用图标和滑块就能够具体完成窗口管理器的一个特定任务。窗口管理器具体管理的内容大致有以下几个部分：

(1) 窗口(window)：屏幕上的矩形区域，用户可以按需定制窗口。在窗口中包括标题条(title bar)、边框(border)、窗口角(corner)、系统菜单框(system menu box)、最大化/最小化按钮(maximize/minimize)和滚动条(scroll bar)。窗口存在的几种状态有当前/非当前窗口(active/inactive)，最大化/最小化/恢复原大小(restore)。

(2) 图标(icon)：一个小图像，是窗口的小型图形显示。当使窗口最小化时，窗口就缩小成一个图标；当用鼠标双击图标时，相应的窗口就被激活了。

(3) 输入焦点：又称为键盘焦点，是指接收键盘输入的窗口(而非鼠标)。输入焦点可以不断地接收键盘输入的字符，直到它从窗口处理中撤出或最小化，此时可以把另外的窗口作为输入焦点。

(4) 窗口堆栈：用来描述窗口的层次关系。堆栈的顺序可以通过设置输入焦点、窗口图标化的方法改变。

(5) 资源数据库：提供三种基本的资源。

- 成员外观资源，控制窗口菜单、图标和边框的外观。
- 特定外观和活动资源，如窗口的处理策略。
- 用户外观资源，规定单个或一组用户窗口的图标和边框的外观及活动形式。

窗口管理器提供的通用功能如表 2.16 所示。

表 2.16　窗口管理器提供的通用功能

操作项	功　　能	描　　　述
A	恢复窗口	将窗口扩大到最大或缩小成图标
B	创建新窗口	创建并运行一个新的用户应用程序
C	操作系统的 CUI	允许用户打开一个或多个窗口，并在其中输入命令
D	桌面管理	维护图形化的文件、快捷方式以及时钟类的用户程序
E	撤消窗口	关闭服务器与用户之间的连接
F	事件焦点	确定哪个用户从键盘、鼠标等设备接收事件
G	修改窗口	改变窗口尺寸，移动、堆积或平铺一个或多个窗口
H	虚拟屏幕	将多个屏幕区域映射成服务器的显示屏幕
I	弹出/下拉菜单	用鼠标或快捷键激活菜单，运行用户应用程序

2.4.2　Xwindow 系统

Xwindow 系统是由美国麻省理工学院开发的窗口系统，它以 Client-Server 结构为基础，是一个面向网络的窗口系统。这个系统的特点有：

(1) 网络透明性：即可以在一台主机上运行应用程序，而在另一台主机上显示运行结果，不必为两台电脑的兼容性操心。

(2) 支持自由风格(policy free)：它可以支持许多不同风格的用户界面，诸如窗口的摆放和大小等由应用程序来控制，因此在不同的应用程序中可以自由切换不同风格的界面。

(3) 安装方便：Xwindow 系统并不是操作系统的一部分，因此可以在不同的系统上安装。

Xwindow 的结构如图 2.8 所示。

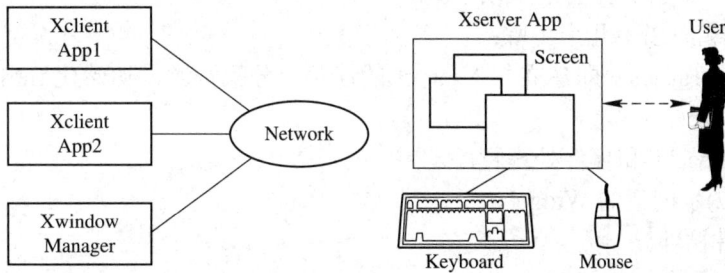

图 2.8　Xwindow 的结构

1. 定制 Xwindow 系统

Xwindow 系统是一个高度个性化的系统，可以适应许多用户的需要，用户可以根据自己的喜好和特殊要求量身定制。改变窗口系统和窗口管理器的外观及功能有以下三种方法：

(1) 通过命令行操作改变运行于 Xwindow 系统下的应用程序的特征。

(2) 通过修改或创建窗口系统的初始文件，重新启动窗口系统或注销后重新登录。

(3) 通过修改或创建窗口管理器的初始文件，重新启动这个文件。

2. Xwindow 系统的软件环境

我们知道，Xwindow 是 Client/Server 结构，Xclient 和 server 之间的连接是系统的重要组成部分，这两者都是应用程序(server 对有关 I/O 设备具有访问权)。一个 server 可以为不同计算机上的多个 client 提供服务，一个 client 也可以连接不同计算机上的多个 server(远程登录)。client 和 server 之间通过 X 协议实现数据传送，在这个协议之上有以下不同的编程级别：

1) Xlib

Xlib 是在 X 协议之上创建的一组库函数，可由 C 语言直接调用。人们可以通过使用 Xlib 函数进行编程，而不必直接使用 X 协议。Xlib 自动将接收到的 X 协议转换为事件，并将请求转换为发送 X 协议。Xlib 的代码链接在 Xclient 中。如：

打开显示器：XOpenDisplay(char *display_name)。

取得 Xconnection 的文件描述符：XConnectionNumber()。

2) Xtoolkit

X 工具箱(Xtoolkit)是 Xwindow 系统中最高级的编程级别,因为用 Xlib 编写应用程序还是显得太繁琐,所以许多软件开发人员在 Xwindow 系统工具的内部过程上扩展开发出了 X 工具箱。Xtoolkit 简称 Xt,是 X 的标准工具箱,它建立在 Xlib 之上,是用 C 语言编写好的图形例程。Xt 由 Xt Intrinsics(X 系统工具内部过程)和 Widget 集两部分组成。Widget 集是元件的集合,具有特定外观和功能,如按钮、菜单和滚动条等,其本质是对某些事件给出了默认响应(通常是改变外观),并可以通过挂接回调过程来进行用户定义的处理,方便用户使用。例如:

Tcl/Tk:button .app.button2 -image icon2 -command "incr x0"

而 Xt Intrinsics 提供一个框架,对元件进行管理和操作,如建立和撤消 Widget、管理资源(包括 Widget 的初始化)、处理事件并调用相应的处理程序(回调过程 call-back)。程序员只要将这些元件组合成一个用户界面就可以了。

使用 X 工具箱有以下几个步骤:

(1) 初始化 Intrinsics,即建立与 Xserver 的连接,分配资源,初始化 Intrinsics 层。

(2) 创建 Widget。

(3) 注册 Callbacks 和事件处理程序。

(4) 实现第(2)步创建的 Widget。

(5) 进入事件循环。

2.4.3　Windows 系统

微软推出的 Windows 系列操作系统以其良好的 GUI 界面和不断完善的功能为广大用户所推崇,它的特点是:提供默认的统一的窗口风格,如菜单、对话框等;除 Window 2000 外,窗口应用程序只能在控制台(本地)执行;采用相同或相近的方式处理同一类对象元素,便于用户的使用。

1. Windows 的结构

Windows 由以下三个部分组成:

(1) OS 系统服务(KERNEL):包括内存管理、程序加载(包括 DLL)、任务调度、文件管理(交给 MS-DOS)等。

(2) 用户接口(USER):有窗口和消息管理以及菜单、控制、对话框、定时器等。

(3) 图形设备接口(Graphic Device Interface,GDI):管理显示器和其他输出设备(如打印机),为 USER 与应用程序提供与硬件设备独立的接口。

下面我们详细介绍 MS Windows 的用户接口。

2. 基本概念

在 Windows 中涉及到以下几个概念需要先解释一下:

(1) 消息(message):可作为窗口的输入,包括用户操作、其他窗口或系统发出的请求或通知。Windows 应用程序的运行需要依靠外部发生的事件驱动,消息的作用就是描述事件发生的信息。

(2) 窗口过程(window procedure):每个窗口都有一个自己的窗口过程,负责处理发往该窗口的消息。

(3) 窗口过程的调用参数：可接收窗口句柄、消息 ID(消息的类型)、消息参数等，还可以取得消息的发生时间和屏幕坐标。

3. 消息处理的方法

消息处理的方法有以下两种：

(1) 当消息为排队消息时：把消息放到进程(线程)的 FIFO 消息队列里。每个消息都有惟一的消息标识加以区分，如应用程序发送的消息，系统的鼠标、键盘、定时器、窗口绘制和退出等系统消息。

排队消息所用的 API 有：发送消息到消息队列 PostMessage(可以指定接收窗口句柄为NULL，送到所有窗口)；从消息队列读取消息 GetMessage 和 PeekMessage；分发一个消息到相应窗口 DispatchMessage(此时消息不通过队列，而是直接调用相应窗口函数)。

(2) 当消息为非排队消息时：直接发送到指定窗口的窗口过程。

非排队消息所用的 API 有：SendMessage，它在接收方窗口过程处理完才返回(若接收方正处于 GetMessage，在接收并处理 SendMessage 送来的消息之后，仍处于 GetMessage)。

例如：典型 Windows 应用程序的消息循环如下：

```
WinMain(...)   {
    CreateWindow("MainWndClass",   "SampleName",   ...);
/* 窗口过程的入口指针包含在 WNDCLASS 结构中，通过 RegisterClass 注册窗口类*/
    while   (GetMessage(&msg,   ...)) {
        /* 收到 WM_QUIT 消息时，返回值为 NULL */
        TranslateMessage(&msg);
        DispatchMessage(&msg);
    }
}
```

函数 GetMessage 从应用程序队列中检索出一条消息，并将它赋给 MSG 类型的一个变量，然后由 TranslateMessage 函数对该消息进行处理，再由函数 DispatchMessage 将该消息发送到适当的对象上。

4. 事件驱动模式

事件驱动是指应用程序的执行顺序取决于事件发生的顺序，事件驱动程序设计是围绕消息的产生和处理展开的。例如我们敲击键盘，就会产生消息，Windows 系统也会产生窗口管理的消息。

```
While   (!done)   {
    NextEvent(Event);        /* 获取下一个事件，若无事件则等待直到有事件*/
    switch   (Event.Type)   {
        case   C1:P1;        /* 若事件类型为 C1，则进行 P1 处理 */
        case   C2:P2;
        case   C3:P3;
    }
}
```

　　基于事件的驱动模式可以节省运行 CPU 的开销，在无事件时 CPU 等待而不是反复查询，有事件时 CPU 才进行处理。

　　这里我们只简单介绍一下 Windows 的可视化用户界面，详细内容见第 10 章。

2.5　用 户 管 理

　　对于一个可以面向多用户的系统来说，用户的管理工作十分重要，系统管理员日常工作的一个重点就是用户的管理。要保证每个用户都能安全、合理地使用系统，系统管理员需进行的工作有：添加或删除一个用户，即添加或删除这个用户的账号；监视控制用户的活动，也就是用户监控；用户定制，主要定制用户的工作环境等。

　　系统管理员为申请使用系统的用户分配一个惟一的账号，并要求用户填写一些相关的信息。每个用户的使用权限都各不相同，这个权限是由系统管理员确定的，所以还要借助一些安全管理的机制实现各个用户的不同权限的访问。用户在登录系统时需要输入用户账号和口令，这样才能确认该用户的身份和有效性。

　　下面以 UNIX 和 Windows NT 系统为例具体说明用户管理的实现。

2.5.1　UNIX 的用户管理

1. 添加和删除用户账号

　　在 UNIX 系统中，若要使用系统就必须在系统中拥有有效的账号，系统管理员也不例外。系统管理员拥有一个超级账号，对所有资源均有全部访问权，可执行所有系统调用，可管理其他的用户账号。需要系统管理员增加一个账号时，通常要进行以下步骤：

　　(1) 确认用户的登录名称，分配惟一的 ID。用户 ID(user ID)是一个整数，"0"表示的是超级用户(super-user or privileged user)；用户名(user name)是一个字符串，通常超级用户名是"root"。

　　(2) 确认用户账号的原始口令。一般来说，为了方便个人记忆，这个口令在原始确认后可以由用户自己修改。

　　(3) 指定用户的注册目录，并在该目录不存在时创建。

　　(4) 将以上的信息存入/etc/passwd 文件，以备查阅。

　　passwd 文件就是 UNIX 系统用户的列表，每一项表示一个用户，包含的表项有：用户登录名称、经过加密的口令、用户 ID、用户组 ID、个人信息、登录目录及登录 Shell 等。

　　删除账号时只需删除/etc/passwd 文件的信息就可以了。

2. 用户登录

　　用户账号建立之后，用户就可以在登录界面上操作，等待系统允许使用的通知了。为了防止他人使用自己的账号，UNIX 系统中提供了 passwd 命令让用户更改或建立口令。为防止口令失窃,用户口令被放在/etc/shadow 文件中,只有超级用户进程可以读取。如"mfang：6YD6Y2XYuUAGk：10624…"为该文件中对应于用户 mfang 的加密口令。

3. 用户组

　　在 UNIX 系统中，用户在任一时刻都惟一地存在于一个用户组中，这个用户组是用用户登录时设置在 passwd 文件中的用户组 ID 表示的用户组。在使用系统的过程中还可以改变用户组。用户组 ID(group)是一个整数，"0"表示超级用户组。

4．用户监控

UNIX 系统为监视和限制用户提供了一系列的命令，管理员利用这些命令收集信息进行安全性检查、性能分析、记账等工作。

用来监视用户的命令有：

id：显示用户名、用户 ID、用户组名和用户组 ID。

uptime：显示系统当前时间、系统已经启动的时间、目前系统中已经登录的用户数量等。

w：给出 uptime 命令信息以及用户登录过程中涉及到的外设、接口、时间等一系列信息。

who：显示目前在系统中的用户信息。

ps：显示正在运行进程的信息。

top：动态显示正在运行进程的信息。

fuser：显示使用指定文件的用户和进程的信息等。

用来限制用户的命令有：

repqutoa：汇总文件系统中用户的使用限额，只有授权的用户才能查看不属于自己的限额。

edqutoa：编辑用户磁盘空间的使用配额。

quota：显示用户的磁盘限额和用途。

quotacheck：文件系统限额的一致性检查。

5．用户定制

用户定制是指为用户使用 UNIX 系统创建环境，特别是 Shell 环境。定制文件的内容包括设置以下几个方面的信息：终端类型、用户邮箱、命令执行的搜索路径、常用别名、环境变量及命令历史列表的大小等。

2.5.2　Windows NT 的用户管理

Windows NT 系统的用户管理和 UNIX 系统的有所不同，它分为 users、power users 和 administrators 三级，以 administrators 的权限最高。

当 Windows NT 系统被安装时将自动建立 administrator 和 guest 两个账户。Administrator 是管理员使用的账户，guest 为随便访问系统而不是破坏系统的用户提供方便。要添加一个用户需要经过以下几个步骤：

(1) 执行 user | new user，会弹出添加用户的对话框。

(2) 填写对话框中的内容。它类似于 UNIX 中的用户信息。

(3) 填写正确的检查框。

(4) 提交完成，建立一个新的用户。

删除一个账户时，需要进入 user manager，选择一个或多个账户进行删除操作。

不同的用户在系统中以用户名和用户组名区分，用户和用户组由安全标识符(SID)识别。SID 是在用户或用户组创建时生成的惟一的字符串。用户名不同，则 SID 不同，同一用户名的几次创建，其 SID 也不同。

习　　题

1. 通常操作系统和用户之间有哪几类接口？它们的主要功能是什么？
2. 说明访管指令、特权指令和广义指令的区别与联系。
3. 什么是系统调用？并说明它的实现原理。
4. 试比较一般的过程调用和系统调用的区别。
5. 系统调用有哪些类型？
6. 简述作业在系统中的几种状态及转换。
7. 选择调度算法应遵循的准则是什么？
8. 试证明短作业优先的作业调度算法可以得到最短的平均响应时间。
9. 在一个两道作业的操作系统中，设在一段时间内先后到达了 4 个作业，它们的提交时刻和运行时间如下表所示：

作业号	提交时刻	运行时间/分钟
1	8:00	60
2	8.20	35
3	8:30	25
4	8:35	5

系统采用短作业优先的调度算法，作业被调度进入运行后不再退出，但每当作业进入运行时，可以调整运行的优先次序。

(1) 按照所选择的调度算法，请分别给出上述 4 个作业的执行时间序列。
(2) 计算在上述调度算法下作业的平均周转时间。
10. 假定要在一台处理机上执行下列作业：

作业	执行时间	优先级
1	10	3
2	1	1
3	2	3
4	1	4
5	5	2

且假定这些作业以 1，2，3，4，5 的顺序到达。

(1) 说明分别使用 FCFS、SJF 以及非剥夺式优先级调度算法时，这些作业的执行情况。
(2) 针对上述每种调度算法，给出平均周转时间和平均带权周转系数。

第 3 章 进 程 管 理

进程是操作系统中核心的概念之一，是对正在运行程序的一个抽象。操作系统的大部分内容都是围绕着进程展开的，所以应该尽早地理解进程。本章以 UNIX 和 Windows 为例，介绍一个简单而强大的进程管理机制。

现代的计算机都能同时做几件事情。例如，当一个用户程序正在运行时，计算机还能同时读取磁盘，并向屏幕或打印机输出文件。严格地说，在某一个时刻，CPU 只能运行一道程序，但在一个时间段内，它可能运行多道程序，这是通过 CPU 在多道程序之间快速进行切换来实现的。

多处理机的发展更使得现代计算机的工作效率突飞猛进，也对操作系统的管理提出了更高的要求。接下来的内容将详细介绍操作系统实现进程管理的细节。

本章的主要内容包括：

- 进程定义与控制。
- 进程调度。
- 进程间的同步与互斥。
- 进程通信。
- 线程。
- UNIX 进程模型。
- Windows 2000/XP 进程和线程模型。

3.1　进程的引入

在早期的计算机运行环境中，多道程序的设计还未出现，程序都是顺序执行的。随着多道程序的出现，支持多道程序的操作系统可以实现多个进程的并发执行。在 20 世纪 60 年代初，进程(process)一词首先出现在麻省理工学院开发的 MULTICS 系统中，IBM 公司的 CTSS/360 系统则使用"任务"(task)这个术语。这个概念区别于以往的"程序"，是程序的一次执行，而且一个进程可以和其他进程并发执行。

3.1.1　顺序程序

顺序程序是指程序在计算机上严格按照写入的顺序执行。顺序程序设计也就是指不同程序的按序执行。顺序程序设计具有以下主要特征：

(1) 顺序性：当多个程序在处理机上运行时，处理机严格按照程序结构所指定的顺序执行，程序的每一步都必须在上一步执行后才能开始。前一个程序的结束就是下一个程序的开始。程序和机器执行程序的活动一一对应。

(2) 资源独占性：一个程序在执行时，独占全部资源。除了初始状态的设定外，资源的状态只能由该程序本身改变，不受其他程序和外界因素的影响。

(3) 可再现性：如果程序的初始条件相同，则其执行的结果相同，与程序的执行速度无关，即在同一数据集上执行的结果均相同。

虽然顺序程序的编制和调试都易于实现，但它的这些特性决定了计算机系统的效率不高。为了增强计算机系统的处理能力和提高各种资源的利用率，现代计算机系统中普遍引进了多道程序设计。与单道程序相比，多道程序的工作环境发生了较大的变化。

3.1.2　多道程序设计

在第 1 章的内容里我们讲述了操作系统具有并发性、共享性、虚拟性和不确定性等特征。形成这些特征的原因就是引入了多道程序设计。采用多道程序设计技术，计算机中的 CPU 和外围设备的利用率得到了很大提高。

举一个"统筹方法"的例子，任务是沏一壶茶，清洗水壶需 1 分钟，烧开水需 12 分钟，拿茶叶需 1 分钟，洗茶壶需 2 分钟。如图 3.1 所示，如果按照上述顺序执行，总共花费 16 分钟。但如果在烧开水的时候去拿茶叶和洗茶壶，那么烧开水的动作与拿茶叶、洗茶壶的动作并行执行，则总的时间只需 13 分钟。要是还有其他事情可并行执行，人力就不会浪费在等待中。

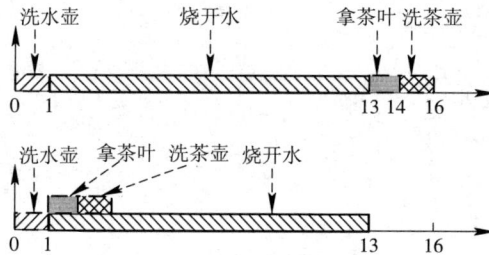

图 3.1　统筹方法

为了更好地理解这种系统，我们来看一看图 3.2。图 3.2(a)描述了在一个多道程序的环境中，内存存放的四道程序顺序执行的情况。在这种情况下，四道程序总的运行时间为每个程序运行时间之和。在图 3.2(b)中，将四道程序抽象成为四个各自拥有自己控制流程的独

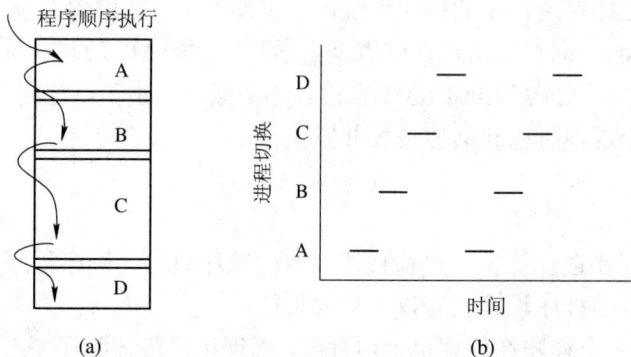

(a)　　　　　　　　　　(b)

图 3.2　四道程序的执行

(a) 顺序执行；(b) 四道程序并发执行的时间关系

立运行单位(进程)，每个运行单位都有自己的运行环境。可以看到在一段时间内，CPU 在各独立运行单位之间来回切换，即每个程序只占用 CPU 运行一个时间片段，所有的独立运行单位都在运行，但在一个给定的时刻仅有一个真正的在运行。

因此，多道程序设计是指把一个以上的程序放在内存中，并且同时处于运行状态，这些程序共享 CPU 和其他计算机资源。多道程序设计的特点如下：

(1) 多道。主存中有多道程序，它们在任一时刻必须处于就绪、运行、阻塞三种状态之一。

(2) 宏观上并行。从宏观上看，它们在同时执行。

(3) 微观上串行。从微观上看，它们在交替、穿插地执行。

其主要优点是：

(1) CPU 的利用率高。在单道环境下，程序独占资源，当程序等待 I/O 操作时，CPU 空闲，造成 CPU 资源的浪费；在多道环境中，多个程序共享计算机资源，当某个程序等待 I/O 操作时，CPU 可以执行其他的程序，提高了 CPU 的利用率。

(2) 设备利用率高。在多道环境下，内存和外设也由多个程序共享，这样也会提高内存和外设的利用率。

(3) 系统吞吐量大。由于资源利用率提高了，因此减少了程序的等待时间，提高了系统的吞吐率。

与单道程序设计相比，多道程序设计要复杂得多。计算机要有足够大的内存，对各种外围设备的调度和管理也是一个复杂的工作。在计算机中，诸如 CPU、Cache、内存等的工作速度，相比外围设备的工作速度有很大差距，这就要求在设计中尽可能合理利用各种资源设备，实现高效的管理。

3.1.3　程序并发执行的特性

我们把一段时间内有多道程序在同时运行称为并发性。显然，并发机制的出现破坏了顺序程序的特性。并发程序是指可并发执行的多道程序。它具有以下特征：

(1) 程序结果的不可再现性。并发程序执行时，结果随执行的相对速度不同而变化，在不同的时间运行，结果各不相同。

(2) 独立性和制约性。独立性是指每一个程序都是一个相对独立的实体，用以实现不同的功能。制约性是指存在于并发程序之间的相互制约的关系，也就是说一个程序的顺利执行要依赖于其他程序的执行结果。在顺序程序中，各程序都是独立的，而在并发程序中，程序依然是独立的实体，但在执行时有可能需要使用其他程序得出的结果或占用的资源，这样就形成了制约。

(3) 程序执行的间断性。并发执行的程序之间存在着相互制约的关系，这就意味着程序执行时间会不连贯。例如：程序 A 执行当中，需要程序 B 传递结果，而 B 还没有执行完，不能输出结果，A 只有停下来等待，执行的过程暂时中断。当 B 输出结果时，A 就可以回到中断前的状态继续下去。

(4) 资源共享。多个程序可以使用同一资源。多道程序的引入就是为了提高资源利用率和系统效率，因此，如果程序不能并发执行，多道程序也就是失去了它存在的意义。

(5) 程序和计算的不一致。在顺序执行的程序中，程序和计算始终保持一一对应的关系，但在程序的并发执行中，程序执行的环境不同，这种对应关系将不复存在。

从以上的内容可以看出，并发和并行是两个不同的概念，并行是指同一时刻系统中有多个程序都在执行，也就是有多个程序同时占有 CPU，一般来说，这只能在多 CPU 的系统中实现。并发的程序在单 CPU 系统中不断地被切换，轮流使用 CPU，并没有时间上准确的一致性。因此，若干个事件在同一时刻发生称为并行；若干个事件在同一时间间隔内发生称为并发。并行是并发的特例，并发是并行的拓展。

3.1.4　与时间有关的错误

在多道程序的执行当中，不可避免地会发生程序之间相互制约的情况。为了便于理解，我们先来看一个实际生活中遇到的例子——飞机订票系统。

一个飞机订票系统可以有多个订票处的 n 个订票终端。如图 3.3 所示，现假设 n=2，公共数据区为 Hi(i=1,2,…, n)，分别存放各次班机的现存票数，T1 和 T2 表示售票终端的进程，R1 和 R2 分别表示进程 T1 和 T2 执行时所需的工作单元。T1 和 T2 进程的程序如下：

```
T1:                              T2:
Begin                            Begin
  按乘客需要查找到 Hi;              按乘客需要查找到 Hi ;
  R1:=Hi;                          R2:=Hi;
  if R1>=1 then                    if R2>=1 then
    begin                            begin
     R1:=R1-1;                        R2:=R2-1;
     Hi:=R1;                          Hi:=R2;
     售出一张票;                        售出一张票;
    end                              end
  else {提示"票已售完"};            else {提示"票已售完"};
end;                             end;
```

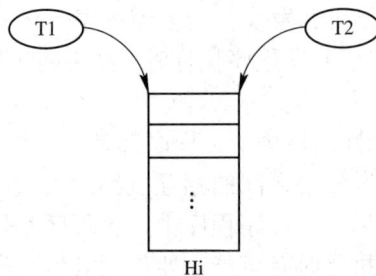

图 3.3　飞机订票系统模型

从以上两个程序我们不难发现，单独运行两个程序时不会出现问题，但如果在 T1 和 T2 同时执行时同时访问 Hi 取值，若只剩一张票，就有可能把一张票卖给了两个人，这显然是严重的错误。由于这种错误和程序的相对执行速度有关，因此称为与时间有关的错误。

3.2　进程定义与控制

由于多道程序的引入，程序的并发执行代替了程序的顺序执行，它破坏了程序的封闭性和可再现性，使得程序和程序的执行不再一一对应，因此，程序这个静态的概念已经不能切实反映程序执行的各种特征。为此，要引进一个能反映程序执行的独立性、并发性和动态性等特征的概念，更好地描述程序的活动，这就是广泛使用的"进程"。

3.2.1　进程的概念

1．进程的定义

许多科学家给进程下过定义，其中有些很相似，有些侧重的方面各异。其中，能够反映进程实质的定义有：

(1) 进程是程序的一次执行。

(2) 进程是可以和别的计算并发执行的计算。

(3) 进程是定义在一个数据结构上并能在其上进行操作的一个程序。

(4) 进程是程序在一个数据集合上运行的过程，它是系统进行资源分配和调度的一个独立单位。

第(1)、(2)、(4)个定义将进程定义为一个"执行"、"计算"和"运行过程"，这些都强调了进程的动态特性；第(2)个定义强调了进程的并发特性；第(4)个定义强调了进程是资源分配和调度的基本单位；第(3)个定义重点描述了进程具有一个表征它的数据结构。综合起来，这些定义很好地归纳了进程的各种特性，反映了进程的各个方面。我们综合地给进程下一个定义：进程是程序的一次执行，该程序可与其他程序并发执行；它是一个动态实体，在传统的操作系统设计中，进程既是基本的分配单元，也是基本的执行单元。

从以上进程的定义不难看出，程序和进程之间既有区别，又有联系。进程和程序间的关系为：

程序是人们编制好的、用来完成特定任务的一组指令的集合，它属于静态的文本文件，可以永久保存；进程是程序在内核定义的数据结构上的一次顺序执行，它属于动态的范畴，是操作系统进行资源分配和保护的基本单位。一个进程可以包括一个或多个程序，一个程序也可以被多个进程执行，二者是多对多的关系。比如，一个两数相加求和的程序，输入 3 和 5 执行一次是一个进程，输入 6 和 4 执行一次又是另一个进程，两次执行所用的程序是一样的，但却是两个不同的进程。

2．进程的组成

进程是在一个上下文的执行环境中运行的，这个执行环境称为进程的映像，或称进程图像，它包括处理机中各个通用寄存器的值、进程的内存映像、打开文件的状态和进程占用资源的信息等。进程映像的主要部分是存储映像。当一个进程暂时退出处理机时，它的处理机映像、打开的文件和使用的资源的状态都要保存起来，成为存储映像的一部分。当进程被重新调度执行时，就能从存储映像中恢复进程全部的执行环境。因此，进程映像是指其存储映像。

进程的存储映像由以下几部分组成：进程控制块(Process Control Block，即进程状态信息)、进程执行的程序、执行时所需要的数据和进程执行时使用的工作区，如图 3.4 所示。

进程的程序部分描述了进程所要完成的功能。如果一个程序能够

图 3.4　进程的组成

被多个进程同时共享执行，那么，这个程序段就是以纯码(pure code)，即可再入码(reentry code)形式编写的，它是指进程执行时不可修改的部分。

数据部分是指进程执行时用到的数据。用户程序在此数据集合上进行操作，得到相应的结果。

工作区是指参数传递和系统调用时的执行环境。进程在核心态下运行的工作区称为核心栈，在用户态下运行的工作区称为用户栈。

进程控制块包含了进程的描述信息和控制信息，不同的操作系统其进程控制块的内容及信息量也不相同。

进程的组成中，程序和数据是进程存在的物质基础，是进程的实体；进程控制块是进程存在的标志，是进程的灵魂。

一台计算机在启动时，首先要完成初始化过程，由引导程序将操作系统加载到内存，之后才可以执行操作系统。操作系统为进程创建进程控制块和分配地址空间的过程就是进程创建的过程。进程的创建有以下几个基本步骤：

(1) 创建进程标识。即在主进程表中为新进程添加一个表项，进程就得到了一个惟一的标识符，并被分配进程控制块空间。

(2) 分配内存和其他资源。操作系统根据程序、数据的大小，为进程分配合理的内存空间。如果创建的是子进程，其父进程还要向操作系统提交相关信息。

(3) 初始化进程控制块。这一步是初始化进程的控制信息，包括与调度相关的信息，进程间通信的信息及进程的优先级信息等。

(4) 将创建的进程置于就绪队列。进程创建工作结束后，还要负责把进程放入就绪队列，等待系统根据一定的算法调度执行。

既然有开始，就有结束的时候。进程的终止分为两种情况：一种是进程执行完了既定的操作，正常结束，操作系统收回该进程占用的内存空间和其他资源；另一种是进程在执行过程中出现了异常，无法继续下去，操作系统也将终止进程的执行，关闭所有打开的文件，收回该进程占用的内存空间和其他资源。

基于以上两种情况，进程终止的原因主要有以下几种：

(1) 正常结束：进程完成了程序代码段指定的所有操作，让出 CPU。

(2) 非法使用特权指令：比如进程在算态下使用了管态的指令。

(3) 内存空间不足：进程申请的内存空间太大，系统无法满足。

(4) 等待时间过长：系统设定有进程等待的最大时间，超出的进程都将被终止。

(5) 地址越界：进程使用的地址超出了规定的可用地址空间。

(6) 非法使用共享内存区：各进程对共享内存的使用权限不同，进程的操作要视权限而定，不得越权使用。

(7) 子进程被父进程终止：子进程是父进程根据需要创建的，所以当子进程完成它的使命后，父进程会终止它，并收回占用的资源。

(8) 父进程被终止，其所有子进程也同时被终止：如果父进程被终止，就像大树被连根拔起一样，它所有的子进程都将一起被终止。

(9) 算术错误：比如 0 作为除数，算术溢出等。

(10) 输入/输出失败：比如输入/输出设备没有响应等。

(11) 操作系统干预终止。

3.2.2　进程控制块

进程控制块(PCB)是操作系统用来记录进程详细状态和相关信息的基本数据结构,它和进程是一一对应的,是进程的惟一标识。进程管理器若要高效地工作,对进程控制块数据结构的设计是很重要的一步。

进程控制块记录了进程的标识信息、状态信息和控制信息。不同的操作系统中,PCB包含的内容各不相同,大致有以下三类。

(1) 标识信息:惟一地标识一个进程,主要有:

- 进程标识:为了标识系统中的各个进程,每个进程必须有一个且只有一个标识名或标识数,也就是在创建进程时系统分配的惟一的代码,它只能在操作系统内部使用,如一些数字标识符或表索引号。
- 用户标识:指明一个进程的所有者,如登录的名称。
- 父进程标识:是指创建该进程的进程标识。

(2) 现场信息:记录进程使用处理器时的各种现场信息,主要有 CPU 通用寄存器的内容,CPU 状态寄存器的内容以及栈指针等。当进程出于某种原因释放处理机时,要把与处理有关的各种现场信息保留下来,以便该进程在重新获得处理机后把保留的现场信息恢复,从而继续执行。

(3) 控制信息:操作系统对进程进行调度管理时用到的信息,主要有:

- 进程状态:标识进程当前处于运行、就绪或阻塞三种状态中的哪一种,是进程调度的主要依据。
- 调度信息:标识进程的优先级,进程正在等待的事件等。
- 数据结构信息:标识进程间的联系,如指向该进程的父进程控制块的指针,指向该进程的子进程列表的指针等。
- 队列指针:在该单元存放下一个进程的 PCB 的块首址,将处于同一状态的进程链接成一个队列,便于对进程实施管理。
- 位置信息:记录进程在内存中的位置和大小信息,如程序段指针,数据段指针。
- 通信信息:指进程相互通信时所需的信息,如消息队列(记录可消费资源的列表)指针,进程间的互斥和同步机制。
- 特权信息:记录进程访问内存的权限。
- 存储信息:记录进程在辅存中的位置及大小。
- 资源占有使用信息:标识进程的可重用资源和可消费资源,是对进程占有和使用CPU 及 I/O 设备的情况记录。

进程控制块在内存中是以表的形式存在的。操作系统对 PCB 实行集中统一的管理,所有的 PCB 集中在一个固定存储空间上,就构成了 PCB 表。当 PCB 表项很多时,系统还可将同种性质的进程组织在一张表中,形成多个索引表,提高查表效率。PCB 的数目通常是在操作系统配置完成后确定的,数目的多少取决于系统最大可并行执行的进程数。由于进程控制块包含的内容很多,有些内容不必要一直在内存中保留,因此在有些操作系统(如UNIX)中,进程控制块被分为常驻内存信息和非常驻内存信息。后者只有在需要的时候才调入内存，这样节约了内存空间。

3.2.3　进程的基本状态及其转换

1．进程的基本状态

进程因创建而存在，因撤消而消亡，此期间是进程的生命期。进程在它的生命期内，由于内因和外因的影响，会呈现不同的状态，每一种状态都有各自的特征。一般地，进程具有三种基本状态：运行态、就绪态和阻塞态。

运行态(Running)：进程已获得必要的资源，并占有处理机，处理机正在执行该进程的程序。

就绪态(Ready)：进程等待系统为其分配 CPU，而 CPU 被其他进程占用，所以暂时不能运行，但此时进程已经具备了执行的所有条件。

阻塞态(Blocked)：也可称为等待态、挂起态或睡眠态等，此时进程因等待某个事件而暂时不能运行，例如等待某个 I/O 事件的完成，或等待使用某个资源等。引起进程阻塞的原因很多，系统将根据不同的阻塞原因将进程插入某个相应的阻塞队列中。

处于以上三种状态的进程在一定条件下其状态可以转换。当 CPU 空闲时，系统将选择处于就绪态的一个进程进入运行态；而当 CPU 的一个时间片用完时，当前处于运行态的进程就进入了就绪态。三种状态的转换如图3.5 所示。

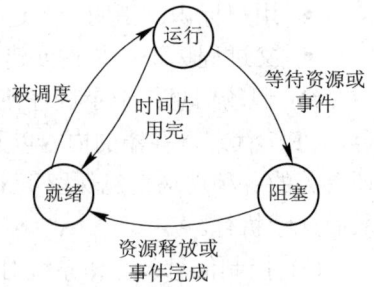

图 3.5　进程状态及转换

2．进程状态转换原因

运行—阻塞：进程出让 CPU，等待系统分配资源或某些事件的发生，如暂时不能访问某一资源，操作系统尚未完成服务，系统正在初始化 I/O 设备，等待用户的输入信息等。

运行—就绪：进程分配的时间片已用完，或者在中断机制下，有更高优先级的进程进入系统，这时进程进入就绪队列等待下一次被选中而占用 CPU。当进程创建成功时处于就绪态。

阻塞—就绪：处于阻塞队列中的进程，当其等待的事件已经发生或等待的资源可用时，此进程将进入就绪队列竞争 CPU。

就绪—运行：进程被调度程序选中占用 CPU。

以上是进程的基本状态转换关系。实际的操作系统中进程的状态及转换要更为复杂，引入了五种状态，即运行、就绪、新建、阻塞和终止。新建态是指进程处于被创建的过程中，还不能被运行。终止态是指进程已经结束执行，系统收回所占用的资源，PCB 暂时保留。进程的五种状态模型及转换如图3.6 所示。

对于有部分进程存在于外存中的情况，

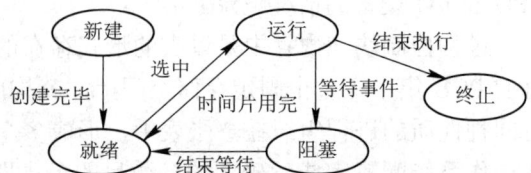

图 3.6　五种进程状态转换

进程又增加了挂起就绪态(存在于外存可以执行的进程状态)和挂起阻塞态(存在于外存等待某事件的进程状态)，其状态转换图如图 3.7 所示。

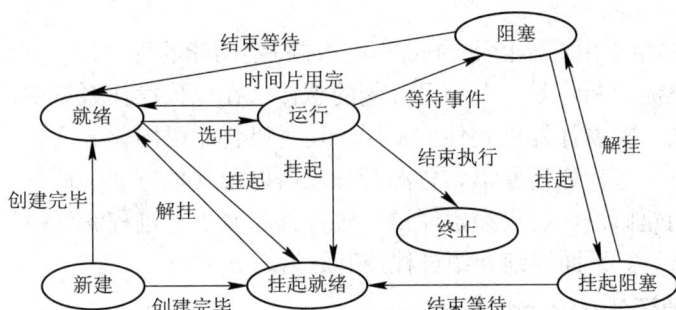

图 3.7　七种进程状态转换

进程管理是一项复杂的工作，人们借助于进程状态模型对处于不同状态的进程实施高效的管理。以图形的方式描述一组状态和状态间的转换直观易懂。

3.进程队列

在系统中存在有许多不同状态的进程，为了便于对诸多进程进行管理和调度，必须将各进程的 PCB 按照某种方法组织起来，队列就是其中一种比较常用的方法。系统将同种状态的 PCB 排成一个队列，利用指针组成单向链表或双向链表，方便查找和调度。对应于进程状态细化的五种状态和七种状态，还可以按照等待原因的不同进一步分成多个队列，不同的队列可以通过设置不同的队列标识进行区分。

当进程状态变化时，它就要被排到另外的队列中，引起进程的出队和入队。处理器有专门管理出队和入队工作的模块，简称队列管理。图 3.8 描述了队列管理的过程。

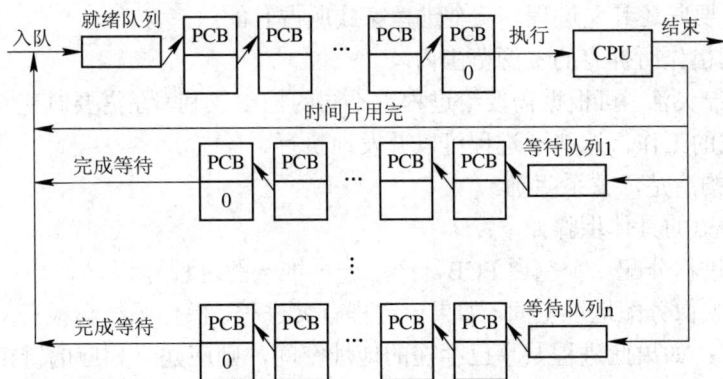

图 3.8　队列管理

3.2.4　进程控制

进程控制的主要任务是创建和撤消进程以及实现进程的状态转换。为了对进程进行有效的控制，操作系统必须设置一套控制机构，它具有以下功能：创建一个新进程，撤消一个已经运行完的进程，改变进程状态，实现进程间的通信，这就是操作系统内核(kernel)的功能。内核是计算机系统硬件的首次延伸，是基于硬件的第一层软件扩充，它为系统对进程进行控制和管理提供了良好的环境。它通过执行各种原语(primitive)操作来实现其控制功能。

原语(primitive)是指由机器指令构成的可完成特定功能的程序段。它是一个机器指令的集合，在执行时不能中断，是一个不可分割的整体。在现代操作系统中，原语的执行多采用屏蔽中断的方法。随着计算机硬件的发展，还可以将原语固化。内核中所包含的原语主要有进程控制原语、进程通信原语、资源管理原语以及其他方面的原语。属于进程控制方面的原语有进程创建原语、进程撤消原语、进程挂起原语、进程激活原语、进程阻塞原语以及进程唤醒原语等。下面详细介绍进程控制原语。

1. 进程创建原语(create primitive)

系统中存在很多进程，这些进程是如何创建成功的呢？通常有两种方式来创建进程：一种是在系统生成时就建立起一些系统进程，例如系统调度进程；另一种是经创建原语产生进程，这样的进程是非常驻的系统进程和用户进程。

当一个进程要完成规定任务时，它可以创建若干个子进程使其负担要完成任务中的部分功能。子进程同样可以创建自己的子进程，从而形成了进程家族。图 3.9 给出了进程的家族关系。进程 A 创建了子进程 A_1、A_2，子进程又分别创建了它们自己的子进程 A_{11} 和 A_{21}、A_{22}，从而形成了树型结构的进程家族关系，A 为该家族的祖先，是 A_1、A_2 进程的父进程，A_1、A_2 分别是 A_{11} 和 A_{21}、A_{22} 的父进程。树型结构的进程关系的主要优点是：

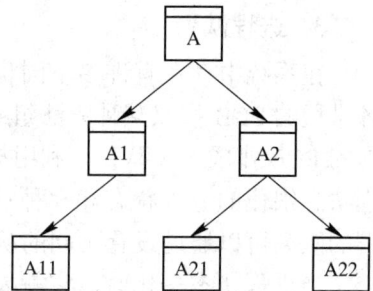

图 3.9　进程的家族关系树

(1) 资源分配严格。子进程仅能分配到父进程所拥有的资源，用完后要归还其父进程。一个进程家族所占有的所有资源应在其祖先所拥有的资源范围内。

(2) 进程控制灵活。可根据需要给进程以不同的控制权利。在需要时建立自己的子进程共同分担要完成的工作。这些子进程可以并发地执行。

(3) 进程结构清楚，关系明确。

进程创建原语的具体步骤如下：

(1) 系统为进程分配一个空白 PCB，产生一个惟一的进程标识。

(2) 为进程映像分配地址空间。如果该进程有父进程，操作系统会根据父进程提供的要求为其进行分配；如果此进程共享已存在的地址空间，则应建立相应的链接。一个进程只能访问该进程被定义的地址空间，在此空间上定义了该进程的所有逻辑实体和访问地址，不能越界执行。

(3) PCB 初始化。初始化 PCB 的参数(如进程标识名，初始 CPU 状态，优先数以及资源清单等)，新进程的初始化状态一般为就绪态。

(4) 设置相应的链接，将该进程插入进程的就绪队列和家族队列中。

2. 进程撤消原语(destroy primitive)

进程生命期的最后阶段是进程撤消阶段。如果该进程是子进程，则只对该进程撤消；

如果该进程是父进程，那么在撤消此进程的同时，其相应的所有子进程也被同时撤消；如果撤消的进程处于运行状态，则中断处理机，保护 CPU 现场，停止执行该进程，并设置重新调度标志。根据状态指出的该进程所在队列，将其从队列中撤消。

进程撤消原语的具体步骤如下：

(1) 在 PCB 集合中找到要撤消的进程。

(2) 将被撤消的进程所占有的资源全部归还。若资源属于该进程祖先的或撤消者的，都应归还；若资源属于撤消者自己的，则消去它的资源描述块。

(3) 撤消该进程的子进程。

(4) 归还 PCB 空间。

3. 进程阻塞原语(block primitive)

阻塞是指进程在执行过程中让出处理机，等待一个事件的发生或一个操作的完成。当一个进程所期待的某一个事件尚未出现时，该进程调用阻塞原语把自己阻塞起来。进程的阻塞是自身调用阻塞原语的结果，是自愿的行为，如等待资源、I/O 操作等。

阻塞原语的具体步骤如下：

(1) 中断进程的执行，将 CPU 状态保存到 PCB 中。

(2) 改写 PCB 中的相应内容，并把进程插入相应的阻塞队列。

4. 进程唤醒原语(wakeup primitive)

当进程等待的事件发生或操作完成后，操作系统会将被阻塞的进程唤醒，进入就绪队列。

唤醒原语的具体步骤如下：

(1) 从阻塞队列中取出要唤醒进程的 PCB。

(2) 改写 PCB 中的相应内容，并把进程插入就绪队列。

进程的唤醒和阻塞正好相反，阻塞是进程自己阻塞自己，而唤醒的工作必须由别的进程调用唤醒原语来完成。

5. 进程挂起原语(suspend primitive)

当进程在运行态或阻塞态时，出现了诸如内存资源不足等的事件，该进程将被挂起。对于树型结构的系统，被挂起的进程只能是它的子孙或其自身。挂起的方式有：把发出挂起原语的进程自身挂起，挂起指定标识名的进程，把某进程及其全部或部分"子孙"进程挂起。

挂起原语的具体步骤如下：

(1) 在 PCB 集合中找到要挂起的进程。

(2) 检查该进程的状态。如该进程为活跃阻塞态，则改为静止阻塞；如为就绪态，则改为静止就绪；如为运行态，则停止其运行，进入静止就绪，并从活跃就绪队列中按照某种算法选择一个进程投入运行。

6. 进程激活原语(active primitive)

对应于挂起，激活也称为解挂，它使被挂起的进程重新活跃起来，也就是把进程从外存调入内存。存在多种激活方式，如激活一个指定标识符的进程，或激活某个进程及其所有"子孙"进程等。和唤醒原语相同，激活原语也只能由其他进程调用。激活原语与挂起原语所做的工作正相反，具体步骤如下：

(1) 查找要激活进程的 PCB。

(2) 检查该进程的状态。若为静止就绪，则改为活跃就绪态；若为静止阻塞，则改为活跃阻塞态。当激活后的进程处于活跃就绪时，将引起处理机的重新调度。

3.2.5　进程的特征

和其他概念一样，进程也有自己独特的性质：

(1) 并发性：多个进程并发执行同一代码段，进程的执行时间是可以相互重叠的。

(2) 动态性：相对于静止的程序，进程存在生命期，有不同状态的转换，是一个动态的过程。

(3) 独立性：在系统中，每一个进程都可独立执行，它是资源分配和调度的独立单位。

(4) 制约性：是指一个进程的执行可能要依赖其他相关进程的执行结果，形成进程之间的相互等待。

(5) 异步性：是指进程执行的时间是相对独立、不可确定的。

(6) 结构性：每个进程都有固定的结构，都由程序段、数据段和 PCB 三部分组成。

3.3　进　程　调　度

进程调度就是按照一定的算法，从就绪队列中选择某个进程占用 CPU，对 CPU 资源进行合理的分配使用，以提高处理机利用率，并使各进程公平地得到处理机资源的方法。调度的算法称为调度机制，它的优劣对整个系统的效率有很大的影响。下面详细讨论调度的算法、调度的时机及调度的过程。

3.3.1　确定进程调度算法的原则

正如前面讲到的，引入多道程序设计的操作系统允许多个进程同时进入内存，通过分时复用技术共享 CPU。进程调度的任务是：有效地选择占用 CPU 的进程，控制并协调系统安全、高效地工作。这就要求在设计算法时尽可能地安全、高效。

在讨论调度算法之前，应先考虑调度程序要达到的目的。一个好的调度算法应当考虑各方面的因素，因此，选择算法时应注意以下几点原则：

面向系统性能应注意：

(1) 公平性。每个进程都有机会被运行，即使是低优先级的进程也不例外。

(2) 较大的吞吐量。使每小时处理的作业数量最多，尽量让 CPU 处于忙状态，提高 CPU 的利用率。

面向用户性能应注意：

(1) 及时性。用户最关心系统的响应速度，应尽可能使用户觉得他的要求会及时得到满足。

(2) 较短的周转时间。尤其是批处理系统，从用户提交到得到相应的结果的时间不能过长，使用户感到满意。

3.3.2 进程调度算法

针对以上原则，我们介绍几种进程调度算法。

1. 先进先出进程调度算法

先进先出法(FIFO)是按照进程进入就绪队列的先后次序进行调度的算法。先到达的进程先占用 CPU，直到执行结束或被迫等待才让出 CPU。这种方法显然不能适应我们的需要，当一个不紧急却很大的进程长时间占用 CPU 时，其他紧急的短进程排队等待的时间较长，使平均等待时间过长，影响了系统效率。于是我们考虑对进程的优先级加以规定，这就引出了基于优先数的调度。

2. 基于优先数的调度

这种算法是让每一个进程都拥有一个优先数，数值大的表示优先级高，系统在调度时总选择优先数大的占用 CPU。优先数的确定方法有以下两种：

(1) 静态优先数法：进程创建时就规定好它的优先数，这个数值在进程运行时不变。确定优先数值时可以考虑让使用外设的进程优先，或操作时间长的进程优先，或终端用户进程优先。

(2) 动态优先数法：克服静态优先数法中优先数值不能改变的缺陷，动态优先数法使得进程的优先数在执行过程中可以根据情况而改变。例如：进程占用 CPU 时间过长，优先数降低；或进程等待时间过长，优先数提高。

在 UNIX 系统中采用的是动态优先数法，系统会在每一秒钟重新计算优先数大于 100 的进程，在每次系统调用之后也会重新计算并更新正在执行的进程的优先数。

进程占用 CPU 的方式有以下两种：

(1) 不可剥夺式：也称不可抢占式(non-preemptive)，是指当一个进程被分配占用 CPU 后，就可以不被打断执行到结束。先进先出法就属于这种方式。

(2) 可剥夺式：也称可抢占式(preemptive)，是指当一个进程被分配占用 CPU 的过程中出现了更高级的进程请求时，当前进程必须让出 CPU。这种方式会使进程频繁调度，所以在设计时还应考虑进程上下文切换的时间开销。时间片轮转程序调度算法属于这种方式。

3. 时间片轮转程序调度算法

时间片轮转程序调度算法(Round Robin，RR)简称轮转法，其基本思想是：系统规定一个时间长度作为允许进程运行的时间，如果进程在这段时间里没有执行完，它就必须让出 CPU，等待下一次分配时间片。时间就好像一个不停旋转的轮子，只有转到那个进程前，该进程才可以占用 CPU，否则只有等待。如果在执行当中进程发生了阻塞或异常，尽管时间片没有用完，它也将主动让出 CPU，由系统重新分配进程。时间片轮转调度算法可总结为以下几步：

(1) 将系统中所有的就绪进程按照某种原则(如 FCFS 原则)排成一个队列。

(2) 每次调度时将 CPU 分派给就绪队列的队首进程，让其执行一个时间片。

(3) 在一个时间片结束时发生时钟中断，调度程序暂停当前进程的执行，将其送到就绪队列的末尾。选择就绪队列的队首进程，并通过上下文切换执行该进程。

时间片选择的方法一般有：

(1) 固定时间片，即分配给每个进程相等的时间片，使所有进程都公平执行，是一种实现简单又有效的方法。

(2) 可变时间片，即根据进程的不同要求对时间片的大小实时修改，可以更好地提高效率。

分时系统的实现都是以一定的时间间隔为前提的，所以常用轮转法。轮转法的实现很容易，但时间片的大小却很难确定。时间片过大，进程在一个时间片内都能执行完，算法退化为 FCFS 算法；时间片过短，用户的一次请求需要多个时间片才能处理完，上下文切换次数增加，响应时间长。因此，在选择时间片的大小时，应考虑以下几方面的因素：

(1) 系统响应时间。在交互式的分时系统中，用户对系统的响应时间非常关心，如果时间片过大，会使用户感到请求不能得到及时的响应。

(2) 就绪进程个数。在就绪队列中的进程个数是在随时变化的，如果时间片过大，进入就绪队列中的进程不断增多，就使得时间片轮转一次的总时间过长。

(3) CPU 的能力。随着计算机技术的飞速发展，CPU 的处理能力也越来越高，时间片就可以越来越短。

4．多级队列算法

多级队列算法(Multiple-Level Queue)引入多个就绪队列，通过对各队列的区别对待，达到一个综合的调度目标。1962 年，Corbato 等人提出的 CTSS 是最早使用优先级调度的系统之一。由于 CTSS 的内存空间有限，只能存放一个进程，进程的切换都需要在内、外存进行，进程切换速度太慢。他们考虑到，给占用 CPU 多的进程分配以较大的时间片比分配较短的时间片会减少切换次数，提高运行效率，但是给进程分配大的时间片又会影响响应时间，所以他们采用多个优先级队列的方法。首先根据进程的性质或类型的不同，将就绪队列再分为若干个子队列，见图 3.10。属于最高优先级队列的进程运行一个时间片，属于次高优先级的进程分配两个时间片，再低一级的进程分配 4 个时间片，依此类推。当一个进程用完分配的时间片后还没有运行完，它会被移到下一级队列中，仅当较高优先级的队列为空时，才调度较低优先级的队列中的进程执行。如果进程执行时有新进程

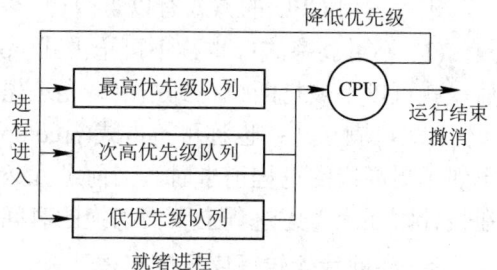

图 3.10　多级队列算法

进入较高优先级的队列，则抢先执行新进程，并把被中断的进程投入原队列的末尾。这样，优先级高的进程能很快获得处理机，但运行时间较短，优先级低的进程较难获得处理机，但一经获得将运行较长时间不用切换。

3.4　进程间的相互作用

在引入多道程序设计的系统中，宏观上看，同一时刻会有多个进程在执行，并以各自独立的速度向前推进。但这些并发执行的进程中，相互协作的进程要共同完成一个任务，它们之间就要相互配合，需要在一些动作间进行同步，即一个进程的某个动作与协作进程

的某些动作之间在时序上有一定的关系。如果协作进程的某个操作没有完成，那么进程就会在工作到某些点上等待这个动作的完成，之后才能继续执行下去。我们称这些并发执行的进程间存在着制约关系。同时，进程之间存在另一种制约关系——互斥，当两个或两个以上的进程竞争同时只能被一个进程使用的资源时，例如竞争使用打印机，就需要一个同步机制——互斥来协调两个或多个进程对该资源的顺序使用，控制这些进程使用资源的次序。前一种制约是进程—进程间因共同目的而存在的直接约束，故称为直接制约；后一种制约是进程—资源—进程间存在的约束，故称为间接制约。

进程之间的这种相互依赖又相互制约、相互合作又相互竞争的关系，需要进程之间存在某种形式的通信，在这一节里，我们将介绍这些进程之间的制约关系以及它们是通过怎样的方式互相联系和通信的。

3.4.1　进程间的同步和互斥

在系统中有一些需要相互合作、协同工作的进程，它们之间的相互联系称为进程的同步。另外一种情况是多个进程因争用临界资源而互斥执行，叫做进程的互斥。所谓临界资源，也可叫做独占资源，是指在一段时间内只允许一个进程访问的资源。只有当一个进程使用完毕，释放该资源后，另一个进程才能使用，如果多进程交叉使用，将使输出结果变得毫无意义。临界资源可以是一些硬件设备(如打印机、磁带机或绘图仪等)，也可以是进程共享的变量、数据、队列或使用权限等"有形"或"无形"的资源。

进程对临界资源不加限制地访问，会带来进程执行结果不一致，甚至死锁等问题。例如：两个进程 P1、P2，它们共享同一变量 count，P1、P2 的操作如下：

    P1：

        ⋮

        R1 = count;

        R1 = R1 + 1;

        count = R1;

        ⋮

    P2：

        ⋮

        R2 = count;

        R2 = R2 + 1;

        count = R2;

        ⋮

其中，R1 和 R2 为两个通用寄存器。如果两个进程顺序执行，结果使 count 的值加 2。由于现在操作系统中的进程是并发执行的，各进程以自己的速度向前推进，因此，运行的顺序可能是：

    P1：R1 = count;

    P2：R2 = count;

    P1：R1 = R1 + 1;

P1：count = R1；

P2：R2 = R2 +1；

P2：count = R2；

按照此顺序执行的结果是变量 count 只加了 1。为什么会出现这样的错误呢？主要原因是 count 为临界资源，对 count 的访问没有做任何限制。如果把 count 当作临界资源，对它的使用采用互斥的访问方式，即一次只允许一个进程进行访问，当一个进程访问完成之后，另一个进程才能被允许对其访问，那么就可以避免上述错误。进程中涉及临界资源的程序段称为临界区或互斥区。各个进程对临界区的访问应该是互斥的。

综上所述，系统中并发执行的进程，其执行结果的正确性不仅取决于自身的正确性，而且与它在执行中能否与其他相关进程正确地实施同步或互斥有关，所以对临界区的访问必须加以限制。具体原则如下：

(1) 当有若干个进程要求进入临界区时，应使一个进程进入临界区，它们不应相互等待而使谁都不能进入，即进程不能无限地停留在等待临界资源的状态。

(2) 一次只允许一个进程进入临界区中，即各进程只能互斥访问临界资源。

(3) 各进程使用临界资源的时间是有限的，即任何一个进程都必须在有限的时间内释放所占资源。

实现进程互斥的方法有硬件方法和软件方法。软件方法中比较著名的有 Dekker 算法和 Peterson 算法。

(1) Dekker 算法。这种算法需设置一个整型变量 turn，指示允许进入临界区的进程。假设现有两个进程 P1 和 P2，当 turn 的值为 1 时，P1 被允许进入；当 turn 的值为 2 时，P2 被允许进入。进程退出临界区时，要把 turn 的值改为对方的标识符，就等于允许对方进入。此算法存在的最大缺点是：它没有考虑到进程的实际需要，进程被强制轮流进入临界区，一个进程在离开临界区之后，必须等待另一个进程进入并退出临界区，才能再次被允许进入，造成了资源利用不充分。

(2) Peterson 算法。这种算法除设置整型变量 turn 外，还要为每一个进程设置一个标志，指示该进程是否要求进入临界区。假设还是两个进程，都在等待进入临界区。先检查对方的标志，如果不在临界区，则检查 turn 的值，以确定是否可以进入。

以上方法的缺点是：进程要反复地测试共享变量的值，浪费了时间和资源，阻塞了进程的执行，这种现象称为"忙等待"。用软件实现互斥，对编程的要求也很高。

(3) "开关中断"指令，也称硬件锁，是实现互斥的最简单方法。进程在进入临界区之前先执行"关中断"，屏蔽其他中断请求；进程结束时，执行"开中断"，保证了进程执行过程的不间断性。这种方法的优点是实现简单，但缺点也是显而易见的。"关中断"的使用必须加以限制，否则会造成严重后果；"关中断"的时间如果过长，也会导致系统效率严重下降。

(4) "交换"指令。这种方法是对每一组共享变量定义一个全局变量，对每一个进程定义一个局部变量。进入临界区后两变量均置为"真"，退出临界区时，两变量为"假"。当变量为"假"时，表明可以进入临界区。Intel 80x86 系列机都采用这种方法。

(5) "测试与设置"指令。这种方法是设置一个布尔变量，称为"锁"，用 W 表示。其值为"1"时，表示临界区忙，值为"0"时，表示临界区闲。当一个进程要进入临界区时，先要测试该变量的值，以确定是否可以进入。退出临界区之后，要改写变量的值。

加锁原语表示为 LOCK(W)，其操作为

  L: IF W=1 THEN GOTO L ELSE W=1；

开锁原语表示为 UNLOCK(W)，其操作为

  W=0；

两个进程 P1 和 P2 使用以下程序段实现进程间的互斥：

  P1:

   ⋮

  LOCK(W);

  CS1;   //P1 的临界区

  UNLOCK(W);

   ⋮

  P2:

   ⋮

  LOCK(W);

  CS2;   //P2 的临界区

  UNLOCK(W);

   ⋮

仔细分析以上程序可以发现，只要一个进程进入临界区后，该进程就将 W 置 1，其他试图进入临界区的进程在执行 LOCK(W)时，测得 W=1，进而反复测试 W，此时 CPU 一直处于忙碌状态，以等待 W 为 0，造成处理机时间的浪费，所以，用加锁—开锁的方法实现临界区互斥的效率很低。

3.4.2　进程的同步机制

操作系统中常使用更为一般的同步机制，即使用信号量(semaphore)及有关的 P、V 操作。下面就来详细介绍这种方法。

Dijkstra 在 1965 年发明了用信号量实现进程同步的方法，提出了"顺序进程间合作"的思想。在荷兰语中，"proberen"意为"检测"，"verhogen"意为"增量"。P、V 是这两个词的首字母。"P 操作"是检测整数变量是否为正值，若不是，则阻塞调用进程；"V 操作"是唤醒一个阻塞进程恢复执行。信号量(semaphore)是表示资源的实体，是一个与队列有关的整型变量，其值仅能由 P、V 操作改变。根据用途的不同，信号量分为公用信号量和私用信号量。公用信号量用于实现进程间的互斥，初值通常设为 1，它所联系的一组并行进程均可对它实施 P、V 操作；私用信号量用于实现进程间的同步，初始值通常设为 0 或 n，允许拥有它的进程对其实施 P 操作。

设信号量为 S，则 P 操作原语表示如下：

  P(S):

  { S=S-1;

    if (S<0)

```
        {
            调用该 P 操作的进程阻塞，并插入相应的阻塞队列；
        }
    }
```

执行 P 操作相当于对信号量表示资源的申请，所以信号量 S 减 1。如果减 1 后的结果小于 0，则表示申请的资源已被占用，进程必须等待；信号量的绝对值表示希望申请资源但没有得到而进入阻塞状态的进程数。如果减 1 后的结果大于等于零，则表示还有要申请的资源，所以进程继续。

V 操作原语表示如下：

```
    V(S)
    {
        S=S+1;
        if (S≤0)
            从等待信号量 S 的阻塞队列中唤醒一个进程；
    }
```

执行 V 操作相当于对信号量表示资源的释放，所以信号量 S 加 1。如果加 1 后的结果小于等于零，则表示有进程希望得到该资源但没有得到而进入了阻塞队列，从而应从等待队列中唤醒一个进程，执行 V 操作的进程继续执行。如果加 1 后的结果大于零，则表示没有进程因等待该资源而处于阻塞队列，执行 V 操作的进程继续执行。

1．利用信号量实现进程互斥

例 3.1 对公共变量 count 加 1 的问题。两个并发执行的进程对临界区的互斥使用可以借助 P、V 操作实现，其程序示例如下：

```
S    semaphore;
S = 1;    // 公用信号量
count =0;
cobegin        // cobegin 和 coend 其间为可并发执行的进程序列
    process P1
    {
        ⋮
        P(S);
        R1 = count;
        R1 = R1+1;
        count = R1;
        V(S);
        ⋮
    }
    process P2
    {
```

```
        ⋮
        P(S);
        R2 = count;
        R2 = R2+1;
        count = R2;
        V(S);
        ⋮
    }
coend
```

由上可见，利用信号量可以实现进程临界区的互斥使用。一般来说，设一公用信号量 S，且初值设为 1，在进程程序段中，只需把临界区置于 P(S) 和 V(S) 之间，即可实现两个进程的互斥。其模型为

```
P1:
    ⋮
    P(s);
    CS1;              // P1 的临界区
    V(s);
    ⋮


P2:
    ⋮
    P(s);
    CS2;              // P2 的临界区
    V(s);
    ⋮
```

例 3.2 飞机订票系统。一个飞机订票系统可以有多个订票处的 n 个订票终端。现假设 n=2，公共数据区为 $Hi(i=1,2,…,m)$，分别存放各次班机的现存票数，$Pi(i=1,2,…,n)$ 表示售票终端的进程，t1 和 t2 分别表示进程 P1 和 P2 执行时所使用的工作单元。P1 和 P2 进程的程序如下：

```
S    semaphore;
S = 1;                // 公用信号量
cobegin               // cobegin 和 coend 其间为可并发执行的进程序列
    process Pi(i=1,2,…,n)
    {
        temp int;
        按照订票要求找到单元 Hi；
        P(s);
        temp = Hi ；
        if temp ≥1
```

```
        {
            temp =temp-1;
            Hi = temp;
            V(s);
            输出一张票;
        } else
        {
            V(s);
            输出提示 "票已售完";
        }
    coned
```

2. 利用信号量实现进程同步

信号量的引入不仅解决了进程的互斥，还可以用于进程间同步信号的交换。下面我们来看一个经典的进程同步问题——生产者与消费者问题。

例 3.3　假设存在两个进程，生产者进程 T1 和消费者进程 T2，它们共享一个缓冲区。设置生产者进程和消费者进程的私用信号量为 S1 和 S2，初值分别为 1 和 0。规定：缓冲区 "满"，生产者进程不能放产品；缓冲区 "空"，消费者进程不能从中取产品。对两个进程的描述如下：

生产者进程 T1：

```
    while(true){
        生产一件产品;
        P(S1);  /*申请一个空缓冲区*/
        放入一件产品;
        V(S2);  /*释放缓冲区*/
    }
```

消费者进程 T2：

```
    while(true){
        P(S2);  /*申请一个满缓冲区*/
        拿出一件产品;
        V(S1);
        消费产品;
    }
```

我们可以通俗地把以上两个进程通信的过程理解为：T1 生产了一件产品，要放进缓冲区，它先看缓冲区是否可用，所以要对缓冲区执行 P 操作，放进一件产品后，用 V 操作通知 T2 可以拿产品了；T2 要从缓冲区拿出一件产品，要先看缓冲区是否有产品，所以要执行 P 操作，拿走产品后，用 V 操作通知 T1 可以再放产品了。

如果现有 k 个生产者，m 个消费者，共享 n 个缓冲区，这样，只要 n 个缓冲区还有空余，T1 进程就可以放入产品；只要缓冲区还有产品，T2 进程就可以拿出产品。这里判断空和满的信号量还应有计数的功能，所以我们增加互斥信号量 mutex，初值为 1，并设 S1、S2 的初值分别为 n 和 0。对两个进程的描述如下：

生产者进程 T1：

```
while(true){
        生产一件产品;
        P(S1);
        P(mutex);
        放入一件产品;
        V(mutex);
        V(S2)
    }
```

消费者进程 T2：

```
while(true){
        P(S2);
        P(mutex);
        取出一件产品;
        V(mutex);
        V(S1);
    }
```

以上的具体实例使我们对 P、V 操作及信号量有了一定的了解，下面具体说明信号量 S 的物理含义：

(1) 当 S>0 时，S 的值表示同类可用资源的数量。

(2) 当 S=0 时，表示无可用资源。

(3) 当 S<0 时，S 的绝对值表示正被阻塞的进程数量。

P(S)表示申请一个资源，V(S)表示释放一个资源。

对信号量的使用，我们应注意信号量的实现以及如何避免忙等待。

对 P、V 操作的使用应当注意：

(1) P、V 操作都是成对出现的：互斥操作时，它们在同一进程中；同步操作时，它们处于不同进程。

(2) 在进程中，P 操作的位置和次序至关重要，如果使用不当，会造成严重后果。一般情况下，对互斥信号量的 P 操作在后。而对于 V 操作并没有特别的限制，只是要注意 V 操作是主动的还是被动的。

P、V 操作的优点是：P、V 操作原语完备，表达能力强，任何同步和互斥问题都可以用它来解决。缺点是：作为进程通信的工具，它不够安全，而且在一些复杂问题的实现上相当复杂。

例 3.4 汽车司机与售票员之间必须协同工作：一方面只有售票员把车门关好了司机才能开车，因此，售票员关好车门应通知司机开车；另一方面，只有当汽车已经停下，售票员才能开门上下客，故司机停车后应通知售票员。汽车当前正在始发站停车上客，试设必要的信号量并赋初值，写出它们的同步过程。

设信号量 S1、S2 分别是司机和售票员的私用信号量，初值为 S1=0，S2=0，则司机和售票员同步的过程描述为：

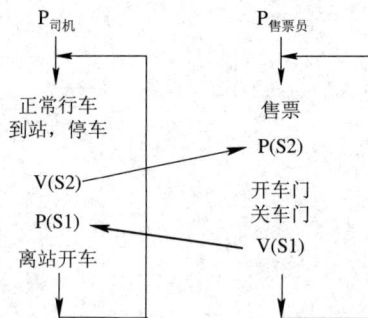

综上所述，两个进程间的同步模型为：

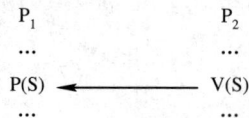

3.4.3　IPC 经典问题

这里介绍三个并发程序设计的经典问题。

1. 读者写者问题

并发进程对数据的读写操作是经常发生的，Courtois 提出了关于读写同步的问题，称为读者写者问题。这一问题的要求是：多个读进程可以同时共享资源，但不能和写进程共享；写进程之间互斥，访问时必须独占资源。这就需要设置一个全局变量对读进程进行计数，当第一个读进程开始进行访问时执行 P 操作，当最后一个读进程结束访问时执行 V 操作。

现假设读者优先于写者，即当有读进程在读时，写进程被迫等待，其他读进程允许并发执行。使用 readnum 对读者计数，初值为 0；mutex 是对变量 readnum 进行互斥操作的信号量，初值设为 1；write 是写信号量。具体程序如下：

读者进程 P1：

```
    begin

        P(mutex);

        readnum:= readnum+1;

        if readnum==1 then P(write);        /*读进程把写进程阻塞*/

        V(mutex);

        read file;

        P(mutex);

        readnum:= readnum-1;

        if readnum==0 then V(write);        /*最后一个读进程结束退出*/

        V(mutex)

    end
```

写者进程 P2：

```
begin
    P(write);      /*实现写者间的互斥*/
    write file;
    V(write)
end
```

很明显，当读进程在读而使一个请求写的进程阻塞时，如果仍有进程不断地请求读，则写者有可能因读者请求过多而无限等待下去，写进程一直得不到响应，这种现象称为"饥饿"现象。所以我们又设计了另一种算法，让写者在任何时刻都优先于读者，即当有进程在读文件时，如果有进程请求写，那么新的读进程被拒绝，待现有的读进程完成读操作后，立即让写进程开始运行，当无写进程工作时才让读进程工作。下面，用信号量 S 实现读者与写者或写者之间的互斥，用信号量 Sn 限制系统中最多有 n 个进程，初值为 n。具体程序如下：

读者进程 Pi(i=1,2,…, n)：

```
begin
    P(S);
    P(Sn);
    V(S);
    read file;
    V(Sn)
end
```

写者进程 Pj(j=1,2,…, k)：

```
begin
    P(S);
    for i:=1 to n do P(Sn);
    write file;
    for i:=1 to n do V(Sn);
    V(S)
end
```

2．理发问题

有一个理发师、一把理发椅和 n 把供等候理发的顾客坐的椅子。如果没有顾客，则理发师便在理发椅子上睡觉；当一个顾客到来时，必须唤醒理发师，进行理发；如果理发师正在理发时，又有顾客来到，则如果有空椅子可坐，他就坐下来等，如果没有空椅子，他就离开。为理发师和顾客各编一段程序描述他们的行为，要求不能带有竞争条件。

```
samphore    customers;
samphore    barbers;

Void barber( )
```

```
    {
        while (T)
        {
            P(customers);
            wait = wait –1;
            V(barbers);
            理发;
        }
    }

    void customer()
    {
        if (wait < CHAIRS)
        {   wait = wait +1 ;
            V(customers);
            P(barbers);
            理发;
        }
        else {
                走出理发店;
        }
    }
```

3. 哲学家就餐问题

　　这个问题是 Dijkstra 在 1968 年提出的。如图 3.11 所示，在一个圆形餐桌上有 5 份通心粉，间隔放有 5 把叉子，5 个哲学家各自坐在一盘通心粉前。在哲学家思考时，他们不作任何动作。当他们感到饥饿时，必须同时手持两把叉子才能吃到通心粉，而且只能取得自己左手边和右手边的叉子。吃完后，叉子必须放回。

　　问题中的 5 个哲学家就是 5 个进程，5 把叉子是 5 个资源，每个人只有同时拿着两把叉子才能吃到通心粉。当哲学家吃通心粉的动作相继发生时，他们最终都可以吃到通心粉。但是，当 5 个哲学家同时感到饥饿，都动手拿起手边的叉子，有可能 5 个人都因无法再取得一把

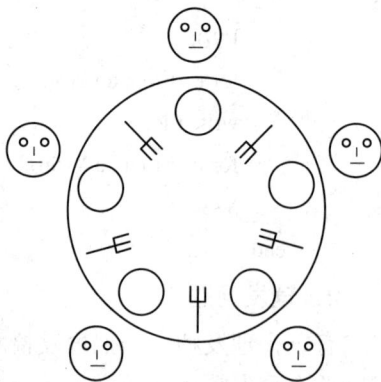

图 3.11　哲学家就餐问题

叉子而永远吃不到通心粉，这种现象称为"死锁"(详见第 4 章)。或者，我们规定每个人拿叉子时，必须从左至右，当右边的叉子不可用时，必须先放下左边的，进入思考，等待一段时间之后再重新拿叉子，但因为拿起、放下和等待的时间相同，5 个人还是吃不到通心粉，进程虽没有死锁，也得不到正常的执行，这种现象称为"饥饿"(详见第 4 章)。

为了简单解决这个问题，我们引入了新的概念——管程。

3.4.4　进程的同步机制——管程

管程(monitor)机制是由 Hoare 和 Brinch Hansen 提出的一种解决同步问题的抽象数据类型，是指关于共享资源的数据及在其上操作的一组过程或共享数据结构及其规定的所有操作。它弥补了只用信号量和 P、V 操作不利于系统对临界资源管理的不足。

管程是一个由过程、变量及数据结构等组成的一个集合，它们组成一个特殊的模块或软件包。进程可以调用管程中的过程，但它们不能在管程外的过程中直接访问管程内的数据结构。管程的基本思想是：集中管理各进程中的临界区，按不同的管理方式定义模块的类型和结构，用数据表示抽象系统资源，增加模块的相对独立性。

管程能有效地完成互斥，即任何时刻管程中只能有一个活跃进程。管程是一种编程语言的构件，编译器知道它们的特殊性，因此可以采用与其他过程调用不同的方法来处理管程中的过程调用。处理方法是，当一个进程调用管程中的过程时，前几条指令检查在管程中是否有其他的活跃进程。如果有活跃进程，调用进程将被挂起，直到活跃进程离开管程时将挂起的进程唤醒。如果没有活跃进程，则调用进程进入管程。

进入管程时的互斥由编译器负责，使用管程的人无需关心编译器是如何实现互斥的，只需知道如何将所有的临界区转换成管程中的过程。编译器处理的结果是不会有两个进程同时执行临界区中的代码。因此，编译器必须能识别出管程并对互斥做出处理。当用户需要使用管程时，应基于带有管程的语言环境，如 1983 年出现的 Euclid。

管程由四部分组成：管程名、局部变量和数据结构说明、操作原语及初始化代码。它的特征有：

(1) 模块化：一个管程就是一个可单独编译的实体。

(2) 抽象数据类型：管程将数据结构和操作细节集中在一个软件模块中，是数据和操作代码的封装。

(3) 信息隐蔽：管程如何实现其功能相对于其外部程序是半透明的。

管程有如下几个要素：

(1) 安全性：管程中的共享变量在管程外部是不可见的，只能由该管程的过程存取。

(2) 互斥性：任一时刻只能有一个调用者进入管程。

(3) 等待机制：设置等待队列及相应的操作，对资源进行管理。

有了管程，我们再来看上一节提出的"哲学家就餐问题"。

设置管程函数 pickup(i)，i 为哲学家的编号和叉子的编号，如图 3.12 所示，两者的顺序一致。此函数只有在哲学家可以拿到两把叉子时才能继续，否则无任何操作。初始时刻，哲学家都处于思考(thinking)中。当哲学家感到饥饿(hungry)时，他必须先调用 pickup(i)，若两把叉子都在，就进入

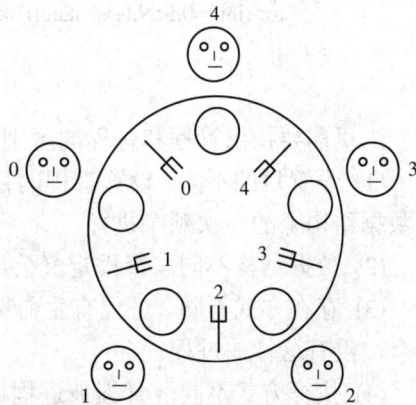

图 3.12　用管程解决哲学家就餐问题

吃(eating)的状态，否则他就等待相邻的哲学家调用 putdown 函数，告知他可以继续进行。具体程序如下：

```
enum status {eating,hungry,thinking};   //*哲学家的状态可以是吃、饥饿或思考*//
monitor philosophers{
    status state[N];
    condition self[N];
//*此进程只能被管程调用*//
    test (int i) {
    if ((state[(i−1) mod N]!=eating) && (state[i]==hungry) &&
    (state[(i+1) mod N]!=eating)){
                //*左右两边的哲学家都没有吃通心粉，并且当前哲学家感到饥饿*//
    State[i]=eating;
    Self[i].signal;
    }
    };
public:
    pickup(int i){
    state[i]=hungry;
    test(i);
    if (state[i]!=eating) self[i].wait;
    };
    putdown (int i){
    state[i]=thinking;
    test((i−1) mod N);
    test((i+1) mod N);
    };
    philosophers(){//*管程的代码段*//
    for (int i=0;i<N;i++) state[i]=thinking;
    };
};
```

这里需要指出管程和进程的区别：

(1) 设置目的不同。设置管程的目的是对共享资源进行管理，而进程是程序在内核定义的数据结构上的一次顺序执行。

(2) 数据结构不同。管程定义公用数据结构，进程定义私有数据结构。

(3) 存在方式不同。进程有生命期，是由创建到撤消的一个过程，而管程为操作系统所固有，没有这样的过程。

(4) 执行方式不同。管程被进程调用，没有并发性，而进程具有并发性。

使用信号量进行进程间通信，程序难于理解且容易发生死锁，而管程在少数几种编程语言以外又无法使用，并且这些原语均未提供机器间的信息交换方法，所以我们还需要其他的进程通信方法。

3.5 进 程 通 信

前面谈到，多道程序设计的系统中，进程间存在着同步和互斥的关系，需要实现进程间的通信。各个进程交换信息的过程就是进程通信的过程。P、V 操作和信号量的使用只能传递信号，进程之间还需要传递大批量的数据。由于数据量远比信号量大得多，因此需要引入其他通信机制，即高级通信机制。

3.5.1 概述

根据进程间通信的特点，可以把进程通信分为以下几种类型。

1. 低级通信和高级通信

根据交换信息量的多少和效率的高低，可将进程通信的方式分为低级方式和高级方式。前面所说的 P、V 操作和管程都属于低级方式，接下来要讲到的管道通信和信箱通信都属于高级方式。

(1) 低级通信：只能传递状态和整数值(控制信息)，包括实现进程互斥和同步所采用的信号量和管程机制都属于这种方式。缺点：传送信息量小，效率低；每次通信传递的信息量固定，若想传递较多信息则需要进行多次通信；需用户直接实现通信的细节，编程复杂，不宜理解。

(2) 高级通信：能够传送大批量数据。为了提高信号通信的效率及为了能够传递大量数据，减轻程序编制的复杂度，系统引入了共享内存模式、消息传递模式、共享文件模式(管道)等高级通信方式。

2. 直接通信和间接通信

直接通信：信息由发送方直接传递给接收方，如管道。在发送时，指定接收方的地址或标识，也可以指定多个接收方或广播式地址；在接收时，允许接收来自任意发送方的消息，并在读出消息的同时获取发送方的地址。

间接通信：将收发双方进程之外的共享数据结构作为通信中转，实现通信，如消息队列。通常接收方和发送方的数目可以是任意的。

3.5.2 共享内存模式

这是一种最快捷高效的方式，在 UNIX 系统中被使用。系统在内存中指定一个区域作为共享存储区，建立一张段表进行管理，各进程可以申请其中的一个存储段，并在申请时提供关键字。若申请的存储区已经被其他进程占有，系统会向申请进程返回关键字，该存储区就连接到了进程的逻辑地址空间，此后进程就可以直接存取共享存储区中的数据了；若申请的存储段尚未分配，系统会按照申请者的要求分配存储段，并在段表中加入该进程的信息。一个进程可以申请多个存储段。使用共享存储区进行通信时，进程间的互斥或同步要靠其他的机构来实现。

UNIX 系统共享内存方式的实现如下：

(1) 建立或打开共享内存区(shmget)：系统根据申请进程提供的关键字在段表中查找，根据查找结果分配存储段或返回关键字。

(2) 连接共享存储区(shmat)：建立共享存储区与进程逻辑地址空间的连接。

(3) 连接拆除(shmdt)：拆除共享存储区与进程逻辑地址空间的连接。

(4) 控制操作(shmctl)：控制共享存储区。例如：共享存储区的删除需要显式调用 shmctl(shm_id, IPC_RMID, 0)，其中 shm_id 为共享存储区描述字，IPC_RMID 表示操作，0 指示用户数据结构的地址。

图 3.13 给出了两个进程共享一个关键字为 key1 的共享存储区的情况。

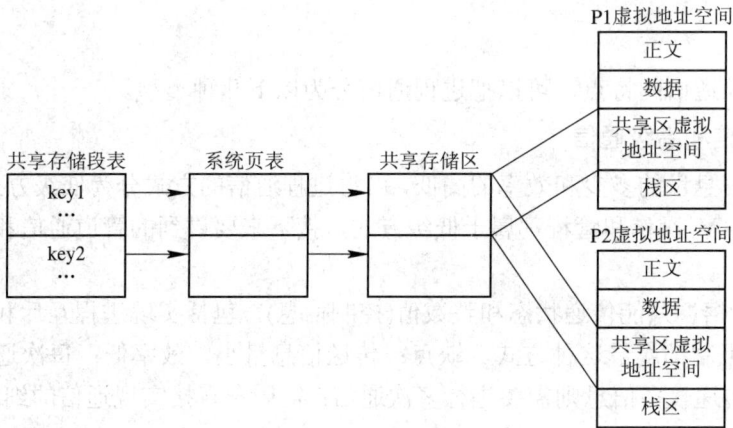

图 3.13　进程 P1、P2 共享一个存储区

3.5.3　消息传递方式

1. 消息传递的工作原理

消息是由发送方形成，通过一定的机制传递给接收方的一组信息，它的长度可以固定，也可以变化。每个消息都由消息头和消息体组成。系统中有一定数量的消息缓冲区，每个缓冲区包含了发送进程标识、消息类型、消息长度、控制指针以及消息正文等信息。其主要结构包含：

指向发送进程的指针：Sptr。

指向下一信息缓冲区的指针：Nptr。

消息长度：Size。

消息正文：Text。

消息缓冲通信机制的基本工作原理是：把消息缓冲区作为进程通信的一个基本单位，借助系统提供的发送原语 Send(A)和接收原语 Receive (B)，实现进程之间的通信。每当发送进程欲发送消息时，发送进程用 Send(A)原语把欲发送的消息从发送区复制到消息缓冲区，并将它挂在接收进程的消息队列末尾。如果该接收进程因等待消息而处于阻塞状态，则将其唤醒。而每当接收进程欲读取消息时，就用接收原语 Receive(B)从消息队列头取走一个消息放到自己的接收区。

在消息缓冲通信机制中，将消息队列看作临界资源，故在 PCB 中设置了一个用于互斥的信号量 mutex，而每当有进程要进入消息队列时，应对信号量 mutex 进行 P 操作，退出消息队列后，应对信号量 mutex 进行 V 操作。由于接收进程可能会收到多个进程发来的消息，因此将所有消息缓冲区链成一个队列，其队头由接收进程 PCB 中的队列头指针 Hptr 指出。为了表示队列中的消息的数目，在 PCB 中设置了信号量 Sn。每当发送进程发来一个消息，并将它挂在接收进程的消息队列上时，便在 Sn 上执行 V 操作；而每当接收进程从消息队列上读取一个消息时，先对 Sn 执行 P 操作，再从队列上移出要读取的消息。

用 P、V 原语操作实现 Send 原语和 Receive 原语的处理流程如下：

```
Procedure Send(receiver，Ma)              {发送原语}
    begin
        getbuf (Ma，size，i);              {申请消息缓冲区}
        i.sender: =Ma.sender;             {将发送区的消息发送到消息缓冲区}
        i.size: =Ma.size;
        i.text: =Ms.text;
        i.next: =0;
        getid(PCB set，receive，j);        {获得接收进程的内部标识符}
        P(j.mutex);
        insert(j.Hptr，i);                {将消息缓冲区插入到消息队列头}
        V(j.Sn);
        V(j.mutex);
    end
Procedure Receive(Mb)                     {接收原语}
    begin
        j: internal name;                 {接收进程内部标识符}
        P(j.Sn);
        P(j.mutex);
        remove(j.Hptr，i);                {从消息队列中移出第一个消息}
        V(j.mutex);
        Mb.Sender: =i.Sender;             {将消息缓冲区中信息复制到接收区}
        Mb.Size：=i.Size；
        Mb.text：=i.text；
    end
```

2. 消息传递的方式

消息传递的方式可分为直接通信方式和间接通信方式。

1) 直接通信方式

这种方式是利用 send 原语和 receive 原语实现通信的：

send(P, message)：把消息 message 传递到进程 P。

receive(P, message)：从进程 P 接收消息 message。

这样，进程之间就实现了一对一的通信。

2) 间接通信方式

这种方式是利用信箱为媒介进行消息传递的。信箱是一个用来对一定数量的消息进行缓存的地方。信箱是一段存储区，每一个信箱用标识符加以区分，由信箱头和信箱体两部分组成。信箱头存放控制信息，信箱体存放消息内容。一个信箱可以被多个进程共享，这就实现了消息的广播发送。间接通信方式的 send 原语和 receive 原语如下：

send(X,mail)：邮件 mail 送到信箱 X 中。

receive(X,mail)：接收信箱 X 中的邮件 mail。

当使用信箱时，send 和 receive 调用中的地址参数是信箱而不是进程。当一个进程试图向一个满信箱发消息时，它将被挂起，直至信箱内有消息被取走时才被唤醒。当一个进程试图从空信箱中读取消息时，它将被挂起，直至信箱中有消息可读时才被唤醒。如果发送方希望接收同步信号，就利用 send 同步调用，接收由接收方传来的同步信号，否则就阻塞发送进程；send 异步调用就不需要等待接收方的确认，只管发送邮件。这里的信箱和实际生活中的信箱类似。

如果送出了一封死信怎么处理呢？在同步机制中，例如 UNIX 系统，会返回一个错误信号，使发送方能够了解到接收信箱不存在，实现了同步；异步的 send 操作中，发送方只是一味的发送，没有消息通知它是否有错。

UNIX 和 Windows 2000 中的 receive 操作和文件的读操作的实现一样，如果信箱中有邮件，当前进程就取一封信并返回；如果信箱为空，当前进程就被挂起，等待有邮件放入的时候被唤醒。

3.5.4　管道

管道(pipe)通信是一种共享文件模式，它基于文件系统，连接于两个通信进程之间，以先进先出的方式实现消息的单向传送。管道是一个特殊文件，在内核中通过文件描述符表示。

在 UNIX 系统中，管道的创建是利用函数 pipe( )实现的。管道创建完毕后，返回两个分别用于读、写操作的文件描述符 fd[0]、fd[1]。读管道时调用 read( )函数，利用参数 fd[0]从管道中读取字节。对管道执行写操作的进程调用 write( )函数，利用参数 fd[1]向管道写入信息，见图 3.14。

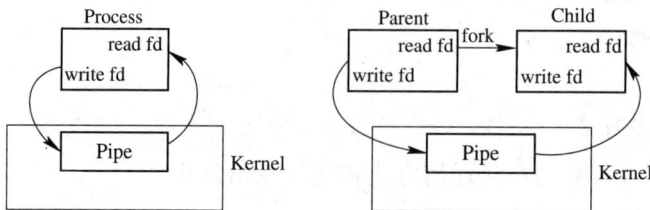

图 3.14　UNIX 管道

内核创建管道时，生成一个先进先出的数据结构，例如 UNIX 系统中管道的创建形式是：

```
int fd[2];
```

　　pipe (fd);　　　//fd[0]是读取端文件指针，fd[1]是写入端文件指针

需注意的是：

(1) 通过系统调用 write 和 read 进行管道的写和读。

(2) 由于管道是一个单向通信信道，因此如果进程间要双向通信，通常需要定义两个管道。

(3) 只适用于父子进程之间的通信。管道能够把信息从一个进程的地址空间拷贝到另一个进程的地址空间。

下面是一个 UNIX 用管道解决资源共享问题的实例：

例 3.5　有 T1 和 T2 两个进程，共享资源 X 和 Y。如图 3.15 所示，进程 T1 申请 X，X 被分配给了 T2；进程 T2 申请 Y，Y 被分配给了 T1。

核心程序如下：

```
int T1_to_T2[2];
int T2_to_T1[2];
main(){
    pipe(T1_to_T2);
    pipe(T2_to_T1);
    if (fork()==0) {
      execve("prog_T1.out");
      exit(1);
      }
    if (fork()==0) {
      execve("prog_T2.out");
      exit(1);
      }
    }//main
```

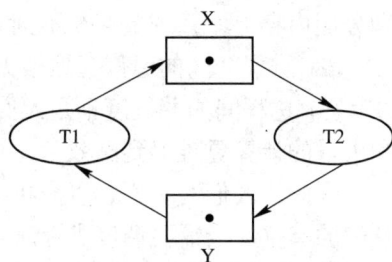

图 3.15　进程资源分配

```
proc_T1(){
        while (true) {
        write(T1_to_T2[1], x, sizeof(int));        /*发送信息*/
        read(T2_to_T1[0],y,sizeof(int));           /*接收信息*/
        }
    }

proc_T2(){
    while (true) {
    read(T1_to_T2[0], x, sizeof(int));        /*接收信息*/
    write(T2_to_T1[1])，y，sizeof(int));      /*发送信息*/
    }
    }
```

管道的另一种形式是命名管道。命名管道有自己的名字和访问权限的限制，就像一个文件一样。它可以用于不相关进程间的通信。进程通过使用管道的名字获得管道，称为系统范围内的资源，可以被任意进程访问。

UNIX 中的命名管道，可通过 mknod 系统调用建立(指定 mode 为 S_FIFO)：

```
int mknod(const char *path, mode_t mode, dev_t dev);
```

3.6　线　　程

进程作为计算机的基本计算调度单位，在现代操作系统的发展中出现了一些问题：

(1) 进程的并发执行使得进程调度的工作量日益增大，系统将大量精力耗费在进程调度和分配内存上，系统效率得不到有效的提高。

(2) 进程之间的通信延迟很大，使得频度较高的通信过程效率低下。

(3) 进程间的并行度不是人们预想的效果。对于 Client-Server 结构，频繁的输入/输出和大量的计算更难得到高效率。

因此，人们对进程加以分析，把进程的资源分配和调度分开来看。进程本身仍是资源分配的单位，当需要调度进程时，用另一个单独的实体来实现，这就是线程。

3.6.1　线程的引入

线程(thread)也叫轻型进程，是可执行的实体单元，它可代替以往的进程，是处理机调度的基本单位。

1. 多线程(multithread)

多线程指的是操作系统支持在单个进程中执行多个线程的能力。传统的单进程单线程的执行方法使线程的概念并不引起人们的注意。MS-DOS 是一个支持单用户进程、单线程的操作系统。UNIX 操作系统支持多用户进程，但每个进程也只支持一个线程。这些设计方法称为单线程机制。在 Windows NT、Solaris、Mach 和 OS/2 及一些其他操作系统中采用了多进程且每个进程支持一个以上线程的多线程机制。图 3.16 给出了单线程和多线程的实现模型。

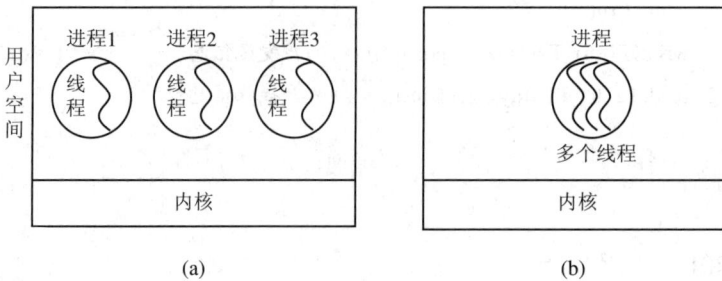

图 3.16　线程模型

(a) 单线程模型；(b) 多线程模型

在多线程环境中，进程被定义为保护单位和资源分配单位，在一个进程内部可以有一个或多个线程，每一个线程具有如下特征：

- 线程的执行状态包括运行、就绪和等待等。
- 当不处于执行状态时，要保存线程上下文环境。可以把线程看成是进程内一个独立的程序计数器的运转。
- 一个执行栈。
- 进程中的所有线程共享所属进程内的主存和其他资源。

图 3.17 说明了多线程与进程的关系。在单线程的进程模式中，进程的表示包括进程控制块、程序、数据、进程执行时的处理调用函数和从函数返回的所用的栈区。当进程执行时，处理器中的寄存器由该进程控制。当进程不处于执行状态时，这些寄存器的内容就被保护在进程控制块中。在多线程的环境中，仍然有单个进程控制块和与进程相关联的用户地址空间，但是每个线程都有各自的线程控制块和用户栈区。在控制块中包含有寄存器映像、优先级及有关的状态信息，这样保证了各线程运行环境的独立性，见图 3.18。

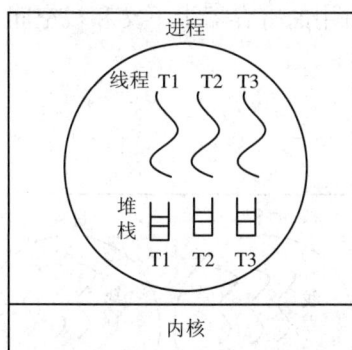

图 3.17　进程与线程间的关系　　　　图 3.18　多线程模型

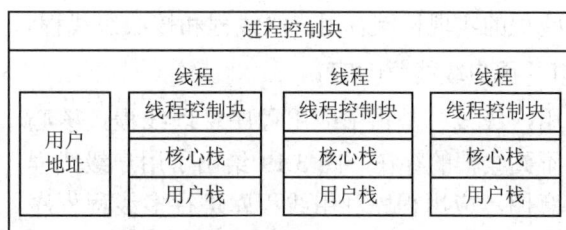

在不同的结构中，线程和进程的含义及工作方式都各不相同：

(1) 在单进程单线程结构中，没有线程的概念，进程就是线程，线程也是进程。

(2) 在单进程多线程结构中，一个进程中的所有线程都共享该进程的资源和地址空间，访问相同的数据源。当一个线程修改了数据，其他线程都将读出修改后的数据。

(3) 在多进程单线程结构中，一个进程创建一个线程，等价于单进程单线程结构的并发执行。

(4) 在多进程多线程结构中，多个进程并发执行时，在每个进程内部存在的多个线程也在并发执行。进程内部的线程调度机制类似于进程的调度，在某线程等待时，其他就绪线程会被调度执行。如果整个进程都在等待态，被换出了缓冲区，则属于它的所有线程都将停止。

线程的引入，相对进程来说，带来很多好处：

(1) 创建和撤消线程的开销非常小。无论从时间的长短上，还是从占用内存空间的大小上，线程都有不可小看的优势。

(2) 切换迅速。线程间的切换需要换进/换出的内容远比进程小得多，速度自然就快得多。

(3) 通信效率高。同一进程中的线程由于共享同一地址空间，通信时不需要借助内核功能。

(4) 并发度高。在多处理机系统中，对进程的个数是有所限制的，但对线程的个数不存在这种限制，这更发挥了多处理机系统的优势。

2．线程的状态

和进程一样，线程也有生命期，也要经历从创建到撤消的过程。线程的主要状态是运行、就绪和等待状态。与线程状态变化有关的有以下 4 个基本的线程操作：

(1) 创建(spawn)。进程创建的过程中也创建了线程，一个线程可以在这个进程内部再创建其他的线程。同一进程内的线程共享相同的存储空间和资源，所以在创建时还应指明栈和寄存器的位置，然后把线程放入就绪队列。

(2) 阻塞(block)。当一个线程需要等待一个事件时，它将被阻塞。在保护了自己的寄存器、程序计数器和栈指针等环境后，处理机就可以转去执行其他的就绪线程了。

(3) 解除阻塞(unblock)。当线程等待的一个事件发生后，就可解除原先的阻塞状态，将其移到就绪队列中。

(4) 终止(finish)。当线程完成了任务后，就释放它所占用的寄存器上下文和栈空间。

3.6.2 线程的实现机制

线程的实现机制有用户级线程和核心级线程。

1．用户级线程(ULT)

用户级线程是指由应用程序管理线程，核心感觉不到线程的存在。图 3.19 给出了用户级线程的示意图。应用程序利用线程库进行多线程程序设计。线程库实质上是应用程序开发和运行的环境，它包括在线程创建、撤消和通信时传递的信息和数据，线程切换时保存、恢复上下文等代码。这种方法的优点是核心不用管理线程的切换，处理机在两个线程间切换时不用进入到核心态执行，节省了用户态与核心态之间切换的开销。由

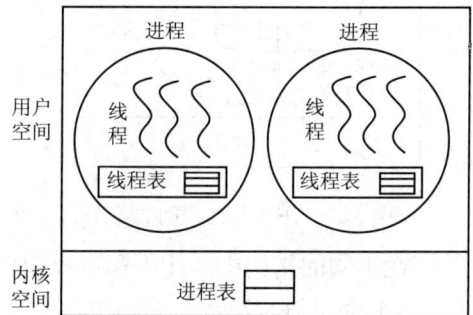

图 3.19 用户级线程示意图

于不需要对核心进行修改就可以支持用户级线程，因此用户级线程的管理机制可以运行在各种操作系统中，方便、灵活。缺点是：当线程执行系统调用时，整个进程都被阻塞，不能充分利用多处理机。

2．核心级线程(KLT)

核心级线程也称内核线程，它运行于核心中，通过核心来管理。图 3.20 给出了核心级线程的示意图。核心可以调度一个进程中的多个线程同时运行，当某线程发生阻塞时，可以调度其他线程执行。操作系统内核给应用程序提供相应的系统调用和应用程序接口 API，以使用户程序可以创建、执行、撤消线程。Windows NT 和 OS/2 就采用这种方法。它的优点是：充分发挥了多处理机的并行工作能力。缺点是：在同一进程控制权转

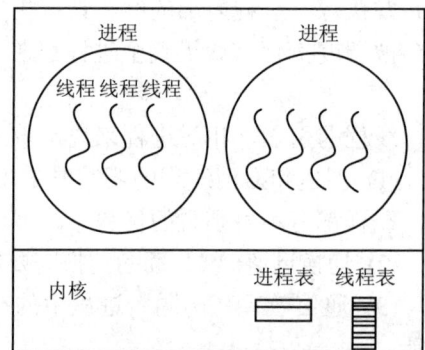

图 3.20 核心级线程示意图

移时，用户级与核心级的切换开销很大。

这两种方法各有利弊，所以在某些操作系统中，如 SUN Solaris 2.3 提出了一种 ULT 和 KLT 结合的方法，用户空间完成线程的创建和多数的调度、线程同步等，单个应用程序的多个 ULT 映射到多个 KLT 上，程序员可以按需调整 KLT 的数量，以求得更好的性能。

3.6.3　线程与进程的比较

最初的线程伴随进程的创建而来，之后由这个线程再创建其他的线程，与进程既有密切的联系，又存在着很大的差别：

(1) 线程的调度与传统的进程调度类似，即在就绪线程中选择合适的线程占用处理机。线程使用的调度程序可以是用户程序，也可以是系统程序。核心级线程和用户级线程使用的调度方式也有所区别。进程从就绪态到运行态包含了线程的运行，在就绪态的进程中所有线程都不被执行，在运行态的进程中才能实现对线程的执行。也可以说，线程的调度是在运行进程内部的调度。

(2) 线程像进程一样也具有并发性，即同一个进程的多个线程在一个处理机上并发执行，或在多个处理机上并行执行。进程的并发执行就转化为线程之间的并发执行。

(3) 同一进程中的线程共享进程的资源和状态，但这些资源和状态不归线程所有，它们存在于进程的同一地址空间。线程具有寄存器和栈，而进程具有 PCB、用户地址空间、执行程序和数据，是多个线程的集合。

(4) 进程的一次调度要引起两对进程上下文的 4 次切换，系统开销自然很大。线程在切换时开销就小得多。

图 3.21 给出了 WIN32 中进程和线程间的关系。

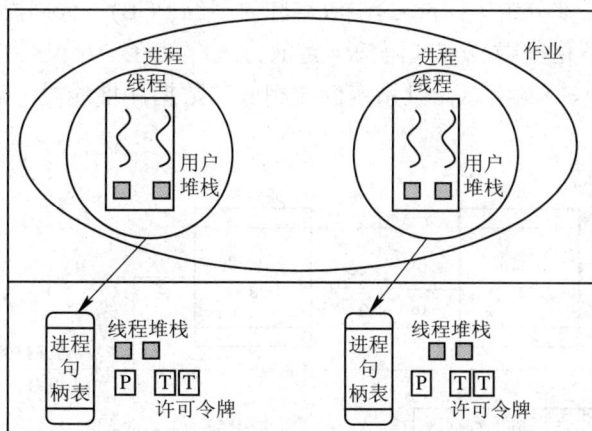

图 3.21　WIN32 中进程和线程间的关系

下面给出的例子说明了在一个应用中使用进程和使用线程的差异。

例 3.6　图 3.22 显示了对两个不同主机的远程过程调用实现。单线程的程序实现见图 (a)，这时，对这两个主机的访问是顺序进行的，它需要依次等待每一个服务器的响应。如果由进程 P1 中的线程 1、线程 2 分别实现 RPC，实现对两个不同主机的访问(见图(b))，可以获得性能上的提高。这两个线程的访问请求虽然是串行发出的，但在线程 1 提出 RPC 请求进入阻塞态并等待请求的完成时,进程 P1 的线程 2 就可能被调度,从而发出 RPC 请求 2,所以进程 P1 并行地等待两个主机的响应结果。

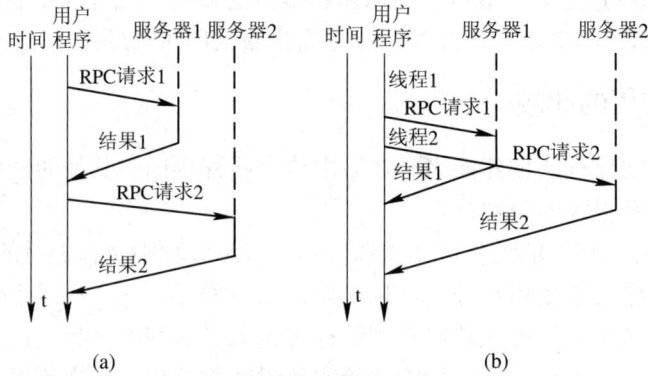

图 3.22　使用线程的远程过程调用

(a) 单线程时的 RPC 请求处理；(b) 多线程时的 RPC 请求处理

3.7　UNIX 进程模型

在本节及下一节内容中,我们结合 UNIX 系统和 Windows 2000/XP 系统的实例,进一步说明进程和线程的实现。

3.7.1　进程模型的基本结构和工作过程

UNIX 的进程由三部分组成：proc 结构(常驻内存的 PCB),数据段(执行时用到的数据)和正文段(程序代码)。这些数据和代码按一定的方式存储在一个文件中,当进程加载程序时,要加入进程的一些控制信息,且系统创建相应的数据和堆栈段。进程映像的基本结构如图 3.23 所示。

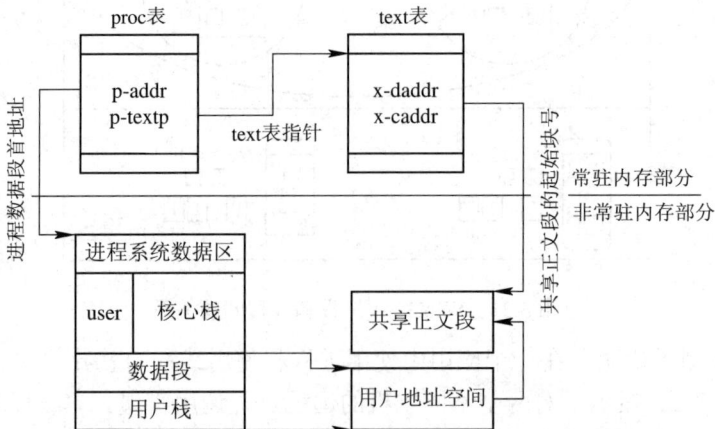

图 3.23　进程映像的基本结构

在图中,只有 proc 表和 text 表是常驻内存的,其他部分都是非常驻内存的。所有进程在 proc 表中都有一个表项，共 22 个字节，表示 15 个分量。text 表存放了共享正文段的起始块号，可以让若干进程共享。数据段由进程系统数据区、数据栈和用户栈组成。进程系统数据区由 user 和核心栈组成，属于核心态空间。其中，user 是进程扩充控制块，是 proc 内容的补充，仅当需要时才被调入内存；核心栈是进程进入核心态时，系统使用的栈。

1．进程基本控制块结构

```
struct proc {
char p_stat;          /*进程状态*/
char p_flag;          /*进程标志*/
char p_pri;           /*进程优先级*/
char p_sig;           /*软中断号*/
char p_uid;           /*用户号*/
char p_time;          /*驻留时间*/
char p_cpu;           /*进程占据 CPU 的时间量*/
char p_nice ;         /*用于计算优先级*/
int p_ttyp;           /*控制终端 tty 结构的地址*/
int p_pid;            /*进程号*/
int p_ppid;           /*父进程号*/
int p_addr;           /*数据段地址*/
int p_size;           /*数据段大小*/
int p_wchan;          /*等待的原因*/
int *p_textp;         /*对应正文段的 text 项地址*/
    ⋮
} proc[NPROC];
```

其中：

(1) p_flag 的助记符包括：

SLOAD	01	在内存
SSYS	02	进程 0#
SLOCK	03	锁住，不能换出内存
SSWAP	04	正在换出
STRC	05	被跟踪

(2) p_stat 的助记符：在实际的操作系统中，为了管理和调度的方便，将进程的状态进一步细分，UNIX 系统 V 定义了 10 种进程状态，它们由 p_stat 标记。具体如下：

NULL	0	proc 为空
SSLEEP	1	睡眠
SWAIT	2	等待
SRUN	3	运行或就绪
SIDL	4	创建时的临时状态
SZOMB	5	僵死状态

SSTOP	6	被跟踪
SXBRK	7	因数据段扩展未满足的换出状态
SXSTK	8	因栈段扩展未满足的换出状态
SXFRK	9	创建子进程时内存不够，父进程锁定在内存的状态
SXTXT	10	因正文段扩展未满足的换出状态

2. 进程扩展控制块结构

```
struct user {
    int    u_rsav[2];              /*保留现场保护区指针*/
    char   u_segflg;              /*用户/核心空间标志*/
    char   u_error;              /*返回出错代码*/
    char   u_uid;              /*有效用户号*/
    char   u_gid;              /*有效组号*/
    int    u_procp;              /*proc 结构地址*/
    char   u_base;              /*内存地址*/
    char   *u_count;              /*传送字节数*/
    char   *u_offset[2];              /*文件读写位移*/
    int    *u_cdir;              /*当前目录 I 节点地址*/
    char   *u_dirp;              /*I 节点当前指针*/
    struct {
        int    u_ino;
        char   u_name[DIRSIZ];
    } u_dent;              /*当前目录项*/
    int    u_ofile[NOFILE];              /*用户打开文件表*/
    int    u_arg[5];              /*存系统调用的自变量*/
    int    u_tsize;              /*正文段大小*/
    int    u_dsize;              /*用户资料区大小*/
    int    u_ssize;              /*用户栈大小*/
    int    u_utime;              /*用户态执行时间*/
    int    u_stime;              /*核心态执行时间*/
    int    u_cutime;              /*子进程用户态执行时间*/
    int    u_cstime;              /*子进程核心态执行时间*/
    int    u_ar0;              /*当前中断保护区内 r0 地址*/
    ⋮
};
```

系统为了对正文段进行单独管理，设置了一个正文表 text，由几十个表项组成，每项描述一个正文段。text 表的 C 语言描述如下：

```
struct text {
    int x_daddr;                /*磁盘地址*/
```

int x_caddr;	/*内存地址*/
int x_size;	/*内存块数，每块 64 字节*/
int x_iptr;	/*文件内存 I 节点地址*/
char x_count;	/*共享进程数*/
char x_ccount;	/*内存副本的共享进程数*/
} text[NTEXT];	

3.7.2 进程状态及转换

UNIX 的进程有多种状态，具体状态转换图如图 3.24 所示，图中列出了引起这些状态转换的有关程序。

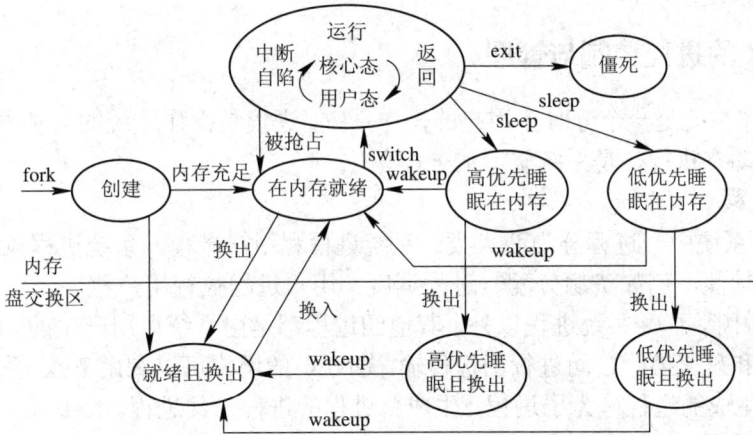

图 3.24 UNIX 的进程状态及转换图

高优先睡眠：进程因等待事件而进入睡眠状态，此时进程映像可在内存，也可不在内存中(在盘交换区或辅存上)。下面几种情况下，进程进入高优先睡眠状态：

(1) 0#进程(交换进程)在入睡时总是处于最高优先睡眠状态，因为它的优先数最低。

(2) 因资源请求不能得到满足的进程进入高优先睡眠状态。

(3) 当某进程要求读或写快速设备上某一字符块时，该进程进入高优先睡眠状态以等待操作结束。

低优先睡眠：进程因等待的事件不那么紧迫，则进入低优先睡眠(或称等待)状态，进程的映像可能在内存中，也可能不在内存中。下述情况下，进程进入低优先睡眠状态：

(1) 进程在用户态下运行，在进行同步操作时需要睡眠，这时进入低优先睡眠状态。

(2) 进程因等待低速字符设备输入/输出操作结束而睡眠，这时进入低优先睡眠状态。

3.7.3 进程调度算法

UNIX 采用动态优先数调度算法，利用调度程序 switch 实现进程调度。优先数计算主要遵循以下原则：进程优先级可为 0～127 之间的任一整数；优先数越大，优先级越低，优先数越小，优先级越高。

在 UNIX 系统 V 中，进程优先数计算公式为

p_pri = p_cpu / 2 + PUSER +p_nice + NZERO

(1) 系统设置部分：PUSER 和 NZERO 是基本用户优先数的域值，例如可取 25 和 20。

(2) CPU 使用时间部分：p_cpu 表示该进程最近一次 CPU 的使用时间，是进程占用 CPU 的度量。每次时钟中断，当前执行进程的 p_cpu 加 1(最多可达 80)。每一秒钟使所有就绪状态的进程的 p_cpu 减少一半，即 p_cpu = p_cpu / 2。这样，一个进程占用 CPU 的时间越长 (p_cpu 在逐渐上升)，相应的 p_pri 也随之增大，优先级降低。但其他就绪态进程的优先级随时间推移，不断上升，被调度的机会增加。这样使得用户态的各进程能够比较均衡地使用处理机。新创建进程的 p_cpu 值为 0，因而具有较高的优先级。

(3) 用户设置部分：p_nice 是用户可以通过系统调用设置的一个优先级偏移值，默认值为 20。超级用户可以设置为 0~39，而普通用户只能用较大的值(即降低优先级)。

当发生进程调度时，进程调度程序保存现场信息，选择 p_pri 最小的进程占用 CPU，为选中的进程恢复现场。

3.7.4　UNIX 的进程控制与管理

UNIX 操作系统是一个分时多用户的操作系统，进程是操作系统的最基本、最重要的概念，是程序的动态执行，是系统资源的分配单位。

1. 创建进程

在 UNIX 系统中，进程分为两大类：系统进程和用户进程。系统进程执行操作系统程序，提供系统功能，例如资源分配、进程调度。用户进程执行用户程序，提供用户功能。在 UNIX 系统中除了 0#系统进程以外，其他的进程都是由系统调用产生的。0#进程的主要作用是在内存和盘交换区之间进行图像传输。UNIX 的用户可以利用 fork 系统调用生成一个新进程，新生成的进程称为子进程，生成新进程的进程为父进程。fork 是一个系统调用，它的工作流程见图 3.25。

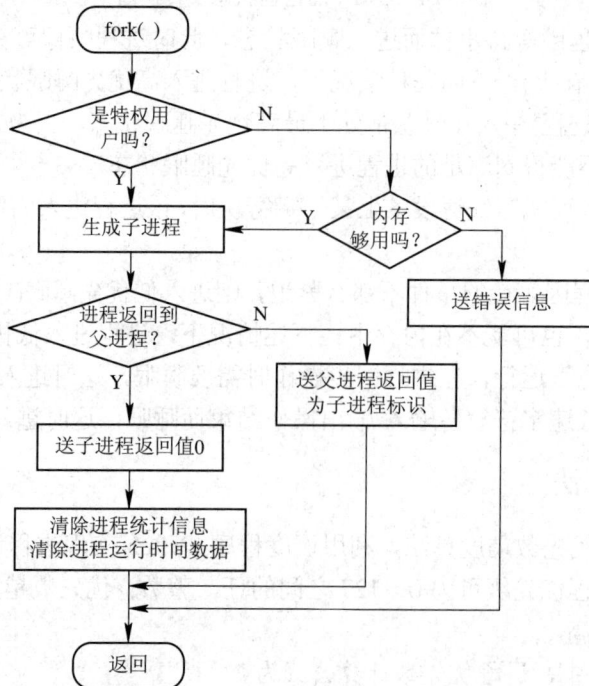

图 3.25　fork 系统调用的工作流程

fork 的工作流程为：

(1) 系统为新进程分配一个惟一的进程标识。一般情况下，新的进程标识比最近一次分配的进程标识大 1；如果另一个进程已占用分配的进程标识，则分配一个更大的进程号。当进程标识大于其最大值时，系统从 0 开始重新分配。

(2) 利用父进程表项的内容填写子进程的表项，并置子进程为"就绪"态。

(3) 继承父进程的文件和共享正文段。

(4) 继承共享内存段。

下面给出 fork( )的应用方法。系统调用 fork 的目的是创建子进程。它根据创建的结果返回一个整数值。如果创建子进程成功，父进程从 fork 得到的返回值是新产生的子进程标识数；子进程得到的返回值是 0。如果创建子进程失败，父进程返回值－1。当父进程生成子进程后，父、子进程皆受到进程调度程序的调度。

例 3.7 fork( )函数的应用方法。

```
/*********************************************/
/*      The system call fork                 */
/*                                           */
/*********************************************/


main ()
{
    int   proc_id;        /*进程标识*/

    while  (( proc_id = fork()) == -1 );          /*产生进程，直到成功为止*/
        if   (proc_id )                           /*如果返回的进程标识不等于0,*/
        {                                         /*表示处理机分给了父进程*/
          printf ("Parent process 's   program .\n");
            ⋮                                    /*执行父进程的程序*/
        }
        else
        {   printf ("Child process's   program .\n");   /*如果返回的进程标识为0,*/
            ⋮                                    /*表示处理机分配给了子进程*/
                                                 /*执行子进程的程序*/

        }
        printf ("Processes are finished! \n");
}
```

程序执行时，父进程先生成子进程，然后进程调度程序 switch 对父、子进程进行调度，决定处理机在父、子进程之间的分配。当调度到父进程时，执行结果如下：

　　　Parent process's   program.

　　　Processes are finished!

当调度到子进程时，执行结果为：

Child process's　program .

Processes are finished!

例 3.8　fork( )函数的应用。

```
main( ){
    int pid; /*进程标识 id 是一个整数*/
    printf("Before fork\n");
    while((pid=fork())==-1);
    if(pid){
        printf("It is parent process:PID=%d\n",getpid());
        /*输出父进程的进程号*/
        printf("Produce child's PID=%d\n",pid);
        /*输出创建子进程的进程号*/
    }else
        printf("It is child process:PID=%d\n",getpid());
    printf("It is parent or child process:PID==%d\n",getpid());
}
```

2. 进程映像的改换

一个进程可以调用 fork( )产生自己的子进程，使它们执行不同的程序段以实现不同的功能。但我们也发现子进程和父进程的映像有很大的相似，子进程不应再执行父进程中相同的部分，父进程也是一样，这部分相同的映像造成了很大的浪费。

为了解决这个问题，UNIX 系统提供了 exec 系列的系统调用，可用于执行一个命令来代替执行该命令的进程(通常为 Shell)，使调用 exec 命令的进程映像替换为一个新的进程映像。该调用不生成新的进程，因为进程标识符没有改变，只是执行的程序段发生了变化，调用进程的 proc 结构和 user 结构仍然照旧。

exec 系列函数有 execl、execv、execlp、execvp 等，这些函数的格式为：

```
#include <unistd.h>
int execve(const char* path, char* const* argv, char* const* envp);
int execl(const char* path, char* arg,...);
int execp(const char* file, char* arg,...);
int execle(const char* path, const char* argv,...,char* const* envp);
int execv(const char* path, char* const* arg);
int execvp(const char* file, char* const* arg);
```

execl 和 execv 使用的时候必须指出可执行文件的路径，以新的程序代替原有的程序段，仅当调用出错的时候才返回出错代码，否则不返回主调程序。execlp 和 execvp 是与 execl 和 execv 相对应的两个系统调用，不同的是，使用 execlp 和 execvp 时主调函数的第一参数可以不带路径。

3. 父、子进程的同步

在 UNIX 系统中，系统调用 wait( )和 exit( )是 UNIX 向用户态进程提供的进程之间实施同步的主要手段。执行系统调用 exit 可以终止进程的执行，它使调用它的进程进入等待善后处理状态，即等待父进程对终止的子进程进行善后处理。因此在用户态程序中，可以用系统调用 fork 产生自己的子进程，当子进程希望终止自己时，可以使用 exit 系统调用。在用户态进程中，父进程可以使用系统调用 wait 等待其子进程终止。

1) 进程的自我终止

当一个进程执行结束后，进程可以调用 exit 自我终止。终止时它放弃占用的所有资源，处于等待父进程善后处理状态。exit 的工作流程见图 3.26。

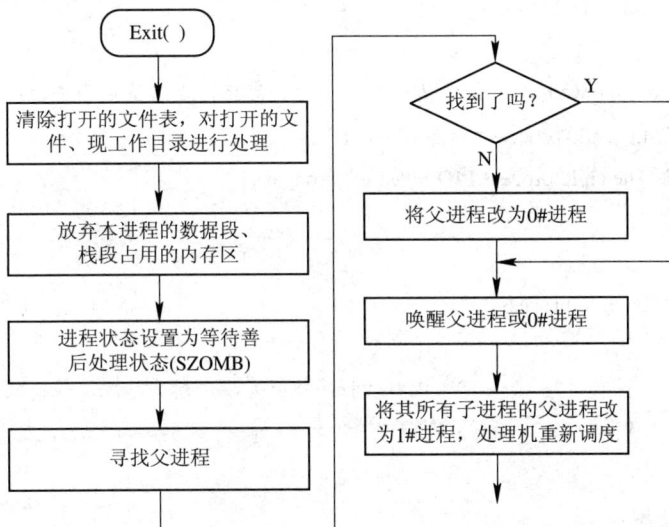

图 3.26 exit 的工作流程

调用格式：

exit(status)

在用户态的进程程序中，调用 exit(status)将使进程终止，参数 status 是终止进程向父进程传递的参数。在父进程中，利用系统调用 wait(status) 获取该参数。

2) 父进程等待子进程终止

系统调用 wait，对处于等待善后处理状态的子进程进行善后处理。在用户态进程中，父进程调用 wait(status) 等待它的一个子进程终止。

如果调用 wait( )之前，已有一个子进程结束了，则父进程对其作善后处理后返回。

如果调用 wait( )的进程没有子进程，则返回–1。

如果调用 wait( )时它的子进程还没有终止，则它进入阻塞态。

下面的例子给出了父、子进程的同步关系。

例 3.9 父、子进程的同步关系。

```
/***************************************************/
/*      The example of   parent and child processes          */
/*      and the    application of function exit() wait()        */
/***************************************************/
```

```
main ()
{
    int proc_id ;    /*    the identity of process    */

    while ((proc_id = fork()) ==-1 );
    if (proc_id )
    {
      /*执行父进程的程序段*/
       ⋮
      proc_id   =   wait();          /*等待子进程的终止，返回值是子进程的标识*/
      printf("the child process has finished .\n");
      printf("The child process PID = %d \n",proc_id);
    }
    else {
      printf("In child process .\n");
       ⋮
      exit();               /*子进程的程序执行完毕，想要结束，等待父进程的处理*/
    }
}
```

该程序的运行结果：

　　In child process .

　　the child process has finished.

　　The child process PID = 177

4. 进程间的通信

1) 管道

UNIX 为各种进程提供了以下几种进程间通信的机制：

- 核心态进程之间利用原语 sleep、wakeup 实施同步。
- 同一用户的各进程之间使用信号量传递少量信息。
- 父、子进程之间利用系统调用 wait( )、exit( )进行同步。
- 进程之间利用 pipe 机构传送大量信息。

（1）管道 pipe 的定义。在 UNIX 中，pipe 又称无名管道。两个父子进程之间可以利用 pipe 机构传送大量的信息，其中一个进程利用 write 向管道写数据，另一个进程则利用 read 读管道中的数据，读写间的同步由系统负责处理。有两种类型的管道，一种是命名管道，另一种是无名管道，pipe 又称无名管道。一个命名管道是一个文件，语义上和无名管道一样，但命名管道的目录项可以通过路径名来存取，用打开普通文件的方式打开命名管道，因此，关系不密切的进程可以利用它相互通信。有名管道在文件中永久存在，而无名管道是临时的。在本节中主要介绍无名管道的使用。

　　管道允许进程间按先进先出的方式传送数据，也允许同步执行。管道的实现方法是利用文件系统作为存储机制。进程调用 pipe 建立管道，此进程以及它的子进程就可以对该管道进程读写共享。管道读写操作等利用 write 、read 、close 进行，与普通的文件操作方法相似。实际上 pipe 是个特殊的文件，它不占用外存文件存储区，是个空白文件。生成 pipe 的系统调用为：

```
int    pipe_fd[2];
pipe(pipe_fd);
```

其中：pipe_fd 为整形数组指针，分别用于管道读写的两个文件描述字，一项为 file_r，另一项为 file_w。其中在 pipe_fd[0]中返回 pipe 的读通道打开文件号，在 pipe_fd[1]中返回写通道打开文件号。

(2) pipe 的使用方法。一般情况下，进程定义 pipe 后，会创建一个或几个子进程，父、子进程利用 pipe 进行通信，于是 pipe 被父、子进程共享。每个进程可以用一般文件的读、写方法对 pipe 进行操作。为了避免混乱，一个 pipe 最好为两个进程共享。其中，一个进程只利用它的发送端，另一个进程只利用其接收端。利用发送端的进程就应当关闭其接收端，利用接收端的进程就应当关闭其发送端。

例 3.10 父、子进程利用 pipe 进行通信。父进程利用一个 pipe 发送信息，子进程利用该 pipe 接收父进程发来的信息；子进程利用另一个 pipe 向父进程发送应答，父进程利用该 pipe 接收应答。

```
char farther[] = {"the message from father. \n"};
char child[]    = {"the message from child. \n"};
main ()
{
    int    chan1[2],chan2[2];
    char   buff[50];
    pipe(chan1);
    pipe(chan2);
    if (fork())
    {
        close(chan1[0]);
        close(chan2[1]);
        write(chan1[1],father,strlen(father));
        close(chan1[1]);
        read(chan2[0],buff,50);
        printf("father    process : %s\n",buff);
    }
    else {
        close(chan1[1]);
        close(chan2[0]);
        read(chan1[0],buff,50);
        printf("child process : %s\n",buff);
```

```
        write(*chan2[1],child,strlen(child));
        close(chan2[1]);
    }
}
```

程序的运行结果为：

　　　child process : the message from father.

　　　father process : the message from child.

程序中管道的应用情况如图 3.27 所示。

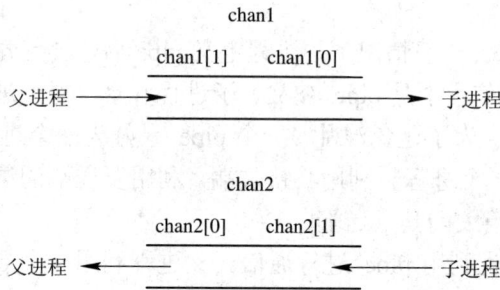

图 3.27　管道的应用情况

例 3.11　读写一个管道。

```
main ()
{
    char    buf[1000];
    char    * chp1,*chp2;
    int     fd[2];

    chp1= "the application of pipe.";
    chp2 = buf;
    while    (* chp1)
        *chp2++ = *chp1++;
    pipe(fd);
    for (;;)
    {
        write(fd[1],buf,6);
        read(fd[0],buf,6);
    }
}
```

2) 消息缓冲机制

　　消息是通过一组进程传送的。消息缓冲机制的基本思想是：由系统管理一组缓冲区，其中每个缓冲区可以存放一个消息。当一个进程要发送消息时，首先向系统申请一个缓冲区，然后把消息写进去，再把消息缓冲区发送至接收进程的消息队列中。接收进程需要读取消息时，从消息队列取走消息，释放消息缓冲区空间。消息缓冲区的组成包括：发送消息的进程名、消息长度、消息正文及下一个消息缓冲区的指针等。在 UNIX 系统 V 中，在以上的通信功能的基础上又加了一些扩充功能，并有一些差异。使用方法如下：

(1) 消息队列设在系统内部，由系统管理，而不是设在进程控制块中。每次通信前，双方进程都要申请消息队列，用完后释放。

(2) 消息正文的长度不固定。

(3) 消息的发送方、接收方不固定。通信双方可以使用同一消息队列，也可以使用多个不同的消息队列进行通信。

(4) 接收进程可以自由选取接收某个队列中的消息。

(5) 只有授权用户才可能发送和接收消息。

下面给出消息缓冲区的消息队列标识的数据结构。

```
/*    @(#)msg.h      1.1                                          */
/*    IPC Message Facility.                                       */
/*    Implementation   Constants.                                 */


/**************************************************************/
/*       There is one queue id data structure for each process q in the system    */
/**************************************************************/
struct msgid_ds   {
    struct ipc_perm msg_perm;          /*operation permission struct*/
    struct msg      * msg_first;       /*ptr to first message on q*/
    struct msg      * msg__last;       /*ptr to last message on q*/
    ushort            msg_cbytes;      /*current # bytes on q*/
    ushort            msg_qnum;        /*# of bytes on q*/
    ushort            msg_qbytes;      /*max # of bytes on q*/
    ushort            msg_lspid;       /*pid of last msgsnd*/
    ushort            msg_lrpid;       /*pid of last msgrc*/
    time_t            msg_stime;       /*last msgsnd time*/
    time_t            msg_rtime;       /*last msgrcv time*/
    time_t            msg_ctime;       /*last change time*/
};
/*                    信息结构                                    */
struct msg {
    struct msg * msg_next;        /*ptr to next message on q*/
    long       msg_type;          /*message type*/
    short      msg_ts;            /*message text size*/
    short      msg_spot;          /*message text map address*/
};
```

```
/*    系统调用中用户信息缓冲区模板                        */
struct msgbuf {
  long    mtype ;            /*message  type */
    char    mtext[1];          /*message text*/
};
/*    消息结构                                            */
struct   msginfo {
  int   msgmax,             /*# of entries in msg map*/
        msgmnb,             /*max message size*/
        msgmni,             /*max # bytes on queue*/
        msgssz,             /*msg segment size (should be word size multiple)*/
        msgtql;             /*# of system message headers*/
    ushort   msgseg;          /*# of msg segments (must be 32768)*/
  }
```

例 3.12　客户和服务器两个进程利用消息缓冲区进行进程通信的过程。

client 进程：

```
#include <sys/types.h>
#include <sys/ipc.h>
#include <sys/msg.h>
#define   MSGKEY    75
struct msgform   {
      long   mtype;
        char   mtext[256];
};
main()
{
  struct msgform msg;
  int   msgid,pid,*pint;
  msgid msgget(MSGKEY,0777);
  pid = getpid ();
  pint = (int *)msg.mtext;
  pint = pid;                           /*将 pid 拷贝到消息正文当中*/
  msg.mtype = 1;

  msgsnd(msgid,&msg,sizeof(int),0);
  msgrcv(msgid,&msg,256,pid,0);         /*pid 用作消息的类型*/
  printf("client:recive from pid %d\n",*pint);
}
```

server 进程：

```
#include <sys/types.h>
#include <sys/ipc.h>
#include <sys/msg.h>
#define    MSGKEY    75
struct msgform    {
        long    mtype;
        char    mtext[256];
};
int msgid;

main()
{
    int I,pid,*pint;
    extern    cleanup();
    for (I=0;I<20;I++)
        signal(I,cleanup);
    msgid = msgget(MSGKEY,0777|IPC_CREAT);
    for (;;)
    {
        msgrcv(msgid,&msg,256,1,0);
        pint = (int *      )msg.mtext;
        pid = *pint;
        printf("server:receive from pid %d\n",pid);
        msg.mtype =pid;
        *pint = getpid();
        msgsnd(msgid,&msg,sizeof(int),0);
    }
}

cleanup()
{    msgctl(msgid,IPC_RMID,0);
exit();
}
```

3.8   Windows 2000/XP 的进程和线程模型

Windows 2000/XP 是基于对象的操作系统，它将进程和线程也是作为对象来管理的。作为在个人计算机上使用最广泛的操作系统之一，我们有必要了解它是如何实现进程和线程的。

3.8.1　Windows 2000/XP 的进程和线程模型总述

进程对象由进程的属性、定义的可执行操作和服务组成。用户使用进程对象类创建进程，对象类就是生成新进程的模板，并在建立实例时给属性赋值。进程对象的属性有：进程标识符 PID、资源访问令牌(Access Token)、进程优先级(Base Priority)及默认亲合处理器(由进程事先请求的处理器)集合(Processor Affinity)等。

Windows 2000/XP 线程是内核级线程，是 CPU 调度的单位，是用执行体线程块表示的。当进程被创建时，相应地也就创建了一个主线程，由这个主线程可以创建同进程的其他线程。下面我们就来看看进程和线程在 Windows 2000/XP 中分别是如何实现的。

3.8.2　Windows 2000/XP 的进程实现

Windows 2000/XP 把 WIN32 子系统设计成整个系统的主子系统，这个子系统包括了一些基本的进程管理功能，其他子系统利用 WIN32 子系统的功能实现自己的功能。

1．Windows 2000/XP 进程的定义

经典操作系统理论中，定义进程是程序的一次动态执行过程。这一定义说明，进程是程序动态执行时的一个实体(Instance)。但是将这个定义应用于实际的操作系统中时就会发现，其过于简单，不够精确。Windows 2000/XP 对进程的定义是：进程是执行程序实例的线程使用的一系列资源的容器。其主要组成如下：

(1) 专用的虚拟地址空间。每一个进程都拥有专用的地址空间(0～2 GB)。

(2) 可执行程序。它定义初始代码和数据，并映射到进程的虚拟地址空间。

(3) 访问令牌(Access Token)。系统通过访问令牌识别运行该进程的用户、所在的安全组及其特权级。

(4) 进程标识(PID)。这是进程在系统中的惟一标识符。

(5) 内核级多线程机制。

2．Windows 2000/XP 进程机制的实现

1) Windows 2000/XP 进程机制的特点

Windows 2000/XP 与其他操作系统一样实现了进程的基本功能，此外，Windows 2000/XP 中的进程实现还有以下特点：

(1) 与 UNIX 的操作系统不同，Windows 2000/XP 的进程树并不是完全的树形结构。它的进程信息块只记录了创建该进程的进程 ID，而没有记录该进程创建子进程的任何信息。这样在一般情况下，当父进程结束时，子进程会继续运行。没有父进程或父进程不活动的子进程将会变为进程树里一个新的根结点。

(2) 与过去的操作系统不同，Windows 2000/XP 提供了许多新引进的高效的 IPC 机制。Windows 2000/XP 在提供了互斥量、信号量等基本的 IPC 方式后，还提供了本级过程调用(LPC)、管道(pipe)、邮槽(mailslots)、内存映射区域(memory-mapping section)等高级 IPC 机制。通过这些高级 IPC 方法，进程之间可以高效地进行大量数据的传输。

2) Windows 2000/XP 进程的实现

(1) 进程相关数据结构的简介。每个 Windows 进程都由一个执行体进程块(EPROCESS)表示。EPROCESS 块是进程管理的核心数据结构，它位于系统空间中。除此之外，还有进程环境块(PEB)存在于每个进程的地址空间中。

除了以上信息外，WIN32 子系统(Csrss)还为每个进程维护了一个并行结构 W32PROCESS，在其子系统的内核模式部分同样也维护了一个与进程对应的每进程(per process)数据结构，该结构在线程第一次调用在内核模式实现的 USER 或 GDI 函数时被创建。这些相关数据结构与 EPROCESS 块的关系如图 3.28 所示。

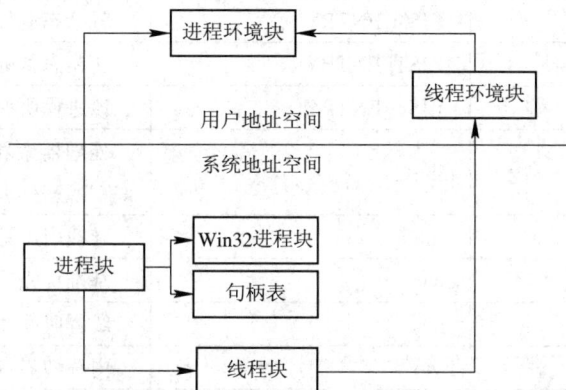

图 3.28 Windows 2000/XP 的进程结构

(2) EPROCESS 块。EPROCESS 块结构比较庞大，按用途分大体可以分为内核进程块 (KPROCESS)、进程标识符(PID)、配额块、虚拟地址描述符、工作集信息、虚拟内存信息、本机调用端口信息、访问令牌、设备映射信息、进程环境块指针(PEB)以及 WIN32 子系统进程块指针几部分。其中，KPROCESS 块中记录进程调度所需要的信息，因此我们主要介绍 KPROCESS 块结构。

在 KPROCESS 块中主要记录了 Windows 2000/XP 内核调度线程时所需要的信息。具体如表 3.1 所示。

表 3.1 KPROCESS 的块结构说明

元 素	类 型	说 明
Header	_DISPATCHER_HEADER	调度程序头
ProfileListHead	_LIST_ENTRY	一双向链表结构，具体用途未知
DirectoryTableBase[2]	uint32	进程的页目录表基址，第 0 项中保存当前进程的页目录表基址，第 1 项意义未知
LdtDescriptor	_KGDTENTRY	进程的 LDT 描述符，WIN32 进程没有 LDT，所以此项一般为 0
Int21Descriptor	_KIDTENTRY	进程的 Int21 中断 IDT 描述符，为保持与 DOS 环境下的程序兼容而设置，在 WIN32 程序中一般为全 0

元　素	类　型	说　明
IopmOffset	uint16	I/O 操作起始地址
Iopl	byte	I/O 操作权限级
VdmFlag	byte	虚拟地址描述符标志
ActiveProcessors	uint32	系统中活动的处理器数目
KernelTime	uint32	进程在核心态下的运行时间
UserTime	uint32	进程在用户态下的运行时间
ReadyListHead	_LIST_ENTRY	就绪态进程队列链表
SwapListEntry	_LIST_ENTRY	交换态队列
ThreadListHead	_LIST_ENTRY	该进程所拥有的线程链表
Affinity	uint32	处理器亲和值，表示该进程被允许在哪些处理器上运行
StackCount	uint16	堆栈引用记数
BasePriority	char	基准优先级
ThreadQuantum	char	线程时间片
AutoAlignment	byte	内存边界自动对齐
State	byte	进程所处的状态
ThreadSeed	byte	线程种子
DisableBoost	byte	禁止动态优先级增加特性
PowerState	byte	电源状态
DisableQuantum	byte	禁止时间片轮转机制
Spare[2]	byte	保留两个字节

3．Windows 2000/XP 进程的创建和撤消

1) 进程的创建

进程的创建可分为以下几个阶段：

(1) WIN32 API CreateProcess 要找到合适的可执行映像。由于 Windows 2000/XP 可以支持多种平台的应用程序，如 DOS 下的可执行文件、批处理文件、OS/2 应用程序、Win16 应用程序、WIN32 应用程序以及兼容 POSIX 的 UNIX 应用程序，很明显这些程序需要不同类型的子系统来支持它们。如果 CreateProcess 不能找到一个合适的子系统来支持可执行映像，那么进程创建就失败了。

(2) 系统已经打开了一个有效的 Windows 2000/XP 可执行文件，并为它创建了一个内存映射区域对象，这时要调用系统服务为它创建一个执行程序进程对象，具体来说就是创建并初始化 EPROCESS 块、创建并初始化进程地址空间、创建并初始化 KPROCESS 块、设置 PEB 块等。

(3) 系统为新进程创建初始线程。

2) 进程的撤消

进程通过调用 ExitProcess 或 TerminateProcess 来撤消。其中，ExitProcess 是进程的正

常终止方式，它将完成以下操作：

(1) 通知所有该进程加载的 DLL，该进程即将被撤消。

(2) 关闭该进程打开的所有对象句柄。

(3) 终止该进程所有线程的执行。

(4) 将在该进程对象上等待的所有线程设为有信号状态。

(5) 将在该进程所有线程对象上等待的所有线程设为有信号状态。

(6) 撤消进程地址空间。

(7) 减少对进程对象的引用计数。

如果进程被 TerminateProcess 终止，则进程加载的 DLL 将得不到该进程撤消事件通知而直接从第二步开始执行，这可能会导致子系统运行状态的不一致。

3.8.3 Windows 2000/XP 的线程实现

Windows 2000/XP 支持的都是内核线程，线程上下文主要包括：寄存器、线程环境块、核心栈和用户栈，除线程环境块存在于进程地址空间外，其他部分都在系统空间中。线程对象提供的服务由 WIN32 提供的函数实现。下面详细介绍线程机制。

1. 线程的定义

线程是在进程空间中代码实际执行的路径，它是 Windows 2000/XP 进行调度的实体，是进程的必要组件。它的主要组成如下：

(1) CPU 寄存器的内容，用以保存寄存器的状态。

(2) 两个堆栈，一个在内核模式下被线程使用，另一个在用户模式下被线程使用。

(3) 本机线程存储区(TLS)，供子系统、运行库和 DLL 使用。

(4) 有时候线程有自己的访问令牌，因此在拥有多个线程的进程中，线程的特权可能与进程的不同，其特权级可以高于进程以及其他线程。

(5) 线程标识，它是该线程在系统中的惟一标识符。

寄存器内容、栈和 TLS 被称为线程的上下文环境(thread context)，这些结构是与系统体系结构相关的，不同的计算机体系结构其上下文也不同。

从进程组的模型可以看出，进程是一个程序运行时的资源集合，它包括了程序运行时使用的所有资源，如内存空间、设备资源、访问令牌等。但是进程是不具有活力的，在 Windows 系统中，进程除了提供资源以外并不执行实际的操作，一个进程若要进行实际操作，就必须拥有属于它的线程。线程负责执行进程地址空间中的代码，完成程序预定的功能。对于一个没有线程的进程，系统将自动终止该进程。

一个进程可以拥有若干个线程，这些线程并发地执行进程地址空间中的代码，与多进程执行相比，多线程具有以下优点：

(1) 它们共享该进程的所有资源，如地址空间、打开的文件、对象等。

(2) 同一进程中的线程之间的通信可以通过直接读写进程的数据段来进行，而不必借助进程间的通信机制(IPC)，当然在通信时仍然需要同步与互斥手段。

(3) 在同一进程内，线程的上下文切换比进程的上下文切换快得多

(4) 从用户界面设计角度看，多线程也为交互式应用程序提供了良好的基础。

基于线程以上的优点，Windows 2000/XP 中以线程为基本的处理器调度单位。

2．Windows 2000/XP 中线程的状态变迁

Windows 2000/XP 中线程总共有 7 种状态，见图 3.29。

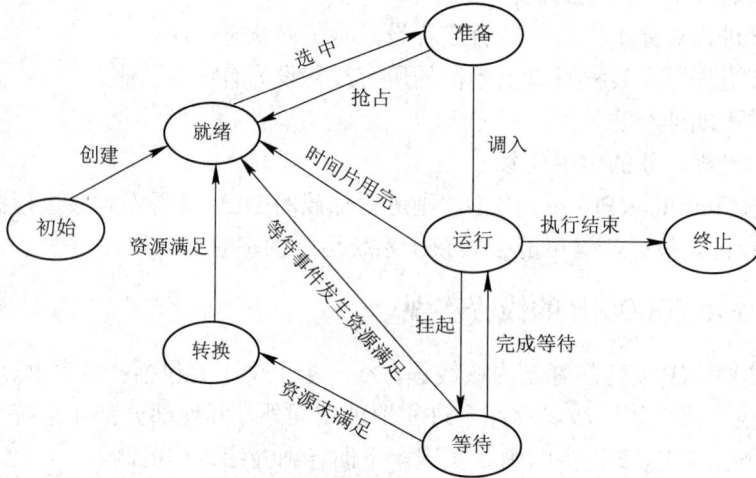

图 3.29　Windows 2000/XP 中线程的状态变迁

(1) 初始态(initialized)：表示线程正在初始化。

(2) 就绪态(ready)：线程未被阻塞，等待分得时间片运行。在执行调度时，系统只考虑处于这一状态的线程。

(3) 准备态(standby)：线程已被选为某一特定处理器的下一个执行对象，等待条件合适时调度程序就对其进行切换。每个处理器上只能有一个处于准备态的线程。加入准备态是为了满足对称多处理(SMP)调度的需要。传统的单处理器调度只是简单的取就绪状态下优先级最高的第一个线程进行上下文切换，但是在多个处理器上下文切换中容易发生冲突，虽然冲突可以通过同步来解决，但是这势必会使处理器之间互相等待，降低多处理器系统的工作效率。引入准备态后，由调度程序为每个处理器分配各自的切换线程，这样就可以充分利用处理器的资源了。

(4) 运行态(running)：调度程序完成对线程的上下文切换后，线程就进入运行态立即开始执行。线程将持续运行下去，直到内核抢先运行一个优先级更高的线程，或是该线程的时间片结束，或是进入了等待态，或是它已经终止。

(5) 等待态(waiting)：一个线程可以按以下几种方式进入等待态：一个线程自愿等待一个对象以便同步自身的执行，此时操作系统将其切换到等待态代替它等待；环境子系统能够指示一个线程将其自身挂起。当线程等待结束时，系统将根据其优先级决定使其开始运行还是返回到就绪态等待调度。

(6) 转换态(transition)：线程在准备执行时而其内核堆栈却仍处于换出状态时进入转换态。一旦线程的内核堆栈被换入内存，它就进入就绪状态。

(7) 终止态(terminated)：线程在执行完成后进入终止状态。线程一旦结束，线程对象可能被删除也可能不被删除(这是由对象管理引用记数机制决定的)，如果执行程序有指向线程对象的指针，它就可以重新初始化并再次使用。

3．Windows 2000/XP 线程的创建和撤消

1）线程的创建

Windows 2000/XP 中线程的创建工作是由下列各步骤完成的：

(1) 用 CreateThread 在进程的地址空间内为线程创建用户模式堆栈。一个线程在核心态和用户态下各有一个堆栈，这样的设计可以使得用户态下的堆栈遭到破坏时不会影响线程在核心态下的运行。

(2) 初始化线程上下文环境(与使用 CPU 结构相关)。

(3) 调用内核例程 NtCreateThread 创建一个处于挂起状态的线程对象，其中包括：增加所属进程信息块结构中的线程计数；创建并初始化新线程的线程信息块；为新线程生成线程 ID；从非交换内存空间中为新线程分配内存和堆栈。

(4) 设置线程运行起始地址。

(5) 调用 KeIntializeThread 设置 KTHREAD 块中的信息，如优先级、时间片、理想处理器等。完成后将线程状态设置为 Initialized。

(6) 创建并检查安全令牌。

(7) 通知 WIN32 子系统线程创建完毕，可以开始 WIN32 子系统的线程初始化。由 WIN32 子系统负责控制线程载入并初始化可执行映像，最后开始运行。

2）线程的撤消

线程的撤消通过调用 ExitThread 或 TerminateThread 实现。线程正常终止时会调用 ExitThread。ExitThread 会执行以下操作：

(1) 通知该线程加载的 DLL，该线程即将终止。

(2) 设置所有在该线程对象上等待的线程为有信号状态。

(3) 清空该线程的 APC 队列。

(4) 释放线程的用户态和内核态堆栈。

(5) 减少该线程对象的引用计数，如果该线程对象计数值为 0，它将被对象管理器撤消。

如果线程被调用 TerminateThread 强制终止，则仅仅会减少该线程对象的引用计数，而不会释放任何环境子系统资源及内核对象资源，甚至在某些情况下会造成系统运行状态异常。

3.8.4　Windows 2000/XP 的线程调度

Windows 2000/XP 调度的对象是线程，它实现了基于优先级可剥夺式的调度系统。在多处理机环境下，WIN32 调度函数还可以让线程自己选择喜欢的处理器。下面分别说明单处理机和多处理机的线程调度。

1．单处理机的线程调度

Windows 2000/XP 线程调度算法是一种改进的 32 路多级反馈队列算法。与 UNIX 系统不同，Windows 2000/XP 并没有一个统一的调度程序，它的调度算法是异步的，基于事件的，调度操作分布在各个相关的内核例程中。Windows 2000/XP 在以下 4 种情况下发生调度：

(1) 自愿切换。由于线程要等待某个对象(事件、消息、信号量等)而进入等待状态，因此 Windows 2000/XP 把它放入该对象的等待队列中，然后选择一个新线程来运行。但值得注意的是，这一过程中切入等待队列的线程的时间片值并未被重新设置，在等待条件满足后线程的时间片值仅减少 1 个时间片单位。

(2) 抢占。当一个较高优先级的线程变为就绪态时，当前运行的较低优先级的线程将被抢占。发生这种情况的原因可能是较高优先级的线程的等待条件满足，或是某一线程的优先级被动态增加或降低。在进行线程调度时，系统并不区分内核线程和用户模式线程，内核线程可以被用户模式线程抢先，线程的优先级是决定因素。当线程被抢先后，会被排在该优先级就绪态队列的队头位置。

(3) 时间片结束。当进程用完它的时间片时，Windows 2000/XP 必须重新确定当前线程的优先级，与就绪队列中的线程比较，确定把当前进程插入就绪队列的什么位置。如果就绪线程的优先级都比当前线程低，它就得到时间片继续执行；如果有相同或更高的线程，它就被放入就绪队列的末尾。在特殊情况下，若该优先级队列中没有其他线程，则该线程继续运行下一个时间片。

(4) 终止。线程完成执行，线程列表删除该线程的信息。

2. 多处理机的线程调度

Windows 2000/XP 多处理机的线程调度方式有以下几种：

(1) 运行线程的调度。这是指当前进程被选中分配处理机，系统有多个空闲处理机时，要先安排进程创建时自己选定的首选处理机，否则安排选定的第二处理机，之后考虑正在执行调度程序的处理机。

(2) 就绪线程的调度。如果当前处理机都忙，系统就查看下一个就绪进程是否可以抢占哪个处理机。系统先查看首选和第二处理机，之后考虑编号最大的处理机。

(3) 特定处理器的调度。在决定由哪个线程占有刚让出的 CPU 时，Windows 2000/XP 系统会找到满足以下四个条件之一的线程：

- 该处理机是线程的首选处理机。
- 线程上一次在该处理机上执行。
- 处于就绪态的时间已经超过 2 个单位的分配额。
- 优先级不小于 24。

最高优先级的就绪线程不一定处于运行态。多处理机系统中的线程调度并不像单处理机中那样选择一个优先级最高的线程就行了，它会因为某种原因使得更高级别的线程不能抢占处理机。

例如，某线程规定好的首选处理机和第二处理机都被更高级的线程占有，同时又有其他处理机空闲或被低级的线程占有，这时的系统并不会让该线程去抢占处理机。

举一个更直观的例子。假设系统中有 0 号、1 号两个处理机分别被两个可以在任一个处理机上执行的线程占有，占有 0 号的线程优先级为 6，占有 1 号的线程优先级为 4。这时有一个优先级为 5 且只能在 0 号处理机上执行的线程进入就绪队列。虽然优先级为 6 的线程可以抢占 1 号处理机，让优先级为 5 的线程占有 0 号处理机，但在 Windows 2000/XP 系统中不这样进行，而是让优先级为 5 的线程等待 0 号处理机被让出。

3.8.5　空闲线程

空闲线程是一个比较特殊的线程，Windows 2000/XP 系统为它制定的线程优先级为 0，每一个处理机都对应一个空闲线程，但它只有在某个处理机没有线程运行的时候才执行。空闲线程实质上是个检测线程，在处理机空闲的时候检测是否有工作要进行。空闲线程的工作流程视处理机结构的不同而不同，但基本流程大致如下：

(1) 处理所有待处理的中断请求。

(2) 检查并处理延迟过程调用(DPC)，清除相应的软中断并执行 DPC。

(3) 检查就绪线程，如有可进入运行态的，则进行相应的调度。

(4) 调用硬件抽象层的处理器空闲例程，执行相应的电源管理功能。

3.8.6　多线程编程

在 Windows 的一个进程内包含一个或多个线程，32 位 Windows 环境下的 WIN32 API 提供了多线程应用程序开发所需要的接口函数。下面重点介绍 WIN32 API 的多线程程序编程。

WIN32 API 是 Windows 操作系统内核与应用程序之间的界面，它将内核提供的功能进行函数包装，应用程序通过调用相关函数而获得相应的系统功能。为了向应用程序提供多线程功能，WIN32 API 函数集中提供了一些处理多线程程序的函数集。直接用 WIN32 API 进行程序设计具有很多优点。基于 WIN32 的应用程序执行代码小，运行效率高，但是它要求程序员编写的代码较多，且需要管理所有系统提供给程序的资源。用 WIN32 API 直接编写程序要求程序员对 Windows 系统内核有一定的了解，对系统资源进行管理也会占用程序员很多时间，因而使程序员的工作效率降低。

1. 线程的创建

进程的主线程在任何需要的时候都可以创建新的线程。当线程执行完后，自动终止线程。当进程结束后，所有的线程都终止。

WIN32 函数库中提供了操作多线程的函数，包括创建线程、终止线程、建立互斥区等。在应用程序的主线程或者其他活动线程中创建新的线程的函数如下：

```
HANDLE CreateThread(LPSECURITY_ATTRIBUTES lpThreadAttributes,
    DWORD dwStackSize,  LPTHREAD_START_ROUTINE  lpStartAddress,
    LPVOID lpParameter,   DWORD dwCreationFlags, LPDWORD  lpThreadId);
```

如果创建成功，则返回线程的句柄，否则返回 NULL。

创建了新的线程后，该线程就开始启动执行了。但如果在 dwCreationFlags 中使用了 CREATE_SUSPENDED 特性，那么线程并不立刻执行，而是先挂起，等到调用 ResumeThread 后才开始启动线程，在这个过程中可以调用下面这个函数来设置线程的优先权：

```
BOOL SetThreadPriority(HANDLE hThread,int nPriority);
```

2. 线程的终止

当调用线程的函数返回后，线程自动终止。当需要在线程的执行过程中终止线程时，则可调用函数：

void   ExitThread (DWORD   dwExitCode);

如果要在线程的外面终止线程，则可调用下面的函数：

BOOL TerminateThread(HANDLE hThread,DWORD dwExitCode);

但应注意：该函数可能会引起系统不稳定，而且线程所占用的资源也不释放。因此，一般情况下，建议不要使用该函数。

如果要终止的线程是进程内的最后一个线程，则线程被终止后相应的进程也应终止。

3. 线程的同步

如果各线程完全独立，与其他线程没有资源共享等冲突，则可按照通常单线程的方法进行编程。但是，在采用多线程机制时，所有活动的线程共享进程的资源，因此，在编程时需要考虑在多个线程访问同一资源时产生冲突的问题。当一个线程正在访问某进程对象，而另一个线程要改变该对象时，就可能会产生错误的结果，编程时要解决这个冲突。为了解决线程同步和互斥问题，WIN32 API 提供了多种同步控制对象来帮助程序员解决共享资源访问冲突。表 3.2 给出了 WIN32 提供的对象，图 3.30 给出了每个对象的描述结构。在介绍这些同步对象之前先介绍一下等待函数，因为所有控制对象的访问控制都要用到这个函数。

表 3.2　WIN32 提供的对象

类　型	描　述
Process	用户进程
Thread	在进程中的线程
Semaphore	用于中间过程同步化的记数信号灯
Mutex	用于进入危险区域的二进制信号灯
Event	具有恒态的同步化对象(信号/不是信号)
Port	中间过程的消息传递机构
Timer	允许线程中间休眠固定时间的对象
Queue	用于异步 I/O 的完成指示的对象
Open file	与一个打开文件关联的对象
Access token	某一对象的安全描述符
Profile	记录 CPU 使用量的数据结构
Section	用于将文件映射到虚拟地址空间的结构
Key	注册键值
Object directory	对象管理器中的分组对象目录
Symbolic link	指向另一个对象的名称指针
Device	I/O 设备对象
Device drive	每个载入的设备驱动的对象

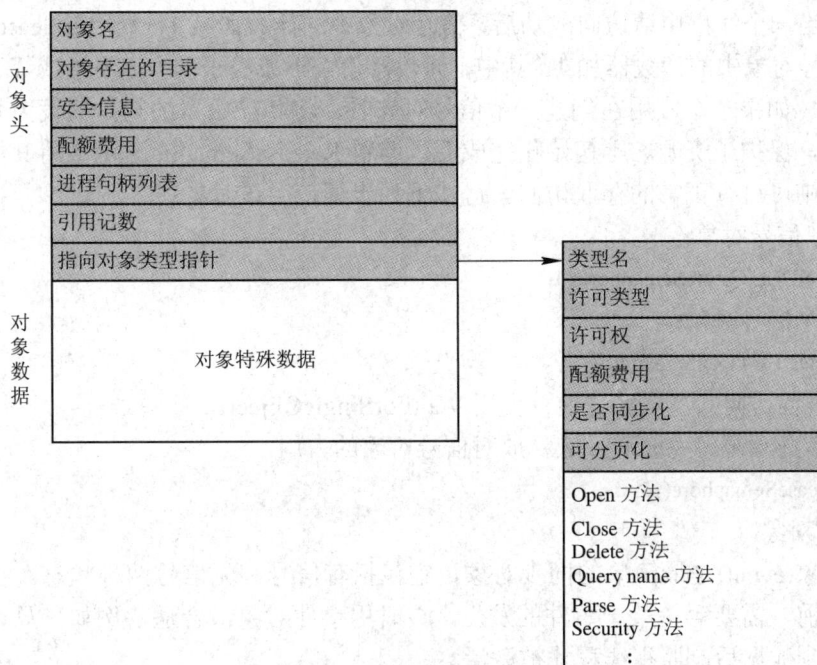

图 3.30　WIN32 的对象的描述结构

WIN32 API 提供了一组能使线程阻塞其自身执行的等待函数。线程调用函数而被阻塞，直到函数参数中的一个或多个同步对象产生了信号，或者阻塞超过了规定的等待时间才会返回。在等待函数未返回时，线程处于等待状态，此时线程只消耗很少的 CPU 时间。使用等待函数既可以保证线程的同步，又可以提高程序的运行效率。最常用的等待函数是：

　　　　DWORD WaitForSingleObject (HANDLE hHandle，DWORD dwMilliseconds)；

函数 WaitForMultipleObject 可以用来同时监测多个同步对象，该函数的声明为：

　　　　DWORD WaitForMultipleObject(DWORD nCount，　CONST HANDLE *lpHandles,

　　　　　BOOL bWaitAll，　DWORD dwMilliseconds)；

1) 互斥体对象

Mutex 对象的状态在它不被任何线程拥有时才有信号，而当它被拥有时则无信号。Mutex 对象很适合用来协调多个线程对共享资源的互斥访问。可按下列步骤使用该对象：

(1) 建立互斥体对象，得到句柄：

　　　　HANDLE CreateMutex( )；

(2) 在线程访问共享资源之前，调用 WaitForSingleObject，将句柄传给函数，请求占用互斥对象：

　　　　dwWaitResult = WaitForSingleObject(hMutex,5000L)；

(3) 共享资源访问结束，释放对互斥体对象的占用：

　　　　ReleaseMutex(hMutex)；

互斥体对象在同一时刻只能被一个线程占用，当互斥体对象被一个线程占用时，若有另一线程想占用它，则必须等到前一线程释放后才能成功。

2) 信号对象

信号对象允许同时对多个线程共享资源进行访问，在创建对象时指定最大可同时访问的线程数。当一个线程申请访问成功后，信号对象中的计数器减 1，调用 ReleaseSemaphore 函数后，信号对象中的计数器加 1。其中，计数器值大于或等于 0，但小于或等于创建时指定的最大值。如果一个应用在创建一个信号对象时，将其计数器的初始值设为 0，就阻塞了其他线程，保护了资源。等初始化完成后，调用 ReleaseSemaphore 函数将其计数器增加至最大值，则可进行正常的存取访问。可按下列步骤使用该对象：

(1) 创建信号对象：

    HANDLE CreateSemaphore( );

或者打开一个信号对象：

    HANDLE OpenSemaphore( );

(2) 在线程访问共享资源之前，调用 WaitForSingleObject。

(3) 共享资源访问完成后，应释放对信号对象的占用：

    ReleaseSemaphore();

3) 事件对象

事件对象(event)是最简单的同步对象，它包括有信号和无信号两种状态。在线程访问某一资源之前，需要等待某一事件的发生，这时用事件对象最合适。例如：只有在通信端口缓冲区收到数据后，监视线程才被激活。

事件对象是用 CreateEvent 函数建立的。该函数可以指定事件对象的类和事件的初始状态。如果是手工重置事件，那么它总是保持有信号状态，直到用 ResetEvent 函数重置成无信号的事件。如果是自动重置事件，那么它的状态在单个等待线程释放后会自动变为无信号状态。用 SetEvent 可以把事件对象设置成有信号状态。在建立事件时，可以为对象命名，这样其他进程中的线程可以用 OpenEvent 函数打开指定名字的事件对象句柄。

4) 排斥区对象

在排斥区中异步执行时，排斥区对象只能在同一进程的线程之间共享资源处理。虽然此时上面介绍的几种方法均可使用，但是，使用排斥区的方法可使同步管理的效率更高。

使用时先定义一个 CRITICAL_SECTION 结构的排斥区对象，在进程使用之前调用如下函数对该对象进行初始化：

    void InitializeCriticalSection(LPCRITICAL_SECTION);

当一个线程使用排斥区时，调用函数 EnterCriticalSection 或者 TryEnterCriticalSection；当要求占用、退出排斥区时，调用函数 LeaveCriticalSection，释放对排斥区对象的占用，供其他线程使用。

上面给出的是 WIN32 API 提供的多线程应用程序开发所需要的接口函数，利用 VC 中提供的标准 C 库也可以开发多线程应用程序，因其相应的 MFC 类库封装了多线程编程的类。

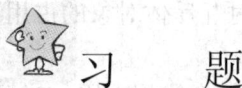

习　　题

1. 名词解释：

顺序程序　并发程序　进程　进程控制块　进程映像　原语　进程的同步　进程的互斥
临界资源　临界区　管程　消息　信箱　进程的调度　进程上下文　线程

2. 试述顺序程序的主要特征及优缺点。

3. 试述并发程序的主要特征及优缺点。

4. 什么是 PCB，它具有哪几个方面的作用？

5. 为什么会产生与时间有关的错误？运用现实生活中的例子加以说明。

6. 简要回答进程创建的原因及创建的步骤。

7. 简要回答进程终止的两种情况及终止的原因。

8. 进程有哪 3 种基本状态？各状态之间是因何转换的？

9. 进程控制块的内容由哪 3 类信息组成？各类信息的作用如何？系统是如何管理进程控制块的？

10. 简要回答进程创建原语、撤消原语的具体步骤。

11. 进程的特征有哪些？

12. 解决进程互斥的方法有硬件方法和软件方法，请分别说出具体方法的名称。

13. 信号量是什么？怎样进行分类？

14. 简要说明 P、V 操作的定义和操作，并指出它的优缺点。

15. 管程的主要特征有哪些？它与进程有什么不同？

16. 为什么要引入高级通信机制？

17. 简述直接通信方式和间接通信方式的区别。

18. 管道机制是如何实现进程间通信的？

19. 简要回答处理机调度的 3 个层次。进程调度属于哪个层次？

20. 简要回答进程调度的任务，确定调度算法的原则。

21. 线程分为哪两类？各有什么优缺点？

22. 了解在不同的结构中，线程和进程的含义及工作方式的不同。

23. 试比较线程的两种不同的实现机制。

24. 设有 n 个进程共享一个互斥段，对于如下两种情况：

(1) 如果每次只允许一个进程进入互斥段。

(2) 如果最多允许 m 个进程(m<n)同时进入互斥段。

试问：所采用的互斥信号量的初值是否相同？信号量值的变化范围如何？

25. 有如下两个进程 T1 和 T2，优先级相同，信号量 R1 和 R2 的初值都是 0，c = 3。试分析并发执行后，a、b、c 的值各是多少？

```
T1:                     T2:
begin{                  begin{
 a:=1;                   b:=1;
 a:=a+2;                 b:=b+2;
 V(R1);                  P(R1);
 c:=a+1;                 b:=a+b;
 P(R2);                  V(R2);
 a:=a+c                  c:=b+c;
 }                       }
end                     end
```

26. 有一段南北方向的隧道，每次只允许一个方向的汽车通过，如由南到北有车辆通过，北入口处的汽车只能等待，南入口处的汽车可以进入隧道，反之亦然。试利用 P、V 操作编写两个方向汽车同步的程序。

27. A、B 两艘船共同使用一个货位卸货，A 船装的是汽车，B 船装的是冰箱。甲、乙两个厂家分别等待提走汽车和冰箱，货位上放汽车或冰箱是随机的。有下列两种情况：

(1) 一个货位只能容纳一件货物(一台冰箱或一辆汽车)；

(2) 一个货位可以容纳 N 件货物；

试用 P、V 操作分别写出它们可以同步的程序。

28. 一个自动生产线有 3 种工人：检验员(查看产品质量，将合格品放到传送带上，不合格品销毁)，计量员(对传送带上运来的产品称重量并记录，放到另一条传送带)，分拣员(对称过重量的产品按重量分别包装)。试写出工人可以并发工作的程序。

29. 设有如图 3.31 所示的工作模型：4 个进程 P0，P1，P2，P3 和 4 个信箱 M0，M1，M2，M3。进程间借助相邻的信箱传递消息，即 Pi 每次从 Mi 中取出一条消息，经加工送入 Mi+1(mod 4)。其中，M0，M1，M2，M3 分别设有 3，3，2，2 个格子，每个格子存放一条消息。初始状态下，M0 装满了 2 条消息，其余为空。试以 P、V 操作为工具，写出进程 Pi(i=0,1,2,3)的同步算法。

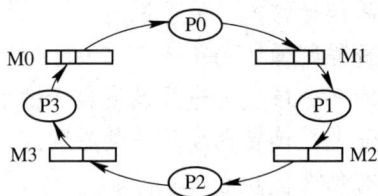

图 3.31　题 29 用图

30. 有一个产生随机数的程序，每次只能产生一个数字，产生的是奇数或偶数或 0。3 个进程分别取走这 3 种数进行记录。请根据以上的叙述编写合适的同步程序。

31. 有一图书馆，读者进入时必须先在一张登记表上进行登记(该表为每一座位列出一个表目)，包括座号和姓名，读者离开时要撤消登记信息。图书馆有 1000 个座位。试问：

(1) 为描述读者的动作，应编写几个程序？应设置几个进程？进程和程序之间的对应关系如何？

(2) 试用 P、V 操作描述这些进程间的同步算法。

第 4 章 死 锁

在"进程管理"一章中，我们已经涉及到了死锁的概念。在计算机系统中有很多独占性的资源，在任一时刻它们都只能被一个进程使用。常见的有打印机、磁带驱动器以及系统 I 节点表的表项。若打印机同时让两个进程打印，将引起混乱打印的结果；若两个进程同时使用同一个 I 节点表的表项，则会引起文件系统的瘫痪。因此，操作系统应具有授权一个进程独占性地访问某一种资源的能力。但是，在一个多道程序系统中，这就有可能引出一些新的问题。例如，假若两个进程 A 和 B 准备各自打印磁带机上的一个文件。进程 A 已申请得到了打印机，进程 B 申请用磁带机并得到了它的使用权。现在 A 申请用磁带机，该资源被进程 B 占据，所以进程 A 阻塞；当 B 进程要使用打印机时，因打印机被 A 进程占据，B 阻塞。这时，两个进程都被阻塞，并且一直等待对方释放占据的资源。这种状况就是死锁(deadlock)。

死锁是一种发生在一组相互竞争或同步的进程之间的现象。不同情况下，死锁的表现也各不相同。

本章的主要内容包括：

- 死锁的产生原因。
- 产生死锁的必要条件。
- 死锁的预防和避免以及死锁的检测和解除。

4.1 死锁的基本概念

死锁主要是由两个或多个进程对资源需求的冲突引起的。Dijkstra 在 1968 年提出了这种情况：两个或多个进程都占有其他进程请求的资源，就像两个过独木桥的人，同时站在桥中央，两个人都等待对方让出路，但是谁也不肯退回去让别人先走，导致谁也到不了对岸，这两个人就像两个进程，同时在等待对方让出占有的"桥"这一资源，两个进程都不能执行，处于永远的等待状态。

死锁是因竞争资源而引起的一种具有普遍性的现象。在多道程序系统中，由于多个并发进程共享系统的资源，如使用不当有可能造成一种僵局，即当某个进程提出资源的使用请求后，使得系统中一些进程处于无休止的阻塞状态，在无外力的作用下，这些进程将无法继续进行下去，这就是死锁。死锁不仅在两个进程之间发生，也可能在多个进程之间，甚至在系统全部进程之间发生。当死锁发生时，一定有资源被无限期地占用而得不到释放。在"进程管理"一章中，我们提到的"哲学家就餐"问题和"读者写者"问题，都是与死锁有关的。哲学家的叉子和读者写者要读或写的内容都是共享资源，这两个问题都是因互斥使用资源而引起的死锁。下面我们首先来分析一下资源这个概念。

4.1.1 资源

在计算机系统中，存在着许多资源，我们称其中那些在任一时刻只能允许一个进程占有的资源叫做独占资源。系统资源在总体上按照是否能被消耗可以分为永久性资源和临时性资源。永久性资源就是指独占资源，可以重复使用；临时性资源是指可消耗的资源，例如进程通信时使用的邮件等。

独占资源分为可剥夺式资源和不可剥夺式资源。可剥夺式资源可从拥有它的进程处剥夺而没有任何副作用。像 CPU 就是可剥夺式资源，我们在第 3 章也介绍过，当优先级高的进程发出请求时，当前进程无论结束与否，必须让出 CPU。而像打印机、磁带机这样的外设就属于不可剥夺式资源，一旦有进程占用，就应该执行到结束，不受其他进程的干扰。

一般来说，死锁与不可剥夺资源有关，所以我们的重点放在不可剥夺资源的研究上。

4.1.2 产生死锁的 4 个必要条件

并不是所有的并发进程都会产生死锁，死锁的产生是有条件的。Coffman 等人在 1971 年总结出了产生死锁的 4 个必要条件：

(1) 互斥使用(资源独占)：进程对其申请的资源进行排他控制，其他申请资源的进程必须等待。

(2) 非剥夺控制(不可强占)：占用资源的进程只能自己释放资源，不能被其他进程强迫释放，即使该进程处于阻塞状态，它所占有的资源也不能被其他进程使用，其他进程只能等待该资源的释放。

(3) 零散请求：进程可以按需要逐次申请资源，而不是集中性一次请求所有资源。这样，进程在已经占有资源的情况下，又申请其他资源而得不到满足时，并不释放已占有的资源。

(4) 循环等待：等待资源的进程形成了一个封闭的链，链上的进程都在等待下一个进程占有的资源，造成了无止境的等待状态。

以上 4 个条件是产生死锁的必要条件，并非充分条件。也就是说，如果破坏上述 4 个条件之一，就可以预防死锁的产生。

4.2 产生死锁的示例

为了加深对死锁的理解，下面给出几个死锁产生的实例。

1. P、V 操作不当引起死锁

在第 3 章中我们介绍了利用 P、V 操作可以实现进程同步。设有两个信号量 S1 和 S2，初值为 0，进程 T1 和 T2 如果按照图 4.1 所示的方式使用这两个信号量，就会发生死锁，因为进程 T1 中 P(S1)和 V(S2)的顺序颠倒了。

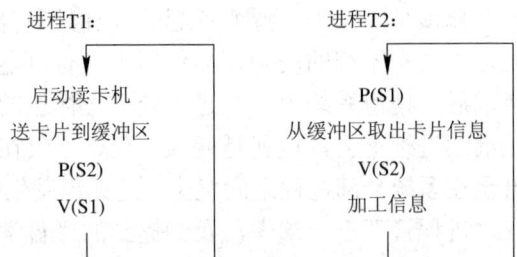

图 4.1 P、V 操作不当引起死锁

2. 进程申请顺序不当引起死锁

假设系统有一台打印机和一台扫描仪，进程 T1 和 T2 共享这两台设备，两个进程对资源的执行顺序如图 4.2 所示。

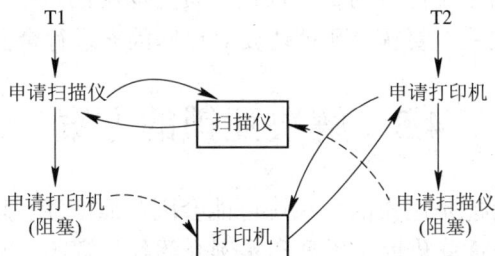

图 4.2 申请顺序不当引起死锁

如果进程 T1 占有了扫描仪，进程 T2 占有了打印机，它们又同时申请对方占有的设备。由于两个进程的申请都得不到满足，因此两者都陷入了永久的等待。但是如果它们的执行速度有所差别，就可能避免死锁。例如，当进程 T1 在申请并占有扫描仪和打印机后，进程 T2 才提出对这打印机的申请，这时进程 T2 阻塞。进程 T1 能够顺利执行下去，释放两个资源，唤醒进程 T2。这样的执行序列是不会引起死锁的。

3. 同类资源分配不当引起死锁

假如系统中有 9 个资源，4 个进程，每个进程都需要 4 个资源才能完成执行。进程总需求量是 16 个资源，远大于 9。现在系统给每个进程都分配了两个资源，系统还剩 1 个资源，这样无论把剩余的 1 个资源分给谁，也不能执行下去，造成了死锁。但如果分配的时机和方法得当，就没有死锁的产生。关于类似的资源分配我们将在以后的章节中详细介绍。

4. 进程通信引起死锁

对于消耗性资源的使用有时也会引起死锁，例如进程间同步时交换信息、数据文件等也可能引起死锁。假设，进程 T1 发送信息 S1，要求从 T3 接收信息 S3；进程 T2 发送信息 S2，要求从 T1 接收信息 S1；进程 T3 发送信息 S3，要求从 T2 接收信息 S2。如果按照以下顺序执行：

T1：释放 S1，请求 S3；

T2：释放 S2，请求 S1；

T3：释放 S3，请求 S2；

系统不会死锁。但要按照以下的顺序执行：

T1：请求 S3，释放 S1；

T2：请求 S1，释放 S2；

T3：请求 S2，释放 S3；

则 3 个进程都进入了循环等待状态，见图 4.3，系统一定会死锁。这是因为三个进程 T1、T2、T3 分别占据着资源 S1、S2、S3，同时又在请求其他进程占据着的资源，所以引起死锁。

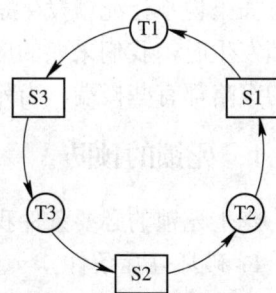

图 4.3 信息传送引起的死锁

从以上几个例子可以看出，死锁是指多个进程因竞争资源而造成的一种僵局，若无外力的作用，这些进程都将永远不能再向前推进。但竞争资源不一定都会产生死锁，只要进程推进顺序合法，就不会产生死锁。

因此，死锁的产生与系统拥有的资源数量、资源分配的策略、进程对资源申请和使用的时机等多个因素都有关系，要解决死锁还要对这些因素进行全面考虑。

4.3　解决死锁的方案

死锁造成的危害有可能是巨大的，系统可能会因此而崩溃。现代操作系统中都引入了很多有效的解决方法。下面就借助于模型和实例介绍各种解决死锁的方案。

1．鸵鸟政策

这是一种最简单的方法，又称鸵鸟政策，就像鸵鸟一样把头埋进沙子，对危险视而不见。类似的，系统对死锁不加理会。

鸵鸟政策的出发点是，由于并发系统中的死锁现象并不是每时每刻都会发生，特别是在早期的系统中是极偶然的现象。所以，系统的设计者宁愿花更多的精力和资源，解决其他更加棘手、出现更为频繁的问题。

2．不让死锁发生

这是一种以遏制死锁为出发点的想法，即在进程执行前和执行过程当中，对资源的分配加以限制，使系统永远不会死锁。对资源分配的策略可以分为静态策略和动态策略。

静态策略是指进程在创建时就由系统为其分配了所有资源，满足后方可执行，并且在以后的执行过程中没有资源分配工作。这种策略防止死锁当然很有效，而且易于实现，但对资源造成了不必要的浪费。因为所有进程都要满足最大资源数才能执行，并发的进程数量肯定要少，系统中的某些资源可能使用的时间很短，却被一个进程从头到尾占用，而其他想要使用这个资源的进程却得不到满足，增大了等待时间，系统效率极低。

动态策略相对静态策略有更高的灵活性，它可以在进程执行的时候改变资源的分配情况，避免静态策略的呆板，虽然实现技术相对复杂，但系统效率会提高很多，资源利用率也相对较高。关于动态策略的具体实现我们在以后的内容中有更详细的说明。

3．让死锁发生

如果说不让死锁发生是事前控制，那么让死锁发生就是事后弥补的方法，主要是指当死锁发生时，我们采取的应对措施。毕竟用户使用计算机时，更注重效率，而不让死锁发生的策略都有些极端，当死锁偶然发生的时候我们再来解决也为时不晚。

4.3.1　死锁的预防

产生死锁的必要条件我们已经了解了，预防死锁的工作可以从破坏这些条件入手。

1) 破坏互斥条件

我们知道，允许两个进程同时使用打印机这种独占资源会造成混乱，如果资源允许进程共享，那么死锁肯定不会产生。通过借助 SPOOLing 技术可以允许若干个进程同时产生打印数据。该方法中惟一真正申请物理打印机的进程是打印精灵进程，由于它不会申请别的资源，所以不会因打印机产生死锁。但 SPOOLing 技术并不适用于所有的资源，如进程表。

破坏资源的"互斥性"比较困难，因为这种方法对大多数资源行不通，所以只能看其他三个条件。

2) 破坏"不可剥夺"条件

允许进程剥夺也应当包括剥夺自己的"请求"，也就是进程申请资源得不到满足时，进程可以收回请求，转去做其他的工作。

有许多可以破坏这个条件的方法，这里介绍两种。一种方法是，如果一个已经占有资源的进程再次申请资源时，所申请的资源不能得到满足，它必须先放弃已经占有的资源，若这些资源还没有使用完，则只能以后一起申请。另一种方法只适用于申请资源的进程优先级比占有该资源的进程优先级高的情况，如果一个进程申请的资源正被别的进程占用，若申请进程的优先级高，它就可以强迫占有资源的进程放弃使用。这些方法实现起来相当困难，为了保存进程放弃资源的现场以及以后的再次恢复，往往要耗费很多时间和存储空间。一般来说，破坏"不可剥夺"条件只适合于处理机和存储器资源，对于其他资源，不宜使用此方法。

3) 破坏"零散请求"条件

许多操作系统破坏"零散请求"条件时都采用静态分配策略。静态分配是指当一个进程得到了它所需要的所有资源后才能执行。利用这种分配机制，进程在执行的过程中就不需要申请资源了，死锁的四个必要条件之一的"零散请求"得以破坏。

这种方法的缺点是资源的利用率低，当进程创建时申请了所有要用到的资源，虽然省去了执行过程中的资源申请工作，但被占用的资源一经申请，不管在什么时间使用，直到进程结束才得以释放，资源利用率很低，系统效率也不高。

4) 破坏"循环等待"条件

按序分配资源的方法对破坏"循环等待"条件很有效。系统依据一定的策略给资源编号，例如按照资源特性、使用的频度或数量的多少等，由低到高顺序编号，进程必须按从小到大的顺序申请资源，并规定进程占有的资源号小于申请的资源号时才能得到申请资源。

例如：进程 A 占有 3 号资源，现在又申请 5 号资源，占有资源号小于申请资源号，此申请可以满足。进程 B 占有 5 号资源，现在又申请 3 号资源，5 大于 3，此申请不能满足，进程 B 要想得到 3 号资源，必须先放弃 5 号以及所有编号比 3 大的资源。

例 4.1　再来看那个著名的哲学家就餐问题。如图 3.12 所示，将 5 把叉子依次编号为 0～4，规定哲学家必须先拿小序号的叉子，再拿大序号的叉子。若小号的叉子正被占用，他就进入阻塞，直到小号的叉子被放下。这样，即使 5 个哲学家同时伸出左手，第 4 号哲学家应先拿第 0 号叉子，但第 0 号叉子被第一个哲学家占据，所以，第 4 号哲学家因为不能拥有 0 号叉子而无法申请 4 号叉子，因而被阻塞。这样，拿第 3 号叉子的哲学家同时可以拿到 4 号叉子，先吃完了通心粉，释放其占据的叉子，唤醒其他哲学家进程。依此类推，最终大家都可以顺利地吃完。

设 5 个哲学家对应 5 个进程 P_0、P_1、P_2、P_3、P_4，5 把叉子对应 5 个资源 r_0、r_1、r_2、r_3、r_4，进程 P_i 必须先申请叉子 r_i，再申请叉子 r_{i+1}，进程 P_4 必须先申请叉子 r_0，再申请叉子 r_4，设 5 个信号量为 S_0、S_1、S_2、S_3、S_4，初值为 1 。

5 个哲学家就餐的程序如下：

```
begin
    S₀，S₁，S₂，S₃，S₄:semaphore;
    S₀=S₁=S₂=S₃=S₄= 1;
Process Pᵢ(i=0，1，2，3)
Begin
    Li:thinking；
        hungry；
        P(Sᵢ);
        pickup rᵢ;
        P(Sᵢ₊₁);
        pickup rᵢ₊₁;
        eating;
        putdown rᵢ;
        putdown rᵢ₊₁;
        V(Sᵢ);
        V(Sᵢ₊₁);
        goto  Li;
    end;
Process P₄
Begin
    L4:thinking；
        hungry；
        P(S₀);
        pickup r₀;
        P(S₄);
        pickup r₄;
        eating;
        putdown r₀;
        putdown r₄;
        V(S₀);
        V(S₄);
        goto  L4;
    end;
```

对资源按序号分配的时候要注意：如果资源有多种类型，那么也要将这些资源类型按照一定的策略安排成一个序列，进程申请资源的时候先要确定类型的高低，再看此类型中各资源的序号大小。

将预防死锁的各种方法总结如表 4.1 所示。

表 4.1 预防死锁的各种方法

死锁的条件	方 法
互斥	对所有资源进行 SPOOLing 操作
零散请求	进程创建时申请所有的资源
非剥夺控制	将资源剥夺
循环等待	对资源进行编号，按序申请

尽管资源的按序分配方法消除了死锁的问题，但几乎找不出一种使每个人都满意的编号次序。当资源包括进程表项、SPOOLing 磁盘空间、加锁的数据库记录及其他抽象资源时，潜在的资源会变的很大，以至很难找到一个编号顺序。另外，资源顺序分配法是按资源编号申请资源的，它可能与实际使用资源的顺序不一致，使得一些先申请的资源因暂时不用而长时间闲置。

4.3.2 死锁的避免

死锁的预防策略是以破坏死锁产生的必要条件为目的，对资源的申请加以限制的。虽然这对死锁的预防有一定的效果，但是几种方法都降低了系统的效率和资源的利用率。死锁的避免策略有所不同，它用动态的方法判断资源的使用情况和系统的状态，在分配资源之前，系统将判断假若满足进程的要求是否会发生死锁，如果会，资源就不予分配，从而避免死锁的发生。

系统的状态分为安全状态和不安全状态。所谓安全状态，是指当多个进程动态地申请资源时，系统将按照某种顺序逐次地为每个进程分配所需资源，使每个进程都可以在最终得到最大需求量后，依次顺利地完成。反之，如果不存在这样一种分配顺序使得进程都能顺利完成，则称系统处于不安全状态。

不安全状态不一定发生死锁，但死锁一定属于不安全状态。处于安全状态下的系统是不会发生死锁的。安全状态、不安全状态以及死锁的关系如图 4.4 所示。所以，避免死锁的关键就是：让系统在动态分配资源的过程中，不要进入不安全状态。

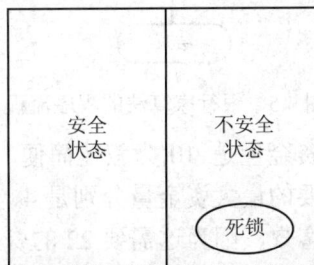

图 4.4 系统的状态关系

避免死锁的方法安全与否，取决于对系统状态的分析，它在进程启动和资源分配时进行判断。进程在创建之前需要申请资源，如果这些申请会引起死锁，那么这个进程就不会被创建；在执行过程中资源的分配如果会造成死锁，这些资源也将暂时不分配。前一种策略显然不现实，因为这需要系统同时满足所有进程的最大资源数，所以我们来看一个在资源分配时避免死锁的算法——银行家算法(Banker's Algorithm)。

1. 单项资源的银行家算法

银行家算法是避免死锁的一个著名的算法，是由 E.W.Dijkstra 在 1965 年为 T.H.E 系统设计的一种避免死锁算法。它以银行借贷系统的分配策略为基础，判断并保证系统的安全运行。在银行中，客户申请贷款的数量是有限制的，每个客户在第一次申请贷款时要声明完成该项目所需要的最大资金量，在满足所有贷款要求时，客户应及时归还。银行家在客户申请的贷款数量不超过他自己拥有的最大值时，都应尽量满足客户的需要。在这样的描述中，银行家就好比操作系统，资金就是资源，客户就相当于要申请资源的进程。实现银行家算法的程序流程如图 4.5 所示。

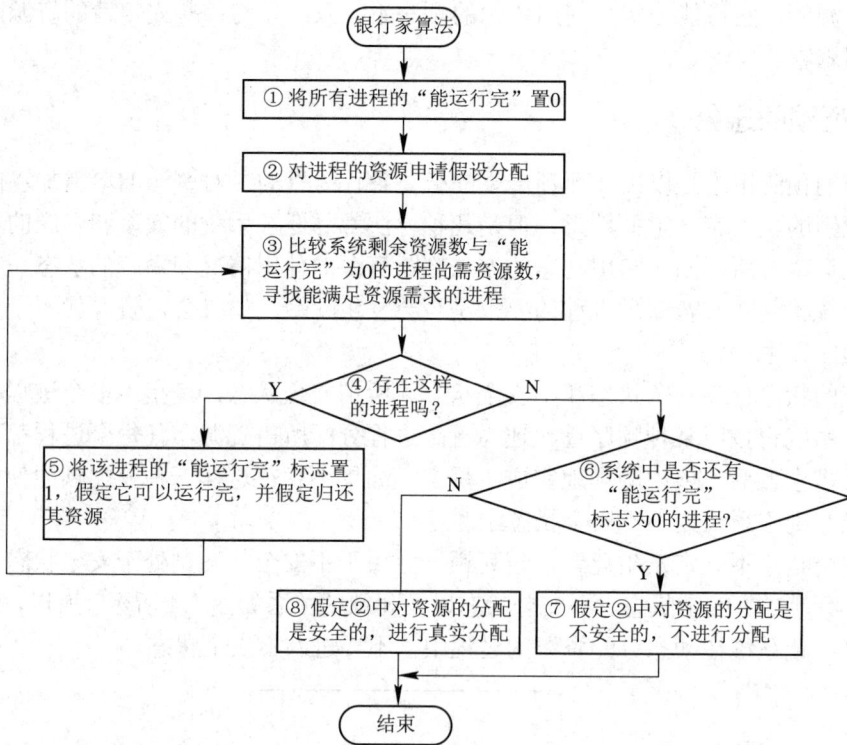

图 4.5　银行家算法的程序流程

假设，有一个银行家拥有的资金量是 10(为叙述简便，这里省略资金量的单位)，现在有 4 个客户 a、b、c、d，各自需要的最大资金量分别是 4、5、6、7，状态如图 4.6(a)所示。显然，银行家不能同时满足 4 个客户，因为这需要 22 的资金量。在某一时刻，4 个客户的状态如图 4.6(b)所示，这时先满足客户 a，分配资金量 3，使他拥有最大资金量 4。客户 a 完成并归还资金，银行家现有资金量是 5，4 个客户状态如图 4.6(c)所示。这时，无论先满足 b、c 或 d 的最大资金量，都可以在有限的时间里收回所有的资金，这样的系统状态是安全的。假如我们换一种分配策略，在图 4.6(b)所示的状态下，把剩余的资金分配给客户 c，状态如图 4.6(d)所示，银行家没有了剩余资金，但 4 个客户没有一个可以获得所需的最大资金量，都在停滞不前，这样的状态就是不安全的。因此不能先满足客户 c 的请求。客户 b 和 d 的情况也很容易分析，请读者自己作为练习，画出各种状态并判断是否安全。

客户名	已用资金	最大资金	仍需资金
a	0	4	4
b	0	5	5
c	0	6	6
d	0	7	7
剩余资金	10		

(a)

a	1	4	3
b	2	5	3
c	1	6	5
d	2	7	5
剩余资金	4		

(b)

a	-	-	-
b	2	5	3
c	1	6	5
d	2	7	5
剩余资金	5		

(c)

a	1	4	3
b	2	5	3
c	5	6	1
d	2	7	5
剩余资金	0		

(d)

图 4.6　单项资源的银行家算法

以上讨论的是单一资源的银行家算法，在实际的操作系统中，存在的资源有许多种类，一个进程往往要多次申请不同种类的资源才能完成。下面我们就讨论这种情况——多项资源的银行家算法。

2. 多项资源的银行家算法

假设系统中有以下各类多个资源：5 台打印机，7 个手写板，8 台扫描仪，9 个读卡器。为了方便，我们把系统资源总量用向量 sum 表示，上述 4 种资源分别用 R1、R2、R3、R4 表示，已分配资源用向量 allocation 表示，系统当前剩余资源用向量 available 表示，进程还需申请资源用向量 claim 表示，共有 5 个进程 T1、T2、T3、T4、T5 共享这些资源。各进程所需最大资源量如图 4.7(a)所示，现已知：

系统资源总量：　　　sum＝(5，7，8，9)，

已分配资源向量：　allocation＝(3，5，7，7)

系统当前状态如图 4.7(b)所示，计算可知：

当前剩余资源向量：available＝sum－allocation＝(2，2，1，2)

接下来查找能够由当前 available 满足最大需求的进程，也就是查看哪个进程的还需申请资源向量 claim 小于等于 available。进程 i 的还需申请资源向量 claim 为：

claim(i)＝sum(i)－allocation(i)

如进程 T1 对应资源 R1 的 claim 值是 2。当前各进程的 claim 如图 4.7(c)所示，表中的各数字分别与 available(2，2，1，2)作比较，如图 4.7(d)所示，有下划线的数字表示不能被满足的资源，可见只有进程 T3 可以得到分配。系统支持进程 T3 执行完毕，归还占有的所有资源，向量 available 的值变为(2，5，5，2)，这时再按照以上的查找方法继续查找分配，可以再满足进程 T1 或 T5，以后依次是 T2、T4。分配过程及状态列表很容易得出，请读者作为练习分别给出，同时验证如果不先满足 T3，而是先满足其他 4 个进程中的任何一个，系统都会发生死锁。

死锁的避免算法成功地避免了死锁的发生，但由于算法需要每个进程运行前就知道其所需资源的最大值，而且原本可用的资源有可能突然变成不可用资源(如可能坏掉)，因此，

死锁的避免算法难于获得进程所需资源的最大值。

进程	R1	R2	R3	R4
T1	2	4	3	1
T2	2	2	0	5
T3	1	5	5	0
T4	5	0	1	3
T5	0	3	3	3
合计	10	14	12	12

(a)

进程	R1	R2	R3	R4
T1	0	1	2	1
T2	1	1	0	2
T3	0	3	4	0
T4	2	0	0	1
T5	0	0	1	3
合计	3	5	7	7

(b)

进程	R1	R2	R3	R4
T1	2	3	1	0
T2	1	1	0	3
T3	1	2	1	0
T4	3	0	1	2
T5	0	3	2	0
合计	7	9	5	5

(c)

进程	R1	R2	R3	R4
T1	2	3	1	0
T2	1	1	0	3
T3	1	2	1	0
T4	3	0	1	2
T5	0	3	2	0
合计	7	9	5	5

(d)

图 4.7　多项资源的银行家算法

4.3.3　死锁的检测和解除

前面介绍了很多对死锁的事前控制，下面介绍的是如何检测死锁以及发生死锁时可采取的措施。先来看一个非常有用的工具——资源分配图。

1.　资源分配图及死锁的检测

资源分配图是描述进程申请资源和资源分配情况的关系模型图，它可以直观地检测系统是否会死锁。其实在第 3 章中出现的图 3.15 就是一个简单的资源分配图。在资源分配图中，有以下规定：

(1) 圆表示一个进程。

(2) 方块表示一个资源类，其中的圆点表示该类型资源中的单个资源。

(3) 从资源指向进程的箭头表示资源被分配给了这个进程。

(4) 从进程指向资源的箭头表示进程申请一个这类资源。

例如在图 4.8 中我们可以了解到的信息是：资源类 R1 中的两个资源分别分配给了进程 T1 和 T3；进程 T2 正在申请 R1；资源类 R2 中的两个资源分别给了进程 T2 和 T4；进程 T1 正在申请一个 R2。

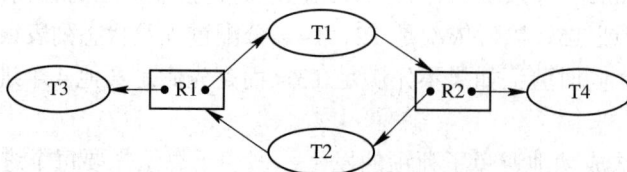

图 4.8　一个简单的资源分配图

设资源类 R_j 有资源 W_j 个，用 $|(R_j, P_i)|$ 表示 R_j 分配给进程 P_i 的资源个数，用 $|(P_i, R_j)|$ 表示进程 P_i 申请 R_j 的资源个数。一张合理的资源分配图应该代表系统中某个时刻进程对资源的申请和占有状态，因此，它应当满足以下两个条件：

(1) 资源 R_j 分配给各进程的资源数目不能大于 W_j，即对于各类资源 R_j 的分配应满足：

$$\sum_i |(R_j, P_i)| \leqslant W_j$$

(2) 任何一个进程 P_i 对某类资源 R_j 的申请量和已分配数量之和，不应大于该类资源的总数 W_j，即

$$|(P_i, R_j)| + |(R_j, P_i)| \leqslant W_j$$

有了资源分配图，可以按照以下算法进行分析化简，进一步判断是否存在死锁：

(1) 检查图中有无环路，如果没有，系统不会发生死锁，结束检测；如果有环路，进行第(2)步。

(2) 若环路中涉及的每个资源类中只有一个资源，系统一定死锁；若每个资源类中有多个资源，进行第(3)步。

(3) 在环路中查找非阻塞且非独立的进程 P_i，应满足：

$$|(P_i, R_j)| + \sum_k |(R_j, P_k)| \leqslant W_j$$

即它可以在有限的时间里将获得申请的资源执行完毕，从而释放进程占据的所有资源。找到后，把与该进程相连的所有有向边去掉，形成孤立节点。如此反复执行步骤(3)，直到没有进程可被化简。

资源分配图中的所有进程如果都能化简成孤立结点，这个资源图就是可完全化简的(completely reducible)；反之，就是不可完全化简的(irrreducible)。

死锁定理：如果一个系统状态为死锁状态，当且仅当资源分配图是不可完全化简的。也即，如果资源图中所有的进程都成为孤立结点，则系统不会死锁；否则，系统状态为死锁状态。该定理已被证明，这里从略。死锁检测的流程如图 4.9 所示。

我们按照以上的方法对图 4.8 进行化简：

(1) 显然图中存在一个环，联系着进程 T1、T2、T3、T4 和资源 R1、R2。

(2) R1 和 R2 中各有两个资源。

(3) 进程 T3 和 T4 是非阻塞的，可以把连接它们的有向边去掉，系统状态如图

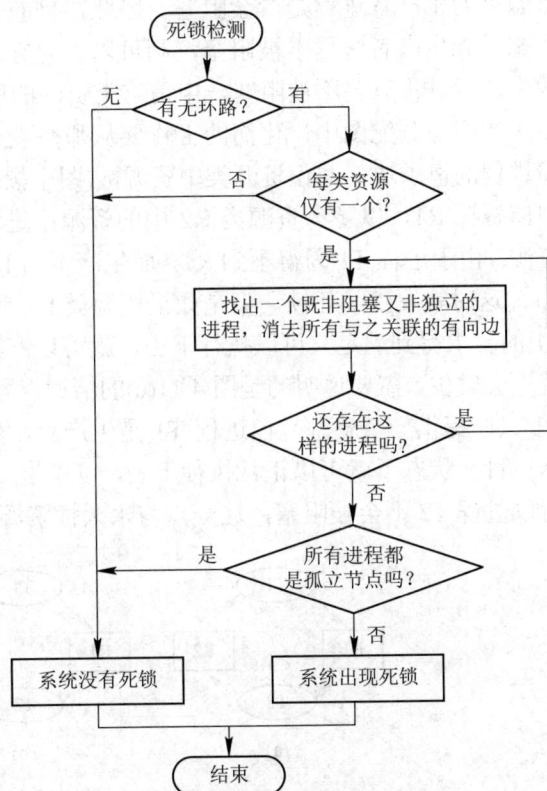

图 4.9　死锁检测的流程

4.10 所示;进程 T1 和 T2 申请的资源都可以得到满足,
它们也都可以置成孤立结点,该图化简完毕。因此该
系统不会死锁。

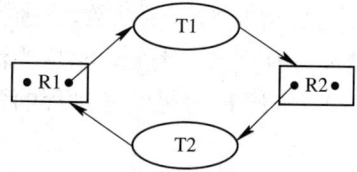

图 4.10　化简后的资源分配图

2.临时资源的死锁检测

系统中有许多临时性资源,使用这些资源时的方
法与我们以上讲到的方法稍有不同。上面提到进程要
及时释放资源,而占有的是临时性资源时,进程就可
以不必释放它。诸如信号、消息和邮件等,没有限定的单元数,也没有释放的工作,所以
单纯地用化简资源分配图的方法是行不通的。上面的资源分配和回收关系不能清楚地表示
这种情况,所以我们对资源分配图进行重新定义:

(1) 圆表示一个进程。

(2) 方块表示一个资源类,其中的圆点表示该类型资源中的单个资源。

(3) 由资源类指向进程的箭头表示该进程产生这种资源,一个箭头可表示产生一到多个
资源,每个资源类至少有一个生产者进程。

(4) 由进程指向资源的箭头表示该进程申请这种资源,一个箭头只表示申请一个资源。

临时性资源的死锁判断标准和永久性资源的最大不同是:在使用所有资源的类型时,
如果一个进程在当前的状态中被阻塞,并且从当前往后的所有状态都被阻塞,则该进程是
死锁状态。申请资源的进程在没有资源可以满足的时候会阻塞,要解除阻塞需要判断这个
资源类的生产者进程是否会阻塞。因此,判断系统是否死锁的关键在于判断生产者进程的
状态,若生产者进程不被阻塞,则可以认为它总会生产出该类资源,也就是说,某类资源
的生产者进程只要不被阻塞,申请这类资源的所有申请者进程都可以得到满足。

在资源分配图中,化简的工作要从那些没有阻塞的进程入手,删除那些没有阻塞的申
请进程的请求边,并使资源类中资源数(图中黑点的数目)减 1。如图 4.11(a)所示,进程 T1
申请资源 R1,以生产资源类 R2 中的资源;进程 T2 申请资源 R2,以生产资源类 R1 中的
资源。由于进程 T1 因得不到 R1,而生产不出 R2,同样 T2 也得不到 R2 的满足而生产不出
R1,这时就发生了死锁。但是如果资源类 R1 或 R2 已有一个可用资源,如图 4.11(b)所示,
T1 的要求得到满足,可以执行下去,就可以产生资源 R2,从而满足 T2 的要求,这样死锁
就不会发生。需要说明的是图 4.11(c)的情况,虽然表面看 T2 进程申请了 4 个资源,而目前
R1 只能提供一个资源,但进程 T1 是生产者,生产的数目是不限的,它没有申请资源,表
示在目前状态下就可以正常执行下去,可以生产出无数的资源 R1,使 T2 的申请得到满足,
所以进程 T2 不会被阻塞,这一点与永久性资源有很大差异。

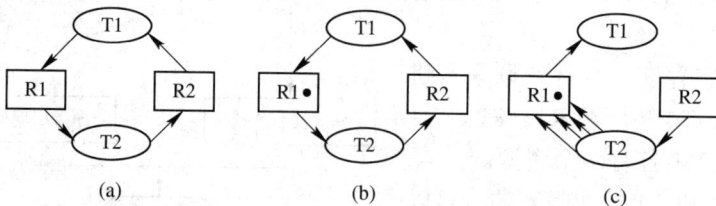

(a)　　　　　　　　　　(b)　　　　　　　　　　(c)

图 4.11　临时性资源分配图

3．死锁的解除

一旦系统检测出有死锁出现，系统将通过改变某些进程的状态解除死锁。以下介绍解除死锁的一些方法：

(1) 重新启动。这是一种比较粗暴的方法，也是操作系统常用的方法，虽然实现简单，但会使之前的工作全部白费，造成很大的损失和浪费。

(2) 撤消进程。在死锁时，系统可以撤消造成死锁的进程，解除死锁。系统可以一次性撤消所有的死锁进程，也可以逐个撤消，分别收回资源。逐个撤消时，系统可以先撤消那些优先级低的、已占有资源少或已运行时间短的、还需运行时间较长的进程，尽量减少系统的损失。

(3) 剥夺资源。在死锁时，系统可以保留进程，只剥夺死锁进程占有的资源，直到解除死锁。选择被剥夺资源的进程的方法和选择被撤消的进程的方法相同。

(4) 进程回退。在死锁时，系统可以根据保留的历史信息，让死锁的进程从当前状态向后退回到某种状态，直到死锁解除。这种方法可以通过结合检查点或回退(checkpoint/rollback)机制实现。进程当前状态的瞬间图叫做检查点，进程可以定期得到它的检查点。系统需要保存所有进程的检查点。一旦系统检查到有某个进程卷入了死锁，该进程就会被终止，剥夺它占有的所有资源。然后，系统查看保存的检查点信息，重新建立该进程的状态，从上次检查点的位置重新执行。也可以说这种方法是"将进程回退到检查点"，它在多年的发展中已经比较成熟，被广泛用于 DBMS 中。

4.4 其他相关问题

下面讨论一些和死锁相关的其他问题，包括两阶段加锁及饥饿问题。

4.4.1 两阶段加锁

虽然在一般情况下，避免死锁和防止死锁并不是很有成效，但在一些特殊的应用方面，却有一些很卓越的算法。例如，在很多数据库系统，一个经常产生的操作是锁住一些记录，然后更新锁住的记录；当同时有若干个进程运行时，就存在出现死锁的危险。

通常采用的方法是两阶段加锁(two-phase locking)。在第一阶段，进程对所有所需的记录进行加锁，一次锁一个记录。如果第一阶段加锁成功，就进行第二阶段，更新加锁的记录，然后释放锁。

在两阶段加锁的一些版本中，如果在第一阶段遇到了已加锁的记录，并没有释放锁并重新开始加锁，这就可能产生死锁。如果在第一阶段，某个待加锁的记录已经被一个进程加锁，那么所有已被此进程加锁的记录的锁都应该被打开，然后重新开始第一阶段。

不过，有些情况下这种策略并不通用。例如，在实时系统中，由于一个进程缺少一个有效资源就中途中断它，并重新开始该进程，这是不可接受的。进程控制系统中，如果一个进程已经从网络读/写了消息，或更新了文件，或做了一些不能安全重做的事，这时都不能重新运行该进程。只有当程序员安排程序精心处理，使得在第一阶段程序能在任意一点停下来并重新开始，这时这个策略才可行。但很多程序并不能按这种方式来设计。

4.4.2　饥饿

在动态运行的系统中，在任何时刻都会产生申请资源，这就需要规定一些策略来决定在什么时候，哪个进程获得什么资源。虽然这些策略表面上看很有道理，但依然有可能使一些进程永远得不到服务，虽然它们并没有被阻塞，没有产生死锁。这就是和死锁非常相近的饥饿(starvation)问题。

以打印机分配为例，设想系统采用某种算法分配打印机，并保证不产生死锁。现假定分配策略是把打印机分配给打印文件最小的进程。这个方法可以让尽量多的用户满意，并且看起来很公平。考虑下面的情况：在一个繁忙的系统中，有一个进程有一个很大的文件要打印，每当打印机空闲，系统考察所有进程，并把打印机分配给打印最小文件的进程。如果存在一个持续的进程流，其中的进程都是只打印小文件，那么要打印大文件的进程一直在等待，却永远也得不到打印机。它会被无限制地推后，尽管它没有被阻塞，但一直处于"饥饿"状态。

可以通过先来先服务资源分配策略避免饥饿。在这种机制下，等待的最久的进程将是下一个被调度的进程。随着时间的推移，所有进程都会变成最"老"的，因而最终获得资源而继续运行。

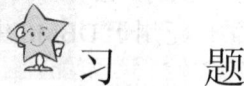

习　题

1. 名词解释：死锁、独占资源、永久性资源、临时性资源和资源分配图。
2. 产生死锁的 4 个必要条件是什么？为什么说是必要条件而不是充分条件？
3. 试举例说明死锁的产生。
4. 列举出预防死锁的各种方法。
5. 什么是银行家算法？它的基本思想是什么？
6. 简要叙述资源分配图的化简步骤。
7. 死锁定理是什么？
8. 简要列举解除死锁的方法。
9. 设系统中共有 5 个进程 T1、T2、T3、T4、T5，共享 4 种资源 A、B、C、D，当前对资源的占有和需求状况如表 4.2 所示，系统还剩资源 available = (2，3，4，6)。问：

表 4.2　资源的占有和需求状况

进程	Allocation				Claim			
	A	B	C	D	A	B	C	D
T1	0	0	2	1	0	1	4	5
T2	1	1	0	0	1	6	5	0
T3	2	1	5	4	3	2	8	6
T4	0	3	2	2	1	6	5	10
T5	0	2	2	2	2	4	5	11

(1) 系统此时安全吗？

(2) 若进程 T2 此时申请资源(1，3，3，0)，系统可以满足吗？为什么？

10. 图 4.12 中有两个资源分配图，图(a)表示的是永久性资源，图(b)表示的是临时性资源。请分别化简它们并说明是否会发生死锁。

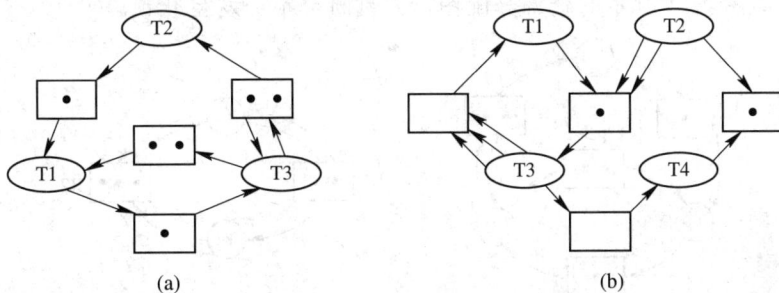

图 4.12　习题 10 用图

11. 一个系统中有 T1、T2、T3、T4 共 4 个进程，永久性资源 R1 有两个、R2 有 3 个，临时性资源 S1、S2 各一个。

(1) T1 产生 S1，申请两个单位的 R2。

(2) T2 占有两个单位的 R1 和一个单位的 R2，同时申请两个单位的 S2。

(3) T3 占有一个单位的 R2，同时申请一个单位的 S1。

(4) T4 生产 S2，申请一个单位的 S1 和一个单位的 R1。

根据以上的叙述画出资源分配图，并说明是否有死锁，如果有，请指出涉及哪些进程。(注意：本题在一个图中包含永久性资源和临时性资源，请注意区分。)

12. 设系统中有 3 种类型的资源(A、B、C)和 5 个进程(P_1、P_2、P_3、P_4、P_5)，A 类资源的数量为 17，B 类资源的数量为 5，C 类资源的数量为 20。在 T_0 时刻，系统状态如表 4.3 和表 4.4 所示。系统采用银行家算法实施死锁避免策略。

(1) T_0 时刻是否为安全状态？若是，请给出安全序列。

(2) 在 T_0 时刻若进程 P_2 请求资源(0，3，4)，是否能实施资源分配？为什么？

(3) 在(2)的基础上，若进程 P_4 请求资源(2，0，1)，是否能实施资源分配？为什么？

(4) 在(3)的基础上，若进程 P_1 请求资源(0，2，0)，是否能实施资源分配？为什么？

表 4.3　T_0 时刻的系统状态

进程	最大资源需求量			已分配资源数量		
	A	B	C	A	B	C
P_1	5	5	9	2	1	2
P_2	5	3	6	4	0	2
P_3	4	0	11	4	0	5
P_4	4	2	4	2	0	4
P_5	4	2	4	3	1	4

表 4.4　T_0 时刻的系统状态

资源类型	A B C
剩余资源数	2 3 3

13. 试化简图 4.13 所示的资源分配图，并判断会不会发生死锁。

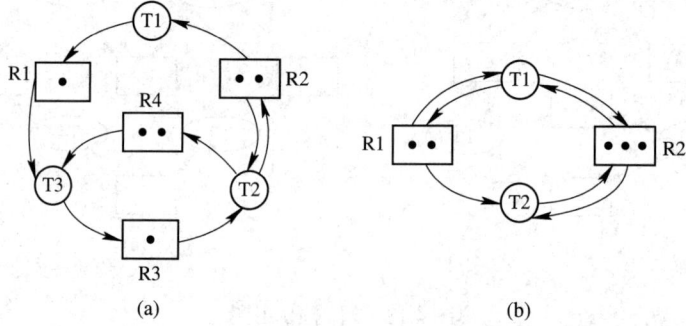

(a)　　　　　　　　　　　　　　(b)

图 4.13　习题 13 用图

第 5 章 存 储 管 理

存储管理(memory management)是操作系统的主要任务之一，它的主要管理对象是内存，又称主存管理。根据冯·诺依曼原理，程序必须先存储在内存中，然后才可以执行。另外，在并行系统中，由于系统中存在多个程序，因此对它们的管理显得尤其重要。

5.1 概 述

存储器是计算机系统中的重要组成部分，随着计算机技术的飞速发展和内存价格的降低，现代计算机中的内存也在不断增加，已经达到 GB 的范围。但是，系统软件和应用软件所需的存储空间也在急剧地膨胀，内存仍然不能保证有足够的空间来保存活跃的进程以及操作系统所需要的所有程序和数据结构。因此，存储器仍然是计算机系统中一种宝贵的资源，合理而有效地分配和使用内存资源，对计算机系统的性能影响很大。

本章的主要内容包括：

- 存储器资源的组织，重点研究内存的组织方式。
- 存储分配，重点研究存储共享和各种分配算法。
- 地址再定位，重点研究地址变换，即逻辑地址与物理地址的对应关系。
- 存储保护，重点研究保护内存中的程序和数据区的方法。
- 存储扩充，研究虚拟存储问题和各种虚拟存储的调度算法。

5.1.1 存储体系

存储器的功能是保存指令和数据，它的发展方向是高速、大容量和小体积，诸如内存在访问速度方面的发展有 DRAM、SDRAM、SRAM 等技术；而磁盘技术的发展方向主要在大容量方面，比如接口标准、存储密度等。

存储组织的功能是在存储技术和 CPU 寻址技术许可的范围内组织合理的存储结构，其依据是访问速度的匹配关系、容量要求和价格。常见的存储结构有两种："寄存器—内存——外存"结构和"寄存器—快速缓存—内存—外存"结构。

图 5.1 所示的是"寄存器—快速缓存—内存—外存"结构。

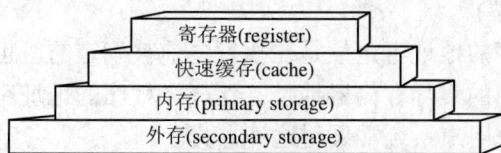

寄存器(register)
快速缓存(cache)
内存(primary storage)
外存(secondary storage)

图 5.1 存储层次结构

在如图 5.1 所示的存储器体系结构中，最上层的是寄存器，其次分别是快速缓存 cache、主存和外存(磁盘)。

从图中的存储层次结构可以看出，按照寄存器→cache→内存→外存的访问顺序，存取速度越来越慢，容量越来越大，而价格成本越来越低，存取频度也越来越低。最佳状态应是各层次的存储器都处于均衡的繁忙状态(如缓存命中率正好使主存读写保持繁忙)。

5.1.2　地址重定位

可执行文件的建立过程是：源程序→编译→目标模块(多个目标模块或程序库) →链接→可执行文件。当程序执行时由操作系统装入内存而成为进程。

对程序员来说，数据的存放地址是由符号决定的，故称为符号名地址，或者称为名地址。而把源程序的地址空间叫做符号名地址空间或者名空间。它是从 0 号单元开始编址，并顺序分配所有的符号名所对应的地址单元，所以它不是内存中的真正地址，故称为相对地址或程序地址或逻辑地址或虚拟地址。

当程序被装入内存时，程序的逻辑地址被转换成内存的物理地址，称为地址重定位。

在可执行文件装入时需要解决可执行文件中地址(指令和数据)和内存地址的对应问题。这是由操作系统中的装入程序 Loader 来完成的，如图 5.2 所示。

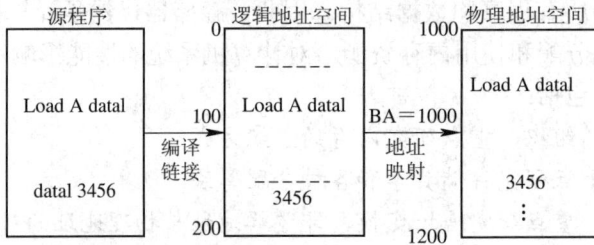

图 5.2　地址重定位

源程序经过汇编或编译后再经过链接程序加工形成程序的装配模块，即转换为相对地址编址形式，它是以 0 为基址顺序进行编址的。把程序中由相对地址组成的空间叫做逻辑地址空间。相对地址空间通过地址再定位机构转换到绝对地址空间，绝对地址空间也叫物理地址空间。

简单来说，逻辑地址空间(简称地址空间)是逻辑地址的集合，物理地址空间(简称存储空间)是物理地址的集合。

常见的地址重定位有以下几种方式。

1．绝对装入(absolute loading)

在可执行文件中记录内存地址，装入时直接定位于上述内存地址的方式称为绝对装入(或者称为固定地址再定位)。

在这种方式下，程序的地址再定位是在执行之前被确定的，也就是在编译、链接时直接制定程序在执行时访问的实际存储器地址。这样，程序的地址空间和内存地址空间是一一对应的。单片机或者单用户系统常采用这种方式。

固定地址再定位的优点是装入过程简单；缺点是过于依赖于硬件结构，不适合多道程序系统。

2．可重定位装入(relocatable loading)

可重定位装入方式是指在可执行文件中，列出各个需要重定位的地址单元和相对地址值，装入时再根据所定位的内存地址去修改每个重定位地址项，添加相应的偏移量。

一个有相对地址空间的程序装入到物理地址空间时，由于两个空间不一致，就需要进行地址变换，或称地址映射，即地址的再定位。

地址再定位有两种方式：静态再定位和动态再定位。

1) 静态再定位

静态再定位是指当程序执行时，由装入程序运行重定位程序，根据作业在内存重分配的起始地址，将可执行的目标代码装入到指定内存中。所谓静态，是指地址定位完成后，在程序的执行期间将不会再发生变化。静态再定位是在程序执行之前进行地址再定位的，这一工作通常是由装配程序完成的。

静态地址再定位的优点是：无需硬件地址变化机构支持，容易实现；无需硬件支持，它只要求程序本身是可再定位的；它只对那些要修改的地址部分做出某种标识，再由专门设计的程序来完成。在早期的操作系统中大多数都采用这种方法。

静态地址再定位的缺点是：必须给作业分配一个连续的存储区域，该存储区不能分布在内存的不同区域；在作业的执行期间不能扩充存储空间，也不能在内存中移动，因而不能重新分配内存，不利于内存的有效利用；多个用户很难共享内存中的同一程序，如若共享同一程序，则各用户必须使用自己的副本。

2) 动态再定位

动态地址再定位是在程序执行期间，在每次存储访问之前进行的。程序在装入内存时，并不修改程序的逻辑地址值，而是在访问物理内存之前，再实时地将逻辑地址转换成物理地址。在这种情况下，其实现机制要依赖硬件地址变换机构，即通过基地址寄存器 BR、变址寄存器 VR 计算出指令的有效地址，再利用硬件机构实现地址变换，如图 5.3 所示。

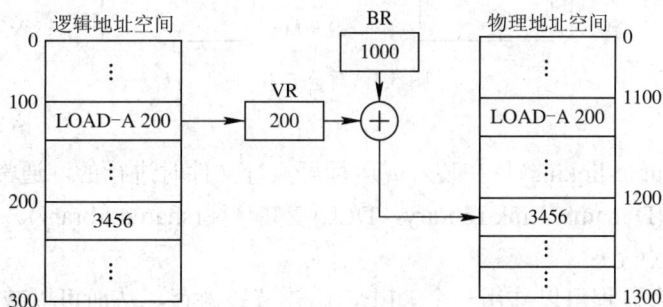

图 5.3　动态地址再定位的原理

从图 5.3 中可以看出：当程序开始执行时，系统将程序在内存的起始地址送入 BR 中。执行指令时，系统将逻辑地址与 BR 中的起始地址相加，从而得到物理地址。

动态地址再定位的优点是：程序在执行期间可以换入和换出内存，这样可以缓解内存紧张的矛盾；可以把内存中的碎片集中起来，以充分利用空间；不必给程序分配连续的内存空间，可以较好地利用较小的内存块；若干用户可以共享同一程序。

动态地址再定位的缺点：需要附加的硬件支持，而且实现存储管理的软件算法比较复杂。

3．动态运行期装入

动态运行期装入(dynamic run-time loading)是指在可执行文件中记录虚拟内存地址，在装入和执行时通过硬件地址变换机构完成虚拟地址到实际内存地址的变换。

动态运行期装入的优点是：操作系统可以将一个程序分散存放于不连续的内存空间，可以通过移动程序来实现共享；能够支持程序执行中产生的地址引用，如指针变量(而不仅是生成可执行文件时的地址引用)。

动态运行期装入的缺点是：需要硬件支持(通常是 CPU)，操作系统的实现比较复杂。

5.1.3　链接

链接是指多个目标模块在执行时的地址空间分配和相互引用。

1．链接方法

常见的链接方法有静态链接和动态链接两种。

1) 静态链接

静态链接(static linking)是在生成可执行文件时进行的，即在目标模块中记录被调用模块的名字符号地址(symbolic address)，在可执行文件中将该名字改写为指令直接使用的数字地址，如图 5.4 所示。

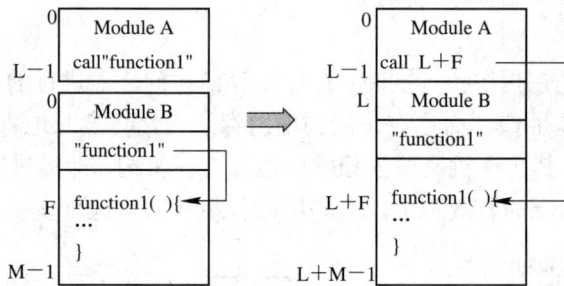

图 5.4　静态链接

2) 动态链接

动态链接(dynamic-linking)是在装入或运行可执行文件时进行的。通常被链接的共享代码称为动态链接库(Dynamic Link Library，DLL)或共享库(shared library)。

动态链接的优点是：

(1) 共享：多个进程可以共用一个 DLL，比较节省内存，从而可以减少文件的交换。

(2) 部分装入：一个进程可以将多种操作分散在不同的 DLL 中实现，而只将当前操作的 DLL 装入内存。

(3) 便于局部代码修改：即便于代码升级和代码重用；只要函数的接口参数(输入和输出)不变，则修改函数及其 DLL 时，无需对可执行文件重新编译或链接。

(4) 便于适应运行环境：调用不同的 DLL，就可以适应多种使用环境并提供不同的功能。例如：不同的显示卡只需厂商为其提供特定的 DLL，而操作系统和应用程序则不必修改。

动态链接的缺点是：

(1) 增加了程序执行时的链接开销。

(2) 程序由多个文件组成，因此增加了管理复杂度。

2. 链接举例

这里以 Windows NT/2000/XP 中的动态链接库为例来进一步对链接加以说明。

1) 构造动态链接库

动态链接库(DLL)是包含函数和数据的模块，它的调用模块可为 EXE 或 DLL，它由调用模块在运行时加载，加载时它被映射到调用进程的地址空间。在 Visual C++中有一类工程用于创建 DLL，说明如下：

(1) 库程序文件 .C 相当于给出一组函数定义的源代码。

(2) 模块定义文件 .DEF 相当于定义链接选项，也可在源代码中定义，如 DLL 中函数的引入和引出。

源文件中的链接选项如下：

```
// Example of the dllimport and dllexport class attributes
_declspec( dllimport ) int i;
_declspec( dllexport ) void func();
或 void_declspec(dllexport)_cdecl Function1(void);
```

(3) 编译程序利用 .C 文件生成目标模块 .OBJ。

(4) 库管理程序利用 .DEF 文件生成 DLL 输入库 .LIB 和输出文件 .EXP。

(5) 链接程序利用 .OBJ 和 .EXP 文件生成动态链接库 .DLL。

(6) 动态链接库映射到调用方进程的地址空间中。

2) 构造动态链接库的装入方法

(1) 装入时动态链接(load-time)：在编程时显式调用某个 DLL 函数，该 DLL 函数在可执行文件中称为导入(import)函数。链接时需利用.LIB 文件。在可执行文件中为引入的每个 DLL 建立一个 IMAGE_IMPORT_DESCRIPTOR 结构，而在装入时由系统根据该 DLL 映射在进程中的地址改写 Import Address Table 中的各项函数指针。Hint 是 DLL 函数在 DLL 文件中的序号，当 DLL 文件修改后，就未必指向原先的 DLL 函数了。在装入时，系统会查找相应的 DLL，并把它映射到进程地址空间，获得 DLL 中各函数的入口地址，定位本进程中对这些函数的引用，如图 5.5 所示。

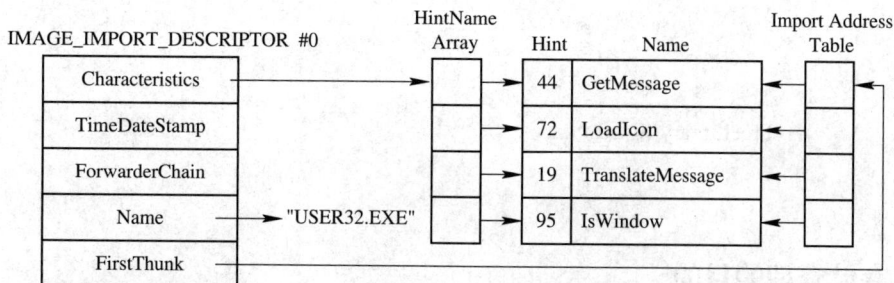

图 5.5　装入时动态链接的过程

(2) 运行时动态链接(run-time)：在编程时通过 LoadLibrary(给出 DLL 名称，返回装入和链接之后该 DLL 的句柄)、FreeLibrary、GetProcAddress(其参数包括函数的符号名称，返回该函数的入口指针)等 API 来使用 DLL 函数。这时不再需要引入库(import library)。LoadLibrary 或 LoadLibraryEx 把可执行模块映射到调用进程的地址空间并返回模块句柄；GetProcAddress 获得 DLL 中特定函数的指针并返回；FreeLibrary 把 DLL 模块的引用计数减 1。当引用计数为 0 时，拆除 DLL 模块到进程地址空间的映射。DLL 函数的调用过程如图 5.6 所示。

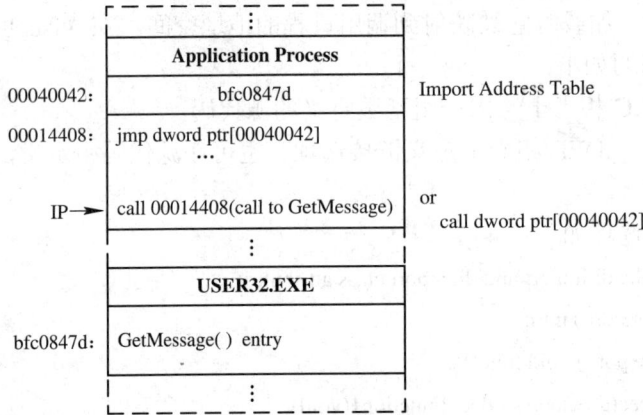

图 5.6　DLL 函数的调用过程

下面是一个运行时动态链接的例子：

```
HINSTANCE hInstLibrary;
DWORD (WINAPI *InstallStatusMIF)(char*, char*, char*, char*, char*, char*, char*, BOOL);
if (hInstLibrary = LoadLibrary("ismif32.dll"))
{
        InstallStatusMIF = (DWORD (WINAPI *)(char*,char*,char*, char*, char*, char*, char*,
BOOL)) GetProcAddress(hInstLibrary, "InstallStatusMIF");
    if (InstallStatusMIF)
        {
        if (InstallStatusMIF("office97", "Microsoft 操作系统", "Office 97", "999.999", "ENU",
"1234", "Completed successfully", TRUE) !=0)
        {
            ⋮
        }
        FreeLibrary(hInstLibrary);
        }
}
```

5.1.4　存储管理的目的

在现代操作系统中，存储管理的主要目的有以下几个方面：

(1) 使得用户和用户程序不涉及内存物理的细节。高级语言或者汇编语言使源程序和可执行目标程序分开，这样源程序得以独立于物理地址。在现代的计算机系统中，用户程序装入时并不根据本次的物理起始地址进行静态重定位，程序进入内存后仍是逻辑地址，在每次具体访问存储器之前再把逻辑地址转换为物理地址，称为地址转换。这样，就使得用户不必再关心计算机的物理内存的情况。

(2) 为用户程序完成程序的装入。编译程序在产生可执行程序时，在可执行目标程序中包含有一组可重定位的信息(例如程序长度、数据区长度等)，操作系统在装入程序时根据程序中这组重定位信息来分配相应的内存。

(3) 提高内存的利用率，弥补用户对内存容量的需求与内存实际容量之间的差距。具体指：对空闲空间的管理，解决碎片问题；避免重复存储；可进行虚拟存储(存储扩充)管理。

(4) 解决内存速度与 CPU 速度不匹配的问题。这主要是指对 cache(高速缓存)的管理。

(5) 实现内存共享。主要是指在不连续技术下实现存储共享。

5.1.5 存储管理的任务

在现代操作系统中，存储管理的主要任务有以下几个方面。

(1) 存储分配和回收：是存储管理的主要内容，用来确定其算法和相应的数据结构。

(2) 地址变换(地址再定位)：可执行文件生成中的链接技术、程序加载时的重定位技术及进程运行时硬件和软件的地址变换技术和机构。

(3) 存储共享和保护：将代码和数据共享，设定对地址空间的访问权限(读、写、执行)。

(4) 存储器扩充：它涉及存储器的逻辑组织和物理组织，有两种控制方式：

- 如果由应用程序控制，则采用覆盖技术。
- 如果由操作系统控制，则采用交换技术(整个进程空间范围内)或请求调入和预调入(部分进程空间)。

5.1.6 各种存储管理方案

从操作系统的发展历史来看，存储管理主要有以下几个方案：

(1) 分区存储管理方案：是一种连续存储管理方案，但需要一次性全部装入内存。主要有固定分区方案、可变分区方案两种。其中，固定分区方案虽然简单，但是有比较严重的内碎块和外碎块。

(2) 段式存储管理方案：是一种不连续存储管理方案，段和段之间可以不连续，但需要一次性全部装入内存。它在逻辑地址空间采用分段式的存储管理，而在物理地址空间采用动态分区的存储管理。缺点是有比较严重的外碎块。

(3) 页式存储管理方案：是一种不连续存储管理方案，也需要一次性全部装入内存。它在逻辑地址空间和物理地址空间都采用分页的思想。缺点是每一个作业的最后一页有内碎块。

(4) 段页式存储管理方案：是一种不连续存储方案，如果采用纯分页和分段思想，需要一次性全部装入内存；如果采用虚拟存储思想，则不需要一次性全部装入内存。这种方案的主要思想是在逻辑地址空间使用纯分段的存储管理思想，物理地址空间使用纯分页的存储管理思想，是将页式存储管理和段式存储管理思想相结合的产物，克服了纯分页和纯分段存储管理思想的缺点。

(5) 交换技术和覆盖技术：是存储扩充的两种技术，其中交换技术的优点是编写程序时不需要特殊的控制，也不会影响程序的结构。而覆盖技术对程序员是不公开的，编写程序时需要特殊的控制。

(6) 虚拟存储管理方案：又分为两种，分别是虚拟页式(请求分页)存储管理和虚拟段式(请求分段)存储管理。请求分页存储管理是对纯分页思想的扩充，不需要将作业一次性全部装入；而请求分段式存储管理的思想是对纯分段思想的扩充，也不需要将作业一次性全部装入。这两种方案都实现了存储扩充，是比较理想的存储管理思想。

5.2　分区存储管理方案

分区存储管理方案是一种连续分配存储空间的管理方式。所谓连续分配，是指为一个用户程序分配一个连续的内存空间。这种分配方案曾被广泛地应用于1960～1970年的操作系统中。

分区存储管理方案是把内存分为一些大小相等或不等的分区(partition)，每个应用程序占用一个或几个分区，操作系统占用其中的一个分区。这种方法适用于多道程序系统和分时系统，支持多个程序并发执行，但难以进行内存分区的共享。

在分区存储管理方案中有比较严重的碎片。碎片可以分为内碎片和外碎片两种。内碎片是指占用分区之内未被利用的空间；外碎片是指占用分区之间难以利用的空闲分区(通常是小空闲分区)。

为了解决分区存储管理方案中的碎片问题，可以采用内存紧缩(compaction)的办法。所谓内存紧缩，是指将各个占用分区向内存一端移动，使各个空闲分区聚集在另一端，然后将各个空闲分区合并成为一个空闲分区。对占用分区进行内存数据搬移时会占用CPU的时间，如果对占用分区中的程序进行"浮动"，则其重定位需要硬件支持。紧缩可以在每个分区释放后或内存分配找不到满足条件的空闲分区时进行。

分区存储管理方案的数据结构是分区表或分区链表，主要功能是：

(1) 可以只记录空闲分区，也可以同时记录空闲和占用分区。

(2) 分区表中，表项数目随着内存的分配和释放而动态改变，可以规定最大表项数目。

(3) 分区表可以划分为两个表格：空闲分区表和占用分区表，从而减小每个表格的长度。空闲分区表中按不同的分配算法对表项进行排序。

分区存储管理方案是能够满足多道程序设计需要的一种最简单的存储管理技术，通常按照分区的划分方式，分为单一连续分区、固定分区和可变分区三种。

5.2.1　单一连续分区存储管理

单一连续分区存储管理把整个内存空间的最低端和最高端作为操作系统区，中间作为用户程序区。在DOS操作系统中就采用了这种方法，如图5.7所示。

这种存储分配思想将内存分为两个区域：系统区和用户区。应用程序装入到用户区，可使用用户区全部空间。

单一连续分区的优点是：简单，适用于单用户、单任务的操作系统(比如CP/M和DOS操作系统)，不需要复杂的硬件支持。

单一连续分区的缺点是：一个作业运行时要占用整个内存的地址空间，即使很小的程序也是如此，对内存造成了很大的浪费，内存的利用率很低。

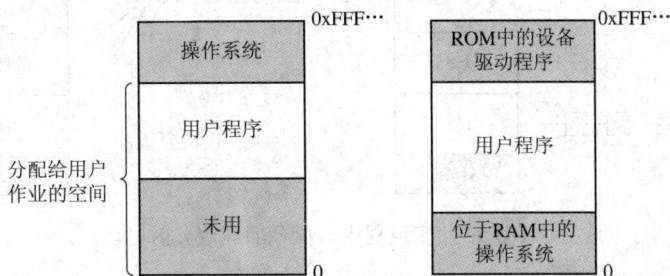

图 5.7　单一连续分区存储管理的分配方式

5.2.2　固定分区

为了实现多道程序和实现多用户系统，可采用将内存划分成多个固定大小的块的方法，这就是固定分区法(fixed partitioning)。对于固定分区，在系统进行初始化的时候就已经将存储空间划分成若干个分区，这些分区的大小在此后是不可以改变的，但是每一个分区不一定一样大，以利于不同大小的程序的运行。如果把内存划分为若干个固定大小的连续分区，则只适合于多个相同程序的并发执行(处理多个类型相同的对象)。如果把内存划分为若干个大小不等的分区，如多个小分区、适量的中等分区、少量的大分区，则可根据程序的大小，分配当前空闲的、适当大小的分区给程序。

为了便于管理整个内存，需建立一个表格来登记和管理整个内存。在这个表中登记了每一个分区的大小，起始地址和分配状态，如表5.1 和图 5.8 所示。当有作业装入时，系统便可以搜索这个表，找出一个大小合适的分区分配给它。当程序运行结束时，可以把它所占用的空间再释放回去。地址重定位可以采用静态地址定位或是动态地址定位的方法。

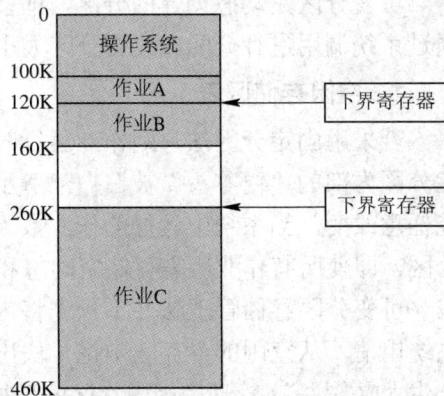

图 5.8　固定分区的内存分配情况

表 5.1　分区状态表

分区号	大小	起始地址	分配状态
1	20 KB	100 K	已分配
2	40 KB	120 K	已分配
3	100 KB	160 K	未分配
4	200 KB	260 K	已分配

为了实现多道程序设计，可以按等待作业的类型设置多个等待队列，也可以把所有的等待作业设置为一个等待队列。如图 5.9 所示为多道程序情况下固定分区的情况，左边为多个等待队列情况下的固定分区，右边为单个等待队列情况下的固定分区。

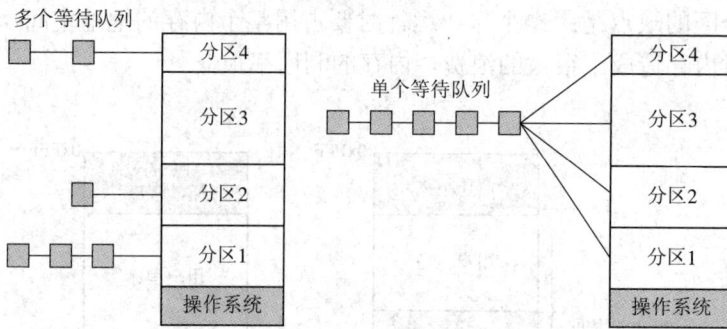

图 5.9　多道程序情况下的固定分区原理

　　作业所要求的内存大小不一定刚好接近某个分区的大小，所以分区中的浪费比较大。为了防止程序之间的相互干扰以及程序对操作系统区域的非法访问，需要在各个分区中设置下界寄存器和上界寄存器，用来限制程序访问存储区的范围。低地址界限寄存器还可以作为动态重定位的基地址寄存器。可以和覆盖、交换技术配合使用来解决这些问题。

　　固定分区的优点是：与单一连续分配方法相比，固定分区法的内存利用率提高了；可以支持多道程序；实现简单，开销小。

　　固定分区的缺点：必须预先能够估计作业要占用多大的内存空间，有时候这是难以做到的；内碎片造成浪费；分区总数固定，限制了并发执行的程序数目。

5.2.3　可变分区

　　相对于固定分区的思想，可变分区(dynamic partitioning)预先并不将内存划分成许多大小不一的分区，而是当作业需要时再向系统申请，从其中挖出一块分配给该作业，然后将剩下的部分再作为空表块，留给下一次分配使用。可变分区可以采用链表的方法管理。

　　可变分区是动态创建的分区，即在装入程序时按其初始要求分配，或在其执行过程中通过系统调用进行分配或改变分区大小。其优点是没有内碎片，而缺点是有外碎片。

1. 空闲存储区表

　　若采用固定分区法，则作业运行时所需内存一般不会刚好等于某一个分区的大小，因此分区内部的"内零头"被白白浪费了；另一方面，固定分区的分区数在系统启动以后不能任意改变，当系统中运行的作业数大于分区数时，就不可避免地会有一些作业分配不到分区，即使所有作业所需存储空间总和小于内存总和也不行。

　　可变分区存储管理法并不预先将内存划分成分区，而是等到作业运行需要内存时才向系统申请，从空闲的内存区中挖一块出来，其大小等于作业所需内存的大小，这样就不会产生"内零头"。管理空闲内存区的数据结构可采用链接法和连续线性表格法。每一个空闲分区用一个 map 结构管理：

```
struct map{
    unsigned m_size;
    char * m_addr ;
};
struct map cornmap[N];
```

　　图 5.10 所示为空闲分区表的初始状态，图 5.11 为某一时刻空闲分区表的状态。图中，m_size 是空闲分区的长度，m_addr 是空闲分区的起始地址。各个空闲分区按起始地址由低到高的顺序登记在空闲存储区表中，m_size 为 0 的表项是空白表项，它们集中在表的后部。

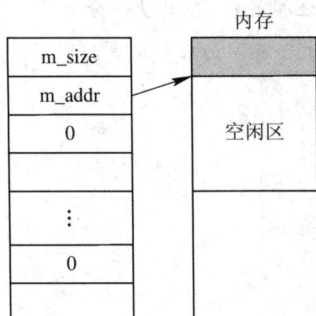

图 5.10　空闲分区表的初始状态

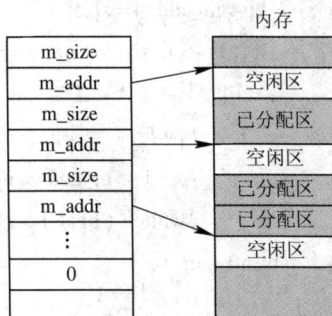

图 5.11　某一时刻空闲分区表的状态

2．分区分配算法

　　寻找某个空闲分区，其大小必须大于或等于程序的要求。若是大于要求，则将该分区分割成两个分区，其中一个分区为要求的大小并标记为"占用"，而另一个分区为余下部分并标记为"空闲"。分区的先后次序通常是从内存低端到高端。

　　选择分区的算法有四种：最先适应算法、最佳适应算法、最差适应算法和循环最先适应算法。

　　1) 最先适应算法(first-fit)

　　最先适应算法是将所有的空闲分区按照地址递增的顺序排列，然后按照分区的先后次序从头开始查找，符合要求的第一个分区就是要找的分区。该算法的分配和释放的时间性能较好，较大的空闲分区可以被保留在内存高端。但随着低端分区不断被划分而产生较多的小分区，每次分配时的查找时间开销会越来越大。

　　(1) 分配算法：

　　当为作业分配大小为 size 的空间时，总是从表的低地址部分开始查找，当第一次找到大于等于申请大小的空间时，就按所需要的大小分配空间给作业，若分配后还有剩余空间，就修改原来的 m_size 和 m_addr，以记录余下的零头；如果作业所需要的空间刚好等于该空间的大小，那么该空间的 m_size 就为 0；然后要删除表中的这些空间，即将各个非零的表项上移。程序描述如下：

```
char *malloc( mp , szie )
struct map *mp;
unsigned int size;
{
    register int    regint;
    register struct map *bp;
    //从 mp 开始，只要 size 不等于 0，逐个地址检查
    for(bp=mp; bp->m_size ; bp++ )
    {
```

```
        if ( bp->m_size >= size )          //只要空间足够大
        {
            regint = bp->m_addr ;          //把老的起始地址保存到 a
            bp->m_addr += size;            //起始地址加 size，把此块一分为二
            if (( bp->m_size -= size ) == 0 )  //如果块大小相同为 0
            do {
                    bp++;
                    (bp-1)->m_addr = bp->m_addr ;
                    }while ( ( bp-1 )->m_size = bp->m_size );
            return(regint ) ;
        }
    }
    return(0) ;
}
```

(2) 释放算法：

某一个作业释放以前所分配到的内存就是将该内存区归还给操作系统，使其成为空闲区而可以被其他作业使用。回收时如果释放区与临近的空闲区相连接，要将它们合并成较大的空闲区，否则空闲区将被分割得越来越小，最终导致不能利用。另外，空闲区个数越来越多，也会使得空闲区登记表溢出。

释放算法分四种情况：

• 仅与前面一个空闲区相连，如图 5.12(a)所示。合并前空闲区和释放区以构成一块大的新空闲区，并修改空闲区表项。该空闲区的 m_addr 不变，仍为原空闲区的首地址，修改表项的长度域 m_size 为原 m_size 与释放区长度之和。

• 与前面空闲区和后面空闲区都相连，如图 5.12(b)所示。将三块空闲区合并成一块空闲区。修改空闲区表中前空闲区表项，其起始地址 m_addr 仍为原前空闲区的起始地址，其大小 m_size 等于三个空闲区长度之和，这块大的空闲区由前空闲区表项登记。同时，还要在空闲区表中删除后项，方法是将后项以下的非空白区表项顺次上移一个位置。

• 仅仅与后空闲区相连，如图 5.12(c)所示。与后空闲区合并，使后空闲区表项的 m_addr 为释放区的起始地址，m_size 为释放区与后空闲区的长度之和。

• 与前后空闲区都不相连，如图 5.12(d)所示。在前、后空闲区表项中间插入一个新的表项，其 m_addr 为释放区的起始地址，m_size 为释放区的长度。因此，先要将后项及以下表项都下移一个位置。

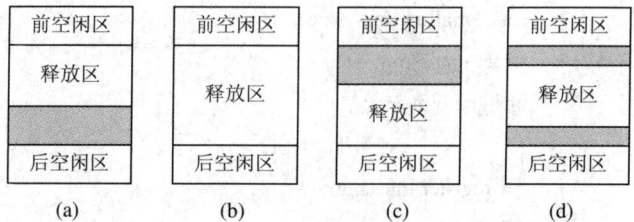

图 5.12　释放区与前后空闲区相邻的情况

程序描述如下：

```
mfree( unsigned size , char * StartAddr )
{
```

```
struct map *bp;
char *addr, *taddr;
unsigned TmpSize ;
addr = StartAddr;

for( bp = coremap ; bp->m_addr <= addr   &&   bp->m_size != 0 ; bp ++ )
  if ( bp > coremap &&   ( bp-1)->m_size == addr )
    {
        ( bp-1) ->m_size += size ;
        if ( addr + size == bp->m_addr )
          {
              ( bp-1)-> m_size += bp->m_size ;
              while ( bp->m_size )
               {
                   bp ++ ;
                   ( bp-1)->m_addr = bp->m_addr ;
                   ( bp-1)->m_size = bp->m_size ;
               }
          }
    }
  else
    {
      if ( addr + size == bp->m_addr && bp->m_size )
        {
          bp->m_addr -= size ;
          bp->m_size += size ;
        }
        else
          if ( size )
            do {
                taddr = bp->m_addr ;
                bp->m_addr = addr;
                addr = taddr;
                TmpSize = bp->m_size ;
                bp->m_size = size ;
                bp ++ ;
            }while ( size == TmpSize );
    }
}
```

最先适应算法的优点：①分配简单而且合并相邻的空闲区也比较容易，该算法的实质是尽可能利用存储区低地址的空闲区，而尽量在高地址部分保存较大的空闲区，以便一旦有分配大的空闲区的要求时，容易得到满足。②在释放内存分区时，如果有相邻的空闲区就进行合并，使其成为一个较大的空闲区。

最先适应算法的缺点：①由于查找总是从表首开始，前面的空闲区被分割得很小时，能满足分配要求的可能性就较小，查找次数就较多。系统中作业越多，这个问题就越来越严重。针对这个问题，对最先适应法稍加改进，就有了循环最先适应法。②会产生碎片，这些碎片散布在存储器的各处，不能集中使用，因而降低了存储器的利用率。

如图 5.13 所示是某一个时刻 J1、J2、J3、J4 四个作业在内存中的分配情况、空闲区表和已分配区表，它们的长度分别是 15 KB、10 KB、12 KB、10 KB。J5 和 J6 两个新作业的长度分别为 5 KB 和 13 KB，分配内存后的内存分配情况、空闲区表和已分配区表如图 5.14 所示。

空闲区表

起始地址	长度	状态
15 K	23 KB	未分配
48 K	20 KB	未分配
80 K	30 KB	未分配
		空
		空
		空

已分配区表

起始地址	长度	状态
0 K	15 KB	J1
38 K	10 KB	J2
68 K	12 KB	J3
110 K	10 KB	J4
		空
		空

图 5.13　最先适应算法分配前的状态

空闲区表

起始地址	长度	状态
33 K	5 KB	未分配
48 K	20 KB	未分配
80 K	30 KB	未分配
		空
		空
		空

已分配区表

起始地址	长度	状态
0 K	15 KB	J1
38 K	10 KB	J2
68 K	12 KB	J3
110 K	10 KB	J4
15 K	5 KB	J5
20 K	13 KB	J6

图 5.14　最先适应算法分配后的状态

2) 循环最先适应算法 (next-fit，下次适应算法)

相对于最先适应算法，下次适应算法按分区的先后次序，从上次分配的分区开始查找，到最后分区时再回到开头，符合要求的第一个分区就是找到的分区。该算法的分配和释放的时间性能较好，使空闲分区分布得更均匀，但较大的空闲分区不易保留。

把空闲表设计成顺序结构或者链接结构的循环队列，各个空闲区仍旧按地址由低到高的次序登记在空闲区的管理队列中，同时需要设置一个起始查找指针，指向循环队列中的一个空闲区表项。

循环最先适应算法分配时总是从起始查找指针所指向的表项开始，第一次找到满足要求的空闲区时，就分配所需要的空闲区，然后修改表项，并调整起始查找指针，使其指向队列中被分配的后面的那块空闲区。

循环最先适应法的实质是起始查找指针所指的空闲区和其后的空闲区群常为较长时间未被分割过的空闲区，它们已经合并成为大的空闲区的可能性较大，与最先适应算法相比，它在没有增加多少代价的情况下却明显地提高了分配查找的速度。

循环最先适应算法的释放算法与最先适应算法的基本相同。

3) 最佳适应算法(best-fit)

最佳适应算法的思想是将所有的空闲分区按照其容量递增的顺序排列，当要求分配一个空白分区时，由小到大进行查找。找到其大小与要求相差最小的空闲分区，在所有大于或者等于要求分配长度的空闲区中挑选一个最小的分区，即对该分区所要求分配的大小来说，是最合适的。分配后，所剩余的空白块会最小。从整体来看，该算法会形成较多外碎片，但较大的空闲分区可以被保留。

最佳适应算法的空闲存储区管理表的组织方法可以采用顺序结构，也可以采用链接结构。

最佳适应算法的优点：①由于算法是在所有大于或者等于要求分配长度的空闲区中挑选一个最小的分区，所以分配后所剩余的空白块会最小。②平均而言，只要查找一半的表格便能找到最佳适应的空白区。③如果有一个空白区的容量正好满足要求，则它必被选中。

最佳适应算法的缺点：①由于空闲区是按大小而不是按地址的顺序排列的，因此释放时，要在整个链表上搜索地址相邻的空闲区，合并后又要插入到合适的位置。②空白区一般不可能恰好满足要求，在分配之后的剩余部分通常非常小，以致小到无法使用。

其内存分配前的状态如图 5.13 所示，J5 和 J6 是两个新作业，对它们分配内存后的内存分配情况、空闲区表和已分配区表如图 5.15 所示。

4) 最坏适应算法(worst-fit)

最坏适应算法的思想与最佳适应算法相反，将所有的空白分区按容量递减的顺序排列，最前面的最大的空闲分区就是找到的分区。该算法是取所有空闲区中最大的一块，把剩余的块再变成一个新小一点的空闲区。算法基本不留下小空闲分区，但较大的空闲分区不会被保留。

最坏适应算法的实现与前面的最佳适应算法类似。

最坏适应算法的优点：分配的时候只需查找一次就可以成功，分配的算法很快。

最坏适应算法的缺点：最后剩余的分区会越来越小，无法运行大程序。

其内存分配前的状态如图 5.13 所示，J5 和 J6 是两个新作业，对它们分配内存后的内存分配情况、空闲区表和已分配区表如图 5.16 所示。

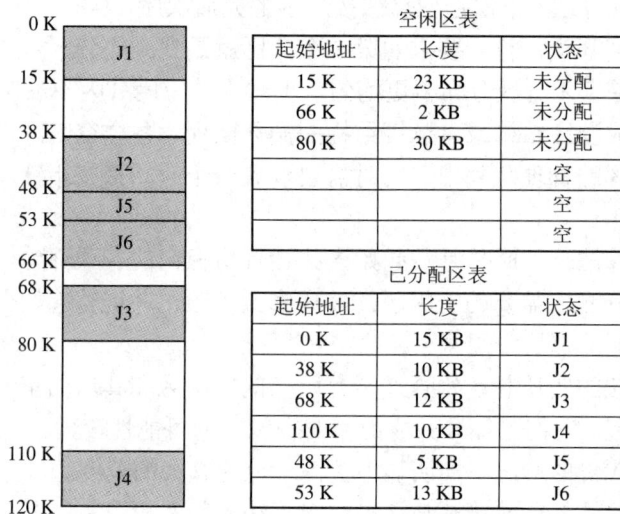

空闲区表

起始地址	长度	状态
15 K	23 KB	未分配
66 K	2 KB	未分配
80 K	30 KB	未分配
		空
		空
		空

已分配区表

起始地址	长度	状态
0 K	15 KB	J1
38 K	10 KB	J2
68 K	12 KB	J3
110 K	10 KB	J4
48 K	5 KB	J5
53 K	13 KB	J6

图 5.15　最佳适应算法分配后的状态

空闲区表

起始地址	长度	状态
15 K	23 KB	未分配
48 K	20 KB	未分配
98 K	12 KB	未分配
		空
		空
		空

已分配区表

起始地址	长度	状态
0 K	15 KB	J1
38 K	10 KB	J2
68 K	12 KB	J3
110 K	10 KB	J4
80 K	5 KB	J5
85 K	13 KB	J6

图 5.16　最差适应算法分配后的状态

5.2.4　可再定位式分区

可再定位分区分配即浮动分区分配，是解决碎片问题的简单而有效的办法。其基本思想是移动所有被分配了的分区，使之成为一个连续区域，而留下一个较大的空白区。这好像在一个队列中有些人出列以后，指挥员命令队列向前(或向右)靠拢一样。这种过程我们称之为"靠拢"或"紧凑"，如图 5.17 所示。在一个队列中实现靠拢是简单的，然而实现各作业分区的移动却是复杂的。一个作业被移动位置后，通常无法保证程序在新位置上能够正确运行。这是因为一个程序总要涉及到基址寄存器、访问内存指令、访问参数表或数据结构的缘故。为此，应解决程序的可再定位(浮动)问题。

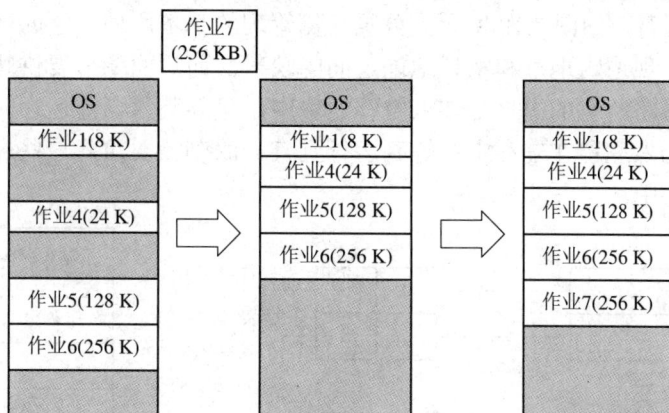

图 5.17 可再定位分区分配的靠拢过程

为解决程序浮动问题，可使用模块装入程序，将程序的装配模块重新装入到指定位置，并从头开始启动执行。但是这种办法有两个缺点：一是要花费较多的处理机时间；二是如果该程序已经执行了一段时间，则不能再从头开始，否则将引起混乱。

较好的办法是采用动态再定位技术。

5.2.5 多重分区

可变分区虽然解决了多道程序运行的情况，但是总是有碎片的问题，而且一个程序总是一定要放在一个分区中。为了解决这个问题，就引入了多重分区的分配方案。

所谓多重分区，就是把一个程序放在多个分区中，这样当一个作业在一个分区中装不下时，可以把它装入到另外一个分区，依此类推。采用多重分区分配方案，可以使存储空间的利用率得到提高，但是实现起来比较困难，所以这里不再赘述。

5.3 页式存储管理

在前面介绍的存储管理系统中，作业在存储时要占用一个连续的存储区。当一个作业的程序空间大于任何一个空闲存储区时，就不能装入运行，即使当时主存中所有空闲存储区尺寸之和还远大于该作业的虚拟地址空间也不行。如果把一个作业划分成较小的单位，这些单位可以分散地驻留在内存的"碎片"中，这样作业就可以装入运行了。这就是页式存储管理(simple paging)的思想，它要求进程在内存中不一定要连续分配，但是要一次性装入。

5.3.1 基本原理

把作业的虚拟地址空间划分成若干个长度相等的页(pages)，也可以称为"虚页"，每一个程序的虚页都从 0 开始编号。主存也划分成若干个与虚页长度相等的页框(page frame)，也称为页面或实页。在静态页式存储管理系统中，作业加载时可以将任意一页放入内存中的任意一个页框，而且这些页框不必连续，从而实现了不连续分配。但是要求一个作业在运行前将其所有的虚页全部都装入主存的块中，当然这就要求主存中有足够多的空闲块，否则程序便不能运行。如图 5.18 所示是分页存储管理的基本原理。分页存储方法需要 CPU 的硬件支持，以实现逻辑地址和物理地址之间的映射。而后面章节要讲解的请求分页式存储管理系统，不必将所有的虚页都装入主存的块中，只要装入当前运行时所必须访问的若干页，其余的页仍然驻留在辅存中；等到运行到某一时刻需要访问这些虚页时，再将它们调入主存的空闲块中。

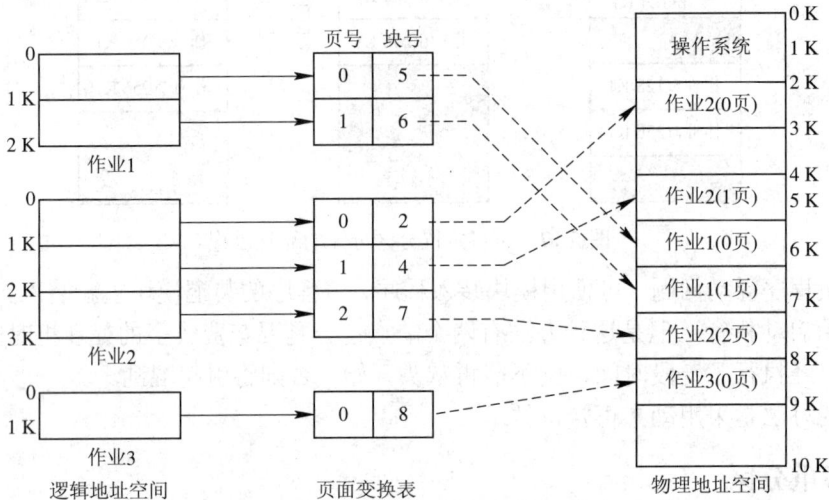

图 5.18　分页存储管理的基本原理

在分页系统中，页的大小往往都是 2 的整数次幂，因此在分页系统中，地址的结构由两部分构成：P(页号)和 D(页内偏移量)，如图 5.19 所示。页内偏移量的值为 $0 \sim 2^n-1$。

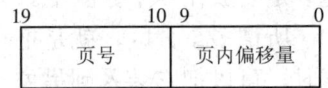

图 5.19　页的划分

对于分页系统来说，程序在虚拟地址空间是连续的，但却要映射到物理内存中不连续的空闲 frame 中，所以需要系统在内存中开辟一个页表区来建立每一个作业的虚页号到物理内存的 frame 号之间的映射关系，这个表格就叫做页变换表(page management table)，也叫页表。页表中的内容分为三部分：页号、块号和页内偏移量。

程序执行的时候，对于每一条访问内存的指令，分页系统的地址变化过程如图 5.20 所示。

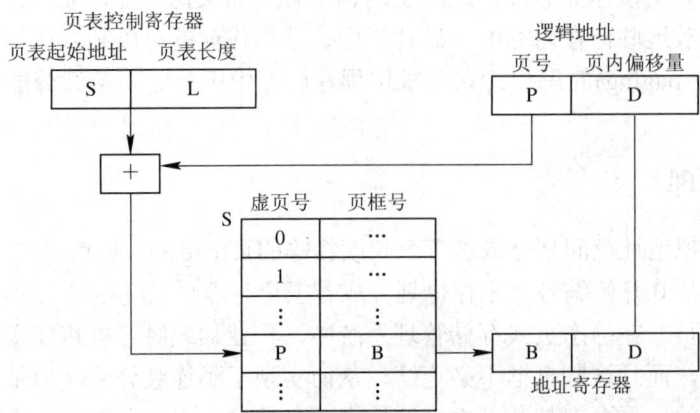

图 5.20　分页式存储管理的地址变换过程

过程说明:

(1) 由硬件机构自动将虚拟地址字分成虚页号和页内偏移量两个部分,虚页号送给累加器,它和页表起始地址之和就是所要查找的表项。

(2) 由页表控制寄存器中的页表起始地址和虚拟地址字中的虚页号查找页表,对应的虚页号的页表地址为:页表起始地址＋虚页号＊页表表项长度。

(3) 将页表中取出的 frame 号和虚拟地址字中的页内偏移量一起装入到地址寄存器,根据地址寄存器中的地址值来访问内存。

还有一个问题,对于物理内存的全体 frame 怎么管理呢?

对于系统而言,一旦启动并且经过一定的时间稳定之后,在内存中必然呈现两种随机分布:一种是内存中的空闲 frame 的动态随机分布;另外一种是对内存中的每一个程序来说,其所有的页所对应的页面是不连续的随机分布,也是一种动态随机分布。

由于内存中空闲页面是动态随机分布的,因此需要有一个数据结构(实际上是一张表)来随时跟踪记录内存中哪些页面是空闲的,这张表称为内存页表(frame table 或者 page map)。一个系统中的物理内存有多少个页面,内存页表中就应该有多少行,每一个行应该登记本页面当前的使用情况。

另外,一个程序的所有页面所对应的内存页面也是随机分布的,因此也需要在内存中建立一个表,来登记这个程序在内存中的分布情况,这张表称为进程页表(page table 或者 address table)。程序装入后执行时,应该需要内存管理单元(Memory Management Unit,MMU)的支持,根据进程页表进行执行时的动态地址映射和保护。映射的过程如上所述。MMU的位置和功能如图 5.21 所示。

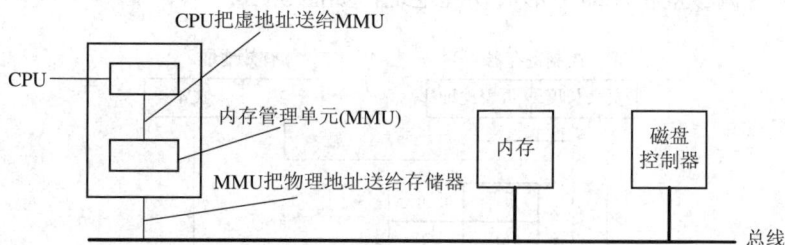

图 5.21　MMU 的位置和功能

程序加载时,将程序的逻辑地址空间和物理内存划分为固定大小的页(page)或页面(page frame 多指物理内存),分配其所需的所有页,这些页不必连续。该分配过程需要 CPU 的硬件支持。

5.3.2　页式存储管理的地址变换

1. 页式管理的数据结构

页式存储管理系统中,当进程建立时,操作系统为进程中所有的页分配页框。当进程撤消时需收回所有分配给它的物理页框。在程序运行期间,如果允许进程动态地申请空间,操作系统还要为进程申请的空间分配物理页框。操作系统为了完成这些功能,必须记录系统内存中实际的页框使用情况。操作系统还要在进程切换时,正确地将两个不同的进程地址空间映射到物理内存空间。这就要求操作系统要记录每个进程页表的相关信息。为了完成上述功能，在一个页式存储管理系统中，一般要采用如下的数据结构：

(1) 进程页表：是逻辑页号(本进程的地址空间)到物理页面号(实际内存空间)的映射。每个进程有一个页表，描述该进程占用的物理页面及逻辑排列顺序。

(2) 物理页面表(空闲内存页表)：描述物理内存空间的分配使用状况。整个系统有一个物理页面表。其数据结构是位示图(如图 5.22 所示)和空闲页面链表，用来记录内存中每个页的使用情况和当前空闲页的总数。

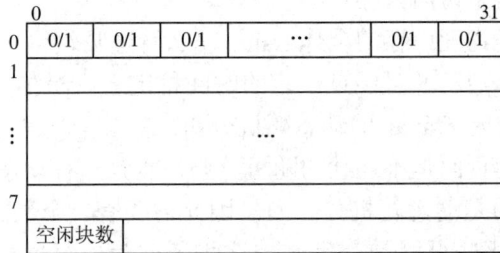

图 5.22　位示图

(3) 请求表：描述系统内各个进程页表的位置和大小，用于地址转换，也可以结合到各进程的 PCB 里。整个系统有一个请求表。

2. 地址变换机构

前面已经指出，在页式存储系统中，指令所给出的地址分为两部分：逻辑页号和页内偏移量。CPU 中的内存管理单元(MMU)按逻辑页号通过查进程页表得到物理页框号，将物理页框号与页内偏移量相加即可形成物理地址，如图 5.23 所示。

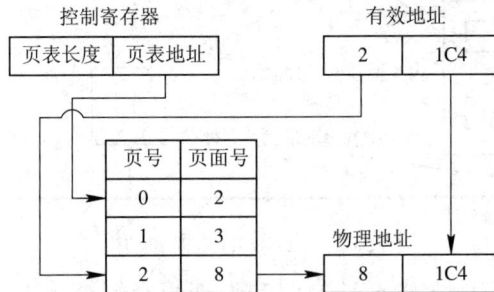

图 5.23　页式地址变换

页面变换的过程是：先要得到进程所需要的页数，参照内存页表，看是否有这么多的空闲页，如果有，则将 N 个页面分配给这个进程，并修改内存页表，将程序一次性全部装入用户区内存，同时建立起这个进程的进程页表，也就是页面变换表。如果没有 N 个空闲页面，则被拒绝或者排队等待。

当一个进程执行完成并退出内存时要撤消进程页面表，同时修改内存页表。它的过程是：查找该进程的进程页表，将其中的每一行取出，得到物理内存的页号，然后到内存页表中去搜索，把该页所对应的表项的值修改为空闲，以便后面可以继续使用。

变换的过程可总结为：逻辑页号＋页内偏移地址－>查进程页表，得到物理页号－>物理地址。

5.3.3 硬件支持

从上面的介绍可以看出，每访问一次指令或者数据，至少需要访问两次内存，第一次是查找页表，第二次才是真正访问指令或者数据。为了加快页式存储管理的速度，往往也需要硬件支持，主要是页表基址寄存器、页表长度寄存器和联想存储器等一些寄存器。

1. 系统设置一对寄存器

(1) 页表基址寄存器(Page Table Base Register，PTBR)。用户程序在执行过程中每次访问内存时(即每次地址映射时)，MMU 需要根据当前进程的进程页表基址寄存器值和此次地址映射的逻辑页号，访问当前进程的进程页表(在内存)，得到此次地址映射的物理页号，再根据逻辑地址中页内偏移量得到真正的物理地址。在进程切换时页表基址寄存器的内容才被保存和恢复，其内容是当前进程的进程页表的内存起始地址。页表基址寄存器的工作原理如图 5.24 所示。

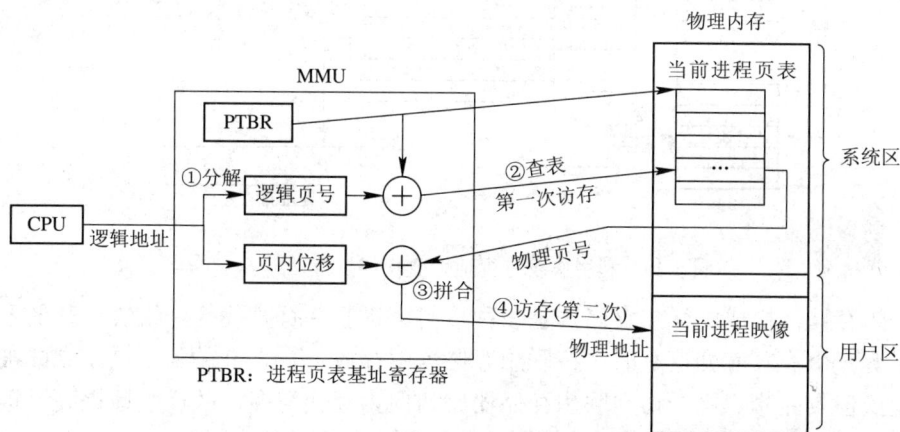

图 5.24　进程页表基址寄存器的工作原理

由图 5.24 可以看出以下 4 点：

- 每次进程切换时不用保存和恢复当前新老进程的整个进程页表，只需保存和恢复 PTBR。

- 进程页表是由硬件访问的，这意味着进程页表的格式是由硬件规定的。

- 对进程页表的访问是直接存取。

- 用户程序执行时的每次内存访问，都至少访问内存两次，第一次访问进程页表，第二次才是访问此次要访问的页本身，这意味着用户程序的执行时间将增加一倍。

(2) 页表长度寄存器

为了实现存储保护，在页表基址寄存器的基础上，还需要一个页表长度寄存器，它用来存放当前进程页表的长度。在每次访问内存之前，先检查所取得指令的地址是否超过了进程页表的长度。如果在范围之内，则正常访问内存；如果在长度范围之外，则拒绝此次访问。

2. 联想存储器——快表

直接采用上述机构进行地址变换实际上是不可取的。由于页表是驻留在内存中的，为了进行地址变换，对于每一条访问内存的指令，系统至少要访问内存两次，这样程序执行的速度只能是原来的 1/2。为缩短查找时间，可以将页表装入到联想存储器，按内容查找逻辑页号到物理页号的映射。很多页式系统都有一组联想存储器(Translation Lookaside Buffer, TLB)，用来存放当前运行作业的页表表项，以加速地址变换过程，这种页表称为快表，它是介于内存与寄存器之间的存储机制。内存中的页表有时也称为慢表。利用快表进行地址变换的过程如图 5.25 所示。

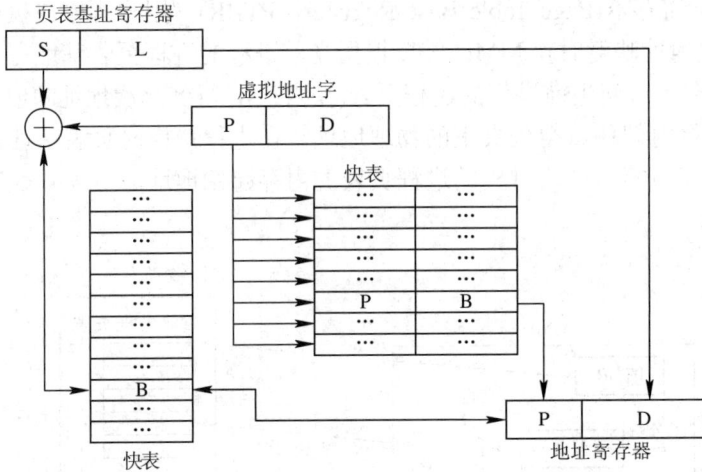

图 5.25 利用快表进行地址变换的过程

快表由联想存储器构成。联想存储器是一种按内容进行并行查找的一组快速存储器，当在其输入端有一个输入值页号 P 时，在联想存储器中存放页号为 P 的那一项就立即被选中，并输出变换值页面号。由于访问联想存储器比访问内存快得多，故极大地提高了地址变换速度。

联想存储器比内存昂贵得多，其容量不可能配置得很大，因此当前运行作业的页表也往往不能全部装入到联想存储器中，故一般只装入当前经常要访问的那些页表表项。在进行地址变换时，变换机构根据虚拟地址字中的页号同时查找快表和慢表，一旦在快表中查找到虚页号，就用输出的页面号和虚拟地址字中的偏移地址构造主存物理地址；否则，就用慢表中查到的页面号构造主存物理地址，同时还用慢表中的该表项更新快表，这就可能需要按某一算法淘汰快表中的某一项，以便下次再访问该页的过程能在快表中进行。

5.3.4 优缺点

分页式存储管理的优点：

(1) 没有外碎片，每个内碎片不超过页的大小。

(2) 一个程序不必连续存放。便于改变程序占用空间的大小(主要指随着程序运行而动态生成的数据增多，要求地址空间相应增长，通常由系统调用完成而不是操作系统自动完成)。

分页式存储管理的缺点：

(1) 程序要全部装入内存。

(2) 采用动态地址变换机构会增加计算机的成本和降低处理机的速度。

(3) 各种表格要占用一定的内存空间，而且要花费一定的时间来建立和管理这些表格。对于碎片问题，虽然大部分的问题都解决了，但是每一个作业或者进程的最后一页都有不能充分利用的毛病。

(4) 存储扩充问题没有得到解决。当没有足够的空闲页面来装入整个作业或者进程时，它是没有办法执行的。

(5) 不易实现共享。

(6) 不便于动态连接。

5.4 段式存储管理

通常，一个作业是由若干个自然段组成的。因而，用户希望能把自己的作业按照逻辑关系划分为若干个段，每个段都有自己的名字和长度。要访问的逻辑地址是由段名(段号)和段内偏移量(段内地址)决定的，每个段都从 0 开始编址。这样，用户程序在执行中可用段名和段内地址进行访问。例如，下述的两条指令便是使用的段名和段内地址。

    LOAD   L, [A]|(D)

    STORE I, [B]|(C)

其中，前一条指令的含义是将分段 A 中 D 单元内的值读入寄存器 L；后一条指令的含义是将寄存器 I 的内容存入分段 B 中的 C 单元内。

段式存储管理(simple segmentation)可以实现共享。通常，在实现程序和数据的共享时，都是以信息的逻辑单位为基础的，比如共享某个例程和函数。而在分页系统中的每一页都只是存放信息的物理单位，其本身并无完整的意义，因而不便于实现信息共享；然而段却是信息的逻辑单位。由此可知，为了实现段的共享，也希望存储管理能与用户程序分段的组织方式相适应。

段式存储管理可以实现分段保护。在多道程序环境下，为了防止其他程序对某程序在内存中的数据有意无意的破坏，必须采取保护措施。对内存中信息的保护，同样是对信息的逻辑单位进行保护。因此，采用分段的组织和管理方式，对于实现保护功能，将是更有效和方便的。

段式存储管理可以实现动态链接。通常，用户源程序经过编译后所形成的若干个目标程序，还需再经过链接以形成可执行程序后方能执行。这种在装入时进行的链接称为静态链接。动态链接是指在作业之前并不把几个目标程序段链接起来。作业在运行之前先将主程序所对应的目标程序装入内存并启动运行，当运行过程中又需要调用某段(目标程序)时，才将该段调入内存并进行链接。可见，动态链接也要求以段作为管理的单位。

段式存储管理使得段可以动态增长。在实际使用中，往往有些段特别是数据段，会不断地增长，而事先又无法确切地知道数据段会增长到多大。这种动态增长的情况是其他几种存储管理方式都难于应付的，而分段存储管理方式却能较好地解决这一问题。

5.4.1 基本思想

在页式存储管理思想中，作业的地址空间是连续的一维地址空间，程序的各个目标模块都由链接程序装配成一个可执行的程序后装入内存执行。

我们根据程序的模块结构，把作业地址空间划分为大小不同的一些块，我们把这些大小不同的块叫做段。每个程序段都有一个段名，且有一个段号。段号从 0 开始，每一段也从 0 开始编址，段内地址是连续的，通常分为主程序段、子程序段、库函数段和数据段等等。同时在物理内存中，也分成一些和这些块一样大的块。分段的基本原理如图 5.26 所示。

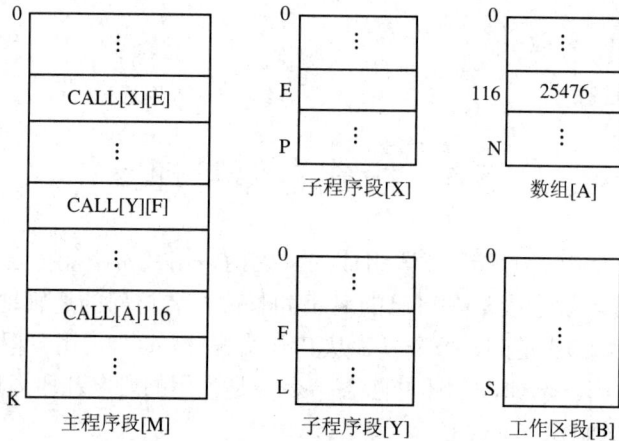

图 5.26　分段的基本原理

作业在装入的时候是一次性全部装入的，如果不是一次性装入，就叫做请求分段式的管理。

将程序的地址空间划分为若干个段(segment)，程序加载时，为每个段分配其所需的一个连续内存分区，而进程中的各个段可以不连续地存放在内存的不同分区中。物理内存的管理采用动态分区的思想，即在为某个段分配物理内存时，可以采用最先适应法、下次适应法和最佳适应等方法。在收回某个段所占用的空间时，要注意将收回的空间与其相邻的空间合并。分段式存储管理也需要硬件支持，以实现逻辑地址到物理地址的映射。分段式存储管理的基本原理如图 5.27 所示。

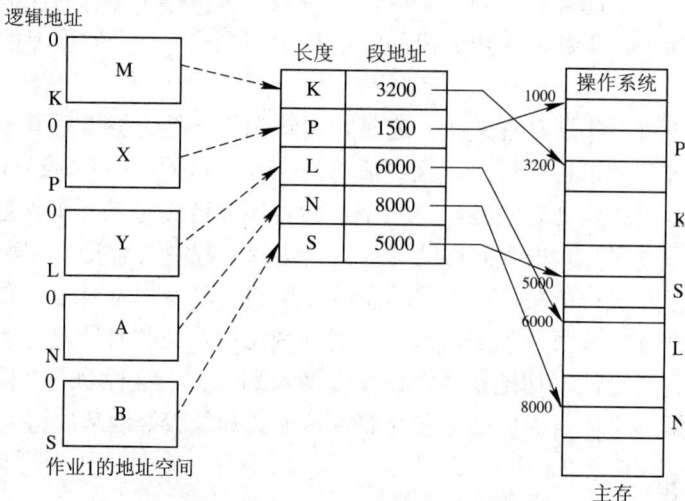

图 5.27　分段式存储管理的基本原理

在分段式存储管理的思想中，程序通过分段(segmentation)划分为多个模块，如代码段、数据段、共享段，其优点是可以分别进行编写和编译；可以针对不同类型的段采取不同的保护；可以以段为单位来进行共享，包括通过动态链接进行代码共享。

在分段存储管理系统中，作业地址空间的每一个单元均采用二维地址(S，W)，其中，S为段号，W为段内地址或者偏移量，如图 5.28 所示。

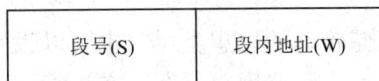

段号(S)	段内地址(W)

图 5.28　进程段表

5.4.2　分段式管理的数据结构

为了实现分段式存储管理，操作系统需要如下的数据结构来实现进程的地址空间到物理地址空间的映射，并监视物理内存的使用情况，以便在装入新段的时候，合理地分配内存空间。

(1) 进程段表：也叫段变换表(SMT)，如图 5.29 所示。它描述组成进程地址空间的各段。它可以是指向系统段表中表项的索引，每段都有段基址(base address)。

(2) 系统段表：描述系统所有占用的段。

(3) 空闲段表：描述了内存中所有空闲段，可以结合到系统段表中。内存的分配算法可以采用最先适应法、最佳适应法和最坏适应法。

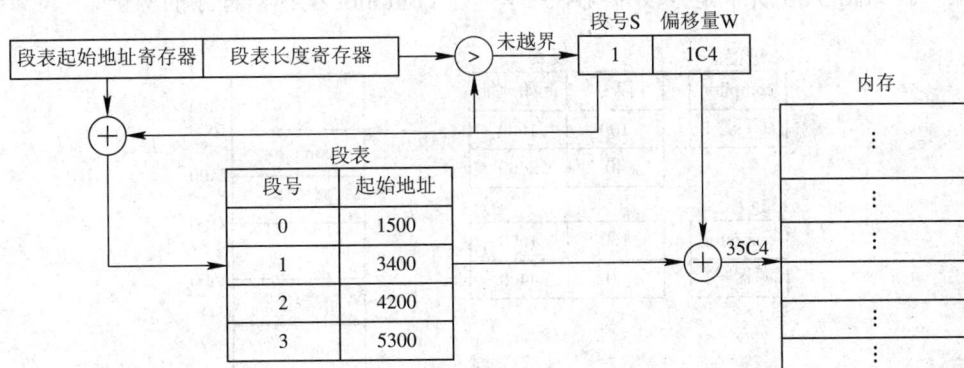

图 5.29　段式地址变换

5.4.3　分段式管理的地址变换

为了实现从逻辑地址到物理地址的变换功能，在系统中设置了段表基址寄存器和段表长度寄存器。在进行地址变换时，系统将逻辑地址中的段号 S 与段表长度 STL 进行比较。若 S≥STL，表示段号太大，则越界访问，产生越界中断；若未越界，则根据段表的起始地址和该段的段号，计算出该段对应段表项的位置，从中读出该段在内存的起始地址，然后再检查段内地址 D 是否超过该段的段长 SL。若 D≥SL，同样发出越界中断；若未越界，则将该段的基址 D 与段内地址相加，即得到要访问的内存物理地址。

和分页式存储管理系统一样，当段表放在内存中时，分段式每访问一个数据或者指令，都需至少访问内存两次,从而成倍地降低了计算机的速率。解决的办法和分页存储管理的思想类似,即再增设一个关联寄存器,用于保存最近常用的段表项。由于一般情况下段比页大,因而段表项的数目比页表数目少,其所需的关联寄存器也相对较小,可以显著地减少存取数据的时间。

5.4.4 分段式管理的硬件支持

如上面所述,和分页式存储管理的思想类似,也可以设置一对寄存器:段表基址寄存器和段表长度寄存器。段表基址寄存器用于保存正在运行进程的段表的基址,而段表长度寄存器用于保存正在运行进程的段表的长度。

同样,和分页式存储管理的思想类似,也可以设置联想存储器,它是介于内存与寄存器之间的存储机制,和分页式存储管理系统一样也叫快表。它的用途是保存正在运行进程的段表的子集(部分表项),其特点是可按内容并行查找。引入快表的作用是为了提高地址映射速度,实现段的共享和段的保护。快表中的项目包括:段号、段基址、段长度、标识(状态)位、访问位和淘汰位。

和分页式存储管理的思想类似,快表也存在淘汰问题,处理的办法也类似。

5.4.5 分段式管理的优缺点

分段式存储管理的优点:没有内碎片,外碎片可以通过内存紧缩来消除;便于改变进程占用空间的大小;便于实现共享和保护,即允许若干个进程共享一个或者多个段,对段进行保护。如图 5.30 所示是分段系统中共享一个 compilor 编译器程序的例子。

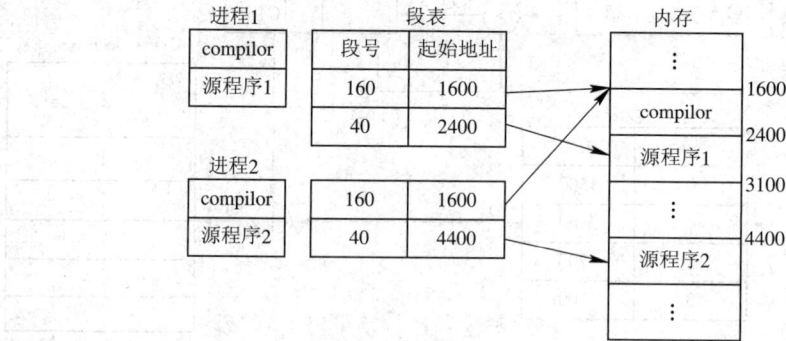

图 5.30 分段系统中共享 compilor 的示意图

分段式存储管理的缺点:作业需要全部装入内存,不能实现存储扩充。

5.4.6 分页式管理和分段式管理的比较

(1) 分页是出于系统管理的需要,分段是出于用户应用的需要。因此,一条指令或一个操作数可能会跨越两个页的分界处,而不会跨越两个段的分界处。

(2) 页的大小是系统固定的,而段的大小则通常不固定。

(3) 逻辑地址表示:分页是一维的,各个模块在链接时必须组织在同一个地址空间;而分段是二维的,各个模块在链接时可以把每个段组织成一个地址空间。

(4) 通常段比页大，因而段表比页表短，可以缩短查找时间，提高访问速度。

(5) 分段式存储管理可以实现内存共享，而分页式存储管理则不能实现内存共享。但是两者都不能实现存储扩充。

分页式管理和分段式管理的比较如图 5.31 所示。

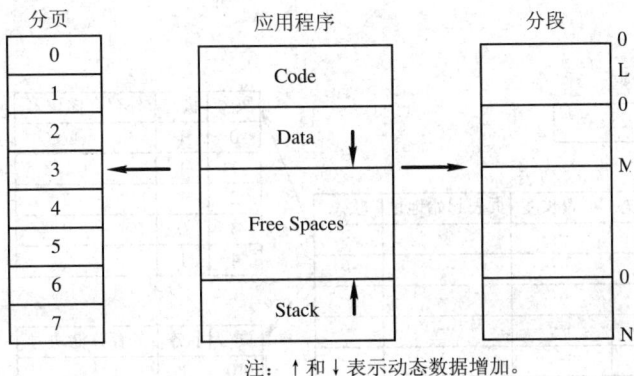

注：↑ 和 ↓ 表示动态数据增加。

图 5.31　页式管理与段式管理的比较

5.5　段页式存储管理

前面所介绍的分页和分段存储管理方式都各有优缺点。分页存储管理能有效地提高内存的利用率，而分段存储管理则能很好地满足用户需要。将两种存储管理方式"各取所长"后，则可以形成一种新的存储管理方式。这种新系统既具有分段系统便于实现、分段可共享、易于保护、可动态链接等优点，又能像分页系统那样很好地解决内存的外碎片问题以及为各个分段不连续地分配内存等问题。这种方式显然是一种比较有效的存储管理方式，这种新方式称为段页式存储管理。

5.5.1　基本思想

段页式存储管理是对虚拟页式和虚拟段式存储管理的结合，这种思想结合了二者的优点，克服了二者的缺点。这种思想将用户程序分为若干个段，再把每个段划分成若干个页，并为每一个段赋予一个段名。也就是说将用户程序按段式划分，而将物理内存按页式划分，即以页为单位进行分配。换句话来说，段页式管理对用户来讲是按段的逻辑关系进行划分的，而对系统来讲是按页划分每一段的。在段页式存储管理中，其地址结构由段号、段内页号和页内地址三部分组成，如图 5.32 所示。

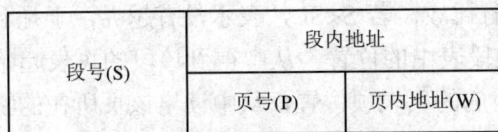

段号(S)	段内地址	
	页号(P)	页内地址(W)

图 5.32　段页式存储管理的地址结构

　　在段页式存储管理中，为了实现从逻辑地址到物理地址的变换，系统中需要同时配置段表和页表。由于允许将一个段中的页进行不连续分配，因而使段表的内容有所变化：它不再是段内起始地址和段长，而是页表起始地址和页表长度。如图 5.33 所示是段页式存储管理中利用段表和页表进行逻辑地址到物理地址的映射过程。

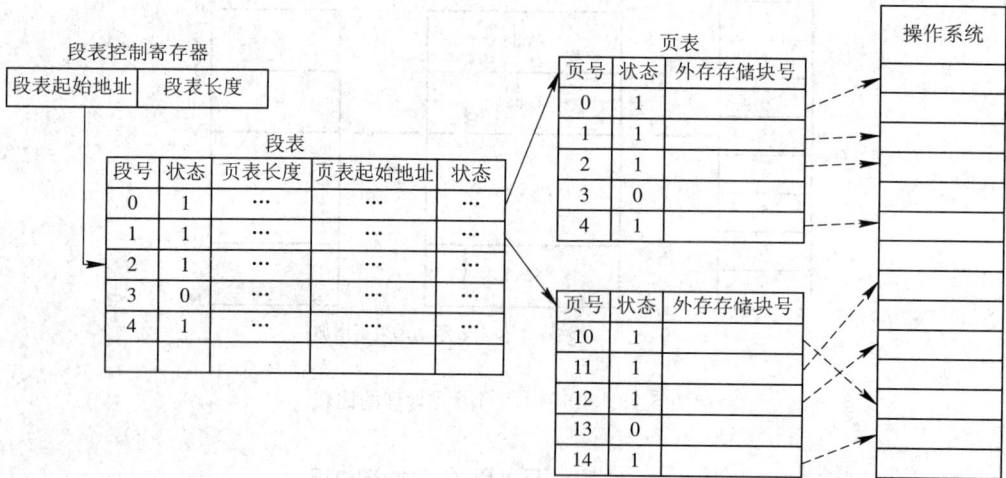

图 5.33　段页式存储管理的地址映射

5.5.2　段页式存储管理的地址变换

　　如图 5.33 所示，为了实现段页式存储管理的机制，需要在系统中设置以下几个数据结构：

　　(1) 段表：记录每一段的页表起始地址和页表长度。

　　(2) 页表：记录每一个段所对应的逻辑页号与内存块号的对应关系，每一段有一个页表，而一个程序可能有多个页表。

　　(3) 空闲内存页表：其结构同分页式存储管理，因为空闲内存采用分页式的存储管理。

　　(4) 物理内存分配：同分页式存储管理。

5.5.3　硬件支持

　　在段页式系统中，为了便于实现地址变换，必须配置一个段表基址寄存器(在其中存放段表起始地址)和一个段表长度寄存器(在其中存放段长 SL)。进行地址变换时，首先利用段号 S，将它与段长 SL 进行比较。若 S<SL，表示没有越界，于是利用段表起始地址和段号求出该段对应的段表项在段表中的位置，从中得到该段的页表起始地址，并利用逻辑地址中的段内页号 P 来获得对应的页表项位置，从中读出该页所在的物理块号 B，再用块号 B 和页内地址构成物理地址。如图 5.34 所示为段页式存储管理中的地址变换结构。

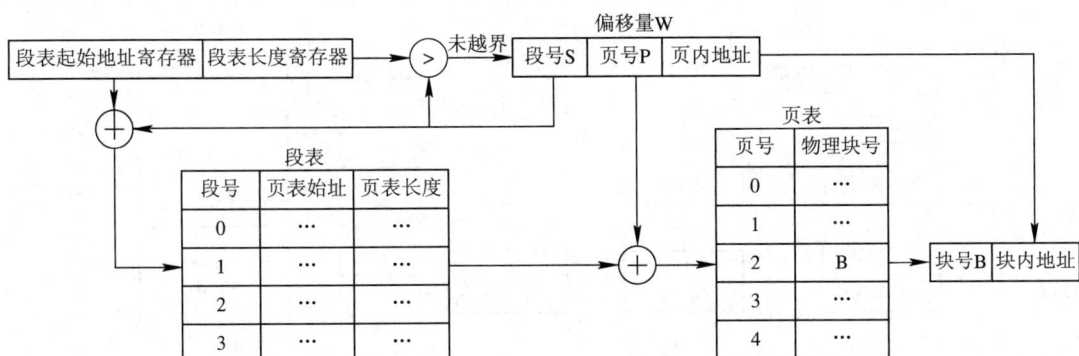

图 5.34 段页式存储管理的地址变换机构

在段页式存储管理中，为了获得一条指令或者数据，至少需要三次访问内存：第一次访问是访问内存中的段表；第二次访问是访问内存中的页表，从中取出该页所在的物理块号，并将该块号与页内地址一起形成指令或者数据的物理地址；第三次访问才是真正从第二次访问所得到的地址中取出指令或者数据。为了提高执行的速度，在地址变换机构中增设了一个联想存储器(快表或者高速缓冲寄存器)。每次访问内存时，都需要同时利用段号和页号来检索高速缓存，若找到匹配的表项，便可从中得到相应页的物理块号，用来与页内地址一起形成物理地址；若未找到匹配表项，则仍需三次访问内存。由于它的基本原理与分页和分段时的情况类似，这里不再赘述。

5.6 交换技术与覆盖技术

在基本的存储管理系统中，当一个作业的程序地址空间大于内存可以使用的空间时，该作业就不能装入运行；当并发运行作业的程序地址空间总和大于内存可用空间时，多道程序设计的实现就会遇到非常大的困难，而存储扩充可以解决这些问题。所谓内存扩充，就是借助大容量的辅存在逻辑上实现内存的扩充，来解决内存容量不足的问题。比较常用的存储扩充技术有交换技术和覆盖技术两种。

5.6.1 覆盖技术

覆盖(overlay)技术的目标是在较小的可用内存中运行较大的程序，常用于多道程序系统，与分区存储管理配合使用。覆盖技术对程序员是不公开的。

1. 覆盖技术的原理

通常一个程序的几个代码段或数据段是按照时间先后来占用公共的内存空间的，它们装入时可以采用如下几种：

(1) 将程序的必要部分(常用功能)的代码和数据常驻内存。

(2) 将可选部分(不常用功能)在其他程序模块中实现，平时存放在外存中的覆盖文件中，在用到时才装入到内存。

(3) 不存在调用关系的模块不必同时装入到内存，从而可以相互覆盖。

覆盖技术的原理如图 5.35 所示。

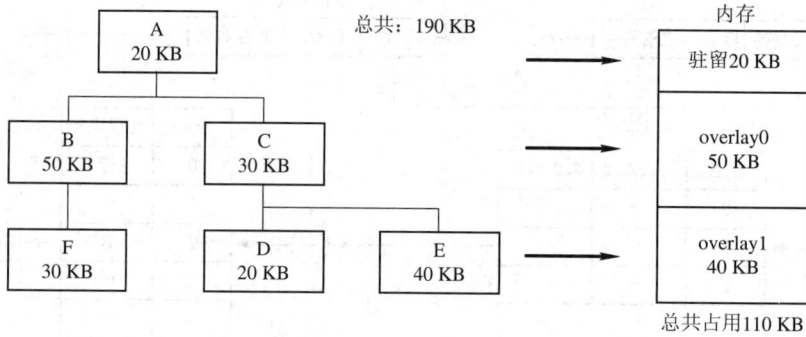

图 5.35　覆盖技术原理

2. 覆盖技术的优缺点

覆盖技术使一个作业能够有效地利用内存,但是它有如下的缺点:编程时必须划分程序模块和确定程序模块之间的覆盖关系,增加了编程复杂度;从外存装入覆盖文件,是以时间延长来换取空间节省的;各个作业占用的分区仍然存在着碎片。

5.6.2　交换技术

交换技术(swapping)最早应用于麻省理工学院的兼容分时系统 CTSS 中。

交换技术用于多个程序并发执行的系统中。当某一个作业的存储空间不够时,可以将暂时不能执行的程序所占用的地址空间换出到外存中,从而获得空闲内存空间来装入新程序,或读入保存在外存中而目前处于就绪状态的程序。交换单位为整个进程的地址空间。交换技术常用于多道程序系统或小型分时系统中,可与分区存储管理配合使用。它又称作"对换"或"滚进/滚出(roll-in/roll-out)"。

程序暂时不能执行的可能原因是:处于阻塞状态,低优先级(确保高优先级程序先执行)。其处理方法同上。

如果将简单的交换技术加以发展,就可用于固定分区或者可变分区的存储管理技术中。在采用可变分区存储管理的多道程序设计中,当要运行一个高优先级的作业而又没有足够的空闲内存时,可以按某一个算法从主存中换出一个或多个作业,腾出空间装入高优先级的作业,使之能够运行。在 Windows 操作系统中,就是利用交换技术运行多个任务的。

交换技术的优点:增加并发运行的程序数目,并且给用户提供适当的响应时间;编写程序时不影响程序结构。

交换技术的缺点:对换入和换出的控制增加了处理机开销;程序整个地址空间都进行传送,没有考虑执行过程中地址访问的统计特性。还存在两个问题:程序换入时的重定位问题;交换过程中传送的信息量特别大的问题。

5.7　虚 拟 存 储

5.7.1　虚拟存储管理的引入

虚拟存储(virtual memory)管理的基础是程序的局部性原理(principle of locality)。所谓局部性原理，是指程序在执行过程中的一个较短时期内，所执行的指令地址和指令的操作数地址分别局限于一定的区域，主要表现为：

(1) 时间局部性：指一条指令的一次执行和下次执行，一个数据的一次访问和下次访问都集中在一个较短时期内。

(2) 空间局部性：指当前指令和邻近的几条指令，当前访问的数据和邻近的数据都集中在一个较小区域内。

局部性原理具体体现在以下几方面：

- 程序中大部分是顺序执行的指令，少部分是转移和过程调用指令。
- 过程调用的嵌套深度一般不超过 5 层，因此执行的范围不超过这组嵌套的过程。
- 程序中存在相当多的循环结构，它们由少量指令组成，而被多次执行。
- 程序中存在相当多的对一定数据结构的操作，如数组操作，这些操作往往局限在较小范围内。

虚拟存储管理就是基于程序的局部性原理，利用大容量的磁盘作为后备，当作业要占用的内存空间不够大时，将作业的一部分暂时先放在磁盘上，当需要时再从磁盘上调入。

虚拟存储的基本原理是在程序装入时，不必将其全部读入到内存，而只需将当前需要执行的部分页或段读入到内存，就可让程序开始执行。在程序执行过程中，如果需执行的指令或访问的数据尚未在内存(称为缺页或缺段)，则由处理器通知操作系统将相应的页或段调入到内存，然后继续执行程序。另一方面，操作系统将内存中暂时不使用的页或段调出保存在外存上，从而腾出空间存放将要装入的程序以及将要调入的页或段，这就是请求调入和置换功能。对于动态链接库也可以请求调入。

引入虚拟存储技术的好处是：

- 可在较小的可用内存中执行较大的用户程序。
- 可在内存中容纳更多程序并发执行。
- 不必影响编程时的程序结构(与覆盖技术比较)。
- 提供给用户可用的虚拟内存空间通常大于物理内存(real memory)。

虚拟存储技术的特征是：

- 物理内存分配可以不连续，虚拟地址空间也可以不连续(包括数据段和栈段之间的空闲空间，共享段和动态链接库占用的空间)。
- 与交换技术比较，调入和调出是对部分虚拟地址空间进行的。
- 通过将物理内存和快速外存相结合，提供大范围的虚拟地址空间，但占用的容量不超过物理内存和外存交换区容量之和，其中占用的容量包括进程地址空间中的各个段以及操作系统代码。

虚拟存储技术分为三类：请求分页、请求分段和请求段页式存储管理。请求分页(段)存储管理在页式(段式)存储管理的基础上，增加了请求调页(调段)等功能。请求段页式存储管理是请求分页和请求分段管理的结合。段页式存储管理的分配单位是段和页。在段页式存储管理中，逻辑地址是由段号、页号和页内偏移地址三部分组成的。地址变换的过程也分为两步，先查段表，再查该段的页表。因此，在地址变换的过程中会产生缺段中断和缺页中断两种不同类型的中断。

5.7.2　虚拟页式存储管理

前面已经说明，分页式存储管理需要将所有的程序一次性全部装入页面(frame)中，而虚拟页式存储管理是在简单分页式存储管理的基础上，增加了请求调页和页面置换功能，这使得所有的程序不要求一次性全部装入页面中，从而实现了虚拟存储管理。

1. 基本工作原理

在分页式存储管理中，必须一次性将所有的页面全部装入，有可能造成其他的作业无法装入，从而造成系统的性能下降。

因此，可以想办法使得程序在装入时不是一次性装入，只要装入当前运行需要的一部分页面即可，我们称这些页面为"工作集"(所谓工作集，是指一个进程执行过程中所访问页面的集合)。那怎样能使程序运行呢？有三个问题必须解决：

(1) 如果不把一个作业全部装入内存，那么该作业能否开始运行并运行一段时间呢？

(2) 在作业运行了一段时间之后，必然要访问没有装入的页面，也就是说，要访问的虚页不在内存，系统怎么发现呢？

(3) 如果系统已经发现某一个虚页不在内存，就应该将其装入，怎么装入呢？

答案是：

(1) 程序在运行期间，往往只使用全部地址空间的一部分。

(2) 根据程序局部性原理，程序员在写程序的时候总是满足结构化的思想，使得程序具有模块化的特点。

(3) 使用缺页中断即可，而缺页中断是属于程序中断的。

2. 页表表项

在请求分页系统中所使用的主要数据结构仍然是页表，它对页式存储系统中的页表机制进行了扩充，但其基本作用仍然是实现由用户地址空间到物理内存地址空间的映射。由于只将应用程序的一部分装入了内存，还有一部分仍在磁盘上，故需要在页表中增加若干项，供操作系统实现虚拟存储功能。

为了实现请求分页式存储管理，必须对分页式存储管理中的地址变换机构进行扩充：除了页号和对应的物理块号外，还增加了存在位、修改位、外存地址和访问统计等，如图5.36所示。

● 存在位(present bit)：用于指示该页是否已经调入了物理内存中。该位一般由操作系统软件来管理，每当操作系统把一页调入物理内存中时，进行置位。相反，当操作系统把该页从物理内存中调出时，进行复位。CPU 对内存引用时，根据该位判断要访问的页是否在内存中，若不在内存之中，则产生缺页中断。

● 修改位(modified bit)：表示该页调入内存之后是否被修改过。当 CPU 以写的方式访问页面时，对该页的页表项中的修改位置位。该位也可由操作系统来修改，当操作系统将修改过的页面保存在磁盘上后，可以将该位复位。

● 外存地址(disk address)：用于指出该页在外存上的地址，供调入该页时使用。

● 访问统计位：描述了在近期内被访问的次数或最近一次访问到现在的时间间隔，可作为淘汰页面时的参数。

页号	物理块号	存在位	修改位	访问统计	外存地址
1	0	0	0		
2	18	1	0		
3	4	1	0		
4	21	1	0		
5	9	0	0		

图 5.36　扩充的页表

将某一页从内存移到外存称为"出页"，从外存调入内存称为"入页"。入页与出页的操作称为"分页"操作。在请求分页系统中，从内存中刚刚移走某个页面后，根据请求马上又调入该页，这种反复进行入页和出页的现象称为"抖动"，也叫做系统颠簸。它浪费了大量的处理机时间，所以应尽可能避免"抖动"的发生。

3. 缺页中断

在请求分页存储系统中，由 CPU 的地址变换机构根据页表中的状态位判断是否产生缺页中断(page fault)，然后调用操作系统提供的中断处理例程。缺页中断的特殊性主要体现在如下两点：

(1) 缺页中断是在指令执行期间产生和进行处理的，而不是在一条指令执行完毕之后。所缺的页面调入之后，重新执行被中断的指令。

(2) 一条指令的执行可能产生多次缺页中断。如：swap A, B 指令，若指令本身和两个操作数 A、B 都跨越相邻外存页的分界处，则产生 5 次缺页中断(不可能出现指令本身的两次缺页)，如图 5.37 所示。因此必须由 CPU 硬件确保对多个现场的保存。

影响缺页次数的因素有以下几种：

(1) 分配给进程的物理页面数。

(2) 页面本身的大小。

(3) 程序的编制方法。

(4) 页面淘汰算法。

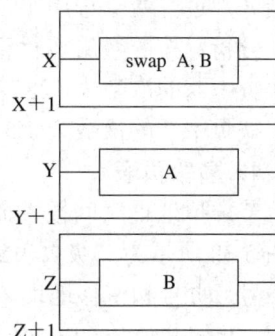

图 5.37　一条指令的 5 次缺页中断

在请求分页式存储管理中，缺页率表示"缺页次数/内存访问次数"或"缺页的平均时间间隔"。

页面大小对缺页率有很大的影响：如果页面很小，每个进程的内存页就会较多，通过调页也会很快适应局部性原理的要求，因而缺页率低；如果页面很大，每个进程使用的大部分地址空间都在内存，因此缺页率低；如果页面中等大小，则局部性区域只占每页的较小部分，因而缺页率高。

分配给进程的页面数目对缺页率也有很大的影响：如果进程的页面数目越多，缺页率也就越低。页面数目的下限，应该是一条指令及其操作数可能涉及的页面数目的上限，以保证每条指令都能被执行。它的发展趋势是针对不同规模的数据结构采用不同的页面大小，如代码段认为是大规模的，而每个线程的栈认为是小规模的。处理器的例子有 R4000, DEC Alpha 和 SUN SuperSPARC。其中，R4000 支持 7 种页面大小，从 4 KB 到 16 MB。随着内存的增大,应用程序也在增大,而局部性下降(面向对象技术和多线程使数据和指令流分散),也会使得 TLB 命中率下降,成为性能瓶颈;而增加 TLB 容量,则成本上升。如果增加页面的大小,则缺页率会上升。

另外,页面大小与磁盘的 I/O 访问时间有关系。磁盘的 I/O 访问时间由旋转等待时间和读写时间组成,其中前者占 80%～90%(如一个柱面由 40 个扇区组成,则旋转等待时间大约占 19/20=95%)。因此,采用较大的页面,可以提高从交换区调页的 I/O 效率。

例 5.1 在一个请求分页存储管理系统中,把主存分成大小为 128 字节的块。设有一个用户要把 128×128 的数组置成初值"0",在分页时把数组中的元素每一行放在一页中。假定分给用户可用来存放数组信息的工作区只有一块(只能放数组中的一行元素),用户编制了如下两个不同的程序来实现数字的初始化:

(1) var A:array[1..128] of array[1..128] of integer;

      for j:= 1 to 128

        do for i:=1 do 128

          do A[i][j] := 0;

(2) var A: :array[1..128] of array[1..128] of integer;

      for i:= 1 to 128

        do for j:=1 do 128

          do A[i][j] := 0;

问当分别运行两个程序时,在实现数组初始化过程中各会产生多少次缺页中断?

分析: 按照数组按行存放的基本概念,在第(1)种情况中,由于是按列访问的,所以产生缺页中断的次数为 128×128＝15 364 次;而在第(2)种情况中,由于是按行访问的,所以产生缺页中断的次数为 128 次。

4．多级页表

若虚拟地址空间很大而每页比较小,则进程页表太长。这时可采用二级或多级页表,如图 5.38 所示为二级页表结构及地址映射。在二级页表中,指令所给出的地址分为三部分:页表号、页号和偏移地址。如 SUN SPARC 处理器支持三级页表,Motorola 68030 支持四级页表,Intel 的 X86CPU 也支持三级页表。在 Windows 2000/XP 操作系统中采用二级页表,在 Linux 中,如果 CPU 为 Alpha 则采用三级页表,如果 CPU 为 X86 则采用二级页表。

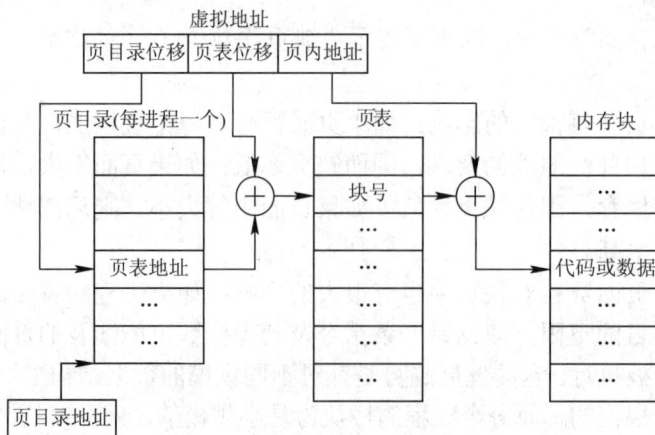

图 5.38　二级页表结构及地址映射

为缩短查找时间，多级页表中的每级都可以装入到联想存储器(即页表的高速缓存)中，并按照 cache 的原理进行更新。

多级页表结构中，指令所给出的地址除偏移地址之外的各部分全是各级页表的页表号或页号，而各级页表中记录的全是物理页号，指向下级页表或真正的被访问页。

5. 反置页表

反置页表(inverted page table)不是依据进程的逻辑页号来组织的，而是依据该进程在内存中的物理页面号来组织(即按物理页面号排列)的。每个进程有一个反置页表，通过哈希表(hash table)查找可由逻辑页号得到物理页面号。虚拟地址中的逻辑页号通过哈希表指向反置页表中的表项链头(因为哈希表可能指向多个表项)，得到物理页面号，如 PowerPC 和 IBM AS/4000。

6. 页面调度策略

虚拟存储系统一般定义三种策略来规定如何(或何时)进行页面调度：页面调入策略、置页策略和页面置换策略。

1) 页面调入策略

页面调入策略决定了什么时候将一个页由外存调入物理内存。在请求分页式存储管理中有两种常用调入策略：

(1) 请求调页(demand paging)：只调入发生缺页时所需的页面。这种调入策略实现简单，但容易产生较多的缺页中断，造成对外存的 I/O 操作次数多，时间开销过大，容易产生抖动现象。

(2) 预调页(prepaging)：在发生缺页需要调入一页时，一次调入该页以及相邻的几个页。这种预调页策略提高了调页的 I/O 操作效率，减少了 I/O 操作次数。但是由于这是一种基于局部性原理的预测，因此若调入的页在以后很少被访问，则可能造成浪费。这种方式通常在程序装入时使用。

通常对外存交换区的 I/O 操作效率比文件区的高。关于调入页面，通常有两种做法：

• 进程装入时将其全部页面复制到交换区，以后总是从交换区调入，执行时调入速度快，但要求交换区空间较大。

• 是未被修改的页，都直接从文件区读入，而被置换时不需要调出；已被修改的页面，被置换时需要调出到交换区，以后从交换区调入。这种方式节省了交换区空间，但是也可能引发一些问题。

2) 置页策略

当进程产生缺页中断时，内存管理器还必须确定将调入的虚拟页放在物理内存的什么地方。用于确定最佳位置的一组规则称为"置页策略"。选择页面应使 CPU 内存高速缓存产生的不必要的振荡最小，因此操作系统需要考虑 CPU 内存高速缓存的大小。

3) 页面置换策略

如果缺页中断发生时物理内存已满，则由"页面置换策略"确定哪个虚页面必须从内存中移出，为新的页面腾出空间。在请求分页系统中，可以采用两种分配策略，即固定分配和可变分配。在进行置换时，也可以采用两种策略，即全局置换和局部置换。将分配策略组合起来，有如下三种策略(不包括固定分配全局置换，因为对各进程进行固定分配时不可能进行全局置换)：

(1) 固定分配局部置换(fixed allocation，local replacement)。采用该策略时，可以根据进程的类型，为每一个进程分配固定页数的内存空间，且在整个运行期间不再改变。如果进程在运行中出现缺页，则只能从该进程的 N 个页面中选择一个换出，然后再调入一页，以保证分配给该进程的内存空间不变。

(2) 可变分配全局置换(variable allocation，global replacement)。采用这种策略时，先为系统中的每一个进程分配一定数量的物理块，操作系统本身也保持一个空闲物理块队列。当一个进程发生缺页时，从系统的空闲物理块队列中取出一个物理块分配给该进程。当空闲物理块队列中的物理块用完时，操作系统从内存中选择一个块调出。该块可能是系统中任意一个进程的页。

(3) 可变分配局部置换(variable allocaton，local replacement)。采用这种策略时，同样根据进程的类型，为每一个进程分配一定数目的内存空间。但是当某一个进程发生缺页时，只允许从该进程的页面中选出一页换出，这样就不影响其他进程的运行。如果进程在运行的过程中频繁地发生缺页中断，则系统再为该进程分配若干个物理块，直到进程的缺页率降低到适当的程度为止。

7. 页面淘汰算法(page replacement algorithm)

页面淘汰(置换)算法决定在需要调入页面时，内存中哪个物理页面被置换。页面置换算法的出发点是把未来不再使用的或者短时期内较少使用的页面调出。而未来的实际情况是不确定的，通常只能在局部性原理指导下依据过去的统计数据进行预测。另外，常驻内存的操作系统的关键部分不能被置换出去，这些页面需要锁定。所谓页面锁定(frame locking)，是指用于描述必须常驻内存的操作系统的关键部分或时间关键(time-critical)的应用进程，实现方法为在页表中加上锁定标志位(lock bit)。

页面置换常用的算法有以下几种：

(1) 最佳算法(optimal，OPT)：置换"未来不再使用的"或"在离当前最远位置上出现的"页面。这是一种理想情况，是实际执行中无法预知的，因而不能实现，只能用作性能评价的依据。

(2) 先进先出页面淘汰算法(First In First Out，FIFO)：置换建立最早的页面。可以通过链表来表示各页的建立时间先后。FIFO 性能较差，因为较早调入的页往往也是经常被访问的页，这些页在 FIFO 算法中被反复调入和调出，并且有 Belady 现象。所谓 Belady 现象，是指采用 FIFO 算法时，如果对一个进程未分配它所要求的全部页面，有时就会出现分配的页面数增多，而缺页率反而提高的异常现象。Belady 现象可以形象化地描述为：一个进程 P 要访问 M 个页，操作系统分配 N 个内存页面给进程 P；对一个访问序列 S，发生缺页次数为 $PE(S, N)$。当 N 增大时，$PE(S, N)$时而增大，时而减小。Belady 现象的主要原因是 FIFO 算法的置换特征与进程访问内存的动态特征是矛盾的，即被置换的页面并不是进程不会访问的。

(3) 第二次机会淘汰算法(Second Chance Replacement, SCR)：按照先进先出算法选择某一页面，检查其访问位，如果为 0，则淘汰该页；如果为 1，则给第二次机会，并将访问位置 0。

(4) 页面缓冲算法(page buffering)：是对 FIFO 算法的发展，通过被置换页面的缓冲，有机会找回刚被置换的页面。

具体做法是：

• 用 FIFO 算法选择被置换页，把被置换的页面放入两个链表之一，即如果页面未被修改，就将其归入到空闲页面链表的末尾，否则将其归入到已修改页面链表的末尾。

• 需要调入新的物理页面时，将新页面内容读入到空闲页面链表的第一项所指的页面，然后将第一项删除。

• 空闲页面和已修改页面仍停留在内存中一段时间，如果这些页面被再次访问，只需较小开销，而被访问的页面可以返回作为进程的内存页。

• 当已修改页面达到一定数目后，再将它们一起调出到外存，然后将它们归入空闲页面链表，这样能大大减少 I/O 操作的次数。

(5) 最近最少使用页面淘汰算法(Least Recently Used, LRU)：置换内存中最久未使用的页面。这是局部性原理的合理近似，其性能接近最佳算法。但由于需要记录页面使用时间的先后关系，因此硬件开销太大。硬件机构可以是：

• 一个特殊的栈：把被访问的页面移到栈顶，于是栈底的就是最久未使用页面。

• 每个页面设立移位寄存器：被访问时左边最高位置 1，定期右移并且最高位补 0，于是寄存器数值最小的就是最久未使用页面。

LRU 的软件解决方案：

最不经常使用(Not Frequently Used, NFU)：淘汰访问次数最少的页面。

实现的办法是设置一个软件计数器，一个页一个，初值为 0。每次时钟中断时，计数器加 R。发生缺页中断时，选择计数器值最小的一页淘汰。可以对此算法进行改进，当计数器在加 R 前先右移一位，R 位加到计数器的最左端，这称为页面老化算法。

最近未使用页面淘汰算法(Not Recently Used，NRU)：也称轮转算法(clock)，它是 LRU 和 FIFO 算法的折衷。具体做法是：

• 每页有一个使用标志位(use bit)，若该页被访问，则置 user bit=1。

• 置换时采用一个指针，从当前指针位置开始按地址先后检查各页，寻找 use bit=0 的页面作为被置换页。

• 指针经过的 user bit=1 的页都修改为 user bit=0，最后指针停留在被置换页的下一个页。

8．页面淘汰算法分析

例 5.2   设页面走向为 P=4，3，2，1，4，3，5，4，3，2，1，5，主存容量 M=3，置换算法采用 FIFO，则缺页中断次数和缺页率如表 5.2 所示。

表 5.2   FIFO 的性能分析(M=3)

时刻	1	2	3	4	5	6	7	8	9	10	11	12
P	4	3	2	1	4	3	5	4	3	2	1	5
M	4^+	3^+	2^+	1^+	4^+	3^+	5^+	5	5	2^+	1^+	1
		4	3	2	1	4	3	3	3	5	2	2
			④	③	②	①	4	4	④	③	5	5
F	+	+	+	+	+	+	+			+	+	

在表 5.2 中，P 行表示页面走向；M 行表示在主存中的页面号，其中标有"+"的表示新调入的页面，在 M 行中的各列按调入的顺序排列，加圆圈的表示在下一时刻被淘汰的页面；F 行表示是否引起缺页中断。由表可以算出缺页中断次数 F=9，而缺页率 f=9/12=75%。

例 5.3　设 M=4，其余同例 5.2。缺页中断次数和缺页率如表 5.3 所示。

表 5.3　FIFO 的性能分析(M=4)

时刻	1	2	3	4	5	6	7	8	9	10	11	12
P	4	3	2	1	4	3	5	4	3	2	1	5
M	4^+	3^+	2^+	1^+	1	1	5^+	4^+	3^+	2^+	1^+	5^+
		4	3	2	2	2	1	5	4	3	2	1
			4	3	3	3	2	1	5	4	3	2
				④	4	④	③	②	①	⑤	④	3
F	+	+	+	+			+	+	+	+	+	+

从表 5.3 可知，F=10，f=10/12=83%。

例 5.4　设页面走向同例 5.2，M=3，置换算法为 LRU，则系统模型如表 5.4 所示。由于采用了 LRU 算法，因此 M 中各列按访问的时间顺序排列，最近被访问的页面在最前面。由表可算出缺页中断次数 F=10，缺页率 f=10/12=83%。

表 5.4　LRU 的性能分析(M=3)

时刻	1	2	3	4	5	6	7	8	9	10	11	12
P	4	3	2	1	4	3	5	4	3	2	1	5
M	4^+	3^+	2^+	1^+	4^+	3^+	5^+	4	3	2^+	1^+	5^+
		4	3	2	1	4	3	5	4	3	2	1
			④	③	②	①	4	3	⑤	④	③	2
F	+	+	+	+	+	+	+			+	+	+

例 5.5　设 M=4，其余同例 5.4，则系统性能模型如表 5.5 所示。

表 5.5　LRU 的性能分析(M=4)

时刻	1	2	3	4	5	6	7	8	9	10	11	12
P	4	3	2	1	4	3	5	4	3	2	1	5
M	4^+	3^+	2^+	1^+	4	3	5^+	4	3	2^+	1^+	5^+
		4	3	2	1	4	3	5	4	3	2	1
			4	3	2	1	4	3	5	4	3	2
				4	3	②	1	1	①	⑤	④	3
F	+	+	+	+			+			+	+	+

由表 5.5 可知，F=8，f=8/12=67％。

由上面几个例子可得如下事实：设 G(P，M，t)表示当前页面走向为 P、主存容量为 M、在时刻 t 的页面集合，对于 LRU 算法，存在如下关系：G(P，M，t)∈G(P，M+1，t)，即对于任何时刻 t(t=1，2，…，12)，G(P，M，t)所选中的页号必定包含在 G(P，M+1，t)之中。这种关系，说明了增加主存容量不会增加缺页中断次数，但对于 FIFO 页面淘汰算法会产生 Belady 异常现象，即当分配给进程的物理页面数增加时，缺页次数反而增加。

5.7.3 性能问题

这里要讨论的问题是分给每个进程多少物理页面，以及如何动态调整各进程的物理页面数。

1. 颠簸(抖动)(thrashing)

在虚存中，页面在内存与外存之间频繁调度，以至于调度页面所需时间比进程实际运行的时间还多，此时系统效率急剧下降，甚至导致系统崩溃。这种现象称为颠簸或抖动。其产生的主要原因是：页面淘汰算法不合理和分配给进程的物理页面数太少。

2. 常驻集(resident set)

常驻集指虚拟页式管理中给进程分配的物理页面数目。

(1) 常驻集与缺页率的关系：

● 每个进程的常驻集越小，则同时驻留内存的进程就越多，可以提高并行度和处理器的利用率；另一方面，进程的缺页率上升，使调页的开销增大。

● 进程的常驻集达到某个数目之后，再给它分配更多的页面，缺页率不再明显下降。该数目是"缺页率－常驻集大小"曲线上的拐弯点(curve)，但恐怕不是数学意义上的拐点。

(2) 常驻集大小的确定方式：依据常驻集大小在进程执行过程中是否可变，分为两种方式：

● 固定分配(fixed-allocation)：常驻集大小固定。有如下三种分配技术：各进程平均分配；根据程序大小按比例分配；按优先权分配。

● 可变分配(variable-allocation)：常驻集大小可变，可按照缺页率动态调整(增大或减小)常驻集，性能较好，但增加了算法运行的开销。

(3) 置换范围(replacement scope)：被置换的页面局限在本进程或允许在其他进程。实际上，置换算法所使用的访问统计数据，如使用位 use bit，是包含在进程页表而不是在物理页面表里，即记录的是对虚拟页面而不是对物理页面的访问，所以进行局部置换应更容易。

● 局部置换(local replacement)：容易进行性能分析。

● 全局置换(global replacement)：更为简单，容易实现，运行开销小。

(4) 常驻集大小和置换范围的配合：有三种策略，不包括"固定分配全局置换"(因为对各进程进行固定分配时不可能进行全局置换)。

● 固定分配+局部置换：这时的主要问题是进程开始前要依据进程的类型决定分配多少页面。多了会影响并发水平，少了会使缺页率过高。

● 可变分配+全局置换：这时操作系统会一直维持一定数目的空闲页面，以进行快速置换。这时的主要问题是置换策略的选择，即如何决定哪个进程的页面将被调出。较好的选择是页面缓冲算法。

- 可变分配+局部置换：这时的操作系统也要维持一定数目的空间页面，但是对置换算法的选择却比第二种策略简单，因此它是比较好的策略。

3. 工作集(working set)模型

工作集模型是 1968 年由 Denning 提出的。引入工作集的目的是依据进程在过去的一段时间内访问的页面来调整常驻集大小。根据程序的局部性原理，一般情况下，进程在一段时间内总是集中访问一些页面，这些页面称为活跃页面。如果分配给一个进程的物理页面数太少了，使该进程所需的活跃页面不能全部装入内存，则进程在运行过程中将频繁发生中断。如果能为进程提供与活跃页面数相等的物理页面数，则可减少缺页中断次数。对于给定的访问序列选取定长的区间，称为工作集窗口，落在工作集窗口中的页面集合称为工作集。

(1) 工作集的定义：工作集(working set)是一个进程执行过程中所访问页面的集合，可用一个二元函数 $W(t, \Delta)$ 表示，其中：

- t 是执行时刻。
- Δ 是一个虚拟时间段，称为窗口大小(window size)，它采用"虚拟时间"单位(即阻塞时不计时)，大致可以用执行的指令数目或处理器的执行时间来计算。
- 工作集是在 $[t-\Delta, t]$ 时间段内所访问的页面的集合，$|W(t, \Delta)|$ 指工作集大小即页面数目。

(2) 工作集的性质：

- 随 Δ 单调递增：$W(t, \Delta) \subseteq W(t, \Delta + a)$，其中 a>0。
- 工作集大小范围：$1 \leqslant |W(t, \Delta)| \leqslant \min(\Delta, n)$，其中 n 是进程的总页面数。

(3) 工作集大小的变化：

进程开始执行后，随着访问新页面而逐步建立较稳定的工作集。当内存访问的局部性区域的位置大致稳定时，工作集大小也大致稳定；当局部性区域的位置改变时，工作集快速扩张和收缩过渡到下一个稳定值。工作集大小的变化如图 5.39 所示。

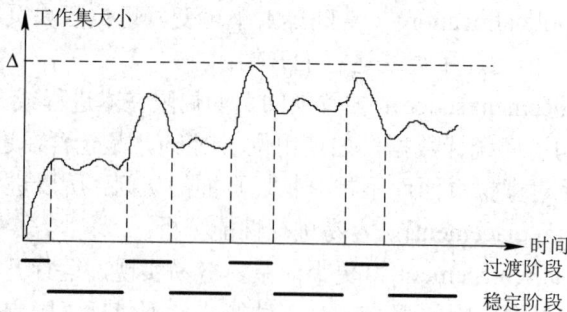

图 5.39　工作集大小的变化

(4) 利用工作集进行常驻集调整的策略：

- 记录一个进程的工作集变化。
- 定期从常驻集中删除不在工作集中的页面。
- 总是让常驻集包含工作集。

(5) 工作集的困难：

- 工作集的过去变化未必能够预示工作集的将来大小或组成页面的变化。
- 记录工作集变化要求开销太大。
- 对工作集窗口大小Δ的取值难以优化，而且通常该值是不断变化的。

4. 缺页率算法(Page Fault Frequency，PFF)

缺页率算法是对工作集算法的发展，主要是简化了操作系统的维护开销。

(1) PFF 算法：

- 页面被访问时的处理：每个页面设立使用位(use bit)，在该页被访问时设置 use bit=1。
- 缺页时的处理：每次缺页时，由操作系统计算与上次缺页的"虚拟时间"间隔 t。
- 缺页时对常驻集的调整：定义一个"虚拟时间"间隔的阈值(threshold)F，依据 t 和 F 来修改常驻集。如果 t 小于 F，则所缺页添加到常驻集中；否则，将所有 use bit=0 的页面从物理内存清除并缩小常驻集；随后，对常驻集中的所有页面设置 use bit=0。

(2) 和页面缓冲算法(page buffering)配合使用，可以获得良好的性能。

(3) 缺页率算法的主要缺点：

- 当局部性区域的位置改变时，工作集的变化处于过渡阶段，其快速扩张使较多新页面添加到进程的常驻集中。
- 其中较少使用的页面至少还要经过一段 F 虚拟时间才会被淘汰，因而带来较多不必要的调页开销。

5. 可变采样间隔算法(Variable-interval Sampled Working Set，VSWS)

(1) VSWS 算法：

- 使用 3 个参数：采样间隔时间的下限 M，采样间隔时间的上限 L，一个采样间隔内允许发生的缺页次数的上限 Q。

采样间隔通常情况下由缺页次数 Q 来控制，而 M 和 L 提供异常情况下的界限条件。

- 常驻集的调整：每个页面设立使用位(user bit)，在每个采样间隔的开始设置各页的 user bit=0，而在每个采样间隔的结束只保留 user bit=1 的页面在常驻集中，其余页面从常驻集中删除。在采样间隔内发生缺页的页面，被添加到常驻集中。
- 采样间隔划分：每次缺页时，对缺页次数加 1。如果上次采样以来经过时间已达到 L 而缺页次数未达到 Q，则结束当前采样间隔，并开始下一个采样间隔；如果缺页次数达到 Q 而经过时间已达到 M，则结束当前采样间隔，并开始下一个采样间隔；如果缺页次数达到 Q 而经过时间未达到 M，则不作处理。

(2) VSWS 算法的优点：在局部性区域位置改变时，缺页率上升，通过缩短采样间隔，删除无用页面，可降低常驻集扩张的峰值。

6. 虚拟存储中的负载控制

负载控制讨论的是操作系统要在内存中驻留多少个并发进程才是较好的。

1) 改善时间性能的途径

- 降低缺页率：缺页率越低，虚拟存储器的平均访问时间延长得越小。
- 提高外存的访问速度：外存和内存的访问时间比值越大，则达到同样的时间延长比例所要求的缺页率就越低。

2) 负载控制(load control)策略

负载控制策略是：在避免出现抖动的前提下，尽可能提高进程并发水平。操作系统不能完全控制进程的创建，但它可通过进程挂起来减少驻留内存的进程数目，即需要减少驻留内存的进程数目时，可以将部分进程挂起并全部换出到外存上，如低优先级的、缺页率高的、常驻集最小的、页面最多的进程等。

(1) 基于工作集策略的算法(如 PFF, VSWS)：它们隐含负载控制策略，只有那些常驻集足够大的进程才能运行，从而实现对负载的自动和动态控制。

(2) "L = S 判据"策略(Denning, 1980)：让缺页的平均间隔时间(是指真实时间而不是虚拟时间)等于对每次缺页的处理时间(即缺页率保持在最佳水平)，这时 CPU 的利用率达到最大。一种类似的策略称为"50%判据"策略，即让外存交换设备保持 50%的利用率，这时 CPU 也达到最高的利用率。

(3) 基于轮转置换算法的负载控制策略：

- 定义一个轮转计数，描述轮转的速率(即扫描环形页面链的速率)。
- 当轮转计数少于一定的阈值时，表明缺页较少或存在足够的空闲页面。
- 当轮转计数大于阈值时，表明系统的进程并发水平过高，需降低系统负载。

5.7.4　虚拟段式存储管理

虚拟段式存储管理也叫请求分段存储管理，它在段式存储管理的基础上，增加了请求调段和段置换功能。

1. 段表内容

为实现虚拟段式存储管理的各项功能和管理需要，在进程段表中添加了如下各项：

(1) 标志位：如存在位(present bit)，修改位(modified bit/dirty bit)，扩充位(该段是否增加过长度)。

(2) 访问统计位：如使用位(use bit)。

(3) 存取权限位：如读 R，写 W，执行 X。

(4) 外存地址：本段在外存的起始地址。

这些位和字段的意义与请求分页系统的页表项的相应位和字段项的意义相似。

2. 越界中断处理

进程在执行过程中，有时需要扩大分段，如数据段的扩充。由于要访问的地址超出原有的段长，所以引发越界中断。操作系统处理中断时，首先判断该段的"扩充位"，如可扩充，则增加段的长度；否则按出错处理。

3. 缺段中断处理

在请求分段系统中，采用的是请求调段策略。CPU 的硬件逻辑要根据段表表项进行地址变换或者产生缺段中断。请求分段存储管理与请求分页存储管理不同之处在于，指令和操作系统一定不会跨越在段边界上。但是，在请求分段系统中，一般会增加存取权限的违法中断和段的越界中断。在请求调段时：①先检查内存中是否有足够的空闲空间，若有，则装入该段，修改有关数据结构，中断返回；②若没有，则检查内存中空闲区的总和是否满足要求，如是，则应采用紧缩技术，再转①；否则，淘汰一些段，再转①。

4．请求分段系统的内存分配策略

在请求分段存储管理中，对物理内存进行分配时可采用与动态分区相似的最佳适应分配、首先适应分配等分配策略。

1) 段的动态链接

在程序开始运行时，只将主程序段装配好并调入内存，其他各段的装配是在主程序段的运行过程中逐步完成的。每当需要调用一个新段时，才将这个新段装配好，并与主程序段链接。而页式存储管理难以完成动态链接，其逻辑地址是一维的。

2) 链接间接字

机器指令可采用直接寻址或间接寻址方式。

采用间接寻址时，间接地址指示的单元的内容称为间接字，在间接字中，包含了直接地址及附加的状态位。其格式如图 5.40 所示。

| L | 附加状态位 | 直接地址 |

图 5.40　链接间接字格式

处理机在执行间接指令时，其硬件能自动对链接字中的链接标志位进行判断。当 L=1时，硬件自动发链接中断，并停止执行该间接指令，转去执行链接中断处理程序。处理完后(L 已被中断处理程序改为 0)，再重新执行该间接指令；若 L=0，则根据间接字中的直接地址去取数据。

3) 链接中断处理

链接中断处理的步骤是：

(1) 根据链接间接字找出要访问段的符号名和段内地址。

(2) 分配段号，检查该段是否在内存。若不在内存，则从外存调入，并登记段表，修改内存分配表。

(3) 修改间接字：修改链接标志位为 0，并修改直接地址。

(4) 重新启动被中断的指令执行。

5.8　高速缓冲存储器

高速缓存是为了匹配 CPU 的处理速率与内存的访问而增加的高速存储器，其目的是提高 CPU 的利用率。实际系统中的高速缓存命中率为 98%以上。高速缓存的使用对用户是透明的。

5.8.1　高速缓存的组织

由于 CPU 的指令处理速度与内存中指令的访问速度存在差异(可达到一个数量级的差异，如 Intel Pentium Pro 平均一个时钟周期可执行 3 条指令，)，因此为提高 CPU 的利用率，在 CPU 与内存之间组织了一个高速缓存结构，如图 5.41 所示。

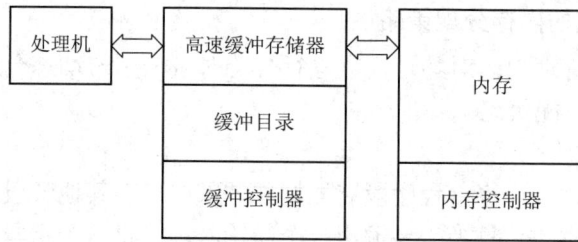

图 5.41　高速缓存的组织结构

高速缓存由三部分组成：高速缓冲存储器、缓存目录和缓冲控制器。

(1) 高速缓冲存储器：主要作用是缓存内存中数据。缓冲存储器分为若干块。Intel Pentium 有 16 KB L1 高速缓存(8 KB 为数据，8 KB 为代码)；16 KB(2^{14})缓存可分为 8 个区，每个区为 2 KB(2^{11})；每个 2 KB 的区又分成 32(2^5)个块，每个块为 64(2^6)字节，各块用列号标识。因而，可用区号和列号描述每一个缓冲存储器块。

(2) 缓冲目录：描述各缓冲存储器块的状态。缓冲目录的表项与缓冲存储器块一一对应。每 32 个缓冲目录的表项构成一行，对应于一个缓存区。它包括内存地址行号、状态位以及用于缓存淘汰算法的缓存访问信息。

* 内存地址行号：相应缓存块对应的内存地址(24 位)为行号(13 位)+列号(5 位)+字节数(6 位)。

* 3 个状态位描述相应缓存块的状态。

◇ 有效位：相应缓存块中的数据是否有效，0 表示有效，1 表示无效。

◇ 修改位：相应缓存块中的数据是否已经被修改过，0 表示未修改，1 表示已修改。

◇ 故障位：相应缓存块是否出了故障，0 表示无故障，1 表示有故障。

(3) 缓存控制器：负责缓存目录的维护，并利用缓存淘汰算法进行缓存的更新。

5.8.2　缓存的工作过程

在不同类型的内存操作时，缓存会有不同的工作过程。具体的缓存工作过程如下：

(1) CPU 读数据：缓存控制器自动查找缓存目录，确定相应内存数据是否在缓存中。

* 查找过程：

◇ 依据读操作的地址确定查找缓存目录的列号。

◇ 比较缓存目录相应列的各区行号与地址行号。

◇ 判断有效位是否为 0。

* 依据查找结果，有两种可能的操作：

◇ 如果在缓存，则从缓存中读数据，并修改访问标志。

◇ 如果不在缓存，则从内存中读数据，同时该块内容被送到缓存相应列的某块。

(2) CPU 写数据：查找缓存目录，确定相应地址是否在缓存中：

* 如果在缓存，则修改缓存内容，并把缓存目录中相应修改位置 1。这时有两种做法：

◇ 立即写：在内存与缓存的相应块同时写。

◇ 惰性写：数据只写入缓存，不马上写入内存。当该缓存块被淘汰时，才写回内存。

◇ 如果不在缓存，则先把内存读入缓存，再在缓存中修改。

(3) 通道向内存写数据：数据被写入内存，缓存控制器同时查找缓存目录，如果有，则修改相应表项的有效位为 1。

(4) 通道从内存读数据：

- 如果在缓存中，则从缓存中读数据到通道。
- 如果不在缓存中，则从内存中读数据到通道，但并不同时送到缓存。

5.9 内存管理实例分析

5.9.1 UNIX S5 的内存管理

UNIX System 5 采用了请求分页存储管理技术。当进程运行时，不必把整个进程都装入内存，而只需在内存中装入当前需要用到的页面。当进程访问到某些尚未在内存的页面时，就由核心把这些页面装入内存。这种策略就使进程的虚拟地址空间映射到机器的物理空间时具有更大的灵活性，通常允许进程的大小可大于可用内存的总量，并允许更多进程同时在内存中执行。这种对换技术的优点是比较容易实现，并且系统开销较少。下面简要介绍 UNIX S5 中的两种存储管理技术：对换和分页。

1. 对换

这里涉及三部分内容：对换设备空间的管理、进程的换入和进程的换出。

1) 对换设备空间的管理

对换设备是块设备，如经过构造的磁盘盘区。核心分配对换空间时是按连续的块为一组进行的。进程使用对换空间是临时性的，这取决于进程调度的方式。但它最终要调入内存运行，并释放所占用的对换空间。因为速度是关键问题，系统一次进行多块 I/O 传输比每次一块、多次传输的速度要快，所以核心给对换设备上分配的是一片连续的空间，而不管碎片问题。

分配对换空间时的数据结构是驻留在内存的 map 结构数组构成的表，简称 map 表。每一个 map 表项含有两个信息：空闲区和对换信息。空闲区都按照地址从小到大的顺序，分别对应于 map 表中的一项，这里采用的算法是"最先适应算法"。当进程释放所用的对换区时，要在 map 表的合适位置中进行登记，保证表项是按照地址排列的。如果该释放区与前面或后面的空闲区相邻接，则把它们合并成一个大区，并修改相应表目。

以前的 UNIX 系统版本只使用一台对换设备，但 UNIX S5 允许有多台对换设备，核心按照轮转方式进行选择。系统管理员可以动态地建立或撤消对换设备。一台对换设备从系统上撤离后，核心就不能再用它对换数据；当对换数据时，在对换设备换空之前不能撤离系统。

2) 进程的换出和换入

如果核心需要内存空间，它就把一个进程换出到对换设备中。这可能是由于下列原因引起的：创建子进程时必须为它分配空间；要增加进程的大小；栈区自然增长变大和核心期望把某些先前换出的进程重新换入内存。

当核心决定一个进程适宜换出时，它要减小该进程三个分区的访问记数；当记数值降至 0 时，就换出该区。核心要在对换设备上分配空间，并封锁该进程在内存的映像(对上面三种情况而言)，防止在当前对换分区操作执行过程中把该进程换出。核心把分区的对换地址保存在分区表项中。

对于每次 I/O 操作，核心都力图对换尽可能多的数据。对换是直接在对换设备和用户的内存空间之间进行的，不通过缓冲机制。如果硬件在一次操作过程中不能传送多个页面，则核心软件要反复传送内存页面(一次一页)。因而，数据的实际传送速率和机制就主要依赖于磁盘控制器的能力和内存管理办法。例如，若内存是分页结构，那么被换出的数据往往分散在内存中，核心就必须把换出数据的页面地址汇集起来，磁盘驱动程序要用它们去执行 I/O，在把前面的数据换出之前，对换进程要等待每次 I/O 的完成。

此外，对换工作仅需局部进行，即核心不必把整个进程的虚拟地址空间都写到对换设备上。相反，它只需把该进程的内存空间复制到所分配的对换空间中，而不管未分配内存的那一部分虚拟空间。以后当核心把该进程换入内存时，它知道该进程的虚拟地址映射情况，就可以重新为该进程指定正确的虚拟地址。兑换过程不经过缓冲区，可以加快传送的速度。如图 5.42 所示为一个换出的例子。

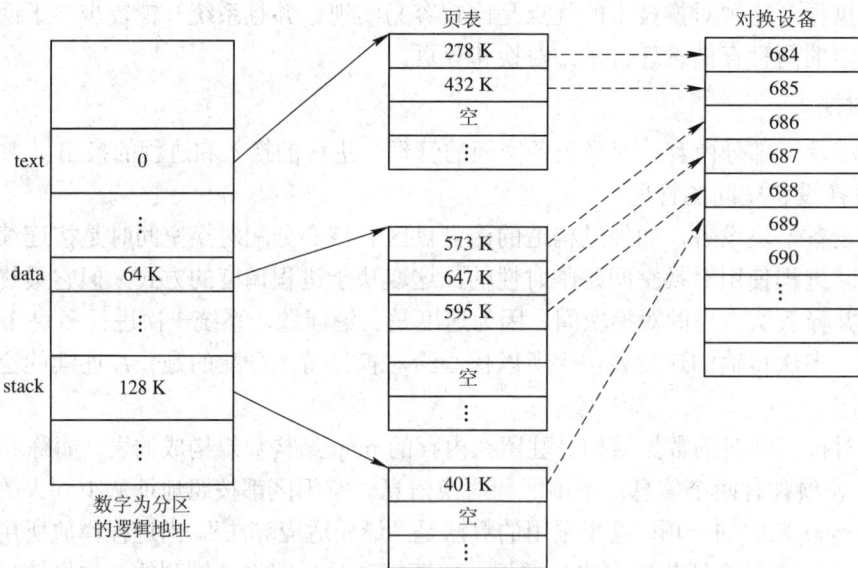

图 5.42 对换一个进程空间到对换设备上

从图 5.42 可以看出，页面的大小为 1 K。text 段占用 2 页，所以该段在逻辑地址为 2 K处结束。数据段的起始地址是 64 K，这样在逻辑地址空间中就存在大小为 62 K 的一个空洞。核心换出进程时，仅换出图中 6 页到连续的对换空间中，对这个空洞以及数据段与栈区间的空洞并不分配对换空间。以后该进程被换入内存时，核心知道存在的这些空洞，因而不为它们分配内存。进程换出之前和换入之后的内存地址往往是不同的，但这没有问题，因为其逻辑空间的内容是完全一样的。

从理论上讲，一个进程的全部内存空间(包括 user 结构和核心栈)都可以换出，但是在实际上，如果 user 结构中含有该进程的地址转换表的话，则核心并不把它换出去。UNIX系统中负责对换工作的是"0#"进程，它是常驻内存的系统进程。下面列出对换程序的算法。

对换程序算法　　/*换入以前被换出的进程，换出其他进程，以腾出内存空间*/

输入：无

输出：无

```
{
  loop:
      for(所有被换出的处于就绪状态的进程)
          挑选被换出时间最久的进程;
      if(没有找到这种进程)
       {
          sleep(换入事件)
          goto   loop;
       }
      if(在内存中有供进程使用的足够空间)
       {
          把进程换入内存;
          goto   loop;
       }
      // loop   2:      在修改过的算法中从这里进行循环
      for(所有在内存、非终止态且未封锁的进程)
       {
          if(有正在睡眠的进程)
             选择进程，其(优先数 + 驻留内存时间)在数值上最大;
          else         //没有睡眠态进程
             选择进程，其(驻留内存时间 + nice 值)在数值上最大;
       }
      if(被选进程没有睡眠或者驻留条件不满足要求)
          sleep(换出事件);
      else
             换出进程
      goto   loop;        //在修改过的算法中，应 goto loop2
}
```

　　按照这个算法，核心先选择"睡眠态"进程换出而不去选"就绪态"进程，因为后者很可能不久就被调入。选择换出的睡眠态进程是依据进程的优先数和它在内存的驻留时间。如果在内存中没有睡眠态进程，就只好选择"就绪态"进程换出，这依据进程的"nice"值和进程在内存中的时间。更具体讲，就绪进程被换出前，至少在内存中驻留了 2 秒，并且准备换入的进程至少已被换出 2 秒。如不满足上述条件，则对换程序就因无法解决内存空间而睡眠，1 秒的时钟将唤醒该对换进程。如果有另外的进程要睡眠，核心也唤醒它。如果对换进程换出一个进程或者因无法换出进程而睡眠，以后它就从该对换算法的开头恢复执行，再试着把合适进程换入。

2．请求分页

1) 数据结构

核心提供了 4 个主要的数据结构用来支持低级的存储管理和请求分页，它们是：页表项、盘块描述字、页框数据表(page frame data table)和对换用表。一旦系统生成，核心就为页框数据表分配空间，而为其他结构动态地分配内存页面。

页表项包括该页的内存地址，读、写或执行的保护位和下列信息位：有效(valid)位、访问(reference)位、修改(modify)位、复制写(copy on write)位和年龄(age)位。它们的含义是：有效位表示该页的内容是否合法；访问位表示进程最近是否访问过该页；修改位表示该页的内容最近被修改过没有；复制写位用于 fork 系统调用，表示当一个进程修改其内容时，核心要创建一个新的副本；而年龄位表示一个页面作为进程工作集中的成员已存在了多久。

每一个页表项都与一个盘块描述字联系在一起。盘块描述字对逻辑页面的磁盘副本进行说明，如图 5.43 所示。由图中可看出，共享一个分区的诸进程可存取共同的页表项和盘块面数字。页面内容或者在对换设备的特定块中，或者在可执行文件中，或者不在对换设备上。如果页面在对换设备上，则盘块描述字包括该逻辑设备号和页面所在的盘块号；如果页面在一个可执行文件上，则盘块描述字包括该页在文件中的逻辑块号。核心能迅速的把盘块号映射成磁盘地址。

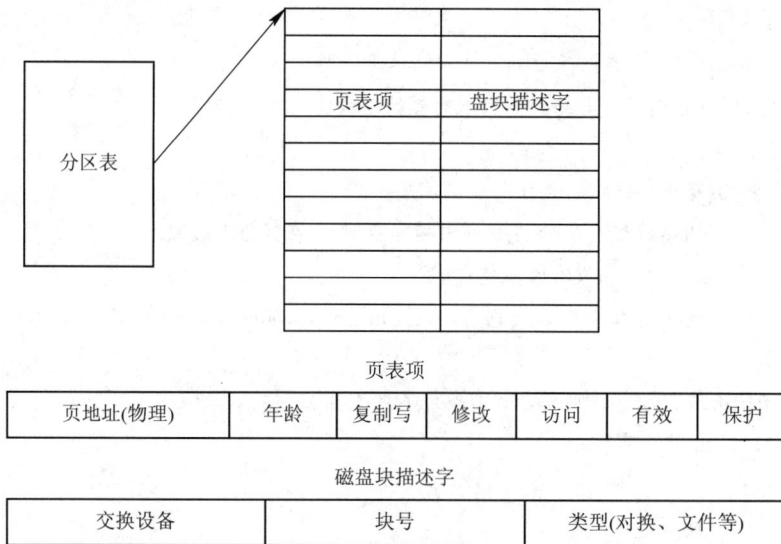

图 5.43 页表项和盘块描述字

页框数据表对整个内存的每个页面进行描述，它是通过页面号进行索引的。每项包含以下内容：

(1) 页面状态。说明该页面是在对换设备上或者是可执行文件，DMA 当前正对该页面操作(从对换设备中读数据)，或者该页面可以重新分配。

(2) 访问该页面的进程数目。访问计数值等于访问该页的合法页表项目数。它可能不同于共享该页所在分区的进程数(如在 fork 算法中)。

(3) 逻辑设备(对换或文件系统)和该页所在的盘块号。

(4) 指向在空闲页面链表上和在页面散列队列中的其他页框数据表项的指针。

核心把页框数据表项链入一个自由链和一个散列链。每条链有一个链头，并用双向指针连成链环。自由链是页面的"高速缓存"，可用于页面的再分配。当一个进程出现地址失效时，仍然可以在自由链上找到相应的未被改动的页面。这样，自由链就使核心不必从对换设备中读取数据，减少了不必要的操作。核心从自由链中分配新页面采用的是 LRU 算法。核心根据(对换)设备号和盘块号，把页框数据表项组成散列队列。这样，只要给出一个设备号和盘块号，核心就能很快确定一页在内存上的位置。为了给分区指定一个物理页面，核心要从自由链头上取下一个空闲页框项，更新它的对换设备和盘块号，并把它放在相应的散列队列中。

每个在对换设备上的页面在对换用表中都占有一项。该项由一个访问计数组成，表明有多少页表项指向对换设备上的一个页面。

图 5.44 给出了页表项、盘块描述字、页框数据表项和对换用计数表间的关系。一个进程虚拟地址 1493 K 映射到一个页表项，它指向物理页面 794；该页表项的盘块描述字说明了该页存于对换设备 1 的 2743 块中。该虚拟页面的对换用计数值为 1，说明只有一个页表项指向对话设备上的一个页面。

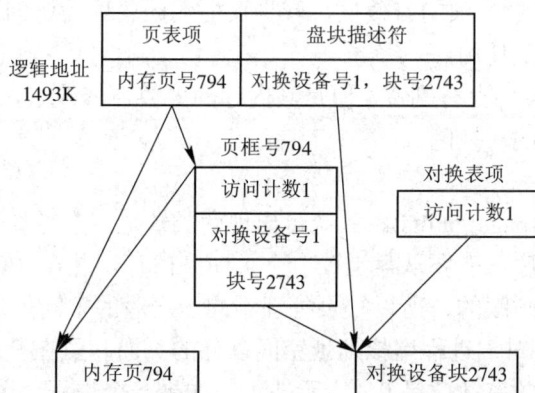

图 5.44   请求分页数据结构间的关系

2) 页面淘汰进程

页面淘汰进程(又称页面窃取进程，page stealer process)是一个核心进程，它把不再是进程工作集部分的那些页面换出内存。它是在系统初启时由核心创建的，在系统活动期间它一直存在。当空闲页面少了，它就被调度工作。它检查所有活动的、未封锁的分区，跳过封锁分区，遍历整个分区表，并增加所有合法页面的年龄值。当进程出现缺页时，核心就封锁该页的分区，以便页面淘汰进程不能取走该页。

内存页面有两种状态：页面"老化"但还不适宜对换；页面适于对换且可用于重新分给其他虚拟页面。第一种状态说明有进程在最近访问过该页，因而该页在其工作集中。当访问页面时，要置访问位。这可由硬件做，也可由软件实现。页面淘汰进程对这类页面关断访问位，但记下该页面自从上次访问以来页面淘汰进程对它检查过多少次。就是说，如进程访问了页面，则其年龄值降为 0。以后页面淘汰进程每检查一次，其年龄值就增加 1。当该数值超过一个界限时，核心就把该页面放到第二种状态，准备换出，这类似于 LRU 算法。

如果多个进程共享一个分区，则相应页面可在多个进程的工作集中，这与页面淘汰进程的工作无关。只要页面是某个进程工作集中的一部分，它就留在内存中；仅当它不在任何进程的工作集中时，它才适于换出。一个分区在内存的页面可多于其他分区，页面淘汰进程并不想从所有活动分区中都换出同样数量的页面。

当系统中空闲内存页面低于下限值时，核心唤醒页面淘汰进程，它换出一些页面，直至空闲内存页面超过上限值。利用上、下限方式，可减少抖动发生的机会。上、下限值可由系统管理员确定。

当页面淘汰进程决定换出一个页面时，它要考虑该页的副本是否在对换设备上。这有三种可能性：

(1) 如在对换设备上没有该页的副本，则页面淘汰进程把它放在准备换出的队列中，然后继续找其他可以被换出的页，而在逻辑上认为对换已经完成。当该队列长度达到某个限度时，核心才把该队列上的页面写到对换设备上。这样把换出页面"延迟换出"，可以减少I/O次数，加快处理速度。

(2) 如该页面在对换设备上已有副本，并且内存中的内容未被修改过(页表项的修改位被清)，则核心清除相应页表项的有效位，减少页框数据表项的访问次数，并把该页放到自由链的末尾，供以后分配使用。

(3) 如该页在对换设备上有副本，但是其内存的内容被修改过，则核心将该页换出，并且释放它刚才占用过的的对换区。

3) 缺页

缺页又称页面故障(page faults)。系统可出现两类缺页：有效缺页和保护性缺页。当出现缺页时，缺页处理程序可能要从盘上读一个页面到内存，并在 I/O 执行期间睡眠。而通常的中断过程中是不能睡眠的，所以缺页处理不同于一般的中断处理，属于例外情况。

(1) 有效缺页处理。对于进程虚拟地址空间以外的页面和虽在其虚拟地址空间内但当前未在内存的页面，它们的有效位是 0，表示缺页。如果一个进程试图存取这样的一个页面，则导致有效缺页，此时核心调用有效缺页处理程序。

有效缺页处理程序的算法如下：

```
输入：进程出现缺页的地址
输出：无
{
    按照缺页地址找到分区表、页表项、盘块描述字、封锁分区表;
    if(地址在虚拟地址空间之外)
    {
        向进程发信号(段越界);
        goto out;
    }
    if(地址现在是有效的)          //进程可能已经在睡眠
        goto out;
    if(页面在自由链盘中)
        {
```

```
        从自由链中移走该页;

        调整页表项;

        while(页面内容无效)              //先前已经有另外的进程出现过缺页
           sleep(页面内容有效事件);

      }

    else  // 页面不在自由链中

      {

      给分区指派新页面;

      把新页面放入散列链，更新页框数据表项;

      if(页面以前未装入内存且页面"请求清 0")
         把分到的页面清 0;

      else

        {

         从对换设备或者执行文件中读取虚拟页面;

         sleep(I/O 完成事件);

        }

         唤醒诸进程(页面内容有效事件);


         置页面有效位;

         清除页面修改位和年龄位;

         重新计算进程优先数;

         out: 封锁分区表;

      }
```

(2) 保护性缺页处理。它是由于进程对有效页面存取的权限不符合规定而引起的。例如，某进程试图对正文段进行改写。导致保护性缺页的另外一个原因是：一个进程想写一个页面，而该页面的复制写位在执行 fork 期间已经置位。核心必须确定导致保护性缺页的原因是上述哪一种。当发生保护性缺页事件后，硬件向其处理程序提供发生事件的虚拟地址，然后由处理程序进行处理。

保护性缺页处理程序的算法如下：

```
    输入: 进程缺页地址

    输出: 无

    {

    //按地址找到分区表、页表项、盘块描述字、页框数据表、封锁分区表

    if(页面不在内存)
       goto out;

    if(复制写位未置位)
       goto out;   // 实际程序错误——发信号

    if(页框表项访问计数大于1)          //与其他进程共享该页
```

```
        {
            分配内存新页面;
            复制老页面内容到新页面;
            减少老的页框表项访问计数;
            更新页表项, 使它指向新内存页面;
        }
    else                            // "淘汰" 页面, 因为没有进程在用它
      {
        if(页面副本在对换设备上存在)
            释放该对换设备的空间, 断开页面联系;
        if(页面在相应散列队列上)
            从散列队列上移走该页;
      }
        设置修改位;
        清除页表项中的复制写位;
        重新计算进程优先数;
        检查信号;
        out: 封锁分区表;
    }
```

5.9.2　Windows 2000/XP 的内存管理

内存管理器是 Windows 2000/XP 执行程序的一部分, 因此它存在于 NT 操作系统 krnl.exe 中, 在硬件抽象层(HAL)中没有内存管理器的任何部分。内存管理器由下列组件构成:

(1) 一组执行程序系统服务程序, 用于虚拟内存的分配、释放和管理, 它们中的大多数通过 Win32 API 或内核模式设备驱动程序接口实现。

(2) 一个转换(translation-not-valid)和访问错误陷阱处理程序, 用于解决硬件检测到的内存管理异常事件, 并代表一个进程使虚拟页驻留。

(3) 运行在 6 个不同内核模式系统线程环境中的几个关键组件:

• 工作集管理程序(working set manager): 优先级为 16, 由平衡集管理程序(内核创建的系统线程)每秒调用一次, 或在空闲内存低于某个值时调用, 驱动所有的内存管理规则, 例如工作集的休整、年龄和已修改页的写入。

• 进程/栈交换程序(process/stack swapper): 优先级为 23, 执行进程和内核线程的栈换入和换出操作。在需要执行换入和换出操作时, 平衡集管理程序和在内核中的线程调度代码可以唤醒这个程序。

• 修改页面的写入器(modified page writer): 优先级为 17, 把在修改链表上的脏页面写入到正确的调页文件中, 当需要减小修改链表的大小时可以唤醒这个线程。

• 映射页面写入器(mapped page writer): 优先级为 17, 把映射文件中的脏页面写入磁盘。当减小修改链表的大小时和当映射文件的页面在修改链表上超过 5 分钟时, 唤醒这个

线程。

- 废弃段线程(deference segment thread)：优先级为 18，负责系统高速缓存和页面文件的增加和减少。

- 清零页面线程(zero page thread)：优先级为 0，将空闲链表内的页清零，以便使零页高速缓存能用于满足将来的零页错误。

1. 虚拟地址空间布局

32 位 Windows 2000/XP 上的每个用户进程可以占有 2 GB 的私有地址空间(address space)，操作系统占有剩下的 2 GB 地址空间。Windows 2000/XP 高级服务器和 Windows 2000/XP 数据中心服务器支持一个导引选项，允许用户拥有 3 GB 的地址空间。这两个地址空间的布局如图 5.45 所示。3 GB 地址空间选项(在 Boot.ini 中通过/3 GB 标识激活)提供进程一个 3 GB 的地址空间(剩下 1 GB 为系统空间)。这个特性是为满足一些应用程序的需求而采用的临时解决办法。

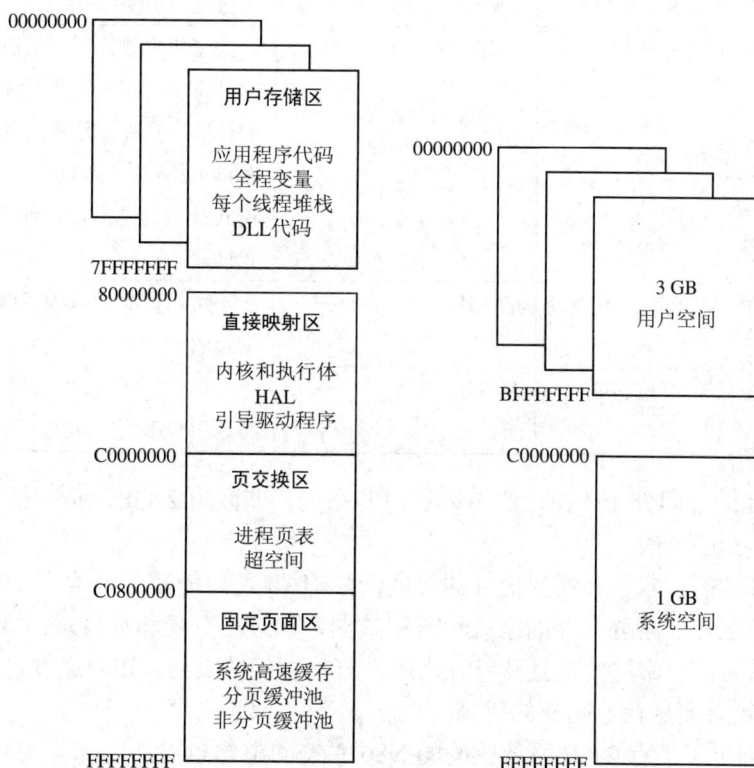

图 5.45 Windows 2000/XP 系统的虚拟地址空间布局

Windows 2000/XP 使用的页面大小为 4 KB(2^{12})。每个 Windows 2000/XP 的进程地址空间为 4 GB(2^{32})，其中：

(1) 用户地址空间分布：在用户态和核心态都可访问的用户存储区为 2GB；用户存储区为页交换区，可对换到外存。用户存储区的内容包括：

- 专用进程地址空间：包括用户代码、数据和堆栈。
- 线程环境块(TEB)：包括用户态代码可修改的线程控制信息。

- 进程环境块(PEB)：包括用户态代码可修改的进程控制信息。
- 共享用户数据页：包括系统存储区映像，为用户态可访问的系统空间，目的在于避免用户态与核心态的频繁切换，如系统时间。

表 5.6 描述了 2 GB 的 Windows 2000/XP 用户地址空间的详细布局。

表 5.6　　Windows 2000/XP 用户地址空间的详细布局

范　围	大　小	功　能
0X0～0XFFFF	64 KB	不可访问区域,用来帮助程序员避免不正确的指针引用,访问该范围内的地址将导致访问违例
0X10000～0X7FFEFFFF	2 GB 减少至少 192 KB	进程专用地址空间
0X7FFDE000～0X7FFDEFFF	4 KB	第一个线程的线程环境块(TEB),其他 TEB 在该页之前的页中创建
0X7FFDF000～0X7FFE0FFF	4 KB	进程环境块(PEB)
0X7FFE0000～0X7FFE0FFF	4 KB	共享用户数据页。该只读页面被映射到系统空间中包含系统时间、时钟的计数以及版本号等信息的页面。因有该页的存在,所以可以直接从用户模式读取这些数据而不需在内核模式读取
0X7FFF1000～0X7FFEFFFF	60 KB	不可访问的区域(紧随共享用户数据页的 64 KB 区域之后的区域)
0X7FFF0000～0X7FFFFFFF	64 KB	不可访问区域,用来防止线程传递跨越用户/系统空间边界的缓冲区

(2) 系统地址空间分布：在核心态可访问的系统存储区为 2 GB。按交换特征，系统存储区可分为以下几个区：

- 固定页面区：永不被换出内存的页面，如 HAL 特定的数据结构。
- 页交换区：非常驻内存的系统代码和数据，如进程页表和页目录。
- 直接映射区：常驻内存且其寻址由硬件直接变换的页面，访问速度最快，用于存放内核中频繁使用且要求快速响应的代码。

如表 5.7 列出了带有 2 GB 系统空间的 X86 系统的整体布局。

X86 体系结构在系统空间中有以下组成：

- 系统代码：它包含了用于引导系统的操作系统映像、HAL 和设备驱动程序。
- 系统映射视图：它用于映射 Win32.sys-Win32 子系统可加载内核模式部分以及它使用的内核模式图形驱动程序。
- 会话空间(session space)：用于映射与用户会话相关的信息。会话工作集列表描述了驻留和正使用的区域空间部分。
- 进程页面表(page table) 和页面目录(page directory)：描述虚拟地址映射的结构。
- 超空间(hyperspace)：一个特殊的区域，被用来映射进程工作集列表和为下列操作临时映射物理页面：在自由列表中将页面清零，使其他页面表中的页面表项无效和在进程创建时设置新进程的地址空间。

- 系统工作集列表：描述系统工作集的列表数据结构。
- 系统高速缓存(system cache)：用于映射在系统高速缓存中打开的文件的页面。
- 页交换区(paged pool)：可调页的系统内存堆。
- 系统页面表项(Page Table Entries，PTE)：系统 PTE 的交换区，用于映射系统页面。例如 I/O 空间，内核堆栈和内存描述列表。
- 非页交换区(nonpaged pool)：不可调页的系统内存堆，通常以两部分存在：一部分在系统空间较底端，一部分在系统空间较高端。
- 崩溃转存信息：保留，用来记录有关系统故障状态的信息。
- HAL 使用区域：为 HAL 相关的结构保留的系统内存。

表 5.7　X86 系统的整体布局

80000000	系统代码(NT 操作系统 Krnl，HAL)和系统中一些初始的未分页面缓冲池
A0000000	系统映射图(例如 Win32k.sys)或者会话空间
A4000000	附加的系统 PTES(高速缓存可以扩展到这里)
C0000000	进程页面表和页面目录
C0400000	超空间和系统工作集列表
C0800000	未使用－不可访问
C0C00000	系统工作集列表
C1000000	系统高速缓存
E1000000	页面池
EB000000(MIN)	系统 PTE
FFBE0000	崩溃转存信息
FFC00000	HAL 使用

注：表中的整体布局不是成比例的。

2. 地址转换机构

Windows 2000/XP 使用二级页表结构转换虚拟地址，一个 32 位虚拟地址被解释为三个独立的分量，分别是页目录索引、页表索引和字节索引，它们用于找出描述页面映射结构的索引。在二级页表结构中的第一级称为页目录(每个进程有一个页目录)，第二级称为页表。每个页目录或页表有 $1024(2^{10})$ 个表项，每个表项为 4 个字节。由于每个页面为 4 KB，每个进程的地址空间可为 4 GB($2^{10}*2^{10}*2^{12}$)。如图 5.46 所示为 X86 系统中 32 位虚拟地址的构成。

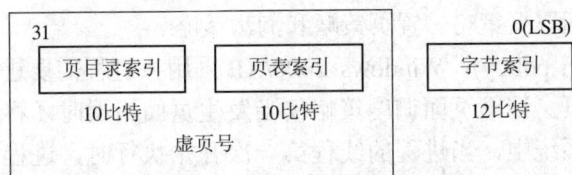

图 5.46　X86 系统中 32 位虚拟地址的构成

页目录索引用于指出虚拟地址的页目录在页表中的位置。页表索引则用来确定页表项在页表中的具体位置，也就是说，页表项包含的虚拟地址被映射到物理地址。字节索引使得在物理页中能够寻找到某个具体的地址。如图 5.47 所示为这三个值之间的联系和它们从虚拟地址到物理地址的映射过程(其中，KPROCESS 是系统核心进程，其块中保存着进程页目录的物理地址)。

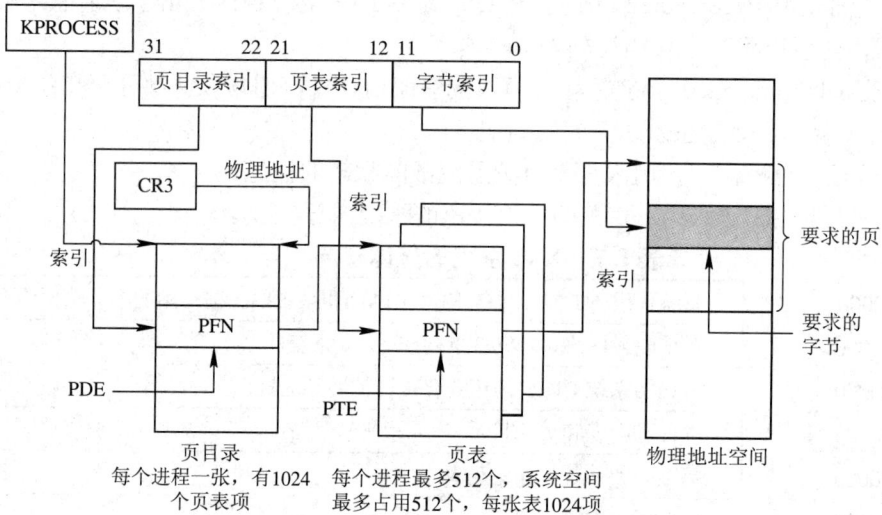

图 5.47　X86 系统中虚拟地址的变换

下面是虚拟地址变换的基本步骤：

(1) 内存管理的硬件设备定位当前进程的页目录。每次进程切换时，一般是通过操作系统设置一个专用的 CPU 寄存器来通知硬件设备新进程页目录的地址。

(2) 页目录索引用于在页目录中指出页目录项(Page Directory Entry，PDE)的位置。页目录项包含的页框号(Page Frame Number，PFN)描述了映射虚拟地址所需页表的位置。

(3) 页表索引用于在页表中指明表项的位置。页表项描述了虚拟页面在物理内存的位置。

(4) 页表项用于确定页框的位置。如果所需的页是有效的，则页表项会包含物理内存中一个页的页框号。相应的虚拟页面就包含在这个物理页框中。如果页表项表明所需的页是无效的页，则内存管理的故障处理程序就会定位该页，并尽量使之有效。如果不能使失效的页面有效，故障处理程序将产生一个访问违规或者错误检查。

(5) 当页表项指向了有效的页时，字节索引用于找到物理页内所需数据的地址。

3. 页面调度策略

页面调度策略包括取页策略、置页策略和淘汰策略。

(1) 取页策略(fetch policy)：Windows 2000/XP 采用按进程需要进行的请求取页和按集群方法进行的提前取页。请求页面调度策略仅当发生页面错误时才将所需页面调入物理内存。在请求页面调度系统中，当进程的线程第一次开始执行时，进程会引发许多页错误，因为线程需要引用一些初始页面才能运行。一旦这些页面被调入内存，该进程的页面调度活动就会减少。集群方法是指在发生缺页时，不仅装入所需的页，而且装入该页附近的一些页。

(2) 置页策略：在线性存储结构中，简单地把装入的页放在未分配的物理页面即可。

(3) 淘汰策略：采用局部 FIFO 置换算法，即在本进程范围内进行局部置换，利用 FIFO 算法把驻留时间最长的页面淘汰出去。

4. 工作集策略

Windows 2000/XP 根据内存负荷和进程缺页情况自动调整工作集：

(1) 进程创建时，指定一个最小工作集(可用 SetProcessWorkingSetSize 函数指定)。

(2) 当内存负荷不太大时，允许进程拥有尽可能多的页面。

(3) 系统通过自动调整，保证内存中有一定的空闲页面存在。

每个进程都以同样的默认的工作集的最大值和最小值开始。这些数值列在表 5.8 中。在系统初始化时严格地依赖物理内存的大小计算它们。

表 5.8 默认的工作集的最大值和最小值

内存大小	默认的最小工作集大小(页面)	默认的最大工作集大小(页面)
小(小于 19 MB)	20	45
中(20～32 MB)	30	145
大(Windows 2000/XP Prefessional 大于 32 MB, Windows 2000/XP Server 大于 32 MB)	50	345

当页面错误发生时，检查进程的工作集限制和系统上的空闲内存数。如果条件允许，内存管理器允许进程把它的工作集增加到最大值。然而，如果内存匮乏，Windows 2000 在页面错误时不增加页面而是替换页面。

尽管 Windows 2000 试图通过把修改的页面写到磁盘来保持可用的内存，然而当修改的页面频繁产生时，则需要更多的内存满足内存需求。因此，当物理内存很低时，可调用工作集管理器，运行在平衡集管理器环境中的一个例程来初始化自动工作集，从而增加系统中有效空闲内存的数量。

工作集的扩充和修改发生在叫做平衡集管理器(balance set manager)的系统线程环境中。平衡集管理器是在系统初始化时创建的。但是从技术角度来看，平衡集管理器是内核的一部分，它通过调用内存管理器中的工作集管理器来执行工作集的分析和调整。

平衡集管理器等待两种不同的事件对象：一种是每秒激发一次的周期计时器到期后产生的一个事件；另一个是内部工作集管理器事件，当管理器确定需要调整工作集时，它可以在不同的时候发出信号。

如同进程中的工作集一样，可以由单一的系统工作集(system working set)管理操作系统中可分页的代码和数据。系统工作集中可以驻留 5 种不同的页面(组件)：

- 系统高速缓存页面。
- 页交换区。
- NT 操作系统 krnl.exe 中可调页的代码。
- 设备驱动程序中可调页的代码。
- 系统映射视图。

可以通过使用性能计数器或系统变量来检查系统工作集的大小或影响工作集的 5 种组件的大小。

5. 页面状态

Windows 2000/XP 的页面有 6 种状态：

- 有效状态：某进程正在使用该页面。
- 清零状态：空闲且已被清零。
- 空闲状态：空闲但尚未被清零。
- 备用状态：已标记为无效，但可快速回到有效状态。
- 修改状态：已标记为无效，但对该页面内容的修改尚未写入外存，可快速回到有效状态。
- 坏页状态：该页面产生硬件错，不能再用。

习　　题

1. 存储管理的主要功能是什么？
2. 什么是地址重定位？它分为哪几种？各有什么特点？
3. 什么是内碎片和外碎片？各种存储管理方法中可能产生哪些碎片？
4. 什么是"系统抖动"现象？产生抖动的直接原因是什么？可以采用哪几种方法防止抖动？
5. 覆盖和交换的区别是什么？各有什么优缺点？
6. 在内存存储管理系统中，分页存储管理和分段存储管理的主要区别是什么？
7. 用可变式分区分配的存储管理方案中，基于链表的存储分配算法有哪几种？它们的主要思想是什么？
8. 请说明为什么请求分页存储管理可以实现虚拟存储管理？它可以实现存储扩充吗？
9. 什么是动态链接？用何种内存分配方法可以实现这种技术？
10. 在页表中，哪些数据结构是为实现请求调页而设置的？哪些数据项是为实现页面置换一页而设置的？
11. 为什么要引入段页式存储管理？说明在段页式存储管理系统中的地址变换过程。
12. 什么是局部性原理？
13. 什么叫工作集？工作集模型的优点是什么？
14. UNIX System V、Windows 2000/XP 中采用了什么样的存储管理思想？
15. 在一个请求分页存储管理系统中，一个程序的页面走向为 4，3，2，1，4，3，5，4，3，2，1，5，采用 LRU 页面置换算法。设分配给该程序的存储块数为 M，当 M 分别为 3 和 4 时，试求出在访问过程中发生缺页中断的次数和缺页率。比较两种结果，从中可得出什么启示？
16. 某分段式存储管理中采用如表 5.9 所示的结构。试回答：
(1) 给定段号和段内地址，完成段式管理中的地址变换过程。

(2) 给定[0，340]，[1，10]，[2，500]，[3，400]的内存地址，其中方括号内的第一元素为段号，第二元素为段内地址。

(3) 存取主存中的一条指令或者数据至少要访问几次主存？

表 5.9　习题 16 用表

段　　号	段的长度(字节)	主存起始地址
0	660	219
1	14	3300
2	100	90
3	580	1237
4	96	1952

17. 某系统内存分布如图 5.48 所示。试回答：

(1) 当作业 1、作业 3 执行完毕，释放它们所占用的内存后，内存空闲区有什么变化？并说明具体的变化情况。

(2) 当使用首次适应分配算法和最佳适应分配算法时，画出此时主存的结构。

(3) 当作业 4(要求 70 KB 的内存容量)要进入系统中，该作业在这两种不同的放置策略下各分配在哪一个空闲区中。

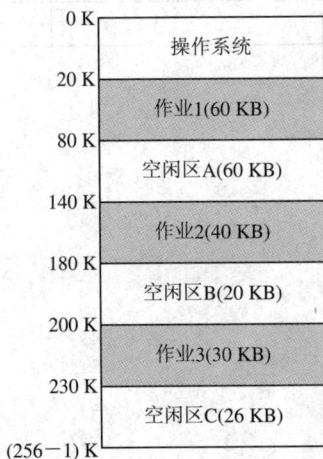

图 5.48 习题 17 用图

18. 某系统采用页式存储管理，现有 J1、J2 和 J3 共 3 个作业同驻内存。其中，J2 有 4 个页面，被分别装入到内存的第 3、4、6、8 块中。假定页面和存储块的大小均为 1024 字节，内存的容量为 10 KB。

(1) 写出 J2 的页面映像表。

(2) 当 J2 在 CPU 上运行时，执行到其地址空间第 500 号处遇到一条传送指令：

　　MOV 2100,3100

请用地址变换图计算出 MOV 指令中两个操作数的物理地址。

19. 一台计算机有 4 个页框，装入时间、上次引用时间和它们的 R(读)与 M(修改)位见表 5.10，请问 NRU、FIFO、LRU 和第二次机会算法将替换哪一页？

表 5.10 习题 19 用表

页	装入时间/s	上次引用时间/s	R	M
0	126	279	0	0
1	230	260	1	0
2	120	272	1	1
3	160	280	1	1

20. 在一个请求分页管理的系统中，内存容量为 1 MB，被划分为 256 块，每块 4 KB。现有一个作业，它的页表如表 5.11 所示。

(1) 若给定一个逻辑地址为 9016，其物理地址是多少？

(2) 若给定一个逻辑地址为 12 300，给出其物理地址的计算过程。

表 5.11 习题 20 用表

页　号	块　号	状　态
0	24	0
1	26	0
2	32	0
3	—	1
4	—	1

第 6 章 文件管理

随着计算机应用需求的不断增长，快速、高效地处理大量的信息是计算机的首要任务之一，而这些信息通常存储在大容量的外存储器上。在早期，用户要访问外存储器上的信息是很麻烦的，不仅要考虑信息在外存储器上的存放位置，而且要记住信息在外存储器的分布情况，从而构造 I/O 程序。稍不注意，就会破坏已存放的信息。特别是多道程序技术出现后，多个用户之间根本无法预料各个不同程序间的信息如何在外存储器上存储。鉴于这些原因，引入文件系统来专门负责管理外存储器上的信息，可以使用户"按名"高效、快速和方便地存储信息。

从用户角度来看，文件系统主要用来实现"按名存取"，即文件系统的用户只要知道所需文件的文件名，就可存取文件中的信息，而无需知道这些文件究竟存放在什么地方。

从系统角度来看，文件系统用来对文件存储器的存储空间进行组织、分配和回收，负责文件的存储、检索、共享和保护。

本章主要介绍信息在文件存储器上的组织和存取方式、文件的共享和保护等问题。

6.1 概　　述

6.1.1　文件与文件系统

1. 文件

文件(file)是具有符号名的、在逻辑上具有完整意义的一组相关信息项的集合。例如，一个源程序、一个目标程序、编译程序、一批待加工的数据、各种文档等等都可以各自组成一个文件。

信息项是构成文件内容的基本单位，可以是一个字符，也可以是一个记录，记录可以等长，也可以不等长。

一个文件包括文件体和文件说明。文件体是文件真实的内容；文件说明是操作系统为了管理文件所用到的信息，包括文件名、文件内部标识、文件的类型、文件存储地址、文件的长度、访问权限、建立时间、访问时间等。

文件是一种抽象机制，它隐蔽了硬件和实现细节，提供了将信息保存在磁盘上以便于以后读取的手段，使用户不必了解信息存储的方法、位置以及存储设备的实际运作方式便可存取信息。因此，在文件管理中的一个非常关键的问题在于文件的命名。文件名是在进程创建文件时确定的，以后这个文件将独立于进程存在，直到它被显式删除；其他进程要使用文件时必须显式指出该文件名，操作系统根据文件名对其进行控制和管理。不同操作系统的文件命名规则有所不同，即文件名字的格式和长度因系统而异。

2. 文件系统

由于计算机系统处理的信息量越来越大，因而不可能将所有的信息都保存到内存中。特别是在多用户系统中，既要保证各用户文件存放的位置不冲突，又要防止任一用户对外存储器(简称外存)空间占而不用；既要防止各用户文件在未经许可的情况下被窃取和破坏，又要允许在特定的条件下使多个用户共享某些文件。因此，需要设立一个公共的信息管理机制来负责统一管理外存和外存上的文件。

所谓文件管理系统，就是操作系统中实现文件统一管理的一组软件和相关数据的集合，它是专门负责管理和存取文件信息的软件机构，简称文件系统。文件系统的功能如下。

(1) 按名存取：用户可以"按名存取"，而不是"按地址存取"。

(2) 统一的用户接口：在不同设备上提供同样的接口，方便用户操作和编程。

(3) 并发访问和控制文件：在多道程序系统中支持对文件的并发访问和控制。

(4) 安全性控制：在多用户系统中的不同用户对同一文件可有不同的访问权限。

(5) 优化性能：采用相关技术提高系统对文件的存储效率以及检索和读写性能。

(6) 差错恢复：能够验证文件的正确性，并具有一定的差错恢复能力。

6.1.2　文件的分类

现代操作系统中，不但将信息组织成文件，而且为了操作的方便性和一致性，对设备的访问也是基于文件进行的。例如，打印数据就是向打印机设备文件写数据，从键盘接收数据就是从键盘设备文件读数据。因此，站在不同的角度对文件有各种分类方式。

1. 按文件性质和用途分类

按文件性质和用途可将文件分为系统文件、库文件和用户文件。

系统文件：由操作系统和其他系统程序的信息所组成的文件。

库文件：由标准子程序和常用应用程序组成的文件，这类文件一般不允许用户修改。

用户文件：由用户建立的文件，如源程序、目标程序和数据文件。

2. 按信息保存期限分类

按信息保存期限可将文件分为临时文件、档案文件和永久文件。

临时文件：保存临时信息的文件。如用户在一次算题过程中建立的中间文件，当用户撤离系统时，这些文件也随之被撤消。

档案文件：保存在作为"档案"用的磁带上，以备查证和恢复时使用的文件。

永久文件：要长期保存的文件。

3. 按文件的保护方式分类

按文件的保护方式可将文件分为只读文件、读写文件、可执行文件和不保护文件。

只读文件：只允许文件主和核准的用户读，但不允许写。

读写文件：只允许文件主和核准的用户读、写，但未核准的用户不允许读和写。

可执行文件：只允许文件主和核准的用户执行。

不保护文件：所有的用户都可以存取。

文件分类的目的是对不同文件进行管理，提高系统效率，提高用户界面的友好性。当然，根据文件的存取方法和物理结构的不同还可以将文件分为不同的类型，这将在文件的逻辑结构和文件的物理结构中介绍。

4. UNIX 系统中的文件

UNIX 文件系统将文件分成 3 类：普通文件、目录文件、设备文件(特别文件)。

普通文件：内部无结构的一串顺序字符串。

目录文件：由文件目录项构成的文件。

特别文件：表示 I/O 设备的文件。UNIX 把所有 I/O 设备作为特殊文件，对 I/O 设备的操作模仿为对普通文件的存取，这样可将文件与设备的 I/O 统一起来。

UNIX 用 ls 长列表命令显示目录时，第一个字符表示的是文件类型，其中：

"-"表示普通文件。

"d"表示目录文件。

"1"表示符号链接文件。

c、b、p 分别表示字符设备、块设备和 FIFO 管道的特殊文件。

5. 目前常用的文件系统类型

FAT 是 MS-DOS 操作系统使用的文件系统，它也能由 Windows 98/NT、Linux、SCO UNIX 等操作系统访问。其文件地址以 FAT 表结构存放，文件目录项占 32 字节，文件名采用 8.3 格式，即主文件名为 8 个字符，扩展名为 3 个字符。

Vfat 也称 FAT32 文件系统。为了突破 FAT16 分区中每一个分区不能超过 2 GB 的限制，Windows 95 OSR2 和 Windows 98 开始支持 FAT32 文件系统，它是对早期 DOS 的 FAT16 文件系统的增强。由于文件系统的核心——文件分配表 FAT 的簇号项由 16 位扩充为 32 位，因而称为 FAT32 文件系统。它在 MS-DOS 文件系统基础上增加了对长文件名(最多到 255 个字符)的支持。

NTFS 是 Windows NT 操作系统使用的文件系统，它具有很强的安全特性和文件系统恢复功能，可以处理巨大的存储媒体，支持多种文件系统。

Ext2 是 Linux 操作系统使用的高性能磁盘文件系统，也称二级扩展文件系统。它支持 256 个字符的文件名，最大可支持到 4 TB 的文件系统。

HPFS 是 OS/2 操作系统使用的文件系统，它突破了 FAT 文件系统的一些限制。例如，HPFS 极大地改善了文件在大目录下的访问时间，并在硬盘容量高达 4 GB 时仍能使用，后来又扩展到 2 TB。

CD-ROM 文件系统(ISO9660)是符合 ISO9660 标准的支持 CD-ROM 的文件系统，它有 High sierra CD-ROM 和 Rock Ridge CD-ROM 两种类型。UDF(Universal Disk Format)是依据光学存储技术协会(Optical Storage Technology Association，OSTA)的通用磁盘格式文件系统规格 1.02 版而制定的。它提供了对 UDF 格式媒体的只读访问(例如 DVD 光盘)。Windows 98 提供对 UDF 文件系统的支持。

6.2　文件的结构及文件存取方式

6.2.1　文件的逻辑结构

文件的逻辑结构可分为两大类：一是有结构的记录式文件，它是由一个以上的记录构成的文件，故又称为记录式文件；二是无结构的流式文件，它是由一串顺序字符流构成的文件。

1. 有结构的记录式文件

在记录式文件中，所有的记录通常都是描述一个实体集的，有着相同或不同数目的数据项，记录的长度可分为定长和不定长两类。

定长记录：是指文件中所有记录的长度都是相同的，所有记录中的各个数据项，都处在记录中相同的位置，具有相同的顺序及相同的长度，文件的长度可用记录数目表示。定长记录的特点是处理方便，开销小，是目前较常用的一种记录格式，被广泛用于数据处理中。

变长记录：是指文件中各记录的长度不相同。这是因为：① 一个记录中所包含的数据项数目可能不同。如书的著作者、论文中的关键词等；② 数据项本身的长度不定。例如，病历记录中的病因、病史，科技情报记录中的摘要等。但不论是哪一种记录，在处理前每个记录的长度是可知的。

2. 无结构的流式文件

无结构的流式文件的文件体为字节流，不划分记录。无结构的流式文件通常采用顺序访问方式，并且每次读写访问可以指定任意数据长度，其长度以字节为单位。对流式文件访问，是指利用读写指针指出下一个要访问的字符。可以把流式文件看做是记录式文件的一个特例。在 UNIX 系统中，所有的文件都被看做是流式文件，即使是有结构的文件，也被视为流式文件，系统不对文件进行格式处理。

6.2.2　存储介质

文件存储设备的特性决定了文件的存取方式。常用的文件存储设备有磁盘、磁带和光盘等。

为了有效地管理文件存储设备，便于对文件信息进行处理，通常将文件存储器空间划分成大小相等的物理块，并进行统一编号；为了便于管理，可将用户文件划分成与物理块同样大小的逻辑块，并将块作为存储介质分配给内外存之间传送信息的基本单位。块的大小是固定的，一般为 512 或 1024 字节。

存储设备按照存取时间 T_{ij} 变化的不同分为顺序存储设备和直接存储设备。其中，T_{ij} 表示从本次存取的当前位置的数据项目 i 到下次存取的数据项目 j 所需的时间。显然，顺序存储设备的 T_{ij} 变化较大，而直接存储设备的 T_{ij} 变化较小。

1. 磁带

磁带是一种典型的顺序存取设备，用户必须严格按照磁带上数据的物理顺序进行定位和存取。磁带的工作原理类似于录音带，区别仅在于规格和质量。磁带设备的特点是可以永久保存大容量数据，但存取速度较慢，主要用于后备存储。

由于磁带是将一个文件逻辑上连续的信息存放到存储介质的依次相邻的物理块上，因此形成了顺序结构。磁带上的每个文件都由文件头标、文件信息和文件尾标三个部分组成，如图 6.1 所示。

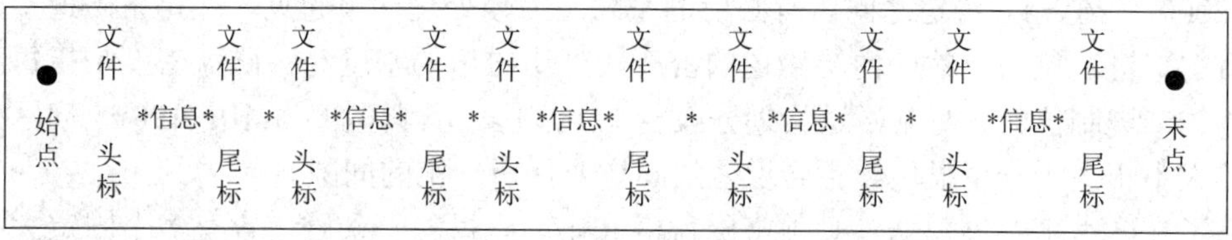

● 始点	文件头标	*信息*	文件尾标	文件头标	*信息*	文件尾标	文件头标	*信息*	文件尾标	文件头标	*信息*	文件尾标	文件头标	*信息*	文件尾标	● 末点

图 6.1　磁带文件的组织形式

当用户要从磁带上读一个文件时，文件系统从磁带的始点开始搜索，先读出第一个文件头标，比较用户名和文件名，若是用户指定的文件，则读相关的文件信息，若不是，则让磁头进到下一个文件头标的位置，读出文件头标继续比较，直到找到指定的文件。如果找到末点仍未找到，则表明文件不在这卷磁带上。从在磁带上读文件的过程可以发现，如果要存取的数据恰好处于磁带的末尾，那么为了找到这个数据需要花费很长时间。可见从磁带设备上存取数据的时间依赖于数据所处的位置。相反，对于直接存取设备磁盘来说，是先进行移臂调度，然后再进行旋转调度，因此存取数据的时间变化较小，基本不依赖于数据所处的位置。

2. 磁盘

磁盘是一种典型的直接存储设备，它的存取时间几乎不依赖于数据所处的位置。磁盘的存储介质是一个旋转的圆盘，圆盘的两面涂有磁性物质，通过磁头读取和写入数据。磁头静止不动时，由于磁盘旋转，磁头迅速扫过磁盘表面，磁头的线圈感应出盘片磁性的变化，产生的感生电流经放大整形后得到数据。向磁盘写入数据时，磁头的电流改变了盘片表面的磁性方向，将数据记录在磁盘上。磁盘驱动器的结构和磁盘空间的组织如图 6.2 所示。

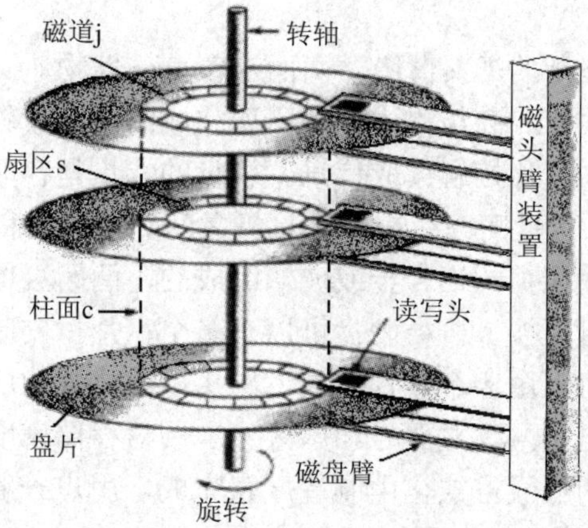

图 6.2　磁盘的结构和磁盘空间的组织

目前，几乎所有可随机存取的文件，都是存放在磁盘上。磁盘 I/O 速度的高低，将直接影响到文件系统的性能。因此，如何改善磁盘 I/O 速度，已成为提高文件系统性能的关键。提高磁盘 I/O 速度的主要途径有：选择性能好的磁盘，采用好的磁盘调度算法及设置磁盘高速缓冲区。

1) 数据的组织

磁盘设备中可包含一个或多个盘片，每片分两面，每面上分成若干条磁道(典型值为

500~2000 条磁道), 磁道之间留有必要的空隙。为使处理简单起见, 在每条磁道上存储相同数目的二进制位。显然, 内层磁道的密度较外层磁道的密度高。磁盘密度是指每英寸中所存储的二进制位数。每条磁道又划分成若干个扇区, 其典型值为 10~100 个扇区。每个扇区的大小相当于一个盘块。各磁道之间同样要保留一定的间隙。

为了在磁盘上存储数据, 必须将磁盘格式化。磁盘的一条磁道含有多个固定大小的扇区。一般地, 每个扇区容量为 600 个字节。其中, 512 字节用于存放数据, 其余字节用于存放控制信息。

每个扇区包括标识符和数据两个字段。标识字段也称物理地址, 由磁道号(柱面号)、磁头号(盘面号)及扇区号三者来标识一个扇区地址。数据字段存放的是数据(例如 512 个字节数据)。

2) 磁盘的类型

对磁盘可从不同的角度进行分类。最常见的有: 将磁盘分成硬盘和软盘、单片盘和多片盘、固定头磁盘和活动头磁盘等。

(1) 固定头磁盘和活动头磁盘:

固定头磁盘: 在每条磁道上都有一个读/写磁头, 所有的磁头都被装在一刚性磁臂中, 通过这些磁头可访问所有的磁道, 并进行并行读/写, 可有效提高磁盘的 I/O 速度。这种结构的磁盘主要用于大容量磁盘上。

移动头磁盘: 每一个盘面仅配有一个磁头, 也被装入磁臂中, 为能访问该盘面上的所有磁道, 该磁头必须能移动以进行寻道。可是, 移动头磁盘只能进行串行读/写, 致使 I/O 速度较慢, 但由于其结构简单, 故仍广泛地用于中、小型磁盘设备中。在微机上配置的温盘(温彻斯特盘)和软盘, 都采用移动磁头结构, 本书主要针对这类磁盘的 I/O 进行讨论。

(2) 软盘和硬盘:

软盘的盘基是一片坚韧的塑料薄膜, 两面涂覆着磁性物质。使用软盘前必须进行格式化, 而且软盘的低级格式化和高级格式化是一次完成的。存取软盘上的信息时, 由步进电机带动磁头寻道, 磁头与盘片接触读取信息。软盘的特点是存取速度较慢, 存储密度小。但软盘的介质可以更换, 因此可以用来在计算机之间交换数据和信息。

硬盘的盘片是由刚性很强的铝合金或玻璃制成的, 两面涂覆着磁性物质。硬盘的盘片密封在壳体内, 一般不可更换。一个硬盘可以有多个盘片, 安装在同一个轴上, 每个盘片有两个磁头。由于硬盘可以由多个盘片组成, 磁头停留位置的所有磁道组成一个柱面, 因此硬盘的地址组成是: 磁头号、柱面号和扇区号。硬盘存储密度很高, 容量和速度及可靠性远远大于软盘。硬盘的低级格式化由制造厂家完成, 用户一般也要对硬盘进行分区, 再进行高级格式化。

需要说明的是, 磁盘上并不要求每条磁道上的扇区在物理上都要按扇区号的大小顺序排列。这是因为硬盘转速很快, 如果扇区号连续排列, 当访问连续的扇区时(这种情况经常遇到), CPU 在驱动器读两个扇区期间来不及处理前一个扇区。这意味着必须等待磁盘再转将近一圈, 才能读下一个扇区。为提高访问速度, 硬盘上相邻编号的扇区会交错地排列在磁道上。通常将间隔的扇区数叫做交错数。

例如每磁道有 17 个扇区, 当交错数为 6 时, 相邻扇区排列为: 1、4、7、10、13、16、2、5、8、11、14、17、3、6、9、12、15; 当交错数为 2 时, 相邻扇区排列为: 1、10、2、

11、3、12、4、13、5、14、6、15、7、16、8、17、9。

稍加分析可发现，访问磁盘上的一个完整磁道，磁盘所转的圈数恰好等于交错数。因此也可以将交错数理解为访问一个完整磁道时磁盘所转的圈数。

3) 磁盘访问时间

对磁盘的访问时间包括以下三部分：

寻道时间 T_s：这是把磁臂(磁头)从当前位置移动到指定磁道上所经历的时间。该时间是启动磁盘的时间 s 与磁头移动 n 条磁道所花费的时间之和，即：

$$T_s = m \times n + s$$

式中，m 是一常数，它与磁盘驱动器的速度有关。对于一般磁盘，m=0.3；对于高速磁盘，m≤0.1，磁臂启动时间约为 3 ms。这样，对一般的温盘，其寻道时间将随寻道距离的增大而增大，大体上是 1～10 ms。

旋转延迟时间 T_r：是指定扇区移动到磁头下面所经历的时间。对于硬盘，典型的旋转速度为 3600 r/min，每转需时 16.7 ms，T_r 为 8.3 ms。对于软盘，其旋转速度为 300 r/min 或 600 r/min，这样，平均 T_r 为 50～100 ms。

传输时间 T_t：是指把数据从磁盘读出或向磁盘写入数据所经历的时间。T_t 的大小与每次所读/写的字节数 b 及旋转速度有关：

$$T_t = \frac{b}{rN}$$

式中，r 为磁盘以秒计的旋转速度，N 为一条磁道上的字节数。当一次读/写的字节数相当于半条磁道上的字节数时，T_t 与 T_r 相同。因此，可将访问时间 T_a 表示为

$$T_a = T_s + \frac{1}{2r} + \frac{b}{rN}$$

由上式可看出，在访问时间中，寻道时间和旋转延迟时间基本上都与所读/写数据的多少无关，而且它们在访问时间中所占的比例很大。

例如，我们假定寻道时间和旋转延迟时间均为 30 ms，而磁道的传输速率为 1 MB/s，如果传输 1 K 字节，此时总的访问时间为 31 ms，传输时间所占比例相当地小。当传输 10 K 字节的数据时，其访问时间也只是 40 ms，即当传输的数据量增加 10 倍时，访问时间只增加了约 30%。目前磁盘的传输速率已达 20 MB/s 以上，数据传输时间所占的比例更低。可见，适当地集中数据(不要太零散)传输，将有利于提高传输效率。

3. 光盘

光盘一般是一个直径为 12 cm 的树脂片，通过模具热压而成。模具在光盘表面压制了许多小坑，小坑分布在螺纹状的轨迹里。激光照射在小坑里，获取信息。一个模具可以加工大量的光盘，所以成本很低。读取光盘时光头不接触盘片。盘片很耐用，可以用手触摸。

音乐盘片(Compact Disc，CD)可以存储约 70 分钟的音乐，以数字方式存储，高保真、立体声。

CD-ROM(Compact Disc-Read Only Memory)是利用 CD 技术的只读存储器，可以存储 650 MB 的数据，需要用光盘驱动器才能读出数据。一般销售的系统软件、工具、游戏等多以 CD-ROM 形式发售。

可记录光盘(Compact Disc-Recordable，CD-R)是一张空盘，用户可以通过刻录机将数据用激光写在光盘上，可以在一般的 CD-ROM 驱动器中读出。

可重写光盘(Compact Disc-Rewritable，CD-RW)是用户可以通过刻录机将数据用激光重复写在其上的光盘，也可以在一般的 CD-ROM 驱动器中读出。

视频光盘(Video CD，VCD)可以在 CD 上用 MPEG1 的格式存放约 70 分钟质量不高的活动影像(电影)。但由于其画面和音乐效果都不好，现在已处于淘汰状态。

数字视频光盘(Digital Video Disc，DVD)用于存放约 130 分钟用 MPEG2 的格式压缩的电影。由于其存储量大，画面质量和音质好，因此现在被叫做 Digital Versatile Disc，即数字多用途光盘。它有单层、双层和单面、双面之分，容量为 4.7～17 GB。

4. 其他存储设备

随着大规模集成电路技术的发展，半导体存储器的容量越来越大，价格也越来越便宜。其中的"快闪存储器"(Flash RAM)由于不需要电能来维持存储的信息，因而越来越多地代替了软盘和其他可更换介质。在某些特殊场合，甚至可以用来代替硬盘。

5. 用户对外存的使用要求

用户对外存的使用要求取决于用户使用外存的目的。用户使用外存是为了存储数据，以便在必要的时候可以读出，并进行数据的修改和更新。因此用户对外存的使用要求包括三个方面：

(1) 方便性：用户可以"按名存取"，无需知道物理地址(柱面、磁道和扇区)以及数据在外存上的存放形式。

(2) 高效性：存取数据尽可能快，磁盘的容量大且空间利用率高。

(3) 安全可靠：外存上存放的信息应安全可靠，能防止来自硬件的故障干扰和来自他人的入侵。

6.2.3 文件的物理结构

文件的物理结构是指文件的内部组织形式，即文件在物理存储设备上的存放方法。由于文件的物理结构决定了文件信息在文件存储设备上的存放位置，因此文件的逻辑块号到物理块号的转换也是由文件的物理结构决定的。根据用户和系统管理上的需要，可采用多种方法来组织文件。下面介绍几种常见的文件物理结构。

1. 连续结构

连续结构也称顺序结构。它将逻辑上连续的文件信息(如记录)依次连续存放在连续编号的物理块上。只要知道文件的起始物理块号和文件的长度，就可以很方便地进行文件的存取。例如，文件 W.TXT 占用了 50、51、52、53 号物理块，系统只需将文件的起始块号 50 和文件的长度放在文件目录中该文件所对应的文件说明中即可，如图 6.3 所示。

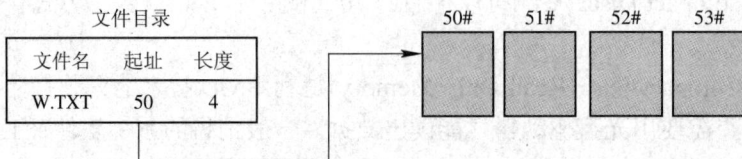

图 6.3　连续结构

连续结构文件中的记录可以是定长的，也可以是变长的。对于定长记录的文件，如果已知当前记录的逻辑地址，就能很容易地确定下一个记录的逻辑地址。对于变长记录的文件，与顺序读/写时的情况相似，应该分别为它们设置读/写指针，在每次读/写完一个记录后，需将读/写指针加上刚读完或者刚写完的记录的长度，即后移一个相应记录的长度。

连续结构的最佳应用场合，是在对文件诸记录进行批量存取时。在所有逻辑文件中，其存取效率是最高的。但在交互应用的场合，如果用户(程序)要求随机地查找或修改单个记录，则此时系统需要逐个地查找诸记录，这样采用连续结构所表现出来的性能就可能很差，尤其是当文件较大时情况将更为严重。

连续结构的另一个缺点是，不便于记录的增加或删除操作。为了解决这个问题，可以为采用连续结构的文件配置一个运行记录文件(Log File)或称为事务文件(Transactor File)，规定每隔一定时间，例如 4 小时，将运行记录文件与原来的主文件进行合并，产生一个新文件。这样每次对记录进行增加或删除操作时，不必物理移动磁盘信息使其成为连续结构。

2. 链接结构

链接结构也称串联结构，它将逻辑上连续的文件信息(如记录)存放在不连续的物理块上，每个物理块设有一个指针指向下一个物理块。因此，只要知道文件的第一个物理块号，就可以按链指针查找整个文件。

例 6.1 文件 W.TXT 占用了 60、86、92、103 号物理块，文件的起始块号 60 放在文件说明中，如图 6.4 所示。

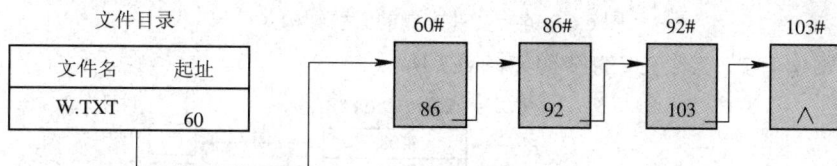

图 6.4 链接结构

3. 索引结构

采用索引结构可将逻辑上连续的文件信息(如记录)存放在不连续的物理块中。系统为每个文件建立一张索引表，索引表记录了文件信息所在的逻辑块号对应的物理块号，并将索引表的起始地址放在文件对应的文件目录项中。

例 6.2 文件 W.TXT 占用了 60、86、92、103 号物理块，文件索引表存放在 98 号物理块中，W.TXT 文件的文件目录项指向文件索引表，如图 6.5 所示。

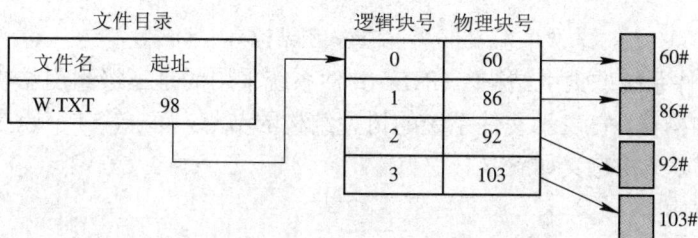

图 6.5 索引结构

访问 W.TXT 文件的过程是：系统按文件名 "W.TXT" 查找文件目录表，根据索引表的起始地址将索引表块读入内存，按索引表查找对应的物理块号并将物理块读入内存。

索引表是在文件建立时由系统自动建立的，并与文件一起存放在同一文件卷上。一个文件的索引表根据文件大小的不同，占用个数不等的物理块，一般占用一个或几个物理块。多个物理块的索引表有两种组织方式：链接文件方式和多重索引方式。

(1) 链接文件方式。该方式将多个索引表块按链接文件的方式串联起来。

例 6.3　每个索引表项占 4 个字节(可表示物理块号的范围从 $0\sim2^{32}$)，若物理块的大小为 512 字节，则一个物理块可存放 127 个索引表项和一个链接字，如图 6.6 所示。

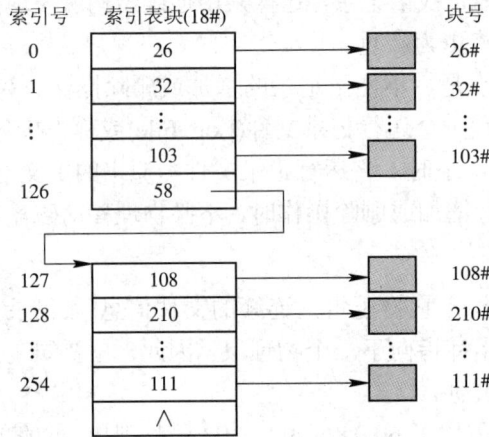

图 6.6　链接文件方式的索引结构

(2) 多重索引方式。该方式的结构如图 6.7 所示。

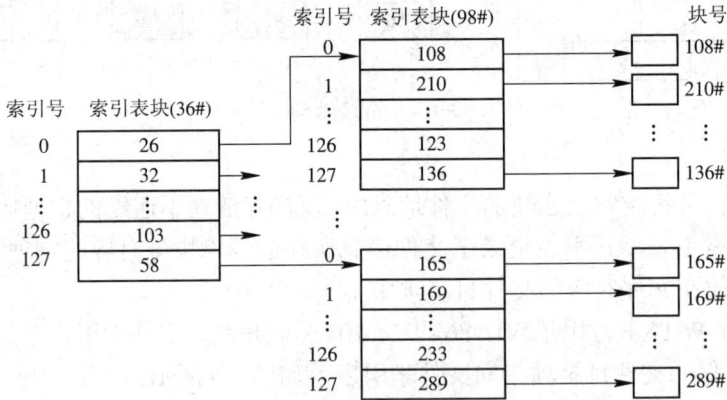

图 6.7　多重索引结构

(3) UNIX 文件系统的索引结构。UNIX 文件系统采用的是三级索引结构，文件系统中的 I 节点是基本的构件，它表示文件系统的树型结构的节点。每一个 I 节点是一个普通文件或目录文件。I 节点结构定义如下：

```
struct dinode{
    ushort    di_mode;              /*文件控制模式*/
    short     di_nlink;             /*文件的链接数*/
    ushort    di_uid;               /*文件主用户标识*/
    ushort    di_gid;               /*文件主同组用户标识*/
```

off_t	di_size;	/*文件长度，以字节为单位*/
char	di_addr[40];	/*文件索引表，存放文件的物理盘块号*/
time_t	di_atime;	/*文件最近一次访问时间*/
time_t	di_mtime;	/*文件最近一次修改时间*/
time_t	di_ctime;	/*文件创建时间*/

　　　　}

　　di_mode 指定了文件的类型和访问权限。ls –l 命令列出的第一个字段就是取自本结构的这个成员。字符数组 di_addr[40]中每三个字节组成一个单元，记录文件的物理盘块号，构成了 13 个表项的地址索引表。将其设置成 40 个字节大小，使得 I 节点的大小为 64 字节，这样，在一个物理块中正好放整数个 I 节点。

　　UNIX 将 13 个表项分成如下的 4 种寻址方式：

　　直接寻址：di_addr[]数组前 10 个表项直接指向文件前 10 个逻辑块的物理盘块地址，称为直接块指针。

　　一级间接寻址：di_addr[]数组的第 11 个表项指向文件索引块的地址，即第 11 个表项登记的不是文件的物理盘块号，而是一个索引块的地址。假设一个物理块的大小为 1 KB，每个索引表项为 3 个字节，那么，一个索引块可以登记 341 个物理盘块号。如果访问文件的逻辑块号大于等于 10(逻辑块从 0 开始编号)小于 351，则采用一级间接寻址。

　　二级间接寻址：对于长度超过前两种方式所能寻址的文件，超过部分采用二级间接寻址方式。di_addr[]数组的第 12 个表项指向第一个具有 341 个表项的间接索引块的地址，间接索引块的每一个表项又都登记了具有 341 个表项的索引块的地址，在这级索引块中登记的才是文件的物理块地址，如图 6.8 所示。

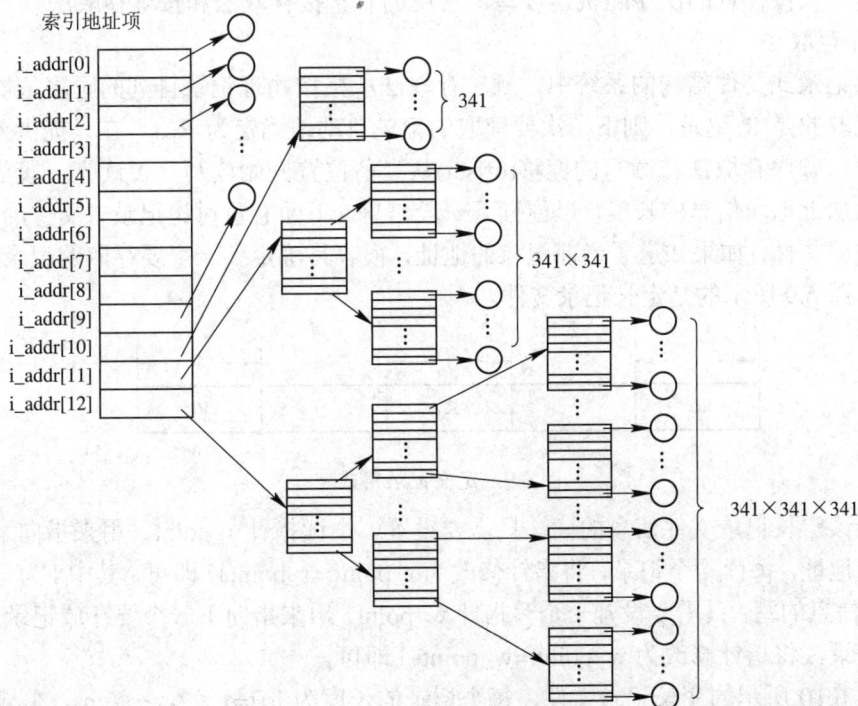

图 6.8　UNIX 文件的索引结构

　　三级间接寻址：对于长度超过前三种方式所能寻址的文件，超过部分采用三级间接寻址方式。di_addr[]数组的第 13 个表项指向第一个具有 341 个表项的二级间接索引块的地址，文件的寻址原理同二级间接寻址。

　　UNIX 文件的索引结构如图 6.8 所示。文件的寻址方式是随着文件长度的扩充而逐步升级的。所能访问的文件的最大长度为：$(10+341+341\times341+341\times341\times341)$ KB，即将近40 GB。

4．Hash 文件

　　哈希文件(hashed file)采用计算寻址结构，它由主文件和溢出文件组成。记录位置由哈希函数确定。像连续和索引结构文件一样，在每个记录中需要有一个关键字字段，检索时给出记录键值，通过哈希函数计算出该记录在文件中的相对位置，这就是通常所说的 Hash 方法(散列法或杂凑法)。利用这种方法所建立的文件称为 Hash 文件。

　　一般来说，由于地址的总数比可能的键值总数(范围)要少得多，因此不同的键值在计算后可能会得到相同的地址，这种现象称为"地址冲突"。解决地址冲突的办法是采用溢出处理技术，这是设计 Hash 文件需要考虑的主要内容。常用的溢出处理技术有：顺序探索法、二次散列法、拉链法和独立溢出区法等。

6.2.4　文件结构、文件存取方式与文件存储介质的关系

1．文件的存取方式

　　文件的存取方式是指读写文件存储器上的一个物理块的方法。通常有顺序存取和随机存取两种方法。顺序存取是指对文件中的信息按顺序依次读写的方式；随机存取是指对文件中的信息可以按任意的次序随机地读写，常用的有直接存取法和按键存取法。

　　1) 顺序存取法

　　在提供记录式文件结构的系统中，顺序存取法严格按物理记录排列的顺序依次读取。如果当前读取的是 R_i 记录，则下一次要读取的记录自动地确定为 R_{i+1}。在只提供无结构的流式文件中，顺序存取法按读写的偏移(offset)从当前位置开始读写，每读完一段信息，读写偏移自动加上这段信息的长度，以便读下一段信息。下面着重讨论记录式文件的存取法。

　　对于顺序文件，如果知道了当前记录的地址，很容易确定下一个要存取的记录的地址。例如，图 6.9 所示的是定长记录文件。

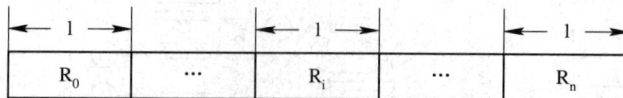

←─ l ─→			←─ l ─→		←─ l ─→
R_0	…		R_i	…	R_n

图 6.9　定义记录格式

　　要实现该定长记录文件信息的读，只需要设置一个读指针 r_point，用来指向下一个要读出记录的地址，每读一个记录，将指针修改为 r_point:=r_point+l 即可，其中 l 为记录的长度。要实现信息的写，只需要设置一个写指针 w_point，用来指向下一个要存放记录的地址，每写一个记录，将指针修改为 w_point:=w_point+l 即可。

　　对于图 6.10 所示的变长记录文件，每个记录的长度为 l_i(i=1，2，…，n)，假定存放记录长度需要占用 2 个字节，那么，要实现信息的读，需要设置一个读指针 r_point，用来指

向下一个要读出记录的地址；还要设置一个工作单元 r_length，用来存放下一个要读出记录的长度。每读一个记录，首先将下一个记录的长度 l_i 读出并存放到 r_length 中，然后读取一个记录，并将指针修改为 r_point:=r_point+r_length+2 即可。

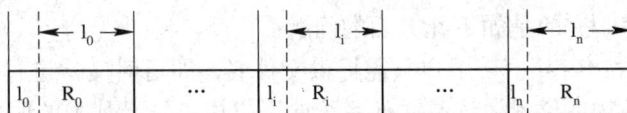

图 6.10　变长记录格式

要实现变长记录文件信息的写，需要设置一个写指针 w_point，用来指向下一个要存放记录的地址；还要设置一个工作单元 w_length，用来存放当前记录的长度。每写一个记录，首先将该记录的长度 l_i 写入磁盘，然后将记录写入磁盘，并将指针修改为 w_point:=w_point+w_length+2 即可。

2) 直接存取法

直接存取法允许用户随意存取文件中任意一个物理记录。对于无结构的流式文件，采用直接存取法，必须事先将读写偏移移动到待读写信息的位置上，然后再进行读写。

例如，对于定长记录文件，假定文件的起始位置为 offset，欲读写第 i(i=1，2，3，…，n) 个记录，则读指针为：r_point:=offset+i×l；写指针为：w_point:=offset+i×l。

对于变长记录文件，若要读第 i 个记录，必须从文件的起始位置顺序读每一个记录的长度，才能确定第 i 个记录的位置。显然这种逻辑组织对于直接存储是十分低效的。因此，通常采用索引表的组织，在索引表结构的文件中，欲存取的记录的长度放在索引表项中。这样，每当用户要访问一个记录时，先查索引表找到待访问记录在磁盘的物理位置，然后读取记录。

3) 按键存取法

按键存取法是直接存取法的一种，它不是根据记录的编号或地址来存取文件中的记录，而是根据文件中各记录的某个数据项内容来存取记录的，这种数据项称为"键"。因此，将这种存取法称为按键存取法。

2. 文件结构、文件存取方式与文件存储介质的关系

文件的物理结构密切依赖于文件存储器的特性和存取方式。磁带属于顺序存储设备，适合构造连续结构文件，相应的存取方式采用顺序存取法。磁盘属于直接存取设备，可以采用连续结构文件，也可以采用串联结构或索引文件等物理结构。

采用顺序存取方式的磁带设备，当存取一个记录后，由于磁头刚好移到下一个记录的位置，故不再需要额外的寻找时间。若采用其他存取方式，需要来回倒带读取随机访问的记录，故要花费额外的开销，所以不宜采用。

文件结构、文件存取方式与文件存储介质的关系如表 6.1 所示。

表 6.1　文件结构、文件存取方式与文件存储介质的关系

存储设备	磁带	磁盘(磁鼓)		
文件结构	连续	连续	串联	索引
存取方式	顺序	顺序、直接	顺序	顺序、直接

6.3　文件目录

文件目录的管理研究的是如下几方面的问题：

(1) 如何实现"按名存取"。用户只需提供文件名，即可对文件进行存取。将文件名转换为该文件在外存的物理位置，这是文件系统向用户提供的最基本的服务。

(2) 如何提高对目录的检索速度。研究的是如何合理地组织目录结构，加快对目录的检索速度，从而加快对文件的存取速度。这是在设计一个大、中型文件系统时所追求的主要目标。

(3) 如何实现文件共享。例如，在多用户系统中，应允许多个用户共享一个文件，这样，只需在外存中保留一份该文件的副本，供不同用户使用，就可节省大量的存储空间并方便用户。

(4) 如何解决文件重名问题。系统应允许不同用户对不同文件采用相同的名字，以便于用户按照自己的习惯命名和使用文件。

6.3.1　文件目录的内容

为了实现"按名存取"，系统必须为每个文件设置用于描述和控制文件的数据结构，它至少要包括文件名和存放文件的物理地址，这个数据结构称为文件控制块 FCB。文件控制块的有序集合称为文件目录。换句话说，文件目录是由文件控制块组成的，专门用于文件的检索。文件控制块 FCB 也称为文件的说明或文件目录项(简称目录项)。

1. 文件控制块 FCB

文件控制块 FCB 中包含以下三类信息：基本信息类、存取控制信息类和使用信息类。

(1) 基本信息类：包括文件名和文件的物理地址。

文件名：标识一个文件的符号名，在每个系统中文件必须具有惟一的名字。

文件的物理地址：它由于文件的物理结构的不同而不同。对于连续文件，它就是文件的起始块号和文件总块数；对于 MS-DOS，它是文件的起始簇号和文件总字节数；对于 UNIX SV，它是文件所在设备的设备号、13 个地址项、文件长度和文件块数等。

(2) 存取控制信息类：是指文件的存取权限。例如 UNIX 把用户分成文件主、同组用户和一般用户三类，存取控制信息类就是指这三类用户的读写执行(RWX)的权限。

(3) 使用信息类：包括文件建立日期、最后一次修改日期、最后一次访问的日期及当前使用的信息(打开文件的进程数和在文件上的等待队列等)。需要说明的是，文件控制块的信息因操作系统的不同而不同。UNIX 文件系统命令 ls–l 对文件的长列表显示的 FCB 信息如下：

　　–r–xr–xr–t　　1　bin　　bin　　43296　　May 131997　　/bin/hello.c

显示的各项信息为文件类型和存取权限、链接数、文件主、组名、文件长度、最后一次修改日期及文件名。

2. 文件目录

文件目录是由文件控制块组成的，专门用于文件的检索。文件目录可以存放在文件存储器的固定位置，也可以以文件的形式存放在磁盘上，我们将这种特殊的文件称之为目录文件。

6.3.2　目录结构

文件目录结构的组织方式直接影响到文件的存取速度，并关系到文件的共享性和安全性，因此组织好文件的目录是设计文件系统的重要环节。常见的目录结构有三种：一级目录结构、二级目录结构和多级目录结构。

1. 一级目录结构

一级目录的整个目录组织是一个线性结构，在整个系统中只需建立一张目录表，系统为每个文件分配一个目录项(文件控制块)。一级目录结构简单，但缺点是查找速度慢，不允许重名，不便于实现文件共享等，因此它主要用在单用户环境中。

2. 二级目录结构

为了克服一级目录结构存在的缺点，引入了二级目录结构。二级目录结构是由主文件目录 MFD(Master File Directory)和用户目录 UFD(User File Directory)组成的。在主文件目录中，每个用户文件目录都占有一个目录项，其目录项中包括用户名和指向该用户目录文件的指针。用户目录是由用户所有文件的目录项组成。二级目录结构如图 6.11 所示。

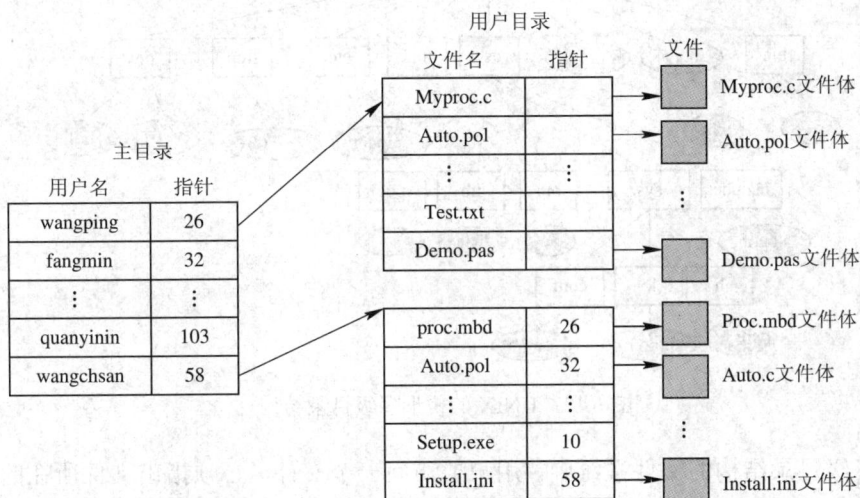

图 6.11　二级目录结构

采用二级目录(Two Level Directory)结构后，用户可以请求系统为之建立一个用户文件目录(User File Directory，UFD)。如果用户不再需要 UFD，也可以请求系统管理员将它撤消。当用户要创建一新文件时，操作系统只需检查该用户的 UFD，判定在该 UFD 中是否已有同名的另一个文件。若有，用户必须为新文件重新命名；若无，便在 UFD 中建立一个新的目录项，将新文件名及其有关属性填入目录项中。当用户要删除一个文件时，操作系统也只需查找该用户的 UFD，从中找出指定文件的目录项，回收该文件所占用的存储空间，并将该目录项清除。

二级目录结构基本上克服了单级目录的缺点，其优点如下：

(1) 提高了检索目录的速度。如果在主目录中有 n 个子目录，每个用户目录最多有 m

个目录项，则找到一指定的目录项，最多只需检索 n+m 个目录项。但如果采取单级目录结构，则最多需检索 n*m 个目录项。假定 n＝m，可以看出，采用二级目录可使检索效率提高 n/2 倍。

(2) 较好地解决了重名问题。在不同的用户目录中，可以使用相同的文件名，只要保证用户自己的 UFD 中的文件名惟一。例如，用户 wangping 可以用 Auto.pol 来命名一个文件；而用户 wangchsan 也可用 Auto.pol 来命名一个文件。

采用二级目录结构也存在一些问题。该结构虽然能有效地将多个用户隔离开，但这种隔离在各个用户之间完全无关时是一个优点，当多个用户之间要相互合作去共同完成一个大任务，且一用户又需去访问其他用户的文件时，这种隔离便成为一个缺点，因为这种隔离使诸用户之间不便于共享文件。

3. 多级目录结构

为了解决以上问题，在多道程序设计系统中常采用多级目录结构，这种目录结构像一棵倒置的有根树，所以也称为树形目录结构。从树根向下，每一个节点是一个目录，叶节点是文件。MS-DOS 和 UNIX 等操作系统均采用多级目录结构。图 6.12 为 UNIX 的树形多级目录结构。

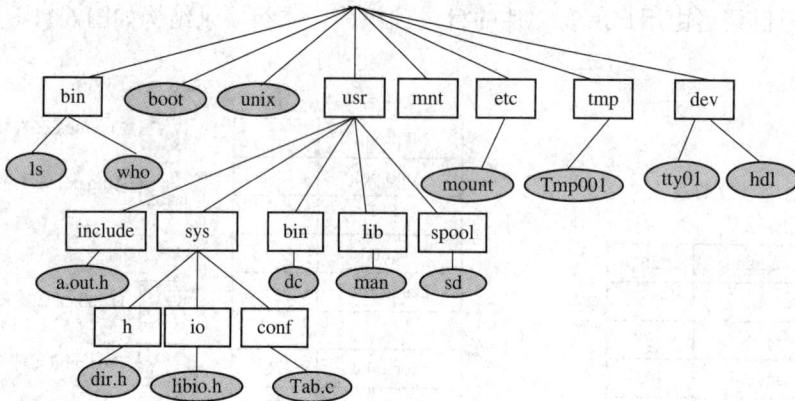

图 6.12　UNIX 的树形多级目录结构

采用多级目录结构的文件系统中，用户要访问一个文件，必须指出文件所在的路径名。路径名是从根目录开始到该文件的通路上所有的各级目录名的组合。各目录名之间，目录名与文件名之间需要用分隔符隔开。例如，在 MS-DOS 中分隔符为 "\"，在 UNIX 中分隔符为 "/"。

绝对路径名(absolute path name)是指从根目录 "/" 开始的完整文件名，即它是由从根目录开始的所有目录名以及文件名构成的。

例如，图 6.12 中访问命令文件 man 的路径名为/usr/lib/man，通常也称之为文件全名。

在多级目录中存取一个文件需要用文件全名，这就意味着允许用户在自己的目录中使用与其他用户文件相同的文件名。由于各用户使用了不同的目录，因此二者虽使用了相同的文件名，但它们的文件全名仍不相同，这就解决了重名问题。

采用多级目录结构提高了检索目录的速度。例如，采用单级目录查找一个文件，最多需查遍系统目录文件中的所有文件目录项，平均也要查一半文件目录项。而用多级目录查找一个文件，最多只需查遍文件路径上根目录文件和子目录文件中的目录项。

例如上图中要查找文件 man，只要检索 root 目录、usr 目录和 lib 目录，便可以找到文件 man 的目录项，得到文件 man 在磁盘上的物理地址。

4．增加和删除目录

在树形结构目录中，用户可为自己建立 UFD(用户文件目录)，并可以再创建子目录。在用户要创建一个新文件时，只需查看在自己的 UFD 及其子目录中是否有与新建文件相同的文件名，若无，便可在 UFD 或其子目录中增加一个新目录项。

在树形结构目录中，对于一个已不需要的目录，应如何删除其目录项，需视情况而定。这时，如果所要删除的目录是空的，即该目录中没有任何文件，就可简单地将该目录文件删除，并使它在其上一级目录中对应的目录项为空；如果要删除的目录不空，即目录中还有文件或子目录，则可采取下述两种方法处理：

(1) 不允许删除非空目录：当目录(文件)非空时，不允许将其删除。若要删除一个非空目录必须先删除目录中的所有文件，使之成为空目录后才能将该目录删除。

(2) 允许删除非空目录：当要求删除一个目录时，如果该目录中包含有文件或子目录，则目录中的所有文件和子目录也同时被删除。

上述两种方法实现起来都比较容易。第二种方法比较方便，但却比较危险，因为整个目录结构用一条命令就可删除，如果这是一条错误命令，其后果可能是非常严重的。

5．改进的多级目录

为了提高目录检索速度，可把目录中的文件说明(文件描述符)信息分成符号文件目录和基本文件目录这两部分。

符号文件目录：由文件名和文件内部标识组成的树状结构，按文件名排序。其实例如图 6.13 所示。

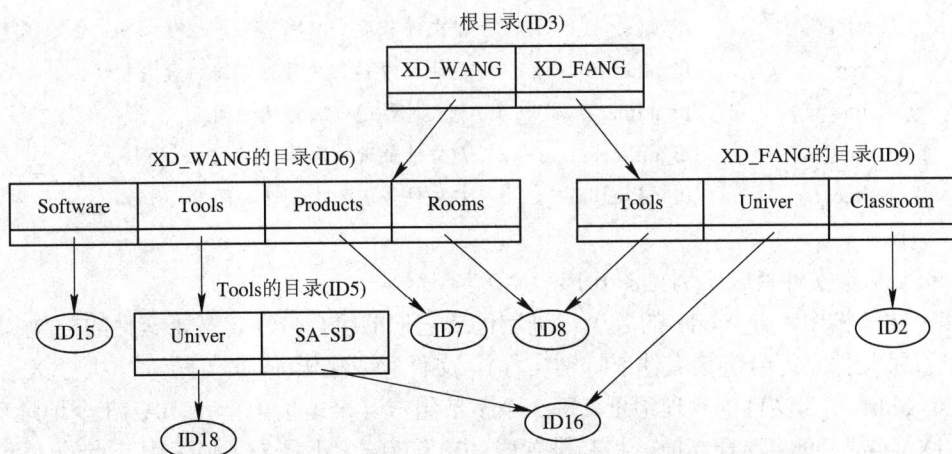

图 6.13　符号文件目录实例

基本文件目录(索引节点目录)：由其余文件说明信息组成的线性结构，按文件内部标识排序。

为了实现"按名存取",系统需按下述步骤找到所需访问的文件:

(1) 根据文件名,检索文件目录,找到该文件的目录项或索引结点。

(2) 根据找到的目录项或索引结点中所记录的文件物理地址(盘块号),换算出在磁盘上的物理位置。

(3) 启动磁盘驱动程序,将所需文件读到内存中。

这里需解释一下相对路径(relative path name)的概念。每访问一个文件都要使用从根目录开始直到树叶的数据文件为止,包含各中间子目录的全路径名是相当麻烦而且费时的。由于一个进程运行时访问的文件大多局限在某个范围,基于这一点,可为每个用户(或每个进程)设置一个"当前目录",又称"工作目录"或"值班目录"。进程对各文件的访问都相对于"当前目录"而设置路径,这称为相对路径。用相对路径可缩短搜索路径,提高目录检索的速度。

6. 文件目录举例

1) UNIX 目录

为了加快目录的寻找速度,UNIX 将文件控制块 FCB 中的文件名和文件说明分开。文件说明为索引节点(也称 I 节点),各文件索引节点集中存放在索引节点区,并按索引节点号排序。文件名与索引节点号构成目录。UNIX S Ⅴ 操作系统的文件名为 14 个字节,索引节点为 2 个字节,这 16 个字节构成目录项。同一级目录构成目录文件,存放在文件区中。

每个文件有一个存放在磁盘索引节点区的索引节点,称为磁盘索引节点,它包括以下内容:

```
struct inode{
    ushort      di_mode;        /*文件控制模式*/
    short       di_nlink;       /*文件的链接数*/
    ushort      di_uid;         /*文件主用户标识*/
    ushort      di_gid;         /*组用户标识*/
    off_t       di_size;        /*文件长度,以字节为单位*/
    char        di_addr[40];    /*地址索引表,存放文件的盘块号*/
    time_t      di_atime;       /*文件最近一次访问时间*/
    time_t      di_mtime;       /*文件最近一次修改时间*/
    time_t      di_ctime;       /*文件最近一次创建时间*/
};
```

UNIX 基本文件目录实例见图 6.14。

在上述结构中,di_mode 的各个二进制位或它们的组合分别定义了文件的类型(如普通文件、目录文件、符号链接文件或特别文件)、文件存取极限(读 R、写 W、执行 X);字符数组 Di_addr[40]为文件的物理地址,每 3 个字节组成一个地址项单元,共 13 个地址项,用于 UNIX 直接、间接混合寻址。将其设置成 40 字节的大小是为了使索引节点的大小为 64 字节,以便在一个盘块中刚好放满整数个 I 节点。

UNIX 采用文件名和文件说明分离的目录结构,如图 6.15 所示。

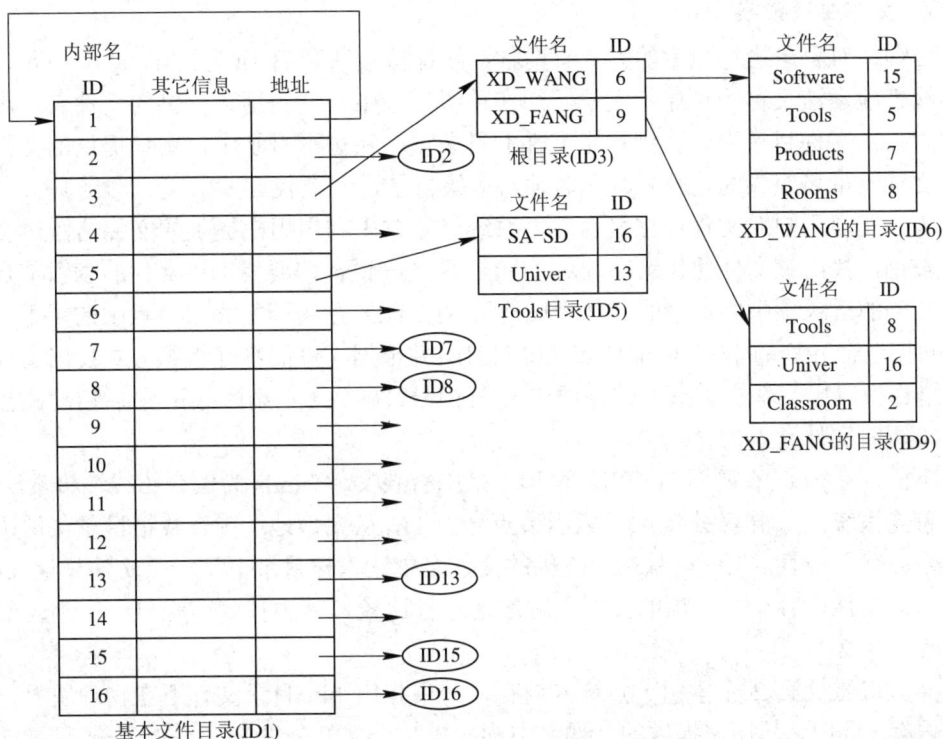

图 6.14 UNIX 基本文件目录实例

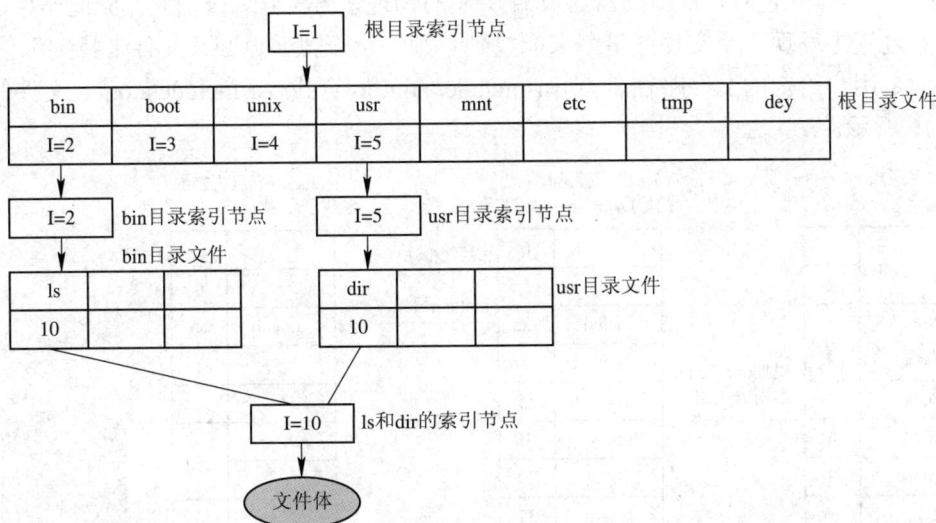

图 6.15 UNIX 多级树型带交叉勾连实例

2) Linux 目录

Linux 目录文件中的目录项是可变长的，即文件系统支持文件名长度可变，文件名最长达 255 个字符。目录项的前三项是定长的，包含以下信息：索引节点号(4 字节)，目录项长度(2 字节)，文件名长度(2 字节)。目录项的最后一项是文件名。注意目录项不能跨越两个块。

7. 文件目录检索

目前，对目录进行检索的方式有两种：线性检索法和 Hash 方法。

线性检索法又称为顺序检索法，即在单级目录中，利用用户提供的文件名，用顺序查找法直接从文件目录表中找到指定文件的目录项。在树形目录中，用户提供的文件名是由多个文件分量名组成的路径名，此时须对多级目录进行查找。

为了实现用户对文件的按名存取，系统必须首先利用用户提供的文件名，对文件目录进行查询，找出该文件的目录项，对 UNIX 系统来说，即要找出该文件的索引节点；然后根据找到的目录项中所记录的文件物理地址(对 UNIX 系统即是索引节点中的用于 UNIX 直接、间接混合寻址的 13 个地址项 di-addr[13])，并根据文件的物理组织方式找出文件的盘块号，进而换算出文件在磁盘上的物理位置(柱面号、磁头号、扇区号)；最后启动磁盘驱动程序，将所需文件读入内存。

下面以在图 6.15 所示的 UNIX 树形目录中查找文件/bin/ls 为例介绍线性检索法。

首先系统读入根索引节点(其索引节点号为 1)，从文件地址项查找根目录文件所在的物理块号并读入内存。同时，从用户提供的文件名中读入根目录下第一个文件分量 bin，用它与根目录文件中各个目录项的文件名顺序地进行比较，从中找到匹配号，得到匹配项的索引节点号为 2。

然后将磁盘第 2 个索引节点读入内存，从中找出 bin 目录文件所在物理块号，并将它读入内存。同时，从用户提供的文件名中读入第二个文件分量 ls，用它与 bin 目录文件中目录项的文件名顺序地进行比较，从中找出匹配号，得到匹配项的索引号为 31。然后，将磁盘第 31 号节点读入内存，从中判断 ls 文件所在的物理块号。目录查询操作到此结束。如果顺序查找过程中发现一个文件分量名未能找到，则停止查找并返回"文件未找到"信息。

又假定用户给定的文件路径名为/usr/include/a.out.h，查找/usr/include/a.out.h 文件的过程如图 6.16 所示。

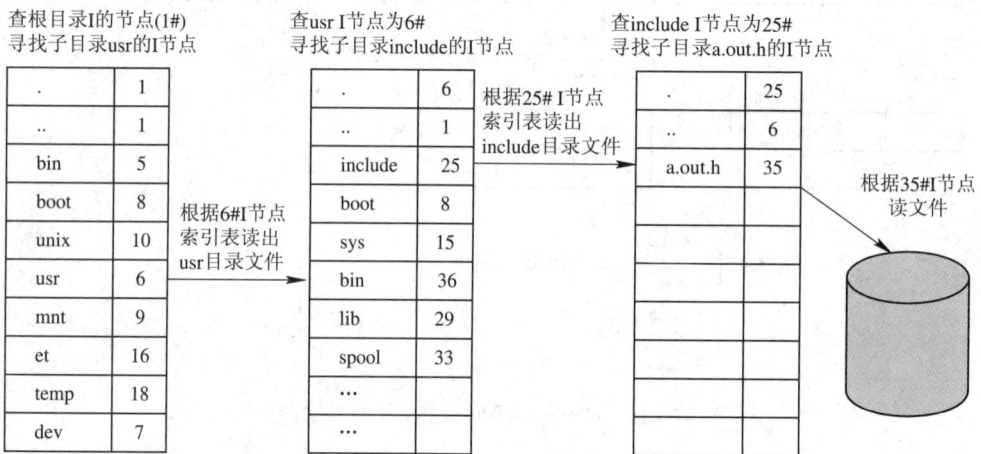

图 6.16 查找文件举例

8. 记录的成组与分解

用户的逻辑文件是按信息在逻辑上的独立含义划分成逻辑记录的，因此逻辑记录的大小是由文件的大小决定的。但是，文件存储器上物理块的大小是在磁盘格式化时确定的，因此逻辑记录的大小与物理块的大小往往不一致。这样，当用户逻辑记录大大小于物理块时，就会造成存储空间的浪费。因此，可将多个逻辑记录放在一个物理块中，需要时再将其从物理块中分解出来。

记录的成组是指把若干个逻辑记录合成一组存放在一个物理块的过程。进行成组操作时必须使用主存缓冲区，缓冲区的长度等于逻辑记录的长度乘以成组的块因子。记录成组的优点是提高了存储空间的利用率，减少了启动外设的次数，提高了系统的工作效率。

实现记录成组时需要考虑逻辑记录的格式。对于定长记录文件，记录成组时除最后一个物理块外，其余每块的逻辑记录的个数是相同的，所以只需要在文件目录项中说明逻辑记录的长度和块因子，若要访问逻辑记录时可以方便地找出。对于不定长记录文件，记录成组时需要每个逻辑记录及附加记录长度信息。

记录的分解是指从一组逻辑记录中把一个逻辑记录分离出来的过程。由于读/写文件存储器上的信息是以块为单位的，而用户处理信息要以逻辑记录为单位，因此当逻辑记录成组存储后，用户要处理记录时必须执行记录的分解操作。

对于定长记录格式，按照记录长度很容易进行分解。对于变长记录格式，系统首先将物理块读入内存，然后根据附加在记录前说明记录长度的控制信息，计算出用户指定的记录在主存缓冲区中的位置，将记录分解出来。其分解步骤如下：

(1) 根据记录号和记录长度，确定记录所在物理块的相对块号 rb。

(2) 由记录长度确定记录所在的物理块块数 n。

(3) 计算记录在所占的首物理块内的偏移量 d1。

(4) 计算记录所占的末物理块内的偏移量 d2，即记录在末块内占据的长度。

(5) 根据物理块长 bs 及计算出来的 d1 和 d2，判断记录是否跨块；若跨块，则修改 n 值和 d2 值。

记录成组和分解处理不仅节省存储空间，还能减少 I/O 的操作次数，提高系统效率。记录成组和分解的处理过程如图 6.17 所示。

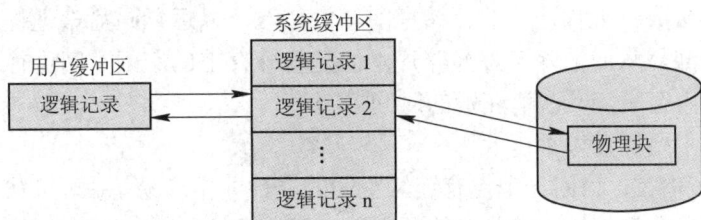

图 6.17 记录成组和分解的处理过程

采用成组和分解方式处理记录的主要缺点是需要软件增加成组和分解的额外操作，并且要有能容纳最大块长的 I/O 缓冲区。

6.4 文件系统的实现

从用户的角度来观察文件系统，关心的是文件怎样命名、可以进行哪些操作、目录树是什么样的。而文件系统的实现者关心的是文件和目录是怎样存储的、在内存中所需要的表目、文件空间的分配和管理、文件系统目录的实现和文件存储器空间的管理。下面将从实现者的角度介绍与文件系统实现相关的问题。

6.4.1 文件空间的分配和管理

实现文件系统的关键问题是记录各个文件分别用到了哪些磁盘块，不同的操作系统采用了不同的方法。由于磁盘具有可直接访问的特性，故利用磁盘来存放文件时，具有很大的灵活性。在为文件分配外存空间时所要考虑的主要问题有：

(1) 怎样才能有效地利用外存空间。

(2) 怎样提高对文件的访问速率。

目前常用的外存分配方法有：连续分配、链接分配和索引分配。通常，在一个系统中，仅采用其中的一种方法来为文件分配外存空间。

1. 连续分配

连续分配(continuous allocation)要求为每一个文件分配一组相邻接的盘块。若物理块的大小为 2 K，则 50 K 的文件需要分配 25 个连续的物理块，其地址是线性的。例如，第一个盘块的地址为 b，则第二个盘块的地址为 b+1，第三个盘块的地址为 b+2……。通常，它们都位于一条磁道上，在进行读/写时不必移动磁头。仅当访问到一条磁道的最末一个盘块时，才需要移到下一条磁道，于是又去连续地读/写多个盘块。为使系统能找到文件存放的地址，应在目录项的"文件物理地址"字段中，记录该文件第一个记录所在的盘块号和文件长度(以盘块进行计量)。

在采用连续分配方式时，可把逻辑文件中的记录顺序地存储到邻接的各物理盘块中，这样形成的物理文件称为顺序文件。这种分配方式保证了逻辑文件中的记录顺序与存储器中文件占用盘块的顺序的一致性。如同内存的动态分区分配一样，随着文件空间的分配和文件删除时的收回，将使磁盘空间被分割成许多小块，这些较小的连续区已难于用来存储文件，称为外部碎片。同样，我们也可利用紧凑的方法，来将盘上所有的文件紧靠在一起，使所有的碎片拼接成一大片连续的存储空间。例如，可以运行磁盘整理程序，使之成为一个连续的存储空间，从而消除了外部碎片。但是将外存上的空闲空间进行一次紧凑所花费的时间，远比将内存紧凑一次所花费的时间多得多。

连续分配的主要优点如下：

(1) 顺序访问容易。访问一个占有连续空间的文件非常容易。系统可从目录中找到该顺序文件所在的第一个盘块号，从此开始顺序地、逐个盘块地往下读/写。连续分配也支持直接存取。例如，要访问一个从 b 块开始存放的文件中的第 i 个盘块内容，就可直接访问 b+i 号盘块。

(2) 顺序访问速度快。因为由连续分配所装入的文件，其所占用的盘块可能是位于一条或几条相邻的磁道上。这时，磁头的移动距离最少。因此，用这种方法对文件访问，其速度是几种存储空间分配方式中最高的一种。

连续分配的主要缺点是：

(1) 要求有连续的存储空间。要为每一个文件分配一段连续的存储空间。因此，便会产生出许多外部碎片，严重地降低了外存空间的利用率。如果是定期地利用紧凑的方法来消除碎片，则又需花费大量的机器时间。

(2) 必须事先知道文件的长度。要将一个文件装入到一个连续的存储区中，必须事先知道文件的大小，然后根据其大小，在存储空间中找出一块大小足够的存储区，将文件装入。在有些情况下，知道文件的大小是件非常容易的事，如拷贝一个已存文件。但有时却很难，只能靠估算。如果估计的文件大小比实际文件小。就可能因存储空间不足而中止文件的拷贝，需再要求用户重新估算，然后再次执行。这样，既费时又麻烦。这就使用户往往将文件长度估得比实际要大，甚至使所计算的文件长度比实际长度大得多，这严重地浪费了外存空间。对于那些动态增长的文件，虽然开始时文件很小，但在运行中逐渐增大。比如，这种增长要经历几天、几个月。在此情况下，即使事先知道文件的最终大小，采用预分配存储空间的方法，显然也将是很低效的，而且它使大量的存储空间长期地空闲。

2. 链接分配

如同内存管理一样，连续分配所存在的问题在于：必须为一个文件分配连续的磁盘空间。如果将一个逻辑文件存储到外存上时，并不要求为整个文件分配一块连续的空间，而是可以将文件装到多个离散的盘块中，这样就可以消除上述的缺点。在采用链接分配(linked allocation)方式时，可通过在每个盘块上的链接指针，将同属于一个文件的多个离散的盘块链接成一个链表，由此所形成的物理文件称为链接文件。

由于链接分配采取了离散分配方式，从而消除了外部碎片，故可显著地提高外存空间的利用率，而且也无需事先知道文件的长度，只是根据文件的当前需要，为它分配必需的盘块。当文件动态增长时，可动态地再为它分配盘块。此外，对文件的增、删、改也十分方便。

链接方式又可分为隐式链接和显式链接两种。

1) 隐式链接

在采用隐式链接分配方式时，在文件目录的每个目录项中，都需含有指向链接文件第 1 个盘块和最后一个盘块的指针。隐式链接分配方式的主要问题是：它只适合于顺序访问，对于随机访问是极其低效的。如果要访问文件所在的第 i 个盘块，就必须先读出文件的第一个盘块，从中得到其第二个盘块的盘块号，然后再读出第二个盘块，从中得到其第三个盘块的盘块号……，就这样顺序地查找直至第 i 块。当 i=100 时，就需启动磁盘 100 次去实现读盘块的操作，平均每次都要花费几十毫秒。可见，随机访问是非常耗时的。此外，只通过链接指针来将一大批离散的盘块链接起来，其可靠性较差，因为只要其中的任何一个指针出现问题，都会导致整个链的断开。

为提高检索速度和减小指针所占用的存储空间，可以将几个盘块组成一个簇(cluster)。比如，一个簇可包含 4 个盘块，在进行盘块分配时是以簇为单位的，像 FAT 文件系统盘块的分配就是以簇为单位的。这样将会成倍地减小查找指定块的时间，而且也可减小指针所占用的存储空间。但缺点是增大了内部碎片，而且这种改进也是非常有限的。

2) 显式链接

显示链接是指把链接文件各物理块的指针，显式地存放在内存的一张链接表中。该表是整个磁盘仅有的一张表，表的序号是物理盘块号，从 0 开始直至 N-1，N 为盘块总数。在每个表项中，存放链接指针，即下一个盘块号。在该表中，凡是属于某一文件的第一个盘块号，或说是每一个链的链首指针所对应的盘块号，均作为文件地址被填入相应文件的

FCB 的"物理地址"字段中。由于查找记录的过程是在内存中进行的，因而不仅显著地提高了检索速度，而且大大减少了访问磁盘的次数。由于分配给文件的所有盘块号都放在该表中，故把该表称为文件分配表 FAT(File Allocation Table)，MS-DOS 及 OS/2 等操作系统都采用 FAT。

链接分配方式虽然解决了连续分配方式所存在的问题，但又出现另外两个问题：

(1) 不能支持高效的直接存取。要对一个较大的文件进行直接存取，需要首先在 FAT 中顺序地查找许多盘块号。

(2) FAT 需占用较大的内存空间。由于一个文件所占用盘块的盘块号是随机地分布在 FAT 中的，因而只有将整个 FAT 调入内存，才能保证在 FAT 中找到一个文件的盘块号。当磁盘容量较大时，比如几百 MB 以上，FAT 可能要占用数百 KB 以上的内存空间。

3. 索引分配

索引分配可分为单级索引、多级索引和混合索引分配方式。在此，我们只简单介绍一下单级索引分配。

事实上，在打开某个文件时，只需把该文件占用的盘块的编号调入内存即可，完全没有必要将整个索引调入内存。为此，必须先将每个文件所对应的盘块号集中地存放在一起。索引分配方法就是基于这一想法而形成的一种分配方法。它为每个文件分配一个索引块(表)，把分配给该文件的所有盘块号，都记录在该索引块中，因而该索引块就是一个含有许多盘块号的数组。在建立一个文件时，便需在该文件的目录项中，填上指向索引块的指针。

索引分配方式支持直接访问。当要读文件的第 i 个盘块时，可以方便地直接从索引块中找到第 i 块盘的盘块号；此外，索引分配方式不会产生外部碎片。因此，当文件较大时，索引分配方式无疑是优于链接分配方式的。

索引分配方式的主要问题是：可能要花费较多的外存空间。每当建立一个文件时，必须为它分配一索引块，将分配给该文件的所有盘块号记录在其中。但在一般情况下，总是中、小型文件居多，甚至有不少文件只需1～2个盘块，这时如果采用链接分配方式，只需设置1～2个指针。如果采取索引分配方式，则同样仍需为之分配一索引块。对于小文件，采用索引分配方式时，其索引块的利用率是极低的。因为，索引分配方式是用一个或多个专门的盘块作为索引块，其中可存放成百上千个盘块号，而小文件的索引块中只存放了1～2个盘块号，大多数空间都浪费了。解决的方式是采用多重或混合索引方式。

6.4.2　内存中所需的表目

目录查询是在磁盘上反复搜索来完成的，因此要进行大量的 I/O 盘块操作，浪费了 CPU 时间，降低了系统的处理能力。为了解决这一问题，通常在操作系统实现上是将当前使用的文件目录表复制到内存，以减轻 I/O 盘块操作带来的负担。这样当第一次使用某个目录表时，操作系统将相关的目录盘块读入内存，以后若再使用该目录表只需要在内存中进行，无需进行 I/O 盘块操作，提高了系统的工作效率。需要说明的是，系统只是把正在使用的目录复制到内存而不是把全部目录复制到内存，所以内存目录所占容量也不会太大。

从提高系统工作效率出发，需要在内存设置一个非常精炼的文件机构，它不是外存文件管理机构的全部映像，而是最近正在使用文件的相关信息。文件打开后由内存的一套管理机构管理，关闭时退出管理机构，所以将这种文件管理机构称为打开文件机构。

为了方便对文件的操作，文件一旦被打开，打开文件机构在内存中需要维护一些数据结构来存放已打开文件的有关信息，以便对文件进行管理和控制。打开文件机构一般包括三种结构：系统打开文件表、用户打开文件表和内存文件控制块。对于系统中打开的文件，主要从两个方面进行管理：一是由系统通过系统打开文件表进行统一管理；二是由进程通过私有数据结构进行管理。文件打开后要进行各种操作，操作系统应提供面向文件操作的统一接口。为了便于理解，下面主要以 UNIX 为例进行介绍。

1．内存文件控制块

每个文件在文件存储器上都有一个文件控制块，当需要查询、修改外存上某文件控制块时，按一般方式，可将其临时装入内存，处理完毕后再写回外存。但是，文件控制块的使用是非常频繁的，按这种方式进行很不经济。为此，UINX 设置了内存 I 节点(内存文件控制块)，其结构如下：

```
struct inode{
    struct inode    *i_forw;          /*内存 I 节点的散列队列双向循环勾连指针*/
    struct inode    *i_back;
    char            i_flag;           /*状态标志*/
    cnt_t           i_count;          /*引用计数，表示该文件打开了几次*/
    dev_t           i_dev;            /*文件所在的设备号*/
    int             i_number;         /*对应外存的 I 节点号*/
        struct{
          union{
            daddr_t     i_a[13];      /*文件索引表，存放文件的物理盘块号*/
            short       i_f[26];      /*管道文件的地址索引表*/
          }i_p;
          daddr_t     i_l;            /*最近一次读入的文件逻辑块，用于预读*/
        }i_blk;
        ⋮
    }inode[NINODE];
```

内存 I 节点数 NINODE 一般为 100。内存 I 节点的结构与外存 I 节点的结构基本相同，略有一些增删，增加的主要有 i_dev 和 i_number。

当打开某一个文件时，如果找不到其相应的内存 I 节点，就在内存 I 节点表中分配一个空闲表项，并将该文件的外存 I 节点中的主要部分复制进去，填入外存 I 节点号。当需要查询、修改文件的控制信息时，直接在内存 I 节点中进行。当关闭文件时，如果内存 I 节点被修改过，则需要更新外存 I 节点；如果内存 I 节点 i_count-1=0，则意味着已经没有其他用途，可释放移作它用。

2．系统打开文件表

一个文件可以被同一进程或不同进程，用同一或不同路径名，相同或不同的打开方式

(读、写)同时打开。UNIX 磁盘上的目录分成索引节点和目录文件,在内存中建立活动索引节点表(或称内存索引节点表)和系统打开文件表,分别保存已打开文件的索引节点和文件名内容,同时在每个进程控制块的 user 区中设置一张用户文件描述表(又称用户进程打开文件表),每个打开文件在相应的用户文件描述表目中存储一个指向在系统打开文件表中相应表目位置偏移的指针 fp。系统打开文件表用来存放已打开的文件信息,打开文件控制结构定义如下:

```
struct file {
    unsigned short f_flags;              /* 文件操作标志 */
    unsigned short f_count;              /* 共享该结构体的计数值 */
    struct inode * f_inode;              /* 指向文件对应的内存 inode */
    loff_t f_pos;                        /* 文件的当前读写位置 */
};
```

在系统打开文件表中:f_flags 表示文件的打开方式,如读、写、读写;f_inode 是一个指向内存索引节点表的指针,内存索引节点表是相应的磁盘索引节点在内存的驻留;f_count 是当前正在访问该索引节点的引用计数;f_pos 为文件的当前读写位置。

3. 用户打开文件表

每一个进程都有一张打开的文件表,在 UNIX 系统中,它是进程扩充控制块 user 中的一个指针数组 int u_ofile[NOFILE]。进程打开文件时,按下标由低到高的顺序使用数组中的某一空闲项(即指针为 NULL 的表项),在该表项中填入打开文件控制块 file 结构变量的地址,并打开文件描述字的值(就是该空闲项的下标值)。

进程打开一个文件的过程如下:

(1) 系统要为其分配一个内存 I 节点,并将该文件的外存 I 节点中的主要部分复制进去,并填入外存 I 节点号。

(2) 分配一个空闲打开文件控制块 file,并使 f_inode 指针指向内存 I 节点。

(3) 在进程 user 结构的 u_ofile 中找到一个空闲项,填入 file 结构的地址,并将 u_ofile 数组索引值作为打开文件描述字返回给用户。

4. 用户打开文件表与系统打开文件表之间的关系

为了便于理解用户打开文件表、系统打开文件表和活动索引节点表之间的关系,我们通过举例来说明。

例 6.4　一个进程执行如下代码:

```
fd1=open("/etc/passwd",o_RDONLY);        /*以只读方式打开文件/etc/passwd */
fd2=open("pocal",o_WRONLY);              /*以写方式打开文件 pocal */
fd3=open("/etc/passwd",o_RDWR);          /*以读写方式打开文件/etc/passwd */
```

上述代码的意思是:同一个文件/etc/passwd 被打开了两次,一次以只读方式打开,一次以读写方式打开。一个文件的索引 I 节点是惟一的,但由于打开的方式不同,在进程打开文件表和系统打开文件表中却要占两个表项;而文件 pocal 是以写方式打开了一次。因此,本例中用户打开文件表、系统打开文件表和内存 I 节点之间的关系如图 6.18 所示。

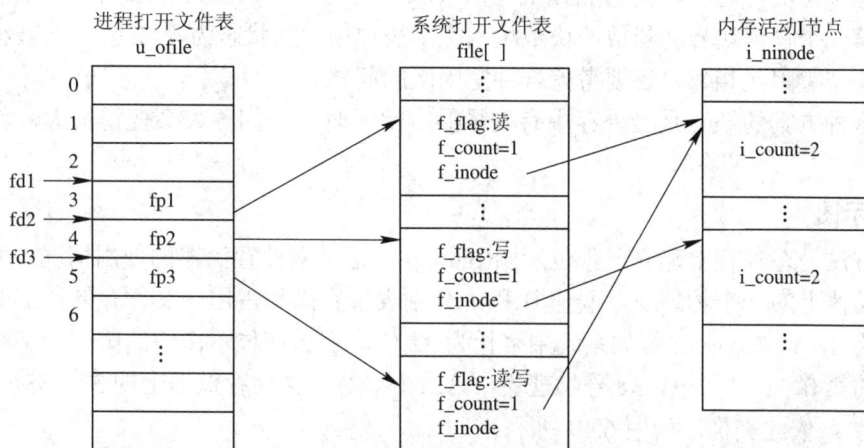

图 6.18　用户打开文件表与系统打开文件表间的关系

　　如果一个进程创建一个子进程时，子进程复制了父进程的 user 结构，那么它也复制了 u_ofile 表，因此也共享了父进程的全部打开文件。这时应把 file[]中相应表项的 f_count 加 1，表示增加了一个引用该表项的进程。

　　进程关闭一个打开过或从父进程那里继承过来的打开文件时，要清空相应的 u_ofile 表项，并将 file[]中相应表项的 f_count 减 1。若 f_count＝0，则该表项成为空表项。

6.4.3　外存空间管理

　　外存具有大容量的存储空间，被多用户共享，用户执行程序时经常要在磁盘上存储文件和删除文件，因此，文件系统必须对磁盘空间进行管理。管理外存空闲空间的数据结构通常称为磁盘分配表(disk allocation table)。常用的空闲空间的管理方法有：空闲区表、位示图和空闲块链三种。

1. 空闲区表

　　将外存空间上一个连续未分配区域称为"空闲区"。操作系统为磁盘外存上所有空闲区建立一张空闲表，每个表项对应一个空闲区，空闲表中包含序号、空闲区的第一块号、空闲块的块数等信息，如表 6.2 所示。空闲区表适用于连续文件结构。

表 6.2　空闲区表

序号	第一个空闲块号	空闲块数	状态
1	18	5	可用
2	29	8	可用
3	105	19	可用
4	—	—	未用

　　系统为某个文件分配空闲块时，首先扫描空闲表项，找到一个状态为"可用"的空闲区项，分配给申请者；若一个空闲表项所含空闲块数超过申请者要求，则为申请者分配了所要的物理块后，再修改该表项。

当删除某个文件时，系统首先扫描空闲表项，找到一个状态为"未用"的空闲表项，将释放的第一个物理块号和释放的块数填入空闲表项中，置状态为"可用"。若被释放的物理块与某一个空闲区相邻，还要考虑合并空闲区的问题。

采用这种方案的缺点是当外存中有大量的空闲区时，空闲区表会变得很大，使分配效率降低。

2. 位示图

这种方法是在外存上建立一张位示图(bitmap)，记录文件存储器的使用情况。每一位对应文件存储器上的一个物理块，取值 0 和 1 分别表示空闲和占用。文件存储器上的物理块依次编号为 0，1，2，…。假如系统中字长为 32 位，那么在位示图中的第一个字对应文件存储器上的第 0，1，2，…，31 号物理块；第二个字对应文件存储器上的 32，33，34，…，63 号物理块；依此类推，如图 6.19 所示。

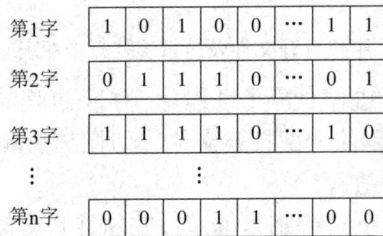

第1字	1	0	1	0	0	…	1	1
第2字	0	1	1	1	0	…	0	1
第3字	1	1	1	1	0	…	1	0
⋮				⋮				
第n字	0	0	0	1	1	…	0	0

图 6.19　位示图例

1) 分配物理块

当用户申请磁盘空间时，系统可按如下步骤进行物理块的分配：

(1) 顺序扫描位示图，查找为 0 的位。

(2) 将找到的对应的二进制位转换为物理块号，假定 i 是位示图的字号，j 是位示图中的位号，n 代表字长，转换公式如下：

$$块号 = n(i-1)+j$$

(3) 修改位示图，将对应的位置为 1。

2) 释放物理块

当用户释放物理块时，系统将对应位置 0，其步骤如下：

(1) 将回收的物理块号转换为对应的位示图的字号 i 及位示图中的位号 j，转换公式如下：

$i = (块号-1)/n + 1$

$j = (块号-1) \bmod n + 1$

(2) 修改位示图，将对应的位置为 0。

这种方法的主要特点是位示图的大小由磁盘空间的大小(物理块总数)决定；位示图的描述能力强，适合各种物理结构。

3. 空闲块链

空闲块链法是指每个空闲物理块中有指向下一个空闲物理块的指针，所有空闲物理块构成一个链表，链表的头指针放在文件存储器的特定位置上(如管理块中)。该方法不需要磁盘分配表，节省空间。每次申请空闲物理块只需根据链表的头指针取出第一个空闲物理块，根据第一个空闲物理块的指针可找到第二个空闲物理块，依次类推即可。下面举例来说明如何实现。

例 6.5 磁盘分区上有 5 个空闲物理块，分别为 58#、78#、98#、100#和 102#，画出采用空闲块链的结构图。

文件存储器中的链表头指针中存放的是 58，58#物理块存放 78，78#物理块存放 98，98#物理块存放 100，100#物理块存放 102，102#物理块存放结束标志 null，这就将所有空闲物理块链在了一起，如图 6.20 所示。

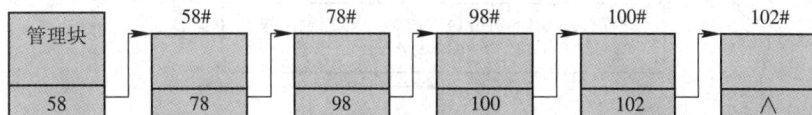

图 6.20 空闲物理块链举例

采用链接结构时，释放和分配都可以从链头处进行，其主要问题是要修改几个有关的链接字，需要反复读写磁盘才能释放和分配物理块，系统开销很大。在 UNIX 系统中，采用了一种改进的办法——成组链接法。

4. 成组链接法

在 UNIX 系统中，将空闲块分成若干组，每 100 个空闲块为一组，每组的第一个空闲块登记了下一组空闲块的物理盘块号和空闲块总数。假如一个组的第一个空闲块号等于 0 的话，则有特殊的含义，意味着该组是最后一组，即无下一组空闲块。图 6.21 是 UNIX 系统的空闲块成组链接示意图。图中，专用块的空闲块索引表 filsys 中登记了第一组的空闲盘块号：68#，45#，58#，…；索引表 filsys 的第一个空闲块 68#登记了第二组的空闲盘块号：150#，146#，179#，…，98#；第二组的第一个空闲块 150#登记了第三组的空闲盘块号：266#，218#，163#，…，156#；第三组的第一个空闲块 266#登记了第四组的空闲盘块号：0#，245#，237#，…，118#。由于第四组的第一个盘块等于"0"，因此该组是最后一组。

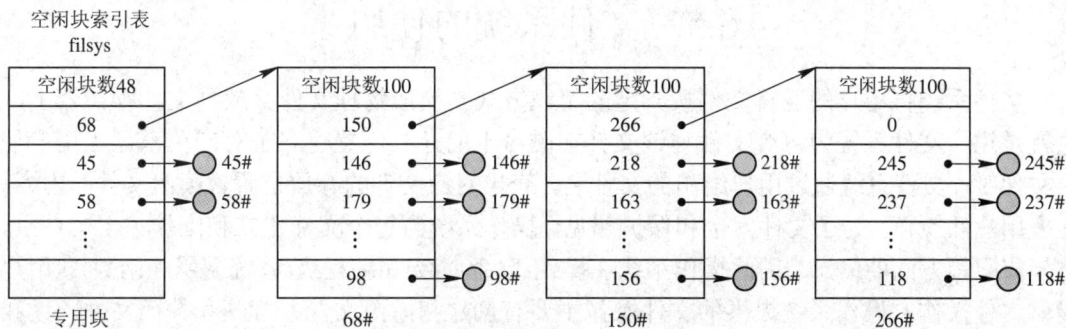

图 6.21 UNIX 系统的成组链接法实例

成组链法法分配和释放空闲块的算法如下：

1) 分配算法流程图(见图 6.22)

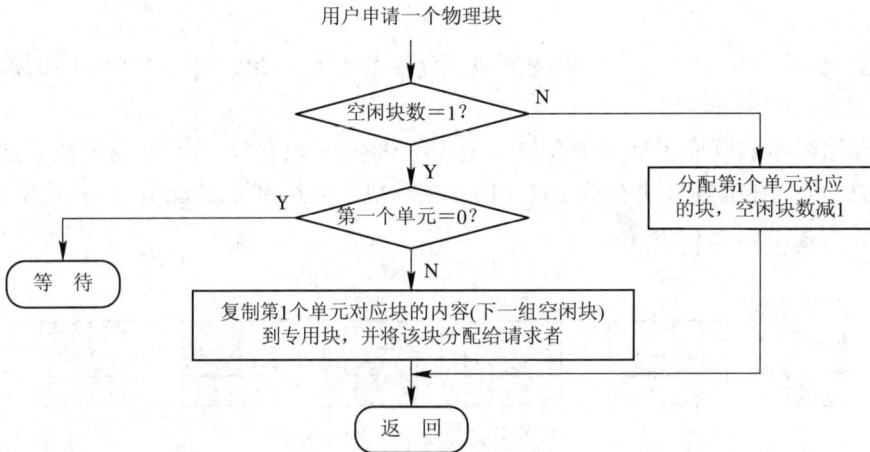

用户申请一个物理块

空闲块数＝1?　　N

分配第i个单元对应
的块，空闲块数减1

Y

第一个单元＝0?　　Y

等　待

N

复制第1个单元对应块的内容(下一组空闲块)
到专用块，并将该块分配给请求者

返　回

图 6.22　UNIX 系统空闲盘块分配算法流程图

2) 释放算法流程图(见图 6.23)

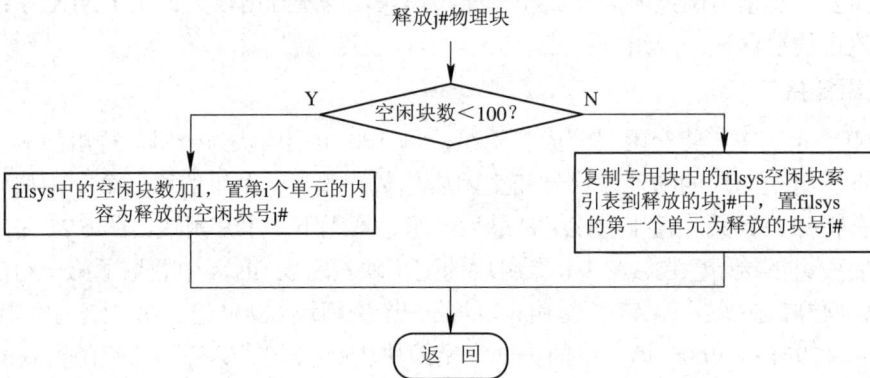

释放j#物理块

Y　　空闲块数＜100?　　N

filsys中的空闲块数加1，置第i个单元的内
容为释放的空闲块号j#

复制专用块中的filsys空闲块索
引表到释放的块j#中，置filsys
的第一个单元为释放的块号j#

返　回

图 6.23　UNIX 系统空闲盘块释放算法流程图

6.5　文件系统的使用

文件系统将用户的逻辑文件按一定的组织方式转换成物理文件存放到文件存储器上，也就是说，文件系统为每个文件与该文件在磁盘上的存放位置建立了对应关系。当用户使用文件时，文件系统通过用户给出的文件名，查出对应文件的存放位置，读出文件的内容。在多用户环境下，为了文件安全和保护起见，操作系统为每个文件建立和维护关于文件主、访问权限等方面的信息。因此操作系统在操作级(命令级)和编程级(系统调用和函数)向用户提供文件操作。操作系统提供的文件操作主要有创建和撤消文件、打开和关闭文件、读和写文件及设置文件权限。

6.5.1　文件操作

1．建立文件

当用户进程将信息存放到文件存储器上时，需要向系统提供文件名、设备号、文件属性及存取控制信息(文件类型、记录大小、保护级别等)，以便"建立"文件。因此，文件系统应完成如下功能：

- 根据设备号在所选设备上建立一个文件目录，并返回一个用户标识。用户在以后的读写操作中可以利用此文件标识。
- 将文件名及文件属性等信息填入文件目录中。
- 调用文件存储空间管理程序的文件分配物理块。
- 需要时发出提示装卷信息(如可装卸磁盘、磁带)。
- 在内存活动文件表中登记该文件的有关信息。

在某些文件系统中，可以隐含地执行文件"建立"操作，即系统发现有一批信息要写入一个尚未建立的文件中时，就自动先建立一个临时文件，当用户进程要真正写文件时才将信息写入用户命名的文件中。

2. 打开文件

使用已经存在的文件之前，要通过"打开"文件操作建立起文件和用户之间的联系。打开文件应完成如下功能：

- 在内存活动文件表中申请一个空表目，用来存放该文件的文件目录信息。
- 根据文件名查找目录文件，将找到的文件目录信息复制到活动文件表中。如果打开的是共享文件，则应进行处理，如将共享用户数加 1。
- 文件定位，卷标处理。

文件一旦打开，可被反复使用直至文件关闭。这样做的优点是减少了查找目录的时间，加快了文件的存取速度，提高系统的运行效率。

3. 读/写文件

文件打开以后，就可以使用读/写文件的系统调用访问文件。要"读/写"文件应给出文件名(或文件句柄)、内存地址、读/写字节数等有关信息。读/写文件应完成如下功能：

- 根据文件名(或文件描述字)从内存活动文件表中找到该文件的文件目录。
- 按存取控制说明检查访问的合法性。
- 根据文件目录指出该文件的逻辑和物理组织方式以及逻辑记录号或字符个数。
- 向设备管理发 I/O 请求，完成数据的传送操作。

4. 关闭文件

一旦文件使用完毕，应当关闭文件，以便其他用户使用。关闭文件系统要做的主要工作如下：

- 从内存活动文件表中找到该文件的文件目录，将"当前使用用户数"减 1，若减为 0 则撤消此目录。
- 若活动文件表中该文件的表目被修改过，则应写回文件存储器上，以保证及时更新文件目录。

5. 删除文件

当一个文件不再使用时，可以向系统提出删除文件。删除文件系统要做的主要工作如下：

- 在目录中删除该文件的目录项。
- 释放文件所占用的文件存储空间。

6.5.2　文件的系统调用

1．文件的创建和删除

如果文件不存在，则需要创建文件；或者是文件已存在，但有时需要重新创建文件。注意：文件的创建与文件的打开是不同的概念。文件打开是指文件已经存在，需要使用时先执行打开操作，以便建立用户进程与文件之间的联系。当文件不再需要时应删除文件以节省存储空间。

1）文件的创建

新创建一个文件时，文件系统需要为文件建立一个新的文件目录项，以便利用写操作为这个新文件输入信息。需要说明的是，在 UNIX 文件系统中由于文件目录项中的文件名和文件说明(索引 I 节点)是分开的，所以要创建目录项和索引节点。创建文件的 C 语言格式为：

```
int fd,mode;
char * pathname;
fd=creat(pathname,mode);
```

其中，参数 pathname 是指向要打开或创建的文件的名字；参数 mode 是文件创建者指出的该文件具有的存取权限。一旦文件创建成功后，这个权限就记录在相应的文件目录项中。变量 fd 是文件创建成功后，系统返回给用户的文件描述字，即用户打开文件表项的编号。可见，creat 兼有文件打开的功能，随后的写文件可以直接使用 fd 进行写操作。

参数 mode 是文件创建者指出的该文件具有的存取权限，这些权限包括：

- O_RDONLY　只读打开，实现时将 O_RDONLY 定义为"0"。
- O_WRONLY　只写打开，实现时将 O_WRONLY 定义为"1"。
- O_RDWR　读、写打开，实现时将 O_RDWR 定义为"2"。

例如，用户要创建文件的路径名为/usr/lib/testout.c，文件主和组用户的权限为可读写，其他用户为只读权限，则可用如下的 C 语言调用：

```
int fd1;
fd1=creat("/usr/lib/testout.c ",0664);
```

下面以 UNIX 为例介绍该系统调用的执行过程。

(1) 为新文件 testout.c 分配索引节点和活动索引节点，并将索引节点号和文件名 testout.c 组成一个新的目录项，记录到目录/usr/lib 中。

(2) 为新文件 testout.c 的索引节点置初值，如将存取权限 i_mode 置为"0664"，将链接计数器 i_nlink 置为"1"等等。

(3) 为文件分配用户打开文件表项和系统打开文件表项，置系统打开文件表项的初值，如在 f_flag 中置"写"标志，读写偏移清"0"等等。将用户打开文件表项、系统打开文件表项和内存活动索引节点用指针链起来。最后将文件描述字返回给用户。

2）文件的删除

删除文件的主要任务是进行目录搜索，找到指定文件的目录项，将其删除；将 I 节点中的 i_nlink 值减"1"，如果 i_nlink=0，则意味着没有链接的用户；还要将文件占用的资源全部释放。文件删除的系统调用为：

```
unlink(pathname)
```

例如，将文件"file1"再命名为"file2"，即两个文件名共用同一个文件体，可以采用如下命令：

```
link("file1","file2")
```

例如，将文件"file1"改名为"file2"，可以采用如下命令：

```
link("file1","file2")
unlink("file1")
```

2．文件的打开和关闭

使用文件前必须先执行打开操作，以便建立用户进程与文件之间的联系。其主要任务是将文件的索引节点复制到活动索引节点表中，以加快对文件的访问速度。由于活动索引节点表受到内存容量的限制，所以一旦当前不再使用文件时应及时关闭文件，以便系统释放活动索引节点。

1) 文件的打开

打开文件的 C 语言格式为：

```
int fd,mode;
char * pathname;
fd=open(pathname,mode);
```

其中，参数 pathname 是指向要打开的文件路径名字符串指针；参数 mode 是打开文件后的操作要求，如读(0)、写(1)或读写(2)。文件打开后的操作过程如下：

(1) 检索目录，查找指定的文件，将该文件的外存索引节点复制到活动索引节点表(内存)中。

(2) 根据参数 mode 指出的打开方式与活动索引节点中创建的文件权限相比较，如果合法打开成功；如果非法，打开失败。

(3) 如果打开成功，系统为文件分配用户打开文件表项和系统打开文件表项，置系统打开文件表项的初值。包括在 f_flag 中置"写"标志，读写偏移清"0"等等。将用户打开文件表项、系统打开文件表项和内存活动索引节点用指针链起来。最后将文件描述字返回给调用者。

需要说明的是，如果在执行打开文件操作之前，别的用户已打开了同一文件，则在活动索引节点表中已经有了此文件的索引节点，于是系统不再执行(2)中复制外存索引节点的操作，而只将活动索引节点中的 i_count 加"1"即可。这里 i_count 记录了通过不同系统打开文件表项 file[]来共享同一活动索引节点的进程数，它也是执行关闭文件操作时是否释放活动索引节点的依据。

在早期的 UNIX 版本中，open 的第二个参数只能是 0、1 或 2。没有办法打开一个尚未存在的文件，因此需要另一个系统调用 creat 以创建新文件。现在 open 提供了选择项 O _CREAT 和 O_TRUNC，于是也就不再需要 creat 调用了。creat 的一个不足之处是它以只写方式打开所创建的文件。在提供 open 的新版本之前，如果要创建一个临时文件，并要先写该文件，然后又读该文件，则必须先调用 creat 和 close，然后再调用 open。现在则可用下列方式调用 open：

open(pathname,O_RDWR｜O_CREAT｜O_TRUNC,mode)；

2) 文件的关闭

关闭文件的 C 语言格式为：

    int fd;

    close(fd);

关闭文件的操作过程如下：

(1) 根据 fd 查找用户打开文件表项，继而找到系统打开文件表项，再释放用户打开文件表项。

(2) 将系统打开文件表项中的 f_count 减"1"，如果不为"0"，说明还有进程族(即该进程的父进程或子进程)中的进程共享这一系统打开文件表项，所以不能释放该系统打开文件表项，而直接返回；如果 f_count 减"1"后为"0"，则找到与之相连的活动索引节点，并释放系统打开文件表项。

(3) 将活动索引节点的 i_count 减"1"，若不为"0"，表明还有其他用户进程使用该文件，所以不能释放该活动索引节点，而直接返回；若为"0"，则将活动索引节点的内容复制到文件卷上对应的索引节点中，并释放该活动索引节点。

可见，在 UNIX 系统中，f_count 和 i_count 分别反映了进程动态地共享一个文件的两种方式。f_count 反映了不同进程通过同一个系统打开文件表项共享文件的情况；i_count 反映了不同的进程或进程族通过同一个活动索引节点共享一个文件的情况。

3. 文件的读和写

文件的读和写是文件最基本的操作。"读"是将文件内容读入用户进程的内存区，"写"是将用户进程的内存区写入到文件存储区。f_offset 决定了读或写文件的位置。

1) 读文件

读文件的 C 语言格式为：

    int fd,nr,count;

    char buf[]

    nr=read(fd,buf,count);

其中，参数 fd 是打开文件后返回给用户的文件描述字；参数 buf 是用户缓冲区首地址；参数 count 是本次要求传送的字节数；参数 nr 为实际读入的字节数。但是，即使在正常情况下，nr 也可能小于 count，如读到文件末尾时，系统就返回，不管是否读够用户要求的字节数 count。

2) 写文件

写文件的 C 语言格式为：

    int fd,nr,count;

    char buf[]

    nw=write(fd,buf,count);

其中，参数 fd、buf 和 count 的含义同 read，参数 nw 为实际写入的字节数。

4. 文件的随机存取

每个打开文件都有一个与其相关联的"当前文件偏移量"。它是一个非负整数，用以度量从文件开始处计算的字节数。通常，读、写操作都从当前文件偏移量处开始，并使偏移量增加所读或写的字节数。当打开一个文件时，除非指定 O_APPEND(每次写时都加到文件的尾端)选择项，否则系统默认该偏移量 f_offset 为 0。如果不特别指明，以后的文件操作总是根据 offset 的当前值顺序地读写文件。为了支持文件的随机存取，文件系统提供了系统调用 lseek，显式地定位一个打开文件，通过 lseek 改变了 f_offset 的指向。其调用格式如下：

```
int whence,fd;

lseek(fd,offset,whence);
```

文件描述字 fd 必须指向一个用读或写方式打开的文件。当 whence 等于"0"时，则 f_offset 被置为 offset；当 whence 等于"1"时，则 f_offset 被置为文件的当前位置加 offset；当 whence 等于"2"时，则 f_offset 被置为文件的末尾。

5．文件调用应用举例

例 6.6 测试其标准输入能否被设置偏移量。

```
#include     <sys/types.h>
#include     "ourhdr.h"


int
main(void){
    if(lseek(STDIN_FILENO,0,SEEK_CUR)= =-1)
        printf("cannot seek\n");
    else
        printf("seek OK\n");
    exit(0);
}
```

lseek 仅将当前的文件偏移量记录在内核内，它并不引起任何 I/O 操作。然后，该偏移量用于下一个读或写操作。

文件偏移量可以大于文件的当前长度，在这种情况下，对该文件的下一次写将延长该文件，并在文件中构成一个空洞，这一点是允许的。位于文件中但没有写过的字节都被读为 0。

例 6.7 创建一个具有空洞的文件程序。

```
#include     <sys/types.h>
#include     <sys/stat.h>
#include     <fcntl.h>
#include     "ourhdr.h"


char buf1[]="abcdefghij";
char buf2[]="ABCDEFGHIJ";


int
```

```
main(void){
    int    fd;
    if((fd = creat("file,hole",FILE_MODE)) < 0)
        err_sys("creat error");

    if(write(fd,buf1,10) != 10)
        err_sys("buf1 write error");          /*当前位移为 10*/

    if(lseek(fd,40,SEEK_SET) == -1)
        err_sys("lseek error");               /*当前位移为 40*/

    if(write(fd,buf2,10) != 10)
        err_sys("buf2 write error");          /*当前位移为 50*/

    exit(0);
}
```

运行该程序得到:

```
$ a . o u t
$ ls -1 file.hole                          //检查其大小
-rw-r--r-- 1 stevens 50 Jul 31 05:50 file.hole
$ od -c file.hole                          //观察实际内容
0000000    a  b  c  d  e  f  g  h  I  j \0 \0 \0 \0 \0 \0
0000020   \0 \0 \0 \0 \0 \0 \0 \0 \0 \0 \0 \0 \0 \0 \0 \0
0000040   \0 \0 \0 \0 \0 \0 \0 \0  A  B  C  D  E  F  G  H
0000060    I  J
0000062
```

这里使用 od 命令观察该文件的实际内容。命令行中的-c 标志表示以字符方式打印文件内容。从中可以看到,文件中间的 30 个未写字节都被读成为 0。每一行开始的一个七位数是以八进制形式表示的字节偏移量。

例 6.8　使用 read 和 write 函数来复制一个文件。

```
#include    "ourhdr.h"
#define BUFFSIZE 8192
int
main(void){
    int    n;
    char   buf[BUFFSIZE];
    while((n=read(STDIN_FILENO,buf,BUFFSIZE))>0)
    if(write(STDOUT_FILENO,buf,n)!=n)
        err_sys("write error");
```

```
        if(n<0)
            err_sys("read error");
        exit(0);
    }
```

关于该程序应注意下列各点：

- 程序从标准输入读和写至标准输出，这就假定在执行本程序之前，这些标准输入、输出已由 Shell 安排好。实际上，所有常用的 UNIX Shell 都提供一种方法，它在标准输入上打开一个文件用于读，在标准输出上创建(或重写)一个文件用于写。

- 很多应用程序假定标准输入是文件描述符 0，标准输出是文件描述符 1。本例中则用两个在< unistd.h>中定义的名字 STDIN_FILENO 和 STDOUT_FILENO 表示。

- 考虑到进程终止时，UNIX 会关闭所有打开的文件描述符，所以此程序并不关闭输入和输出文件。

- 本程序的文本文件和二进制代码文件都能工作，因为对 UNIX 内核而言，这两种文件并无区别。

6.5.3 文件共享

文件共享是指不同用户进程使用同一文件，它不仅是不同用户完成同一任务所必须的功能，而且还可以节省大量的内存空间，减少由于文件复制而增加的访问外存的次数。

文件共享有多种形式，在 UNIX 系统中允许多用户基于索引节点的共享，或利用符号链接共享同一个文件。

1. 基于索引节点的共享方式

采用文件名和文件说明分离的目录结构有利于实现文件共享。UNIX 操作系统就是将文件说明分为目录项和索引节点两部分，所以便于文件的共享。基于索引节点的共享方式分为静态共享和动态共享两种。

1) 静态共享

如果文件系统中允许一个文件同时属于多个文件目录项，但是实际上文件仅有一处物理存储，这种多个文件目录项对应一个文件实体的多对一关系叫做文件链接(file link)。用户在使用文件的过程中，经常需要在多处使用同一文件，或多个用户共享同一文件，这时可以使用不同路径名来使用同一文件，也可以使用不同文件名来使用同一文件。如果各个用户使用不同的物理拷贝，即把文件拷贝到各自的目录下，容易导致数据的不一致性，也会因冗余(多个副本)而浪费磁盘空间。在 UNIX 系统中，两个或多个用户可以通过对文件链接达到对同一个文件共享的目的。由于这种共享关系不管用户是否在使用系统，其文件的链接关系都存在，故称其为静态共享。

在 UNIX 系统中，是通过索引节点(inode)来实现文件共享链接的，并且只允许链接到文件，不允许链接到目录。文件链接的系统调用形式如下：

```
    link(oldnamep,newnamep);
```

该系统调用的执行步骤如下：

(1) 检索目录，查找 oldnamep 所指向文件的索引节点编号。

（2）再次检索目录，查找 newnamep 所指向的父目录文件，并将已存在的索引节点编号与别名构成目录项记入到父目录文件中。

（3）将已存在的文件索引节点 inode 的链接计数 i_nlink 加 "1"。

需要说明的是，当一个文件被多个用户共享时，每个进程可以使用各自的读写指针，但也可以共用读写指针，下面举例说明。

例 6.9　若系统中进程 A、进程 B 打开同一个文件，其中，进程 A 以 "读" 的方式打开文件的描述符为 fp1，进程 B 以 "写" 的方式打开文件的描述符为 fp3。请画出两个进程打开文件表、系统打开文件表、内存 I 节点表与磁盘间的关系图。

由于进程 A、进程 B 打开的是同一个文件，所以，在系统打开文件表中有两个表目，进程 A 的 f_flag 为 "读"，f_count 为 "1"；进程 B 的 f_flag 为 "写"，f_count 也为 "1"。系统打开文件表中进程 A、进程 B 的 f_inode 应指向同一个内存 I 节点，从而实现了文件的共享。

因此，进程 A 和进程 B 打开文件表、系统打开文件表、内存 I 节点表与磁盘间的关系如图 6.24 所示。该例是不共享读写指针的文件共享示例。

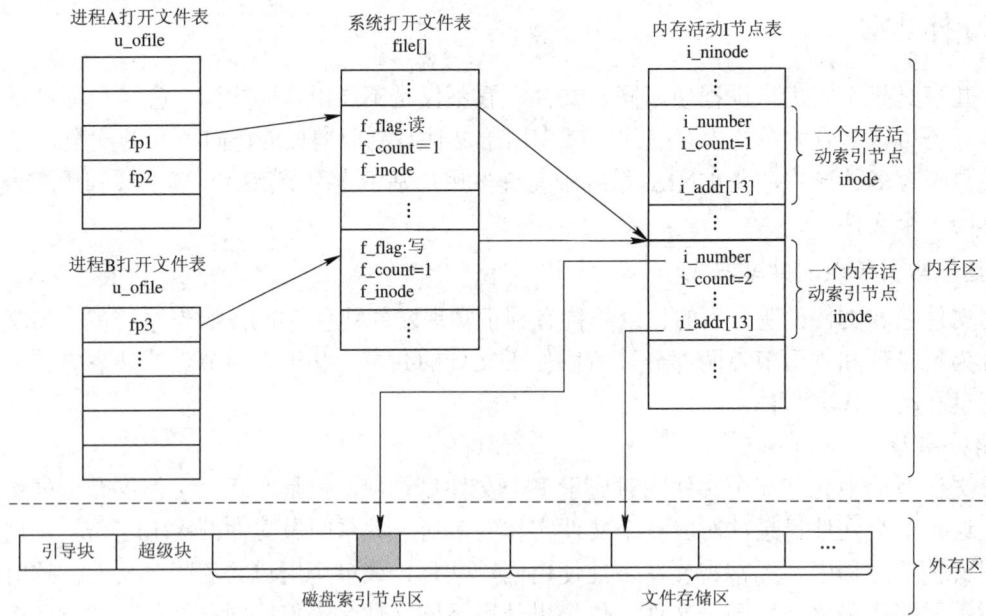

图 6.24　不共享读写指针的文件共享示意图

例 6.10　若系统中进程 A 以 "读" 的方式打开了一个文件，文件的描述符为 fp1；然后进程 A 创建了子进程 B，子进程 B 继承了进程 A 的有关属性。请画出两个父子进程打开文件表、系统打开文件表、内存 I 节点表与磁盘间的关系图。

由于进程 A 以 "读" 的方式打开了一个文件，进程 B 继承了进程 A 的部分映像，文件的描述符为 fp1 并指向系统打开文件表中的一个表目。因此，该表目中的 f_flag 为 "读"，f_count 由于是父子进程共用的，所以为 "2"。系统打开文件表中 f_inode 指向一个内存 I 节点，从而实现了文件的共享。因此，进程 A 和进程 B 打开文件表、系统打开文件表、内存 I 节点表与磁盘间的关系如图 6.25 所示。该例是共享读写指针的文件共享示例。

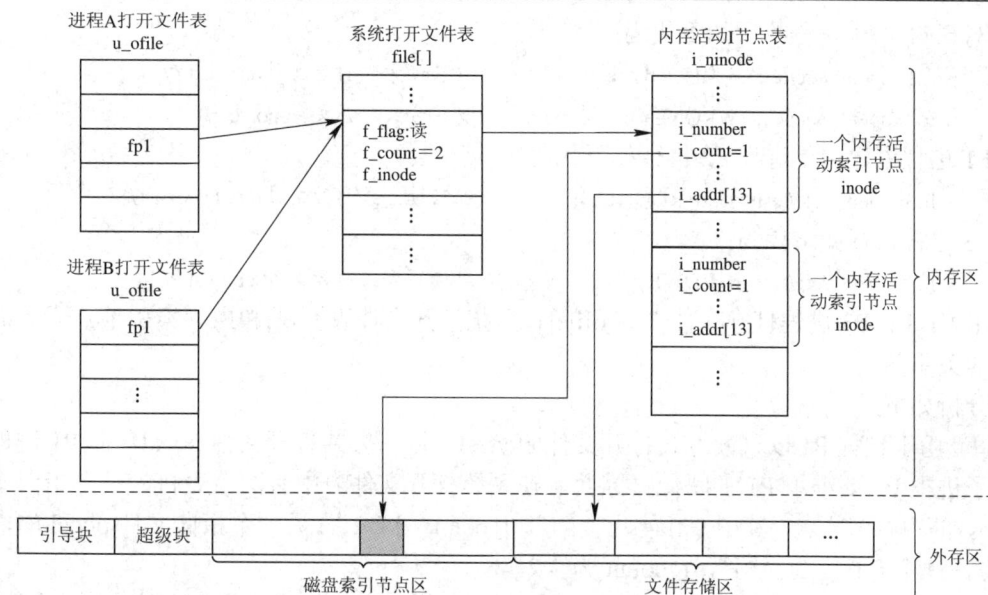

图 6.25 共享指针的文件共享

系统执行如下系统调用，文件的共享情况如何呢？

link("/usr/wangyp/myfile1.c","/usr/quanyinin/myfile1.c");

link("/usr/wangyp/myfile1.c","/usr/fangmin/testfile.c");

link("/usr/wangyp/myfile1.c","/usr/wangchs/yourfile.c");

执行上述命令后，路径名 "/usr/wangyp/myfile1.c"、"/usr/quanyinin/myfile1.c"、"/usr/fangmin/testfile.c"和"/usr/wangchs/yourfile.c"指向的是同一个文件。

为了实现文件链接，只要将不同目录的索引节点号指定为同一文件的索引节点即可。每个索引节点设置了变量 i_nlink，用来记录文件的链接数，刚创建文件时，文件的链接数 i_nlink 置为"1"，以后每次链接将 i_nlink 加"1"。上例连续执行了 3 条 link 命令，所以 i_nlink 应等于"4"。

我们再来分析这样一个问题：在 UNIX 系统中，列出当前目录的子目录和文件的命令 ls 放在/bin 子目录下，而在/usr/bin 子目录下可设置一个与 DOS 兼容的命令 dir，增加这条命令是为了兼容 DOS 用户的习惯，但实为执行 ls 命令。它们具有相同的索引节点。UNIX 这种文件目录结构称为树形带勾连的目录结构。在文件的索引节点中有一个变量 di_nlink，表示链接到该索引节点上的链接数；在用命令 "ls –l" 长列表显示时，文件的第 2 项数据项表示链接数；使用命令 "ln" 可给一已存在文件增加一个新的文件名，即文件链接数增加 1，此种链接不能跨越文件系统，称之为"硬链接"。硬链接的格式如下：

$ln   /opt/k/sco/unix/5.0.4Eb/bin/ls   /usr/lx20/dir

$ls –l dir

-r-xr-xr-t 2   bin   bin   43296 May 13   1997 dir

2) 动态共享

动态共享是指进程间的共享关系只有进程存在时才可能出现。例如两个不同用户的进程或同一用户的不同进程并发地访问同一文件，一旦用户进程消亡，这种共享关系也就自动消失。

例 6.11　P1 进程执行如下代码：

　　　　fd1=open("/etc/test",o_RDONLY);　　　　/*以只读方式打开文件/etc/test */

　　　　fd2=open("pocal",o_WRONLY);　　　　　　/*以写方式打开文件 pocal */

P1 进程创建的子进程 P2 执行如下代码：

　　　　fd3=open("/etc/testexa",o_RDONLY);　　　/*以只读方式打开文件/etc/testexa */

P3 进程执行如下代码：

　　　　fd1=open("/etc/test",o_RDWR);　　　　　/*以读写方式打开文件/etc/test */

请给出 P1、P2、P3 进程打开文件表 u_ofile[]、系统打开文件表 file[]和内存索引节点表 i_node 之间的关系图。

分析如下：

(1) 由于进程 P1 以只读方式打开文件/etc/test，以写方式打开文件 pocal，而 P1 进程创建的子进程 P2 要继承 P1 的映像，因此，在系统打开文件表中有两个表目，一个指向文件 /etc/test 的内存 I 节点，其中 f_flag 为"读"，f_count 为"2"，另一个指向文件 pocal 的内存 I 节点，其中 f_flag 为"写"，f_count 为"2"。

(2) 子进程 P2 以只读方式打开文件/etc/testexa，所以系统打开文件表中的 f_flag 为"读"，f_count 为"1"，f_inode 应指向一个内存 I 节点，该内存 I 节点指向磁盘上的文件体。

(3) 进程 P3 以读写方式打开文件/etc/test，因此，在系统打开文件表中 f_flag 为"读写"，f_count 也为"1"。但是，由于该文件进程 P1 先打开了，所以当 P3 打开时，在内存 I 节点中 i_count 应加"1"，故其值为"2"。通过内存 I 节点中的 i_addr[13]的索引项找到要访问的物理块，便实现了文件的共享。图 6.26 为不同进程并发的文件共享的实例。

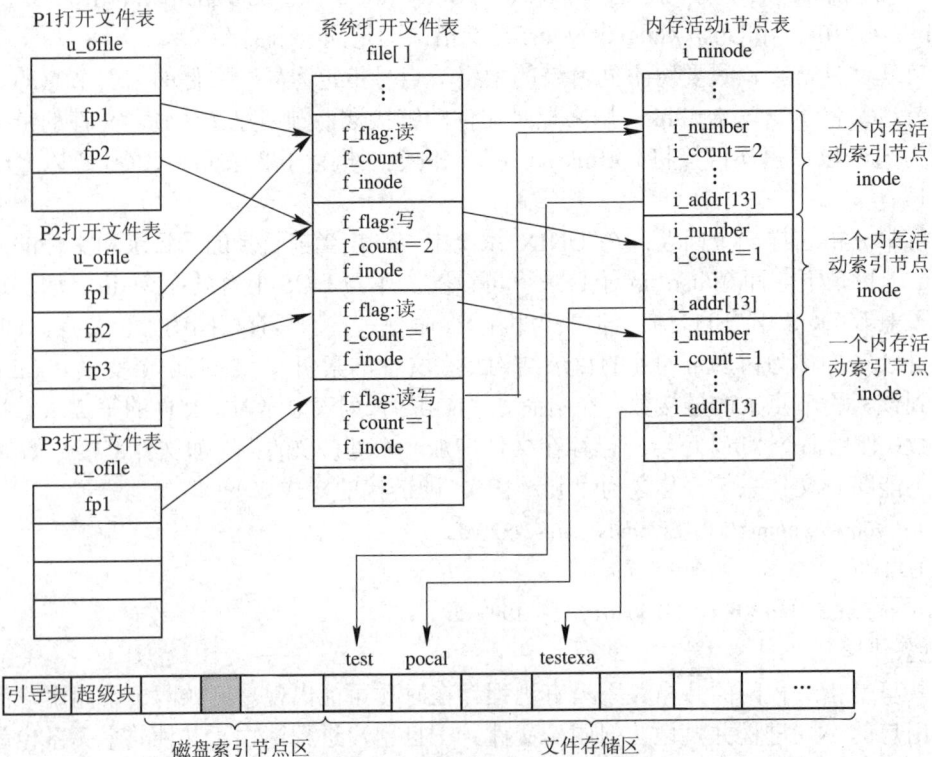

图 6.26　不同进程并发的文件共享

2. 利用符号链接共享文件

将两个文件目录表目指向同一个索引节点的链接称为文件硬链接，文件硬链接不利于文件主删除它拥有的文件，因为文件主要删除它拥有的共享文件，必须首先删除(关闭)所有的硬链接，否则就会造成共享该文件的用户的目录表目指针悬空。为此又提出另一种链接方法：符号链接。系统为共享的用户创建一个 link 类型的新文件，将这新文件登记在该用户共享目录项中，这个 link 型文件包含链接文件的路径名。该类文件在用 ls 命令长列表显示时，文件类型为 l。

当用户要访问共享文件且正要读 link 型新文件时，操作系统根据 link 文件类型将文件读出的内容作为路径名去访问真正的共享文件。在 UNIX 中也是使用 ln 来建立符号链接的共享文件的，这时命令为 ln   -s。符号链接格式如下：

$ln -s   /opt/k/sco/unix/5.0.4Eb/bin/ls   /usr/lx20/dir

$ls –l dir

lrwxrwxrwx   1   lx20   group   30   Dec 27 13:34 dir -> /opt/K/SCO/Unix/5/0/4Eb/bin/ls

采用符号链接可以跨越文件系统，甚至可以通过计算机网络链接到世界上任何地方的机器中的文件，此时只需提供该文件所在的地址以及在该机器中的文件路径。

符号链接的缺点：其他用户读取符号链接的共享文件比读取硬链接的共享文件需要更多读盘操作。因为其他用户去读符号链接的共享文件时，系统根据给定的文件路径名，逐个分支地去查找目录，通过多次读盘操作才能找到该文件的索引节点，而用硬链接的共享文件的目录文件表目中已包括了共享文件的索引节点号。

例如，在 SCO UNIX 中，ls 文件实际存放的目录为/opt/k/sco/unix/5.0.4Eb/bin，列表显示如下：

$ls -l /opt/k/sco/unix/5.0.4Eb/bin/ls

  -r-xr-xr-t   1   bin   bin   43296   May 13   1997   /opt/K/SCO/Unix/5.0.4Eb/bin/ls

在标准 UNIX 中，ls 命令在/bin 子目录下，SCO UNIX 采用符号链接在/bin 子目录下建立 ls 文件，该 ls 是个 link 类型的文件，它不能用编辑文件显示，但用 ls 长列表显示时可看出它的符号链接的路径名为：

$ls –l /bin/ls

lrwxrwxrwx   1 root   root   30 Nov 24 1998 /bin/ls -> /opt/K/SCO/Unix/5.0.4Eb/bin/ls

长列表显示的最后一列数据是文件名和它链接文件的路径名。

6.6   文件系统的可靠性与安全性

6.6.1   文件系统的可靠性

文件系统的可靠性是指系统抵抗和预防各种物理性破坏和人为性破坏的能力。比起计算机的损坏，文件系统被破坏时往往后果更加严重。例如，将水撒在键盘上引起的故障，尽管伤脑筋但毕竟可以修复；但如果文件系统被破坏了，在很多情况下是无法恢复的。特别是对于那些程序文件、客户档案、市场计划或其他数据文件丢失的客户来说，这不亚于一场大的灾难。尽管文件系统无法防止设备和存储介质的物理损坏，但至少应能保护信息，本小节将讨论与文件系统保护有关的一些问题。

1．坏块问题

磁盘在使用的过程中可能会出现坏块，对于坏块问题有软件和硬件两种解决方法。硬件方法可以在磁盘上分配一个区，用来登记坏块和替换块的映射。当磁盘控制器第一次被初始化时，读坏块表找一个空闲块代替有问题的块。

软件解决方法要求用户或文件系统精心地构造一个包含全部坏块的文件。这类技术能将坏块从空闲表中删去，使系统不会将坏块分配给用户。

2．转储和恢复

文件系统中无论是硬件还是软件都会发生损坏和错误。例如自然界的闪电、电压的突变、火灾和水灾等均可能引起软、硬件的损坏。为了使文件系统万无一失，应当采取相应的措施。最简单和常用的措施是通过转储操作，形成文件或文件系统的多个副本。这样一旦系统出现故障，利用转储的数据使得系统恢复成为可能。常用的转储方法有：静态转储和动态转储、海量转储和增量转储。

1）静态转储和动态转储

静态转储是指在转储期间不允许对磁盘上的文件进行任何存取、修改操作；动态转储是在转储期间允许对文件进行存取、修改操作，因此，转储和用户访问可并发执行。

2）海量转储和增量转储

海量转储也称全量转储。该方法是将文件存储器上的所有文件定期(如每天一次)复制到磁带上。这种方法的缺陷是非常耗时。

增量转储是指每次只转储上次转储后更新过的文件。

3）日志文件

在计算机系统的工作过程中，操作系统把用户对文件的插入、删除和修改的操作写入日志文件。一旦发生故障，操作系统的恢复子系统利用日志文件恢复对文件的改变。因此，操作系统中常常利用日志文件来进行系统故障恢复。日志文件还可协助后备副本进行介质故障恢复。

3．文件系统的一致性

影响文件系统可靠性的因素之一是文件系统的一致性问题。很多文件系统是先读取磁盘块到内存，在内存进行修改，修改完毕再写回磁盘。但如果在读取某磁盘块，修改后再将信息写回磁盘前系统崩溃，则文件系统就可能会出现不一致的状态。如果这些未被写回的磁盘块是索引节点块、目录块或空闲块，那么后果是不堪设想的。

通常的解决方案是采用文件系统的一致性检查，一致性检查包括块的一致性检查和文件的一致性检查。

1）块的一致性检查

在进行块的一致性检查时，检测程序构造一张计数器表，表中为每个块设立两个计数器，初始化都为 0。一个计数器跟踪该块在文件中出现的次数，一个跟踪该块在空闲表中出现的次数。检测程序读取全部的文件索引表，每当读到一个块号时，第一个计数器加 1；然后检测程序检查空闲块链表或位图，查找全部未使用的块，每当找到一个空闲块，则第二个计数器加 1。

如果文件系统一致，则每个块要么在第一个计数器中为 1，要么在第二个计数器中为 1。例如，系统有 16 个块，检测程序通过检测发现如图 6.27 所示的文件系统状态。

块号	0	1	2	3	4	5	6	7	8	9	10	11	12	13	14	15
第一个计数器(使用中的块)	1	0	1	0	1	1	1	1	0	0	1	1	1	0	0	1
第二个计数器(空闲块)	0	1	0	1	0	0	0	0	1	1	0	0	0	1	1	0

(a)

块号	0	1	2	3	4	5	6	7	8	9	10	11	12	13	14	15
第一个计数器(使用中的块)	1	0	1	1	0	1	1	1	0	0	1	1	1	0	0	1
第二个计数器(空闲块)	0	1	0	0	0	0	0	0	1	0	0	0	0	1	1	0

(b)

块号	0	1	2	3	4	5	6	7	8	9	10	11	12	13	14	15
第一个计数器(使用中的块)	1	0	1	0	1	1	1	1	0	0	2	1	1	0	0	1
第二个计数器(空闲块)	0	1	0	1	0	0	0	0	1	1	0	0	0	1	1	0

(c)

块号	0	1	2	3	4	5	6	7	8	9	10	11	12	13	14	15
第一个计数器(使用中的块)	1	0	1	0	1	1	1	1	0	0	1	1	1	0	0	1
第二个计数器(空闲块)	0	1	0	1	0	0	0	0	2	1	0	0	0	1	1	0

(d)

图 6.27　文件系统状态

(a) 一致；(b) 块丢失；(c) 重复数据块；(d) 空闲表中有重复块

图(a)状态下的文件系统是一致的。当系统崩溃后，可能会导致如下几种情况：

(1) 块丢失：如图(b)所示，磁盘块 4 和 9 在第一个计数器和第二个计数器中都没有登记，导致块丢失。尽管块丢失不会造成损害，但它浪费了磁盘空间，磁盘的容量减少了。丢失块的问题很容易解决，只要系统检测程序将其加入空闲表即可。

(2) 重复数据块：如图(c)所示，磁盘块 10 在第一个计数器中的值等于 2，意味着系统检测文件索引表时有两个文件同时使用了磁盘块 10，导致文件的不一致。这种情况是非常糟糕的，假如其中的一个文件被删除，会添加到磁盘块 10 的空闲表中，导致一个磁盘块同时处于使用和空闲两种状态。

一旦发现这类问题，文件系统检测程序可以这样来处理：先分配一个空闲块，将磁盘块 10 的内容复制到空闲块中，并插入到其中的一个文件之中。这样，文件的内容虽未改变，但至少保证了文件系统的一致性。需要说明的是，文件检测程序应该报告出错，由用户检测错误原因。

(3) 空闲表中有重复块：如图(d)所示，磁盘块 8 在计数器 2 中的值等于 2，意味着系统检测空闲块链表时磁盘块 8 出现了两次。这个问题的解决办法很简单，只要重构空闲块链表即可。需要说明的是，这类问题对于位示图不会发生。

2) 文件的一致性检测

除检查每个磁盘块外，文件系统检测程序还检查目录系统，检查文件链接的一致性。下面我们就以 UNIX 为例讨论。检查目录要用到一张计数器表，每个文件对应一个计数器。程序从根目录开始检查，沿着目录树下降递归，检查文件系统中的每个目录。对每个目录中的文件，其对应的 I 节点计数器加 1。

当检查全部完成后，得到对应的 I 节点号的一张表。表中给出指向某 I 节点的目录项数目。系统检测程序将这些数字与存储在 I 节点中的文件链接数目 di_nlink 进行比较。如果文件系统一致，这两个数目应当相等。因此，会出现两种错误，大于或小于 I 节点中的文件链接数目。

如果 I 节点中的文件链接数目大于指向 I 节点的目录项个数，即使相关目录中的文件都被删除，文件的链接数目仍是非 0，不会删除文件 I 节点。该错误并不严重，但浪费了磁盘空间，因为存在不在任何目录中的文件。解决方法是将 I 节点的文件链接数目 di_nlink 设成检测的目录项数值。如果检测的目录项数值为 0，则应删除该文件。

如果 I 节点中的文件链接数目小于指向 I 节点的目录项个数，错误将会很严重。例如，一个文件链接了两个目录项，但其 I 节点中的文件链接数目 di_nlink 为 1。这时，如果文件从任何一个目录下被删除，则 I 节点中的文件链接数目 di_nlink 为 0。文件系统将标志该 I 节点为"空闲"，释放该文件占用的全部磁盘块。这会导致另一个目录指向的是一个"空闲" I 节点，一旦文件系统将"空闲" I 节点或释放的磁盘块分配出去，将会导致不可恢复的错误。解决的方法是将 I 节点的文件链接数目 di_nlink 设成检测的目录项数值。

6.6.2　文件系统的安全性

文件系统的安全性是要确保未经授权的用户不能存取某些文件，这涉及两类不同的问题，一类涉及技术、管理、法律、道德和政治等问题，另一类涉及操作系统的安全机制。随着计算机应用范围的扩大，在所有稍具规模的系统中，都要从多个级别上来保证系统的安全性。一般从 4 个级别上对文件进行安全性管理：系统级、用户级、目录级和文件级。

1. 系统级安全管理

系统级安全管理的主要任务是不允许未经许可的用户进入系统，从而也防止了他人非法使用系统中的各类资源(包括文件)。系统级管理的主要措施有：

(1) 注册。注册的主要目的是使系统管理员能够掌握要使用的各用户的情况，并保证用户在系统中的惟一性。例如 Linux 操作系统中的 Passwd 文件为系统的每一个账号保存一行记录，这条记录给出了每个账号的一些属性，如用户的真实名字、口令等。Passwd 是 ASCII 文件，普通用户可读，只有 root 可写。为使口令保密，使用 shadow 命令可使 Passwd 文件中存放口令的地方放上一个"*"。

而加密口令和口令有效期信息存放在 Shadow 文件中，只有 root 才能读取。任何一个新用户在使用系统前，必须先向系统管理员申请，由系统管理员 root 使用 adduser 命令创建用户账号。当用户不再使用系统时，由 root 使用 userdel 命令删除该账号和账号的主目录。

(2) 登录。用户经注册后就成为该系统用户，但在上机时还必须进行登录。登录的主要目的是通过核实该用户的注册名及口令来检查该用户使用系统的合法性。Windows NT 需用户同时按下 Ctrl+Alt+Del 键来启动登录界面，提示输入用户名和口令。在用户输入后，系统调用身份验证包来接收登录信息，并与安全账号管理库中存放的用户名和口令进行对比，如果找到匹配，则登录成功，于是允许用户进入系统。为了防止非法用户窃取口令，在用户键入口令时，系统将不在屏幕上给予回显，凡未通过用户名及口令检查的用户，将不能进入系统。

为了进一步保证系统的安全性，防止恶意者通过多次尝试猜口令方式而进入系统，SCO UNIX 可设置访问注册限制次数，当不成功注册次数超过这个限度后，账号和终端就被封锁，这称为凶兆监视(threat monitoring)。系统还可设置参数控制口令的有效时间，当一口令到了失效时间，口令死亡，该用户账号也被封闭。Windows NT 采用 Ctrl+Alt+Del 组合键来启动登录界面也是为了防止非法程序模拟登录界面扮作操作系统来窃取用户名和口令。

2. 用户级安全管理

用户级安全管理是通过对所有用户分类和对指定用户分配访问权，即对不同的用户、不同的文件设置不同的存取权限来实现的。例如，在 UNIX 系统中将用户分为文件主、组用户和其他用户。有的系统将用户分为超级用户、系统操作员和一般用户。

3. 目录级安全管理

目录级安全管理是为了保护系统中的各种目录而设计的，它与用户权限无关。为保证目录的安全，规定只有系统核心才具有写目录的权利。

用户对目录的读、写和执行与对一般文件的读、写和执行的含义有所不同，对于目录的读权限，意味着允许打开并读该目录的信息。例如 UNIX 系统使用 ls 命令可列出该目录的子目录和文件名。对于目录的写权限，意味着可以在此目录中创建或删除文件。禁止对于某个目录的写权限并不意味着在该目录中的文件不能被修改，只有在一个文件上的写权限才真正地控制着修改文件的能力。对于一个目录的执行权限，意味着系统在分析一个文件时可检索此目录。禁止一个目录的执行权限可真正地防止用户使用该目录中的文件，用户不能使用进入子目录命令来进入此目录。

4. 文件级安全管理

文件级安全管理是通过系统管理员或文件主对文件属性的设置来控制用户对文件的访问的。通常可设置以下几种属性：

只执行：只允许用户执行该文件，主要针对.exe 和.com 文件。

隐含：指示该文件为隐含属性文件。

索引：指示该文件是索引文件。

修改：指示该文件自上次备份后是否还可被修改。

只读：只允许用户对该文件读。

读/写：允许用户对文件进行读和写。

共享：指示该文件是可读共享的文件。

系统：指示该文件是系统文件。

用户对文件的访问，将由用户访问权、目录访问权限及文件属性三者的权限所确定，或者说由有效权限和文件属性的交集决定。例如对于只读文件，尽管用户的有效权限是读/写，但都不能对只读文件进行修改、更名和删除。对于一个非共享文件，将禁止在同一时间内由多个用户对它进行访问。

通过上述 4 级文件保护措施，可有效地对文件进行保护。

6.6.3　文件的保护机制

在计算机系统中有很多待保护的对象，这些对象可以是硬件，如 CPU、内存块、终端、打印机等设备；也可以是软件，如进程、文件、信号、数据库等。系统对每一个对象赋予一个名字，用户通过名字引用对象。而对象有一个有限的、允许进程在其上进行的一组操作，如对文件进行读、写操作。为此，操作系统必须设置保护机制，防止未授权进程访问对象，并限制进程只执行某个保护域中合法操作的子集。所谓保护域，是指(对象,权限)对的集合，每个对标记了一个对象和一个可执行操作的子集。这里，权限表示可执行的操作。图 6.28 表示了三个保护域以及域中的对象和对象允许的操作权限(读、写、执行)。

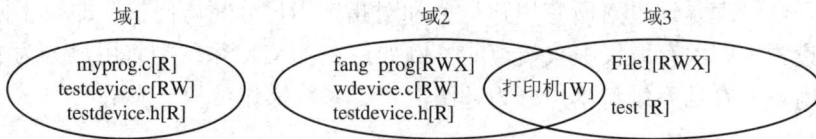

域1	域2	域3
myprog.c[R] testdevice.c[RW] testdevice.h[R]	fang prog[RWX] wdevice.c[RW] testdevice.h[R] 打印机[W]	File1[RWX] test [R]

图 6.28　保护域示例

进程在任何时刻都运行在某个保护域中，换句话说，域限制了进程可访问的对象以及对象的权限。当然，进程在运行时可以从一个域切换到另一个域。

问题是系统如何记录某个对象属于哪个域呢？事实上，可以设想用存取控制矩阵来实现，其中，矩阵的行表示域，列表示对象。

文件系统对文件的保护常采用存取控制方式进行。所谓存取控制，就是对不同的用户对文件的访问规定不同的权限，以防止文件被未经文件主同意的用户访问。

1．存取控制矩阵

理论上，存取控制方法可用存取控制矩阵表示，它是一个二维矩阵，一维列出计算机的全部用户，另一维列出系统中的全部文件。矩阵中每个元素 A_{ij} 表示第 i 个用户对第 j 个文件的存取权限。通常存取权限有可读、可写、可执行以及它们的组合，如表 6.3 所示。

表 6.3　存取控制矩阵

文件 用户	ALPHA	BETA	REPORT	SQRT	…	…
张军	RWX	…	R-X	…	…	…
李晓钢	R-X	…	RWX	R-X	…	…
王伟	…	RWX	R-X	R-X	…	…
赵凌	…	…	…	RWX	…	…
⋮	⋮	⋮	⋮	⋮	…	…

存取控制矩阵在概念上是简单清楚的，但实现上却有困难。当一个系统用户数和文件数很大时，二维矩阵要占很大的存储空间，验证过程也将耗费许多系统时间。

2. 存取控制表

存取控制矩阵由于矩阵太大而往往无法实现。一个改进的办法是按用户对文件的访问权限的差别对用户进行分类，由于某一文件往往只与少数几个用户有关，因而这种分类方法可使存取控制表大为简化。UNIX 系统就使用这种存取控制表方法，把用户分成三类：文件主、组用户和其他用户。每类用户的存取权限为可读、可写、可执行以及它们的组合。在用 ls 长列表显示时，每组存取权限用三个字母 RWX 表示，如果读、写和执行中有哪一样存取权限不允许，则用"-"字符表示。用 ls -l 长列表显示 ls 文件如下：

    -r-xr-xr-t 1 bin   bin   43296   May 13   1997   /opt/K/SCO/Unix/5.0.4Eb/bin/ls

显示中前 2～10 共 9 个字符表示文件的存取权限，每 3 个字符为一组，分别表示文件主、组用户和其他用户的存取权限。由于存取控制表对每个文件按用户分类，所以该存取控制表可存放在每个文件的文件控制块中。对于 UNIX，只需 9 位二进制数就可表示 3 类用户对文件的存取权限，该权限存在文件索引节点的 di_mode 中。

3. 用户权限表

改进存取控制矩阵的另一种方法是以用户或用户组为单位将用户可存取的文件集中起来存入表中，该表称为用户权限表。表中每个表目表示该用户对应文件的存取权限，如表6.4 所示。这相当于存取控制矩阵一行的简化。

表 6.4　用 户 权 限 表

文件 用户	ALPHA	BETA	REPORT	SQRT
李晓钢	R-X	…	RWX	R-X

6.7　文件系统的性能问题

磁盘存储器不仅容量大，存取速度快，而且可以实现随机存取，是实现虚拟存储器所必需的硬件，因此在现代计算机系统中，都配置了磁盘存储器，并以它为主要的文件存储器。磁盘存储器管理的主要任务是：

(1) 为文件分配必要的存储空间，使每个文件能"各得其所"。

(2) 合理地组织文件的存取方式，以提高对文件的访问速度。

(3) 提高磁盘存储空间的利用率。

(4) 提高对磁盘的 I/O 速度，以改善文件系统的性能。

(5) 采取必要的冗余措施，来确保文件系统的可靠性。

目前，几乎所有可随机存取的文件，都存放在磁盘上，磁盘 I/O 速度的高低，将直接影响文件系统的性能。因此，如何改善磁盘 I/O 的性能，已成为提高文件系统性能的关键。提高磁盘 I/O 速度的主要途径有：

(1) 选择性能好的磁盘。

(2) 采用好的磁盘调度算法。

(3) 设置磁盘高速缓冲区。

6.7.1　块高速缓存

由于磁盘的 I/O 速度比内存的访问速度要低 4~6 个数量级，因此磁盘的 I/O 已成为计算机系统的瓶颈。于是，人们想方设法提高磁盘的 I/O 速度，其中最主要的方法是采用块高速缓存(也称磁盘高速缓存)技术。

1. 块高速缓存

块高速缓存的基本思想是利用内存中的存储空间来暂存从磁盘中读出的一系列盘块信息。因此，块高速缓存是一组逻辑上属于磁盘，而物理上是驻留在内存中的盘块。块高速缓存分为两种形式：

(1) 在内存中开辟一个单独的存储空间来作为块高速缓存，大小固定，不会受应用程序多少的影响。

(2) 将所有未利用的内存空间变为一个缓冲池，供请求分页和磁盘 I/O 时共享。此时，块高速缓存的大小是不固定的。当磁盘 I/O 的频繁程度较高时，缓冲池占用更多的内存空间；当应用程序较多时，缓冲池占用更少的内存空间(因为系统程序要为每个应用程序分配一定的内存空间，导致未利用的内存空间减少)。

2. 数据交付

数据交付是将块高速缓存中的数据传送给请求者进程。当某进程请求访问某个盘块中的数据时，由核心先去检查块高速缓存中有无该进程要访问的盘块数据。若有，便直接从块高速缓存提取数据交付给请求者进程，从而避免了访盘操作；若无，则从磁盘将要访问的数据读入块高速缓存并交付给请求者进程。数据交付分直接交付和指针交付两种形式。

直接交付：直接将块高速缓存中的数据传送到请求者进程的内存工作区。

指针交付：只将块高速缓存中某区域的指针交付给请求者进程。这种方式由于传送的数据少，因而节省了数据传送的时间。

3. 置换算法

如同请求分页(段)一样，将数据读入块高速缓存时也会出现块高速缓存已满，需将块高速缓存中的数据换出的问题，因此也必然存在采用哪种置换算法的问题。较常用的算法是LRU(最近最久未使用算法)、NRU(最近未使用算法)和LFU(最少使用算法)。

需要注意的是，请求调页中的联想存储器和块高速缓存的工作情况是有差异的，因而在设计块高速缓存置换算法时，除了应考虑最近最久未使用这一原则外，还应考虑如下三方面的问题：

(1) 访问频率。访问联想存储器的频率远远高于访问块高速缓存的频率。因为每执行一条指令可能要访问一次联想存储器，所以其频率与指令执行的频率相当。访问块高速缓存的频率与磁盘 I/O 频率相当。

(2) 可预见性。在块高速缓存中的数据，哪些是较长时间不被访问，哪些是很快被访问，有相当一部分是可预知的。例如，对于二次地址块和目录块，在它被访问后可能很久都不会被访问；对于写入数据未满的盘块可能很快会被访问。

(3) 数据的一致性。由于块高速缓存是在内存中，而内存一般是易失性存储器，一旦系统发生故障，存放在块高速缓存中的数据将会丢失，若其中的某些盘块被修改而未写回磁盘，将导致这些数据的不一致性。为了解决这一问题，对于那些经常使用的盘块，可能会一直保留在块高速缓存中，系统应周期性地将修改过的盘块写回磁盘以保证数据的一致性。

6.7.2 磁盘调度

1. 磁盘调度

磁盘是可被多个进程共享的设备。当有多个进程都请求访问磁盘时，为了保证信息的安全，系统每一时刻只允许一个进程启动磁盘进行 I/O 操作，其余的进程只能等待。因此，操作系统应采用一种适当的调度算法，以使各进程对磁盘的平均访问(主要是寻道)时间最短。磁盘调度分为移臂调度和旋转调度两类，并且是先进行移臂调度，然后再进行旋转调度。由于访问磁盘最耗时的是寻道，因此，磁盘调度的目标应是使磁盘的平均寻道时间最少。

常用的磁盘调度算法有：先来先服务、最短寻道时间优先、扫描算法、循环扫描算法等。

2. 磁盘移臂调度算法

1) 先来先服务 (First-Come First-Served，FCFS)

先来先服务是最简单的磁盘调度算法。它根据进程请求访问磁盘的先后次序进行调度。此算法的优点是公平、简单，且每个进程的请求都能依次得到处理，不会出现某进程的请求长期得不到满足的情况。但此算法由于未对寻道进行优化，致使平均寻道时间可能较长。图 6.29 显示了有若干个进程先后提出磁盘 I/O 请求时，按 FCFS 算法进行调度的情况。

图 6.29 中，将进程(请求者)按其发出请求的先后次序排列。这样，平均寻道距离为 55.3 条磁道。与后面要讲的几种调度算法相比，其平均寻道距离较大。故 FCFS 算法仅适用于请求磁盘 I/O 的进程数目较少的场合。

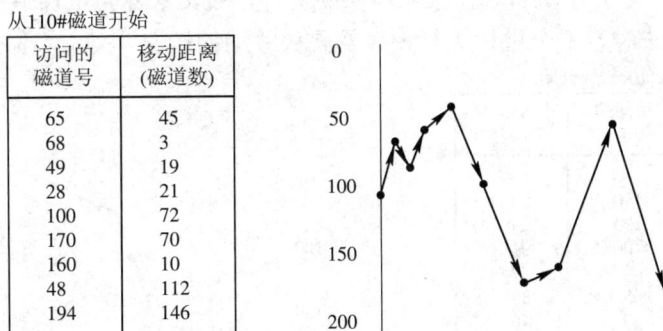

从110#磁道开始

访问的磁道号	移动距离(磁道数)
65	45
68	3
49	19
28	21
100	72
170	70
160	10
48	112
194	146

图 6.29　FCFS 调度算法示例

2) 最短寻道时间优先(Shortest Seek Time First，SSTF)

SSTF 算法选择这样的进程，其要求访问的磁道与当前磁头所在的磁道距离最近，使得每次的寻道时间最短，但这种调度算法却不能保证平均寻道时间最短。图 6.30 示出了按 SSTF 算法进行调度时各进程被调度的次序以及每次磁头的移动距离。

比较图 6.29 和图 6.30 可以看出，SSTF 算法明显低于 FCFS 的平均每次磁头移动距离，其平均寻道距离为 27.5 条磁道。故 SSTF 较之 FCFS 有更好的寻道性能，这也是该算法被广泛采用的原因。

从110#磁道开始

访问的 磁道号	移动距离 (磁道数)
100	10
68	32
65	3
49	16
48	1
28	20
160	132
170	10
194	24

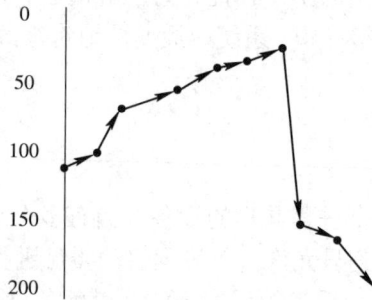

图 6.30　SSTF 调度算法示例

SSTF 算法虽然获得较好的寻道性能，但它可能导致某些进程发生"饥饿"(starvation)。因为只要不断有新进程到达，且其所要访问的磁道与磁头当前所在磁道的距离较近，这种新进程的 I/O 请求必被优先满足。对 SSTF 算法略加修改后所形成的 SCAN 算法，即可以防止老进程出现"饥饿"现象。

3) 扫描算法(SCAN)

扫描算法不仅要考虑欲访问的磁道与当前磁道的距离，更优先考虑的是磁头的当前移动方向。

例如，当磁头正在由里向外移动时，SCAN 算法所选择的下个访问对象应是其欲访问的磁道既在当前磁道之外，又是距离最近的。这样由里向外访问，直至再无更外的磁道需要访问时，才将磁臂换向，由外向里移动。这时，同样也是每次选择在当前磁道之内，且距离最近的进程来调度。这样，磁头逐步地向里移动，直至再无更里面的磁道需要访问。显然，这种方式避免了饥饿现象的出现。

这种算法中，磁头移动的规律颇似电梯的运行，故又常称为电梯调度算法。图 6.31 显示了按 SCAN 算法对若干个进程进行调度及磁头移动的情况。

从110#磁道开始

访问的 磁道号	移动距离 (磁道数)
160	50
170	10
194	24
100	94
68	32
65	3
49	16
48	1
28	20

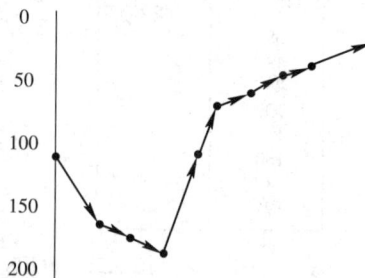

图 6.31　SCAN 调度算法示例

4) 循环扫描调度算法(Circle SCAN, CSCAN)

SCAN 算法既能获得较好的寻道性能，又能防止进程饥饿，故被广泛用于大、中、小型机和网络中的磁盘调度。但 SCAN 也存在这样的问题：当磁头刚从里向外移动过某一磁道时，恰有一进程请求访问此磁道，这时该进程必须等待，待磁头从里向外、然后再从外向里扫描完所有要访问的磁道后，才处理该进程的请求，致使该进程的请求被严重地推迟。为了减少这种延迟，CSCAN 算法规定磁头只作单向移动。

例如，只作自里向外移动，当磁头移到最外的被访问磁道时，立即返回到最里的欲访问磁道，即将最小磁道号紧接着最大磁道号构成循环，进行扫描。采用循环扫描方式后，上述请求进程的请求延迟，将从原来的 2 T 减为 T+s$_{max}$。其中，T 为由里向外或由外向里扫描完所有要访问的磁道所需的寻道时间，而 s$_{max}$ 是将磁头从最外面被访问的磁道直接移到最里边欲访问的磁道所需的寻道时间(或相反)。图 6.32 示出了 CSCAN 算法对若干个进程调度的次序以及每次磁头移动的距离。

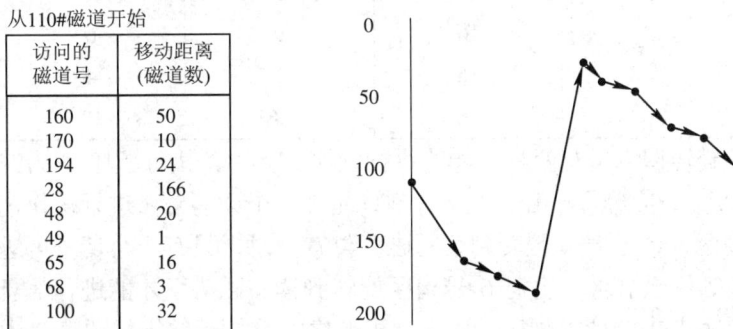

从110#磁道开始

访问的磁道号	移动距离(磁道数)
160	50
170	10
194	24
28	166
48	20
49	1
65	16
68	3
100	32

图 6.32　CSCAN 调度算法示例

5) N 步 SCAN 算法

在 SSTF、SCAN 及 CSCAN 几种调度算法中，都可能出现磁臂停留在某位置不动的情况。例如，有一个或几个进程对某一磁道有着较高的访问频率，即它们反复地请求对某一磁道进行 I/O，从而垄断了整个磁盘设备。我们把这一现象称为磁臂"粘着"(armxstickiness)。在高密度盘上更容易出现这种情况。

N 步 SCAN 算法是将磁盘请求队列分成若干个长度为 N 的子队列，磁盘调度按 FCFS 算法依次处理这些子队列。而处理一个队列时，又是按 SCAN 算法对一个队列处理完后又处理其他队列，这样就可避免出现"粘着"现象。当 N 值取得很大时，会使 N 步扫描算法的性能接近于 SCAN 算法的性能；当 N＝1 时，N 步 SCAN 算法退化为 FCFS 算法。

6) FSCAN 算法(First SCAN)

FSCAN 算法实质上是 N 步 SCAN 算法的简化。它只将磁盘请求访问队列分成两个子队列。一个是当前所有请求磁盘 I/O 的进程形成的队列，由磁盘调度按 SCAN 算法进行处理。另一个则是在扫描期间新出现的所有请求磁盘 I/O 进程的队列，它们将插入另一个等待处理的请求队列中。这样，所有的新请求都将被推迟到下一次扫描时处理。

3. 磁盘旋转调度算法

当移动臂定位后，有多个进程等待访问该柱面时，应当如何决定这些进程的访问顺序呢？这就是旋转调度要考虑的问题。显然，系统应该选择延迟时间最短的进程执行。当有若干等待进程请求访问磁盘上的信息时，旋转调度应考虑如下情况：

(1) 进程请求访问的是同一磁道上的不同编号的扇区。

(2) 进程请求访问的是不同磁道上的不同编号的扇区。

(3) 进程请求访问的是不同磁道上具有相同编号的扇区。

对于(1)和(2)，旋转调度总是让首先到达读写磁头位置下的扇区先进行传送操作；对于(3)，旋转调度可以任选一个读写磁头位置下的扇区进行传送操作。

例 6.12　有 6 个访问 16 号柱面的请求进程，其要求如表 6.5 所示，请给出它们的执行顺序。

表 6.5　旋转调度举例

请求顺序	柱面号	磁头号	扇区号
①	16	5	3
②	16	1	6
③	16	5	1
④	16	9	6
⑤	16	1	4
⑥	16	8	12

对它们进行旋转调度后有两种可能的执行顺序。其中，执行顺序 1 为③①⑤②⑥④；执行顺序 2 为③①⑤④⑥②。由于每一时刻只允许一个读写磁头进行操作，而请求②④访问的都是 6 号扇区，当 6 号扇区转到读写磁头位置下时，只有一个请求可进行传送操作，另一个请求必须等待磁盘再一次把 6 号扇区旋转到读写磁头下才能进行信息的传送操作。因此，在执行顺序 1 中的请求顺序⑥应在请求顺序④前执行；执行顺序 2 中的请求顺序⑥应在请求顺序②前执行。

通过上例我们可以发现，当一次移臂调度将移动臂定位到某一柱面后，还可能要进行多次旋转调度。

6.7.3　信息的优化分布

为了提高文件的访问速度，必须对信息进行优化分布。信息优化分布可从优化物理块分布和优化索引节点分布两个方面来考虑。

1. 优化物理块分布

优化物理块分布是指使磁头移动距离最小。尽管链接分配和索引分配都允许将一个文件的物理块分散在磁盘的任意位置上，但是过于分散必然会增加磁头的移动距离。例如，将文件的第一个盘块存放在第 1 个磁道上，将文件的第二个盘块存放在第 190 个磁道上，那么磁头移动的距离为 189。如果将两个盘块放在同一个柱面的不同磁道上，因消除了磁道间的移动，从而大大提高了两个盘块的访问速度。

优化文件物理盘块位置应在系统为文件分配盘块时进行。如果采用位示图法表示空闲盘块，将同属于一个文件的盘块安排在同一条磁道或相邻磁道是十分容易的事。但是采用链表方式组织空闲存储空间时，要为文件分配相邻的多个盘块就困难些。

2. 优化索引节点分布

优化索引节点分布也会使磁头移动距离减少。因为通常访问一个文件需先访问索引节点，然后再访问盘块。

6.8　Windows 2000/XP 文件系统实例分析

6.8.1　Windows 2000/XP 文件系统概述

Windows 2000/XP 支持传统的 FAT 文件系统，该文件系统最初是针对相对较小容量的磁盘而设计的，但随着计算机外存容量的迅速扩展，出现了明显的不适应性。不难看出，FAT 文件系统最多只能容纳 2^{12} 或 2^{16} 个簇，单个文件卷的容量小于 2 GB。如果一个簇包含的扇区数增加可以使得单个卷的容量增大，但是文件空间的碎片很多，浪费很大。

从 Windows 9x 和 Windows Me 开始，FAT 表被扩展到了 32 位，形成了 FAT32 文件系统，解决了 FAT16 系统在文件容量上的问题，可以支持 4 GB 的大硬盘分区，但由于 FAT 表的大幅度扩充，造成文件系统效率大幅度下降。Windows 98 支持 FAT32 文件系统，但与其同期开发的 Windows NT 不支持 FAT32，基于 NT 构建的 Windows 2000/XP 支持 FAT32 系统。除此之外，Windows 2000/XP 支持的文件系统格式包括 CDFS、UDF、FAT12、FAT16、FAT32 和 NTFS。

1. CDFS 与 UDF

CDFS(CDROM File System，CDROM 文件系统)是 1988 年为 CDROM 介质的只读光盘所制定的标准格式。CDFS 比较简单，但是有一定的限制：

- 文件和目录名的长度必须少于 32 个字符。
- 目录树的深度不能超过 8 层。

目前，CDFS 已经过时，由 UDF 标准代替。但是，为了向后兼容，Winwdows 2000/XP 仍提供对 CDFS 的支持，这是通过 CDFS 驱动程序(\Winint\System32\Drivers\Cdfs.sys)实现的。

通用磁盘格式(Universal Disk Format，UDF)是 1995 年由光学存储技术委员会(Optical Storage Technology Association，OSTA)为光磁盘存储媒介如 DVD-ROM 等制定的。Winwdows 2000/XP UDF 文件系统的实现遵从 ISO13346 标准，并且支持 UDF 1.03 和 1.5 版本。UDF 文件系统的优点是：

- 文件名可以长达 255 个字符。
- 最大路径长度为 1023 个字符。
- 文件名区分大写和小写字母。

Windows 2000/XP 通过 UDF 驱动程序(\Winint\System32\Drivers\Udfs.sys)来实现对 UDF 的支持。

2. FAT12 与 FAT16

Windows 2000/XP 仍提供对文件分配表(File Association Format，FAT)文件系统的支持，主要是为了在多引导系统下保证同其他操作系统的兼容。Windows 2000/XP 通过 FAT 文件系统驱动程序(\Winnt\system32\Drivers\Fastfat.sys)实现对 FAT12 和 FAT16 的支持。

1) 簇和簇号项

FAT 文件系统对磁盘空间的分配是以簇作为基本分配单位的。对于不同类型的磁盘，每簇为 1、2、4、8、16、… 个扇区。文件分配表(FAT)是反映磁盘上所有簇的使用情况的一个登记表。FAT 是由若干个簇号项组成的，簇号项的取值不同，表示的含义就不同。因此，通过查找文件分配表可以得知任一簇的使用情况。例如它是自由的(可分配的)、坏的或是已分配给文件的等等。很显然，每簇扇区数越多，总簇数就越少，文件分配表也就越小，但文件浪费的空间也可能就越大，尤其对小文件更甚。因此，每簇所占的扇区数是多种因素折衷的结果。

对于 FAT 文件系统，每个簇对应一个簇号项，不同的 FAT 文件系统，每个簇号项的大小也不同。对于 FAT12，簇号项的大小为二进制 12 位(占 1.5 个字节)；对于 FAT16，簇号项的大小为二进制 16 位(占 2 个字节)；对于 FAT32，簇号项的大小为二进制 32 位(占 4 个字节)。

FAT 文件系统中簇项值的意义见表 6.6。

表 6.6　FAT 中簇项值的意义

簇项值(12 位)	簇项值(16 位)	簇项值(32 位)	含　义
000H	0000H	00000000H	可用簇
FF0H～FF6H	FFF0H～FFF6H	FFFFFFF0H～FFFFFFF6H	保留簇
FF7H	FFF7H	FFFFFFF7H	坏簇，不在任何文件链上
FF8～FFFH	FFF8H～FFFFH	FFFFFFF8H～FFFFFFFFH	文件的最后一个簇
XXXH	XXXXH	XXXXXXXXH	文件的下一个簇

1.44 MB 的 5 1/4 寸软盘或 3.5 寸软盘采用 FAT12 文件格式。在 FAT12 格式文件系统中，FAT 中的簇号项采用 12 位二进制格式，簇项值限定了一个分区最多有 2^{12}(4096)个簇。Windows 2000/XP 使用的簇的大小从 512 字节到 8 KB，它限制了一个 FAT 卷大小为 32 MB。

FAT16 格式的文件系统中，FAT 中的簇号项采用 16 位二进制格式，簇号项限定了一个分区最多有 2^{16}(65 536)个簇。Windows 2000/XP 对于 FAT16 簇的大小从 512 字节扩展到 64 KB，限定 FAT16 卷大小为 4 GB。

FAT12 和 FAT16 的卷分为 4 个部分，如图 6.33 所示。

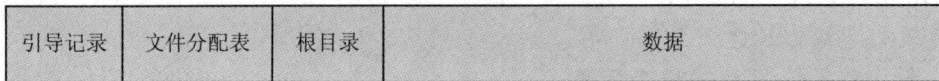

引导记录	文件分配表	根目录	数据

图 6.33　FAT12 或 FAT16 卷的结构

2) 簇号链

簇号与磁盘上的扇区位置是一一对应的。因此，每当给一个新文件分配磁盘空间时，总是先扫描 FAT，找到第一个可用簇，将该簇空间分配给文件，并将该簇的簇号填到目录表中该文件目录项对应的字段内。如果文件大小需要增加，文件系统又继续寻找下一个可用簇，并将簇号填到 FAT 中前一簇的簇号项中。这样，直到找到满足文件大小的所有簇，除起始簇的簇号填在文件目录中外，所有簇号都填在 FAT 中上一簇的簇号项的位置上。给最后一簇的簇号项中填上结束标志"FFF"(采用 12 位的格式)，这样一个"簇号链"就形成了。

若要访问文件时，文件系统检索目录文件，找到要访问文件的目录项，根据目录项中的起始簇号，经过计算后可求出这个簇的逻辑扇区号；在 FAT 中该簇所对应的簇号项中找到下一簇的簇号，就可求出下一个簇的逻辑扇区号；一直找到 FAT 中对应簇号项中的值是结束标志时(如"FFFF"，采用 FAT16 文件格式)，表示该簇是文件的最后一簇。图 6.34 显示了簇号链示意图。

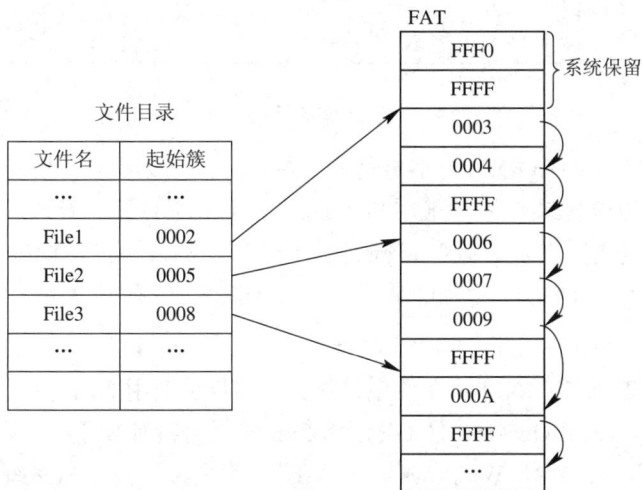

图 6.34 簇号链示意图

文件目录项中的"起始簇"域记载着分配的第一个簇号,该文件的第一个簇的簇号项中存放着第 2 个簇号,第 2 个簇号对应的簇号项中存放着第 3 个簇号,直至最后一个簇的簇号项的值为"FFFF"为止。简言之,在一个文件的"簇号链"中,除了最后一个簇号项含有特殊标记"FFFF"外,其余的每一个簇号项中都记载着下一个后续的簇号。

图 6.34 中,File1 文件的起始簇号为 0002,0002 簇号项中存放的是 0003,0003 簇号项中存放的是 0004,0004 簇号项中存放的是 FFFF。因此,File1 文件占了 0002、0003 和 0004 共 3 个簇。

File2 文件的起始簇号为 0005,0005 簇号项中存放的是 0006,0006 簇号项中存放的是 0007,0007 簇号项中存放的是 0009,0009 簇号项中存放的是 000A,000A 簇号项中存放的是 FFFF。因此,File2 文件占了 0005、0006、0007、0009 和 000A 共 5 个簇。

File3 文件的起始簇号为 0008,0008 簇号项中存放的是 FFFF。因此,File3 文件只占了 0008 一个簇。

需要说明的是,FAT 中的簇号项头两个是保留的。其中头一个字节是介质描述字节 (与引导记录中 BPB 的介质描述字节相同),其余的字节为 FFH。

3. FAT32

FAT32 是基于 FAT 的最新定义的文件格式,它用于 Windows 95 OSH2、Windows 98 和 Windows Millennium Edition。FAT32 尽管使用 32 位簇标识符,但保留高 4 位,因此,实际上它只有 28 位簇标识符。由于 FAT32 簇大小可达 32 KB,从理论上讲,FAT32 可访问 8 兆字节(TB)卷。但它限制新的 FAT32 卷为 32 GB。

FAT32 文件系统将逻辑盘的空间划分为 3 部分,依次是引导区(BOOT 区)、文件分配表区(FAT 区)和数据区(DATA 区),如图 6.35 所示。其中,引导区和文件分配表区又合称为系统区。引导区从第一扇区开始,使用了三个扇区,保存了该逻辑盘每扇区字节数及每簇对应的扇区数等重要参数和引导记录。之后还留有若干保留扇区。而 FAT16 文件系统的引导区只占用一个扇区,没有保留扇区。

引导记录	文件分配表	数据

图 6.35　FAT32 卷的结构

根目录不固定。根目录区(ROOT 区)不再是固定区域、固定大小，可看作是数据区的一部分。因为根目录已改为根目录文件，采用与子目录文件相同的管理方式，一般情况下从第二簇开始使用，大小视需要增加。因此，根目录下的文件数目不再受最多 512 的限制，FAT32 限制文件大小最大为 4 GB，因为目录项中以二进制 32 位存储文件大小。

4．NTFS

NTFS 是 Windows 2000/XP 本身的文件系统格式。NTFS 使用 64 位簇进行索引，这使得 NTFS 有能力寻址达 16 exabytes(160 亿 GB)。NTFS 的显著特征如下：

(1) 可恢复性。之所以建立新 Windows 文件系统，就是为了具备从系统崩溃和磁盘故障中恢复数据的能力。当发生故障时，NTFS 能够重建文件卷，并使它们恢复到一个一致的状态。

(2) 安全性。NTFS 使用对象模型来实施安全机制。一个打开的文件是作为一个文件对象来实现的，该文件对象有一个作为该文件的一部分而存储在磁盘上的安全描述体。当进程试图打开一个文件对象的句柄之前，NTFS 安全系统会验证该进程是否具有资格。安全描述体与用户登录到系统时提供的密码的请求结合保证了除非是系统管理员或文件的所有者给定了特定的许可，否则进程就不能访问该文件。

(3) 大磁盘和大文件。NTFS 比包括 FAT 在内的其他大多数文件系统能更有效地支持非常大的磁盘和非常大的文件。

(4) 多数据流。在 NTFS 中，每一个与文件有关的信息单元，如文件名、所有者、时间标记、数据等都可以作为文件属性来执行，所以 NTFS 文件可以包含多数据流。这项技术为高端服务器应用程序提供了增强功能的新手段。

(5) 通用索引功能。NTFS 的体系结构允许在一个磁盘卷中索引文件属性，从而可以有效地定位匹配各种标准文件。在 Windows 2000/XP 中，这种索引机制被扩展到其他属性，如对象 ID。

(6) Windows 2000/XP 还提供了分布式文件服务。分布式文件系统(DFS)是用于 Windows 2000/XP 服务器上的网络组件，最初它是作为一个扩展层发布在 NT4 的，但在功能上受到限制。在 Windows 2000/XP 中，这种限制得到了修正。DFS 使用户更容易找到和管理网上的数据。使用 DFS，可以更加容易地创建单目录树，该目录树可以包括多文件服务器和组、部门或企业中的文件共享。

在后面的章节中会更详细地描述 NTFS 的数据结构和高级特征。

6.8.2　Windows 2000/XP 文件系统模型和 FSD 体系结构

在 Windows 2000/XP 中，I/O 管理器负责所有设备的 I/O 操作，Windows 2000/XP 的文件系统组成模型如图 6.36 所示。其文件系统模型包括：

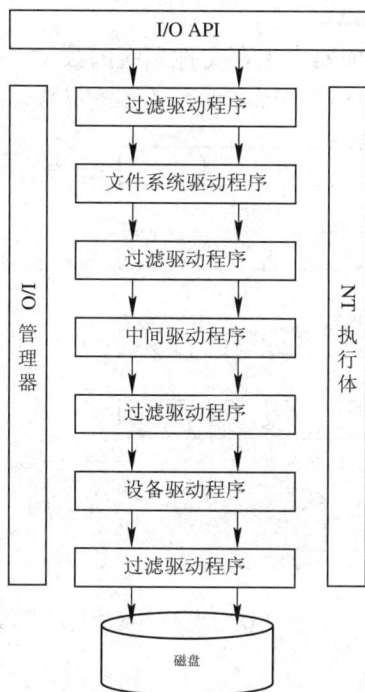

图 6.36　Windows 文件系统模型

设备驱动程序：位于 I/O 管理器的最底层，直接与设备进行 I/O 操作。

中间驱动程序：为底层设备驱动程序提供增强功能。如果发现错误时，设备驱动程序只会返回简单的出错信息，而中间驱动程序在收到错误信息后可能会向设备驱动程序发出重新执行请求。

文件系统驱动程序 FSD(File System Driver)：扩展底层驱动程序的功能，以实现指定的文件系统(如 NTFS)。

过滤驱动程序：可位于文件系统驱动程序与中间驱动程序之间，也可以位于中间驱动程序与设备驱动程序之间，还可以位于 I/O 管理器 API 与文件系统驱动程序之间。例如，一个网络重定向过滤驱动程序可截取对远程文件的操作，并重定向到远程文件服务器上。

文件管理最关键的是文件系统驱动程序 FSD，它工作在内核态，与其他标准内核驱动程序不同的是，它必须事先向 I/O 管理器注册。下面重点介绍 FSD。

1. 本地 FSD

本地 FSD 包括：Ntfs.sys、Fastfat.sys、Udfs.sys、CDfs.sys 和 Raw FSD 等驱动程序。本地 FSD 与设备和应用程序间的关系如图 6.37 所示。本地 FSD 负责向 I/O 管理器注册自己，当访问某个卷时，I/O 管理器调用某个 FSD 来进行卷识别。

在 Windows 2000/XP 中，每个卷的第一个扇区都作为启动扇区而被预留，其上保留了确定卷上文件系统的类型、定位元数据的位置等信息。

一旦完成卷识别后，本地 FSD 还要创建一个设备对象以表示所装载的文件系统。I/O 管理器也通过卷参数块 VPB(Volumn Parameter Block)为由存储管理器所创建的卷设备对象和由 FSD 所创建的设备对象之间建立链接，该 VPB 链接将 I/O 管理器的有关卷的 I/O 请求转交给 FSD 设备对象。

本地 FSD 常用高速缓冲管理器来缓存文件系统的数据以提高性能，它与内存管理器一起实现内存文件映射。本地 FSD 还支持文件系统卸载操作，以便提供对卷的直接访问。

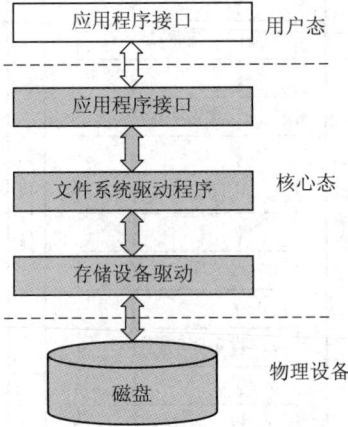

图 6.37　本地 FSD 与设备和应用程序间的关系

2. 远程 FSD

远程 FSD 由两部分组成：客户端 FSD 和服务器端 FSD。客户端 FSD 允许应用程序访问远程的文件和目录，它首先接收来自应用程序的 I/O 请求，然后转换为网络文件系统协议命令，通过网络发送给服务器端 FSD。服务器端 FSD 监听网络命令，接收网络文件系统协议命令，并转交给本地 FSD 去执行。其过程如图 6.38 所示。

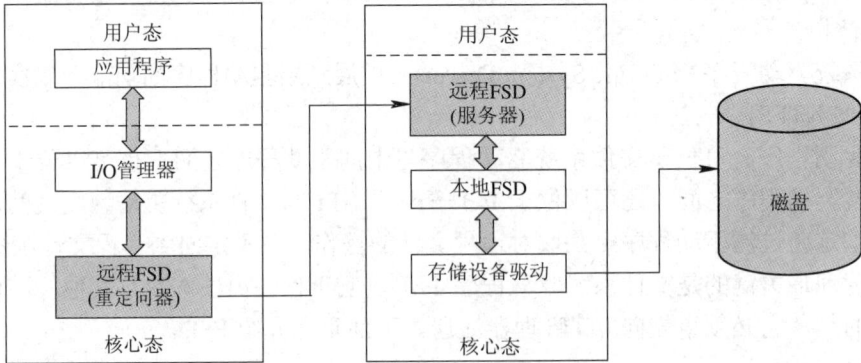

图 6.38　远程 FSD

Windows 2000/XP 的客户端 FSD 为 LANMan 重定向器(LANMan Redirector)，服务器端 FSD 为 LANMan 服务器(LANMan Server)。重定向器通过端口驱动程序的组合来实现。重定向器到服务器的通信则通过通用互联网文件系统(Common Internet File System，CIFS)协议进行。

3. FSD 与文件系统操作

Windows 文件系统的有关操作都是通过 FSD 来完成的，如图 6.39 所示。

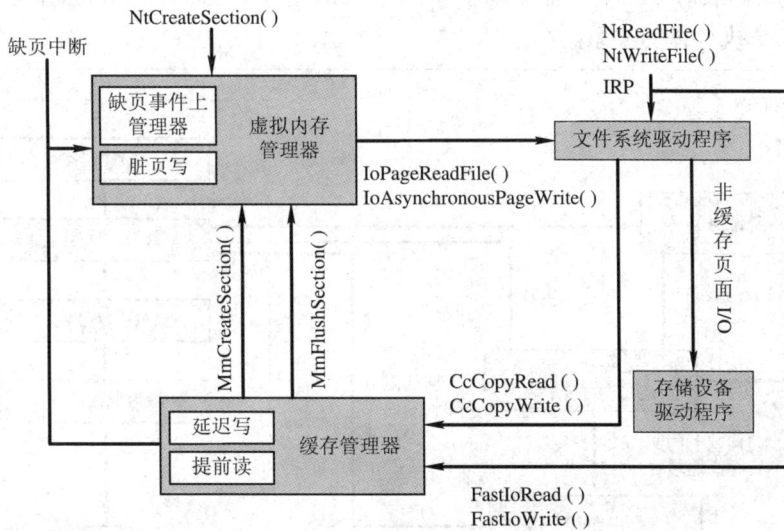

图 6.39 FSD 的作用

有如下几种方式要用到 FSD：

(1) 显式文件 I/O。应用程序通过 Win32 I/O 接口函数来访问文件，如 Createfile、Readfile 和 Writefile 函数。

(2) 高速缓存延迟写。高速缓存管理器的延迟写线程定期地对高速缓存中已被修改的页面进行写操作。这是通过 MmFlushSection 函数完成的。具体地说，MmFlushSection 通过 IoAsynchronousPageWrite 将数据交给 FSD。

(3) 高速缓存提前读。高速缓存管理器的提前读线程负责提前读数据。提前读线程通过分析已做过的读操作，来决定提前读多少。提前读线程是通过缺页中断来完成的。

(4) 内存脏页写。内存脏页写线程定期地清理缓存区。该线程通过 IoAsynchronousPageWrite 来创建 IRP 写请求，这些 IRP 被标识为不能通过高速缓存，故被 FSD 直接交给磁盘存储驱动程序。

(5) 内存缺页处理。在进行显式 I/O 操作与高速缓存提前读时都会用到内存缺页处理。另外，当应用程序访问的页面不在内存时，也会产生缺页处理。内存缺页处理 MmAccessFault 通过 IoPageReadFile 向文件所在的文件系统发送 IRP 请求包来完成。

6.8.3 NTFS 的文件驱动程序

在 Windows 2000/XP 中，文件系统的实现机制采用面向对象的模型，文件、目录和系统中的其他资源一样，是作为对象来处理的。文件的命名统一在对象命名空间，文件对象由 I/O 管理器管理。用户打开文件表和系统打开文件表在 Windows 2000/XP 中表现为每个进程的一个进程对象表及其所指向的具体文件对象。

Windows 2000/XP 的 I/O 管理器部分，包括一组在核心态运行的可加载的与 NTFS 相关的设备驱动程序，如图 6.40 所示。这些驱动程序是分层次实现的，它们通过调用 I/O 管理器传递一个 I/O 请求给另外一个驱动程序，依靠 I/O 管理器作媒介，允许每个驱动程序保持独立，以便被加载或卸载时不影响其他驱动程序。图 6.40 中还显示了 NTFS 驱动程序与文件系统紧密相关的三个执行体的关系。

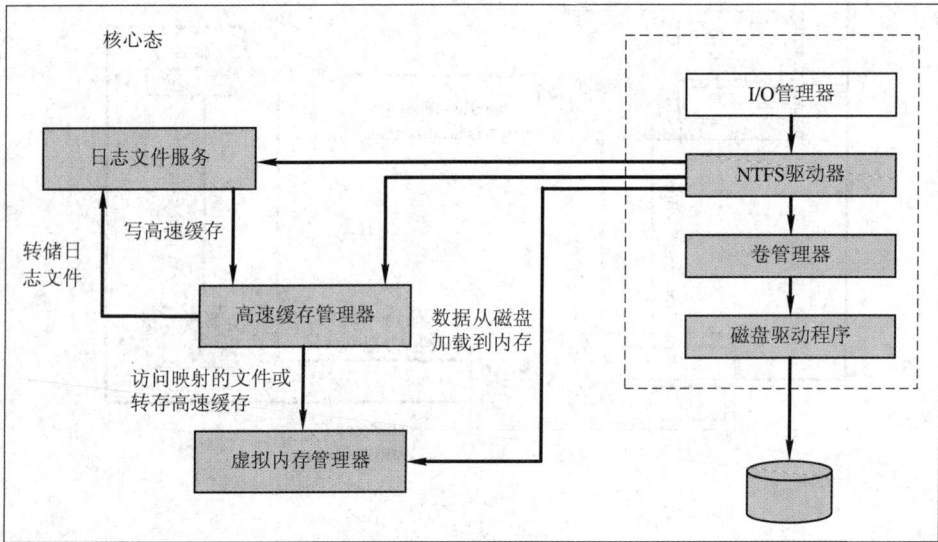

图 6.40　NTFS 及相关组件

日志文件服务(LFS)是 NTFS 为保证磁盘写操作的安全性所提供一种服务。LFS 写的日志文件在系统发生崩溃时用来恢复 NTFS 格式卷。

高速缓存管理器是 Windows 2000/XP 执行程序组件，它提供 NTFS 系统范围的高速缓冲服务和其他的文件系统驱动程序，包括网络文件系统驱动程序。它为 Windows 2000/XP 实现的所有文件系统提供服务，即通过将高速缓冲文件映射到系统地址空间来访问它们，然后访问虚拟内存。为此，高速缓冲管理器为 Windows 2000/XP 内存管理器提供一个特殊的文件系统接口。当程序试图访问没有被装入高速缓冲区(高速缓冲区中未见到)文件的一部分时，内存管理器调用 NTFS 访问磁盘驱动程序并从磁盘获得文件内容。高速缓存管理器通过使用延迟书写器(lazy writer)调用内存管理器，将高速缓存区的内容刷新到磁盘，即通过这种后台活动来优化磁盘 I/O。

应用程序创建和访问文件正如创建和访问其他 Windows 2000/XP 对象一样：通过对象句柄实现。当 I/O 请求到达 NTFS 时，Windows 2000/XP 对象管理器和安全系统已经验证了调用进程具备访问文件对象的权利。安全系统已经比较了调用程序的访问令牌和文件对象的访问控制表中的项。I/O 管理器已经将文件句柄转换为指向文件对象的指针。NTFS 利用文件对象的信息访问磁盘上的文件。

NTFS 通过跟踪一些指针从文件对象获得磁盘上文件的位置。如图 6.41 所示，一个文件对象代表对于打开文件系统服务的单一调用，它指向调用程序试图去读或写的文件属性的流控制块(SCB)。在图 6.41 中，进程已经打开了文件无名的数据属性，又打开了文件已命名的流。SCB 代表单个文件属性，并包含关于在文件中如何找到具体属性的信息。一个文件的所有 SCB 指向一个被称为文件控制块的通用数据结构(FCB)。FCB 包含一个指向基于磁盘的主控文件表(Master File Table，MFT)的文件记录的指针。NTFS 通过该指针获得文件的访问权限。

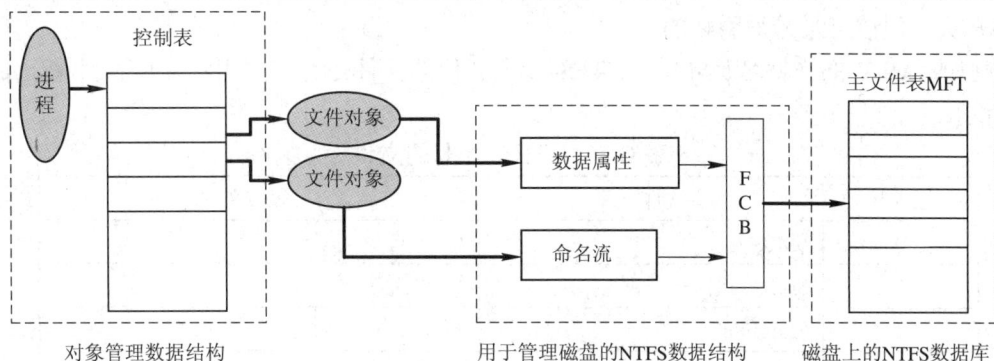

图 6.41　NTFS 数据结构

6.8.4　NTFS 的磁盘结构

NTFS 具有众多的优点，本节将描述 NTFS 卷的磁盘结构，包括如何划分磁盘空间，如何组织文件与目录，如何存储文件属性和数据信息，以及如何压缩文件数据。

1. NTFS 卷

NTFS 是以卷为基础的，而卷是建立在磁盘分区上的。当以 NTFS 格式来格式化分区时就创建了 NTFS 卷。分区包括基本分区和扩展分区，扩展分区可由逻辑分区组成。分区的主要目的是：初始化磁盘，以便格式化和存储数据；磁盘可以有一个或多个卷。NTFS 独立地处理每个卷。

在 NTFS 卷上，簇的大小或者簇因子(cluster factor)是当用户用格式化命令或磁盘管理程序 MMC 插件格式化卷时建立的。默认簇的因子随着卷的大小不同而改变，但它是物理扇区的整数倍，总是 2 的幂次。

NTFS 通过逻辑簇号(LCN)指定磁盘上的物理位置。LCN 是所有的簇从卷的开始到结尾的简单的编号。当磁盘驱动程序接口需要时，为了将 LCN 转换为一个物理磁盘地址，NTFS 用簇因子乘以 LCN 获得卷上的物理字节偏移量。NTFS 用虚拟簇号(VCN)引用文件数据。VCN 对于属于特定文件的簇从 $0 \sim n$ 进行编码。VCN 在物理上不必是连续的，然而它们可以被映射为卷上的任意 LCN 编码。

2. 主控文件表

NTFS 的所有存储在卷上的数据都包含在文件中，包括用来定位和获取文件的数据结构、引导程序数据和记录整个卷(NTFS 元数据)的分配状态的位图(bitmap)。在文件中存放所有的数据，这使得文件系统很容易定位和维护数据，并且每个单独的文件可以被安全描述体保护。如果磁盘的一个特定部分坏了，NTFS 能重定位元数据文件以防止磁盘访问失效。

主控文件表(Master File Table，MFT)是 NTFS 卷结构的核心，是 NTFS 中的一个最重要的系统文件。MFT 是以文件记录数组来实现的，不管簇的大小是多少，每个文件记录的大小都固定为 1 KB。从逻辑上讲，NTFS 卷上的每一个文件(包含 MFT 本身)都有一行 MFT 记录。

每个 NTFS 卷包含元数据文件集。元数据文件集包含文件系统结构的信息。MFT 开始的 16 个元数据文件是保留的，而且占有固定的位置。这些 NTFS 元数据文件名字用美元符号($)开头，但该符号是被隐藏的。

例如，MFT 的文件名是$Mft。NTFS 卷上其他的文件是正常的用户文件和目录，如表 6.7 所示。

表 6.7　NTFS 卷上的文件

记录号	文 件 名	含　义
0	$Mft	MFT 自身
1	$MftMirr	MFT 镜像
2	$LogFile	日志文件
3	$Volume	卷文件
4	$AttrDef	属性定义表
5	$\	根目录
6	$Bitmap	位图文件
7	$Boot	引导文件
8	$BadClus	坏簇文件
9	$Secure	安全文件
10	$UpCase	大写文件
11	$Extended metadata directory	扩展元数据目录
12		预留
13		预留
14		预留
15		预留
16		其他用户目录
17		其他用户目录
…	…	…

16 个元数据文件的含义如下：

MFT 中的第 0 号记录就是 MFT 自身。为了确保文件系统结构的可靠性，系统专门设置了镜像文件($MftMirr)，它是 MFT 中的第 1 号记录。

日志文件($LogFile)是 MFT 中的第 2 号记录，是为了实现可恢复性和安全性而设计的。当系统运行时，NTFS 会在日志中记录所有影响 NTFS 卷结构的操作，如文件中的创建和改变目录结构的命令。这样，一旦系统发生故障时能够恢复 NTFS 卷。

卷文件($Volume)是 MFT 中的第 3 号记录，包含了卷名、被格式化的卷的 NTFS 版本和一个标明该磁盘是否损坏的标志位，NTFS 系统以此决定是否需要调用 Chkdsk 程序进行修复。

属性定义表($ AttrDef)是 MFT 中的第 4 号记录，存放了卷所支持的所有文件属性，并指出它们是否可以被索引和恢复。

根目录($\)是 MFT 中的第 5 号记录，保存了根目录下的所有文件和目录索引。当访问了一个文件后，NTFS 就保留了该文件的 MFT 引用，第二次就能够直接进行对该文件的访问。

位图文件($Bitmap)是 MFT 中的第 6 号记录，NTFS 卷的分配状态都保存在该文件中，其中每一位都代表卷中的一个簇，标识该卷是空簇还是已分配了的。

引导文件($Boot)是 MFT 中的第 7 号记录，是 NTFS 中的一个重要文件，存放着 Windows 2000/XP 的引导程序代码。该文件必须位于特定的磁盘位置才能够正确地引导系统。该文件是在 Format 程序运行时建立的。

坏簇文件($BadClus)是 MFT 中的第 8 号记录，记录了磁盘上卷的所有坏簇，防止系统对其进程分配使用。

安全文件($Secure)是 MFT 中的第 9 号记录，存放整个卷的安全性描述符数据库。NTFS 的文件和目录都有各自的安全性描述符。为了节省空间，NTFS 将具有相同描述符的文件和目录存放在一个公共文件中。

大写文件($UpCase，upper case file)是 MFT 中的第 10 号记录，该文件包含一个大小写字符转换表。

扩展元数据目录($Extended metadata directory)是 MFT 中的第 11 号记录。

MFT 中的第 12 号到 15 号记录为系统预留的。

由于 MFT 中的前 16 个元数据文件记录非常重要，因此为了防止丢失，NTFS 系统在该卷上的文件存储区的中央保留了前 16 个元数据文件记录，参见图 6.42。

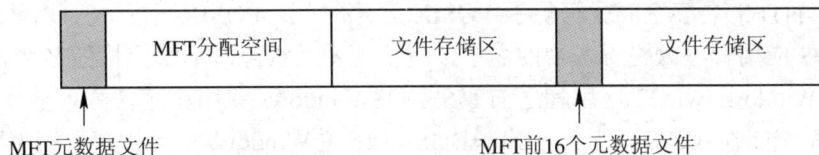

图 6.42　主控文件表

3. 如何访问 NTFS 卷

一般情况下，每个 MFT 记录与不同的文件相对应。假如一个文件有很多属性或分散成很多碎片，就需要多于一个的文件记录。在这种情况下，存放其他文件记录位置的第一个记录叫做基文件记录。

问题是 NTFS 如何通过 MFT 访问卷？

首先，必须"装载"该卷，NTFS 会查看引导文件，找到 MFT 的物理磁盘地址。然后，NTFS 就从文件记录的数据属性中获得 VCN(虚拟簇号)到 LCN(逻辑簇号)的映射信息，将其存放在内存中，该映射信息定位了 MFT 的运行(run 或 extent)在磁盘上的位置。接着，NTFS 再打开几个元数据文件的 MFT 记录，并打开这些文件。如果有必要，NTFS 开始执行它的文件系统恢复操作。最后，NTFS 打开剩余的元数据文件后，用户就可以开始访问卷了。

VCN 是对特定文件所用的簇按逻辑顺序从 0～m 进行编号的；LCN 是对整个卷中的簇按顺序从 0～n 进行编号的。

6.8.5　NTFS 的实现机制

1. 文件引用号

在 NTFS 卷上的每个文件都有一个 64 位(bit)称为文件引用号(File Reference Number)的

惟一标识。文件引用号由一个文件号和一个顺序号组成。文件号为 48 位(bit)，对应于该文件在 MFT 中的位置。文件顺序号随着每次文件记录的重用而增加，这是为了让 NTFS 执行内部一致性检查而设计的。

2. 文件命名

NTFS 和 FAT 都允许路径中的每个文件名字符长达 255 个。文件名可以包括 Unicode 字符也可以包含多个点和空格。但是，MS-DOS 的 FAT 文件系统只支持 8 个(非 Unicode)字符的文件名和 3 个字符的扩展名。图 6.43 提供了一个支持 Windows 2000/XP 的不同文件名空间的可视表示。

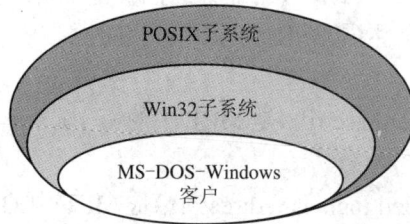

图 6.43　Windows 2000/XP 的文件名空间

POSIX 子系统是要求 Windows 2000/XP 支持的所有应用程序执行环境中最大的名字空间。这样，NTFS 名字空间就等价于 POSIX 名字空间。POSIX 子系统可以创建对 WIN32 和 MS-DOS 应用程序来说不可视的名字，包括使用后缀点和后缀空格的名字。

32 位 Windows(win32)应用程序与 MS-DOS Windows 应用程序的关系十分密切。但是，WIN32 子系统能在 NTFS 卷上创建 MS-DOS 和 16 位 Windows 应用程序不能见到的文件名，它包含比 MS-DOS 8.3 格式更长的文件名。应用程序文件名包含：Unicode 字符，多点或一个点开始的以及有嵌入空格的文件名。当一个文件名以这种名字创建时，NTFS 自动生成一个备用的文件的 MS-DOS 类型名，其格式如图 6.44 所示。当用户使用 dir 命令的/x 选项时，Windows 2000/XP 就显示这些短文件名。

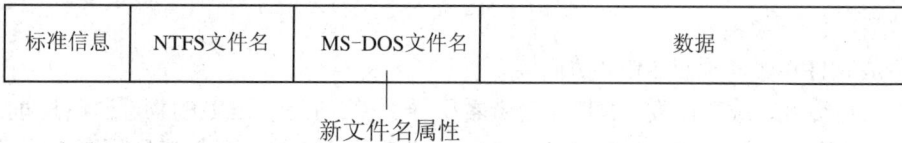

图 6.44　具有 MS-DOS 文件名属性的 MFT 文件记录

3. 文件属性

NTFS 与其他文件系统不一样，它将文件作为属性或属性值的集合来处理。文件属性分为常驻属性与非常驻属性。当文件很小时，其所有属性和属性值可以存放在 MFT 的文件记录中。当属性值能直接存放在 MFT 中时，则属性称为常驻属性(resident attribute)。有些属性总是常驻的，如标准信息属性(文件名、文件拥有者、文件标记等)、根索引等。非常驻属性(nonresident attribute)属性流的存放不在主文件表中，如大文件的数据属性、大目录的文件名索引属性等长度可增加的属性为非常驻的。在 NTFS 中，文件数据是未命名的属性的值。

当一个文件很小时，其所有属性可以存在 MFT 的文件记录中。图 6.45 显示了一个小文件的 MFT 记录。每个属性都是以一个标准头开始的，标准头包含该属性的信息和 NTFS 用来管理属性的信息。该头总是常驻的，并记录着属性值是否常驻。对于常驻属性，头中还包含着属性值的偏移量和属性值的长度。如果属性值能直接存放在 MFT 中，那么 NTFS 对它的访问速度将大大加快。因为，NTFS 只要一次访问磁盘，就可立即获得数据，不必像 FAT 那样，通过反复读取 FAT 中的簇号链才能找到要访问的数据。

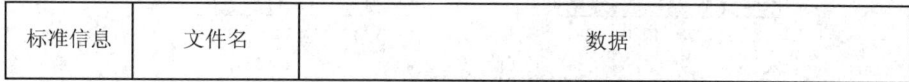

标准信息	文件名	数据

图 6.45　小文件的 MTF 记录

大文件、大目录的属性不可能都常驻在 MFT 中，因为 MFT 中每个文件记录只有 1 K 大小。因此，NTFS 将在文件存储区中分配区域。这些区域称之为一个运行(run)或一个盘区(extent)，它们可以用来存储属性值，如文件数据。当属性值再增加时，NTFS 再分配一个运行，以便存放额外的数据。只存储在运行中的属性，称为非常驻属性(nonresident attribute)。

若文件属性为非常驻时，它的头包含了 NTFS 需要在磁盘上定位该属性值的有关信息。图 6.46 显示了一个存储在两个运行中的非常驻属性。

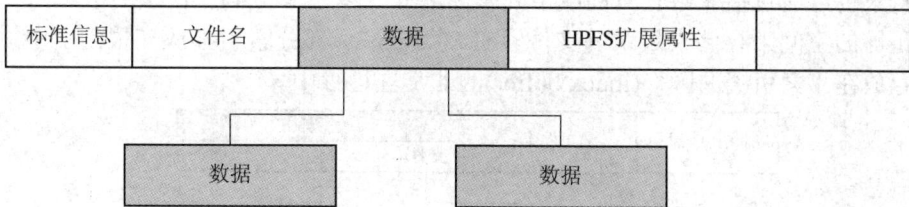

标准信息	文件名	数据	HPFS扩展属性	

数据	数据

图 6.46　非常驻属性

在标准属性中，只有可增长的属性才是非常驻的。对文件来说，可增长的属性有数据和属性列表。一定要注意的是，标准信息和文件名属性总是常驻的。

当一个文件的属性不能放在一个 MFT 文件记录中，而需要分开分配时，NTFS 通过 VCN-LCN 之间的映射关系来记录扩展情况。图 6.47 表示一个非常驻属性的运行所使用的 VCN 与 LCN 编号。

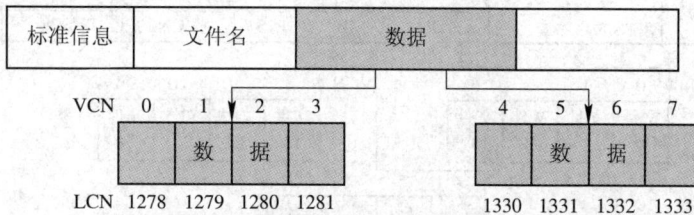

标准信息	文件名	数据	

VCN	0	1	2	3		4	5	6	7
		数	据				数	据	
LCN	1278	1279	1280	1281		1330	1331	1332	1333

图 6.47　非常驻属性的运行所使用的 VCN 与 LCN 编号

如果上述文件超过 2 个运行时，则第 3 个运行从 VCN8 开始，数据头部含有两个运行的 VCN 映射，这便于 NTFS 对磁盘文件分配的查询。图 6.48 显示了具有多个运行的文件的常驻数据属性头中包含的 VCN-LCN 映射关系。

标准信息	文件名	开始的 VCN	开始的 LCN	簇数
		0	1278	4
		4	1330	4

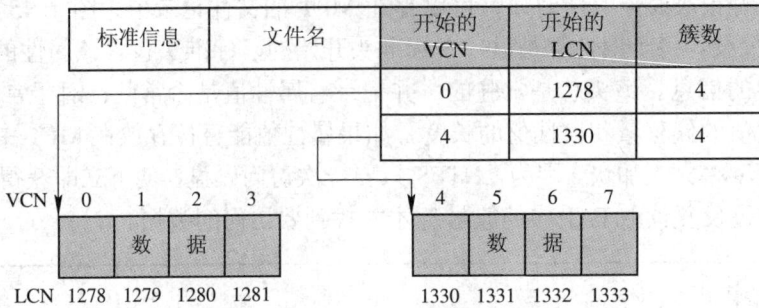

图 6.48　常驻属性的 VCN-LCN 映射关系

不仅数据属性常常因太大而存储在运行中，其他属性也可能因 MFT 文件记录没有足够的空间需要存储在运行中。假如一个文件有太多的属性而不能放在 MFT 记录中，那么，第 2 个 MFT 文件记录就可以用来容纳这些额外的属性(或非常驻属性的头)。这种情况下，一个叫做"属性列表"的属性就加进来了。属性列表包括文件属性的名称、类型代码和属性所在 MFT 的引用。属性列表通常用于太大或太零散的文件(超过 200 个运行的文件)，因为这种文件的 VCN-LCN 映射太大，需要多个 MFT 记录。

4. 文件名索引

大目录也可能包括非常驻属性或常驻属性部分，参见图 6.49。在该例中，MFT 文件记录没有足够的空间来存储大目录的文件索引。其中，一部分索引存放在根索引中，而另一部分则存放在"索引缓冲区"(index buffer)的非常驻运行中。

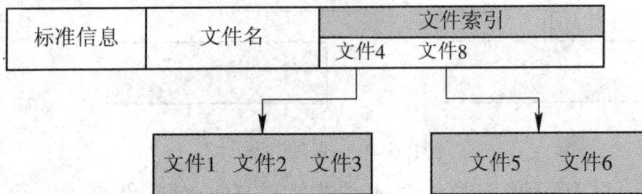

图 6.49　用于大目录的非常驻文件名索引的 MFT 文件记录

在 NTFS 中，文件目录仅仅是文件名的一个索引，即为了便于快速访问而用一种特殊的方式组织起来的文件名(连同它们的文件引用)的集合。要创建一个目录，NTFS 应对目录中的文件名属性进行索引。一个卷的根目录的 MFT 记录如图 6.50 所示。

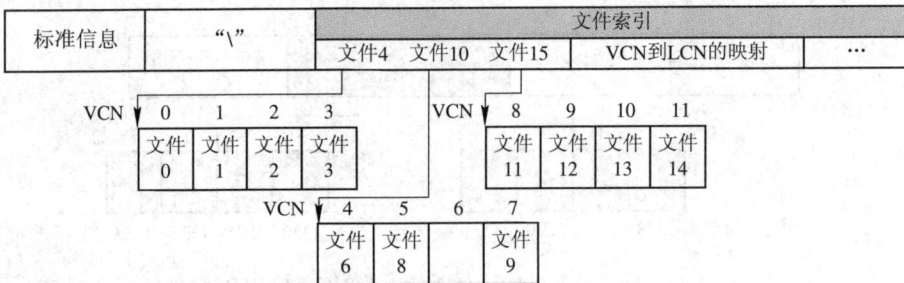

图 6.50　用于卷的根目录的文件名索引

6.8.6　NTFS 的可恢复性支持

NTFS 通过称为"日志"的事务处理技术提供文件系统的可恢复性。在 NTFS 日志中，任何要改变重要的文件系统数据结构的事务子操作在它们写磁盘之前，先要记录到日志文件中。如果系统崩溃了，当系统重新工作时，NTFS 根据记录在日志中的文件操作信息，对那些部分完成的事务将重执行(redo)或撤消(undo)。在事务处理中，这种技术被称为是"预写日志"(write ahead logging)。在 NTFS 中，事务包括向磁盘写文件和删除一个文件并且由一些子操作组成。

文件的可恢复性的实现要点如下：

日志文件服务(LFS)：是 NTFS 驱动程序中一系列内核模式的子程序，NTFS 利用 LFS 例程访问日志文件。LFS 向 NTFS 提供了服务，NTFS 调用这些服务来打开日志文件，写日志文件，以正向或反向次序读日志文件，刷新日志记录到一个特定的 LSN(逻辑序列号，是 LFS 用于识别写入日志的记录)或设置日志文件的开始为较高的 LSN 的服务。

日志记录类型：LFS 允许它的客户向日志文件写任何类型的记录。NTFS 可以写许多类型的记录，这里重点描述两种类型：更新记录(update record)和检查点记录(checkpoint record)。更新记录包括两种信息：重做信息，即事务在高速缓存中被刷新之前，如果系统发生故障，如何对卷应用一个完整日志的事务；撤消信息，即当系统发生故障时，如何撤消一个只有部分日志的事务的子操作。除了更新记录外，NTFS 定期向日志文件写检查点记录。如果发生系统崩溃，检查点记录帮助 NTFS 决定恢复一个卷所需要的过程。例如，NTFS 知道，日志文件要退回多久才能开始它的恢复。当写入一个检查点记录后，NTFS 在重启动区域保存记录的 LSN。这样，发生系统崩溃后，NTFS 在开始文件系统恢复时能迅速找到最新写的检查点记录。

在恢复期间，NTFS 调用 LFS 完成下面的操作：正向读日志记录以重执行任何被记录在日志文件中，但在系统出现故障时没有被刷新到磁盘上的事务；回读日志记录撤消事务或重新运行任何在系统崩溃前没有完全被记为日志的事务；当 NTFS 不再需要旧的日志文件中的事务记录时，将日志文件的开始设置为一个有较高的 LSN 的记录。

恢复的步骤是：

(1) NTFS 首先调用 LFS 取记录日志文件中将要修改卷结构的任意事务。

(2) NTFS 修改卷(在高速缓存里)。

(3) 高速缓存区管理器促使 LFS 将日志文件刷新到磁盘。

(4) 当高速缓存管理器将日志文件刷新到磁盘以后，高速缓存管理器刷新卷的变化到磁盘。

如果文件系统的修改最终是不成功的，这些步骤保证相应的事务可以在日志文件中获取，并且作为文件系统恢复过程的一部分可以被重执行或撤消。

6.8.7 NTFS 的安全性支持

NTFS 卷上的每个文件和目录在创建时创建人就被指定为文件的拥有者,拥有者控制文件及目录权限的设置，并能赋予其他用户访问权限。NTFS 规定了如下权限：

(1) 只有用户在被赋予其访问权限或属于拥有这种权限的组，才能对文件进行访问。

(2) 权限是积累的。假定用户 A 对文件有写权限，用户 B 对文件有读权限，用户 C 同属于这两个组，那么用户 C 对文件具有写权限。

(3) 拒绝访问权限高于其他所有权限。

(4) 文件权限优于目录权限。

(5) 当用户在相应的目录中创建文件或子目录时，创建的文件或子目录继承该目录的权限。

(6) 创建文件或目录的拥有者，总可以随时更改对文件或子目录的权限设置，以便控制其他用户对该文件或目录的访问权限。

事实上，在信息交流高度发达的网络时代，很难防止用户对某些重要数据的窃取和破坏。NTFS 文件系统提供了用户对文件访问的控制，但是存放在物理设备(硬盘等)上的数据是没有加密的。所以仍然存在绕过 Windows 2000 操作系统而直接访问物理设备上的数据的可能，从而造成泄密。

对于这种情况，Windows 2000 提供了加密文件系统(Encrpyted File System, EFS)。加密文件系统也使用了公共密钥机制(PKI)，因此存放在物理设备上的数据都是经过加密的数据，只有文件的所有者(用户)才能使用这些文件。在公共密钥机制中，每一个用户都有一个或多个密钥对——公共/私有密钥对。这种密钥对使用的是非对称的加密解密算法。由于这种算法的计算速度很慢，因此公共/私有密钥对往往不是用来对文件数据进行加密的，而是对一些较短的信息如文件的加密密钥进行加密。在 EFS 系统中就是这样：FEK 用于对文件直接进行快速加密，然后使用用户的一个或者多个公共密钥来加密 FEK。加密后的 FEK 与加密文件存储在一起，变成了文件的一个特殊属性，也为文件增加了一个特殊的 EFS 属性字段：DDF(Data Decryption Field，数据解密字段)。在解密时，用户用自己的私有密钥解密存储在文件 DDF 中的 FEK，然后再用解密后得到的 FEK 对文件数据进行解密，最后得到文件的明文(即未加密的文件，与密文相对)。

数据的加密和解密需要用户的公钥和私钥，但是整个过程对用户来讲是透明的，用户感觉不到数据的加/解密处理过程。

习　题

1. 在 UNIX 系统中，文件 File 的 I 节点中有 10 个直接地址，一级、二级和三级间接索引地址分别为一个。如果盘块的大小为 1 K，间接盘块可以存放 256 个盘块地址，每个盘块地址长度为 4 个字节。请回答：

(1) 若文件 File 的大小为 2 MB，那么分别占了多少个直接盘块和间接盘块？

(2) 若文件 File 的大小为 10 MB，那么分别占了多少个直接盘块和间接盘块？

(3) 若文件 File 的大小为 25 MB，那么分别占了多少个直接盘块和间接盘块？

2. 假定磁盘有 500 个柱面，编号为 0～499，当前存取臂的位置在 206 号柱面上，并刚刚完成了 150 号柱面的服务请求，如果请求队列的先后顺序是：286，225，278，168，296，94，332，414，491，205，246，398。试用 SSTF(最短查找时间)算法和 SCAN(电梯调度)算法计算移臂总量，写出移臂顺序。

3. 在 UNIX 系统中，若有如下三种情况：

(1) P1 进程执行如下代码：

    fd1=open("/bin/test",o_RDONLY);

　　　fd2=open("/usr/bin/wangproc", o_RDWR);

(2) P1 进程创建的子进程 P2 执行如下代码:

　　　fd3=open("/usr/bin/test.c"，o_RDONLY);

(3) P3 进程执行如下代码:

　　　fd1=open("/etc/test",o_WRONLY);

请画出进程打开文件表 u_ofile[]、系统打开文件表 file[]和内存索引节点表 i_node 之间的关系图。

4. 有 6 个访问 18 号柱面的请求进程, 要求如表 6.8 所示。按照旋转调度的原则, 请问有多少种可能的顺序? 并给出它们的执行顺序。

表 6.8　习 题 4 用 表

请求顺序	柱面号	磁头号	扇区号
①	18	1	9
②	18	1	6
③	18	5	1
④	18	9	9
⑤	18	1	16
⑥	18	8	1

5. 设系统有如下请求队列: 8, 18, 27, 129, 110, 186, 78, 147, 41, 10, 64, 12; 并假设磁头当前位置在 100 号磁道下。

(1) 试用查找时间最短优先算法计算处理所有请求所移动的总柱面数。

(2) 用电磁调度算法计算处理所有存取请求所移动的总柱面数(分别按升序和降序移动)。

6. 某文件为连接文件, 由 5 个逻辑记录组成, 每个逻辑记录的大小与磁盘块大小相等, 均为 512 字节, 并依次存放在 50、121、75、80、63 号磁盘块上。现要读出文件的 1569 字节, 请问访问的磁盘块号等于多少?

7. 假如当前磁头位于 1 号柱面, 用户进程对磁盘的请求如表 6.9 所示。

表 6.9　习 题 7 用 表

请　　求	柱面号	磁头号	扇区号
1	7	2	8
2	7	2	5
3	7	1	2
4	30	5	3
5	3	6	6

试分析对这 5 个请求如何调度, 可使磁盘的旋转圈数最少。

8. 假定磁盘有 200 个柱面, 编号为 0～199, 当前存取臂的位置在 143 号柱面上, 并刚刚完成了 125 号柱面的服务请求, 如果请求队列的先后顺序是: 86, 147, 91, 177, 94,

150，102，175，130。试问：为完成上述请求，用下列算法存取臂移动的总量各是多少？并给算出存取臂移动的顺序。

(1) 先来先服务算法 FCFS。

(2) 最短查找时间优先算法 SSTF。

(3) 扫描算法 SCAN。

(4) 电梯调度。

9. 除 FCFS 外，所有磁盘调度算法都不公平，如可造成有些请求饥饿等。试分析：

(1) 为什么不公平？

(2) 提出一种公平性调度算法。

(3) 为什么公平性在分时系统中是一个很重要的指标？

10. 设有长度为 L 个字节的文件存到磁带上，若规定磁带物理块长为 B 字节，试问：

(1) 存放该文件需多少块？

(2) 若一次启动磁带机交换 K 块，则存取这个文件需执行多少次 I/O 操作？

11. 假定磁带记录密度为每英寸 800 字符，每一逻辑记录为 160 个字符，块间隙为 0.6 英寸。今有 1500 个逻辑记录需要存储。

(1) 计算磁带利用率。

(2) 1500 个逻辑记录占多少磁带空间？

(3) 若要使磁带空间利用率不少于 50%，至少应以多少个逻辑记录为一组？

12. 有一个 UNIX 文件 F 的存取权限为：rwxr-x---，该文件的文件主 uid=12, gid=1，另一个用户的 uid=6, gid=1，是否允许该用户执行文件 F？

13. 有一个 UNIX/Linux 文件，如果一个盘块的大小为 1 KB，每个盘块占 4 个字节，那么，若进程欲访问偏移为 263 168 字节处的数据，需经过几次间接寻址？

14. 设某个文件系统的文件目录中对文件的寻址方式有 4 种。该文件数据块的索引表长度为 13，其中 0~9 项为直接寻址方式，后 3 项为间接寻址方式。试描述出文件数据块的索引方式，并设计访问文件第 n 个字节(设块长为 512 字节)的寻址算法。

15. 设文件 ABCD 为定长记录的连续文件，共有 24 个逻辑记录。如果记录长为 512 字节，物理块长为 1024 字节，采用记录成组方式存放，起始块号为 12。请叙述第 15 号逻辑记录读入内存缓冲区的过程。

16. 若某操作系统仅支持单级目录，但允许该目录有任意多个文件，且文件名可任意长，试问能否模拟一个层次式文件系统？如能的话，如何模拟？

17. 文件系统的性能取决于高速缓存的命中率，从高速缓存读取数据需要 1 ms，从磁盘读取数据需要 40 ms。若命中率为 h，给出读取数据所需平均时间的计算公式，并画出 h 从 0~1 变化时的函数曲线。

18. 有一个磁盘组共有 10 个盘面，每个盘面有 100 个磁道，每个磁道有 16 个扇区。若以扇区为分配单位，试问：(1) 用位示图管理磁盘空间，则位示图占用多少空间？(2) 若空白文件目录的每个目录项占 5 个字节，则什么时候空白文件目录大于位示图？

19. UNIX 系统专用块及空闲盘块情况如图 6.51 所示。请问：

专用块中的空闲
块索引表 filsys

空闲块数98		
68	● →	68#
45	● →	45#
58	● →	58#
⋮		
245	● →	245#
118	● →	118#
⋮		
⋮		

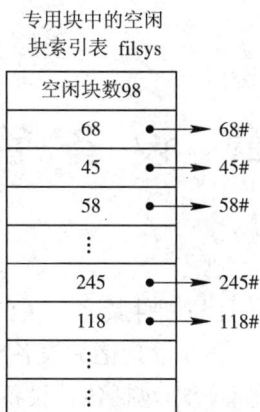

图 6.51　习题 19 用图

(1) 每一组的第一个物理块的作用是什么?

(2) UNIX 系统的成组连接法与其他的空闲块管理方案比较,各有什么优缺点?

(3) 当用户释放了 78#, 89#, 108# 和 204# 物理块,专用块中的空闲块索引表 filsys 的变化情况又如何?

(4) 当用户又申请 5 个物理块,专用块中的空闲块索引表 filsys 的变化情况又如何?

20. 旋转型磁盘上的信息优化分布能减少若干 I/O 服务的总时间。假如有 13 个记录: R_1, R_2, …, R_{13} 存放在磁盘的某一磁道上,每个磁道划分成 13 块,每块存放一个记录,如表 6.10 所示。如果磁盘旋转速度为 30 ms 转 1 周,处理程序每读一个记录后花 5 ms 进行处理。请问:

(1) 处理完 13 个记录的总时间是多少?

(2) 为缩短处理时间,应如何排列这些记录?计算重新排列记录后的总的处理时间。

表 6.10　习题 20 用表

块号	1	2	3	4	5	6	7	8	9	10	11	12	13
记录	R_1	R_2	R_3	R_4	R_5	R_6	R_7	R_8	R_9	R_{10}	R_{11}	R_{12}	R_{13}

第 7 章 设 备 管 理

设备管理是操作系统中最繁杂而且与硬件紧密相关的部分。设备管理不但要管理实际 I/O 操作的设备(如磁盘机、打印机),还要管理诸如设备控制器、DMA 控制器、中断控制器、I/O 处理机(通道)等支持设备。设备管理包括各种设备分配、缓冲区管理和实际物理 I/O 设备操作,通过管理达到提高设备利用率和方便用户的目的。

本章的主要内容包括:
- 与设备管理有关的概念和技术。
- I/O 软件的组成。
- 具有通道的设备管理。
- 设备管理中的数据结构。
- 设备管理实例分析。

7.1 概 述

对不同的计算机系统,会使用大量的不同类型的设备,由于这些设备的特点又不相同,因此设备管理是操作系统设计中最杂乱无序的领域。

设备是计算机系统与外界交互的工具,具体负责计算机与外部的输入/输出(I/O)工作,所以常将外部设备简称为外设。在计算机系统中,将负责管理的 I/O 机构称为 I/O 系统。因此,I/O 系统由设备、控制器、通道(具有通道的计算机系统)、总线和 I/O 软件组成。后续内容中将分别介绍。

7.1.1 I/O 系统的结构和控制方式

1. I/O 系统的结构

I/O 系统的结构通常可以分成两大类:微机 I/O 系统和主机 I/O 系统。

1) 微机 I/O 系统

I/O 设备通常由机械和电子两部分组成,通常将这两部分分开处理,以提供更加通用的设计。电子部分称作设备控制器或适配器,在小型和微型计算机系统中,它们可以以印刷板电路的形式插入计算机总线插槽中,最典型的是微机中的显示适配器,简称显卡。

控制器上通常有一个可以插接的连接器,通过电缆线与设备相连。有的控制器可以连接多台设备。若控制器与设备之间采用标准接口,那么各个厂商可以生产符合该接口的控制器和设备。例如,许多厂商生产符合 IDE 接口的磁盘。

微机 I/O 系统多采用单总线 I/O 系统结构,如图 7.1 所示。

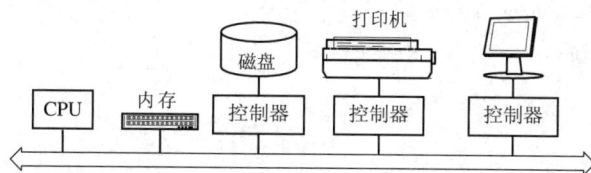

图 7.1   单总线结构的 I/O 系统结构实例

2) 主机 I/O 系统

通常，在计算机系统中配置有大量的设备，特别是配置了一些高速设备，假设没有控制器，而是将设备通过总线直接连接到 CPU 上，那么必将会使总线和 CPU 的负担太重。基于这种思想，在 I/O 系统中增加了通道和控制器。其结构如图 7.2 所示。

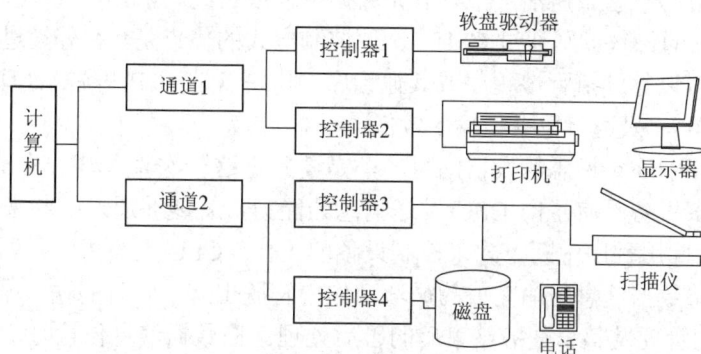

图 7.2   具有通道的单通路 I/O 系统的结构

2．I/O 系统的控制方式

目前操作系统中的 I/O 子系统从实现上有四种控制方式。

1) 程序控制 I/O(Programmed I/O)

处理器根据用户进程程序中的 I/O 语句(或指令)，向 I/O 设备(或设备控制器)发出一个 I/O 命令，称 I/O 操作。

早期，外设只有设置忙/闲标志触发器 busy 的能力。如果设备闲置，则 busy=0；如果设备正在忙于输入/输出，则 busy=1。与此相适应，CPU 配有一条 I/O 测试指令 test，用以测试 busy 的状态。以输入为例，设备自身有输入缓冲寄存器 in，读入的信息总是存放在 in 中。假定应把信息读到主存指定区域 inarea，则 CPU 控制 I/O 的过程如下。

输入过程：

```
    Input：init(indev);          /*启动输入设备
           busy:=1;
           IF test(busy) THEN Goto Input;
           inarea:=(in);
               ⋮
           GOTO Input;
```

输出过程：

```
    Output: IF test(busy) THEN Output;
```

```
(OUT):=outarea;
init(outdev);          /*启动输出设备
busy:=1;
    ⋮
GOTO Output
```

输入/输出包含这样几步工作：启动、数据信息传输、I/O 的管理(如计数、主存区域的指针控制等)及任务结束后的善后处理。从循环测试 I/O 方式可以看出，只要启动了输入/输出，CPU 大部分时间都耗费在等待数据信息传输完成的循环测试里，这无疑是一种极大的浪费。

2) 中断驱动 I/O(Interrupt-driven I/O)

I/O 操作由程序发起，在操作完成时(如数据可读或已经写入)由外设向 CPU 发出中断，通知该程序。数据的每次读写通过 CPU。这种控制方式的优点是，在外设进行数据处理时，CPU 不必等待，可以继续执行该程序或其他程序。其缺点是，CPU 每次处理的数据量少(通常不超过几个字节)，只适于数据传输率较低的设备。

CPU 不断测试 busy 标志触发器的目的，是要判定这一次输入/输出是否完成。设备中断被引入后，外部设备具有了向 CPU 发送消息的能力，就能够通过中断来告知 CPU 这次 I/O 已经完成。因此用程序中断方式来控制设备的工作，CPU 无需再去不断地测试 busy 的状态，可以从等待数据信息传输完成的循环动作中解脱出来。此时的输入/输出，CPU 就只负责启动、I/O 的管理及整个任务结束后的善后处理。在数据信息传输时，表现为 CPU 与外设并行工作。"中断"使 CPU 与外设、外设与外设之间的并行工作成为可能。

3) 直接存储访问 I/O (Direct Memory Access(DMA) I/O)

由程序设置 DMA 控制器中的若干寄存器值(如内存始址，传送字节数)，然后发起 I/O 操作，DMA 控制器完成内存与外设的成批数据交换，在操作完成时由 DMA 控制器向 CPU 发出中断。这种控制方式的优点是：CPU 只需干预 I/O 操作的开始和结束，而其中的一批数据读写无需 CPU 控制，适于高速设备。图 7.3 所示为 DMA 方式下的 I/O 控制器结构。

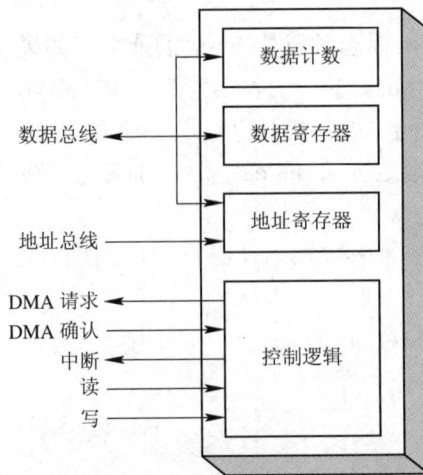

图 7.3　DMA 方式下的 I/O 控制器结构

4) 通道控制方式 I/O (Channel I/O)

通道又称为 I/O 处理机，它能完成主存储器和外设之间的信息传输，并与中央处理机并行操作。采用通道技术解决了 I/O 操作的独立性和各部件工作的并行性。通道把中央处理机从繁琐的输入/输出操作中解放出来。采用通道技术后，不仅能实现 CPU 和通道的并行操作，而且通道与通道之间也能实现并行操作，各通道上的外围设备也能实现并行操作，从而可达到提高整个系统的效率的根本目的。具有通道结构的计算机系统，计算机、通道、控制器和设备之间采用四级连接，实施三级控制(如图 7.2 所示)。

通常，一个 CPU 可以连接若干个通道，一个通道可以连接若干个控制器，一个控制器可以连接若干个设备。中央处理机执行 I/O 指令对通道实施控制，通道执行通道命令对控制器实施控制，控制器发出动作序列对设备实施控制，设备执行相应的输入/输出操作。

7.1.2 设备的分类

1. 按数据组织分类

(1) 块设备(Block Device)：指以数据块为单位来组织和传送数据信息的设备。这类设备用于存储信息，有磁盘和磁带等。它属于有结构设备。典型的块设备是磁盘，每个盘块的大小为 512 B～4 KB。磁盘设备的基本特征是：

① 传输速率较高，通常为几兆位每秒；

② 它是可寻址的，即可随机地读/写任意一块；

③ 磁盘设备的 I/O 采用 DMA 方式。

(2) 字符设备(Character Device)：指以单个字符为单位来传送数据信息的设备。这类设备一般用于数据的输入和输出，有交互式终端、打印机等。它属于无结构设备。字符设备的基本特征是：

① 传输速率较低；

② 不可寻址，即不能指定输入时的源地址或输出时的目标地址；

③ 字符设备的 I/O 常采用中断驱动方式。

2. 从资源分配角度分类

(1) 独占设备：指在一段时间内只允许一个用户(进程)访问的设备，大多数低速的 I/O 设备，如用户终端、打印机等属于这类设备。因为独占设备属于临界资源，所以多个并发进程必须互斥地进行访问。

(2) 共享设备：指在一段时间内允许多个进程同时访问的设备。显然，共享设备必须是可寻址的和可随机访问的设备。典型的共享设备是磁盘。共享设备不仅可以获得良好的设备利用率，而且是实现文件系统和数据库系统的物质基础。

(3) 虚拟设备：指通过虚拟技术将一台独占设备变换为若干台供多个用户(进程)共享的逻辑设备。一般可以利用假脱机技术(SPOOLing 技术)实现虚拟设备。SPOOLing 技术将在后续内容中介绍。

3. 按数据传输率分类

(1) 低速设备：指传输速率为几个字节每秒到数百个字节每秒的设备。典型的设备有键盘、鼠标、语音输入设备等。

(2) 中速设备：指传输速率为数千个字节每秒至数十千个字节每秒的设备。典型的设备有行式打印机、激光打印机等。

(3) 高速设备：指传输速率为数百千个字节每秒至数兆字节每秒的设备。典型的设备有磁带机、磁盘机、光盘机等。

4. 其他分类方法

按输入/输出对象，可将 I/O 设备分为人机通信设备和机机通信设备。

按是否可交互可将 I/O 设备分为：非交互设备，如机机通信设备、外存、卡带机等；交互设备，如终端。

I/O 设备的种类繁多，从 OS 观点来看，其重要的性能指标有数据传输速率、数据的传输单位、设备的共享属性等。

7.1.3 设备管理的目标和任务

1. 设备管理的目标

设备管理的目标主要是如何提高设备的利用率，为用户提供方便、统一的界面。

提高设备的利用率，就是提高 CPU 与 I/O 设备之间的并行操作程度，主要利用的技术有中断技术、DMA 技术、通道技术及缓冲技术。

为用户提供方便、统一的界面。所谓方便，是指用户能独立于具体设备的复杂物理特性之外而方便地使用设备。所谓统一，是指对不同的设备尽量使用统一的操作方式，例如各种字符设备用一种 I/O 操作方式。这就要求用户操作的是简便的逻辑设备，而具体的 I/O 物理设备由操作系统去实现，这种性能常常被称为设备的独立性。

2. 设备管理的任务

设备管理的任务是保证在多道程序环境下，当多个进程竞争使用设备时，按一定策略分配和管理各种设备，控制设备的各种操作，完成 I/O 设备与内存之间的数据交换。因此，设备管理的主要功能包括以下几方面。

(1) 动态地掌握并记录设备的状态。在设置有通道的系统中，还应掌握通道、控制器的使用状态。

(2) 设备分配和释放：设备管理程序按照一定的算法把某一个 I/O 设备及其相应的设备控制器和通道分配给某一用户(进程)，以保证在 I/O 设备和 CPU 之间有传输信息的通路。将未分配到设备(包括控制器、通道)的进程，插入等待队列。

(3) 缓冲区管理：为了解决 CPU 与 I/O 之间速度不匹配的矛盾，在它们之间配置了缓冲区。这样设备管理程序要负责管理缓冲区的建立、分配和释放。

(4) 实现物理 I/O 设备的操作：对于具有通道的计算机系统，设备管理程序根据用户提出的 I/O 请求，生成相应的通道程序并提交给通道，然后用专门的通道指令启动通道，对指定的设备进行 I/O 操作，并能响应通道的中断请求。对于未设置通道的系统，设备管理程序直接驱动设备进行 I/O 操作。

(5) 提供设备使用的用户接口：包括命令接口和编程接口，以及设备的符号标识。

(6) 设备的访问和控制：包括并发访问和差错处理。

(7) I/O 缓冲和调度：目的是提高 I/O 访问效率。

7.2 I/O 软件的组成

设备管理软件的设计水平决定了设备管理的效率。从事 I/O 设备管理软件的结构，其基本思想是分层构造，也就是说把设备管理软件组织成为一系列的层次。其中低层与硬件相关，它把硬件与较高层次的软件隔离开来。而最高层的软件则向应用提供一个友好的、清晰而统一的接口。设备管理软件为实现上述基本功能，通常由以下程序组成：

① I/O 交通管制程序；

② I/O 调度程序，即设备分配程序；

③ I/O 设备处理程序，通常每类设备都有自己的 I/O 设备处理程序。

7.2.1 I/O 软件的目标

设计 I/O 软件的主要目标是设备独立性和统一命名。

1．设备独立性

设计 I/O 软件的一个最关键的目标是设备独立性(Device Independence)。这样，除了直接与设备打交道的低层软件之外，其他部分的软件并不依赖于硬件。

I/O 软件独立于设备，就可以提高设备管理软件的设计效率。当 I/O 设备更新时，没有必要重新编写全部设备驱动程序。在实际应用中我们也可以看到，在常用操作系统中，只要安装了相对应的设备驱动程序，就可以很方便地安装好新的 I/O 设备。甚至不必重新编译就能将设备管理程序移到他处执行。

I/O 设备管理软件一般分为四层：中断处理程序、设备驱动程序、与设备无关的系统软件和用户级软件。至于一些具体分层时细节上的处理，是依赖于系统的，没有严格的划分，只要有利于设备独立这一目标，即可为提高效率而设计不同的层次结构。

2．统一命名

操作系统要负责对 I/O 设备进行管理。有关管理的一项重要工作就是如何给 I/O 设备命名。不同的系统有不同的命名原则。对设备统一命名，是与设备独立性密切相关的。这里所说的统一命名，是指在系统中采取预先设计的、统一的逻辑名称，对各类设备进行命名，并且应用在同设备有关的全部软件模块中。

通常的做法是，用一个序列字符串或一个整数来表征一个 I/O 设备的名字。这个统一命名不依赖于设备，也就是说在同一个设备的名称之下，其对应的物理设备可能发生了变化，但它并不在该名称上体现，因此用户并不知晓。例如在 UNIX 中，软盘、硬盘和其他所有块设备都能安装在文件系统层次中的任意位置。因此，用户不必知道哪个名字对应于哪台设备。所有文件和设备都用路径名来检索。又如，一个软盘可以安装到目录/usr/ast/backup/Monday 下，所以拷贝一个文件到/usr/ast/backup/Monday 就是将文件拷贝到软盘上。这样，所有文件和设备都使用相同的方式进行定位。

7.2.2 中断处理程序

在设备管理软件中，中断处理程序占用了一个相当重要的地位。本节着重分析中断处理程序的内在工作方式，然后讨论中断在设备管理中的作用。

1．中断的基本概念

中断是指计算机在执行期间，系统内发生任何非寻常的或非预期的急需处理事件，使得 CPU 暂时中断当前正在执行的程序而转去执行相应的事件处理程序，待处理完毕后又返回原来被中断处继续执行或调度新的进程执行的过程。引起中断发生的事件被称为中断源。中断源向 CPU 发出的请求中断处理信号称为中断请求，而 CPU 收到中断请求后转到相应的事件处理程序称为中断响应。

在有些情况下，尽管产生了中断源和发出了中断请求，但 CPU 内部的处理器状态字 PSW 的中断允许位已被清除，从而不允许 CPU 响应中断，这种情况称为禁止中断。CPU 禁止中断后只有等到 PSW 的中断允许位被重新设置后才能接收中断。禁止中断也称为关中断，PSW 的中断允许位的设置也被称为开中断。某段程序执行的原子性可以通过开中断和关中断来保证。

还有一个比较常用的概念是中断屏蔽。中断屏蔽是指在中断请求产生之后，系统有选择地封锁一部分中断而允许另一部分中断仍能得到响应。不过，有些中断请求是不能屏蔽甚至不能禁止的，也就是说，这些中断具有最高优先级，只要这些中断请求一提出，CPU 必须立即响应。例如，电源掉电事件所引起的中断就是不可禁止和不可屏蔽的。

2．中断的分类与优先级

操作系统根据不同的需要对中断进行分类，对不同的中断赋予不同的处理优先级，以便在不同的中断同时发生时，按轻重缓急进行处理。

根据中断源产生的条件，可把中断分为外中断和内中断。外中断是指来自处理器和内存外部的中断，包括 I/O 设备发出的 I/O 中断、外部信号中断(例如用户按 Esc 键)、各种定时器引起的时钟中断以及调试程序中设置的断点等引起的调试中断等。外中断在狭义上一般被称为中断。

内中断主要指在处理器和内存内部产生的中断。内中断一般称为陷阱(Trap)或异常。它包括程序运算引起的各种错误，如地址非法、校验错、页面失效、存取访问控制错、算术操作溢出、数据格式非法、除数为零、非法指令、用户程序执行特权指令、分时系统中的时间片中断以及从用户态到核心态的切换等都是陷阱的例子。

例如，在 UNIX 系统中，外中断和陷阱的优先级共分为 8 级。为了禁止中断或屏蔽中断，CPU 的处理器状态字 PSW 中也设有相应的优先级。如果中断源的优先级高于 PSW 的优先级，则 CPU 响应该中断源的请求；反之，CPU 屏蔽该中断源的中断请求。

各中断源的优先级是在系统设计时给定的，在系统运行期间是不能改变的。而处理器的优先级则根据执行情况由系统程序动态设定。

除了在优先级的设置方面有区别之外，中断和陷阱还有如下主要区别：

(1) 陷阱通常由处理器正在执行的现行指令引起，而中断则是由与现行指令无关的中断源引起的。

(2) 陷阱处理程序提供的服务为当前进程所用，而中断处理程序提供的服务则不是为了当前进程的。

(3) CPU 执行完一条指令之后，下一条指令开始之前响应中断，而在一条指令执行中也可以响应陷阱。例如，执行指令非法时，尽管被执行的非法指令不能执行结束，但 CPU 仍可对其进行处理。

3．软中断

软中断的概念主要来源于 UNIX 系统。软中断是相对于硬中断而言的。通过硬件产生相应的中断请求，称为硬中断。而软中断则不然，它是在通信进程之间通过模拟硬中断而实现的一种通信方式。中断源发出软中断信号后，CPU 或者接收进程在"适当的时机"进行中断处理或者完成软中断信号所对应的功能。这里"适当的时机"表示接收软中断信号的进程须等到该接收进程得到处理器之后才能进行。如果该接收进程是占据处理器的，那么，该接收进程在接收到软中断信号后将立即转去执行该软中断信号所对应的功能。

4．中断处理过程

一旦 CPU 响应中断，转入中断处理程序，系统就开始进行中断处理。下面对中断处理过程进行详细说明。

(1) CPU 检查响应中断的条件是否满足。CPU 响应中断的条件是，有来自于中断源的中断请求及 CPU 允许中断。如果中断响应条件不满足，则中断处理无法进行。

(2) 如果 CPU 响应中断，则 CPU 关中断，使其进入不可再次响应中断的状态。

(3) 保存被中断进程的现场。为了在中断处理结束后能使进程正确地返回到被中断点，系统必须保存当前处理状态字 PSW 和程序计数器 PC 等的信息。这些信息通常保存在特定堆栈或硬件寄存器中。

(4) 分析中断原因，调用中断处理子程序。在多个中断请求同时发生时，处理优先级最高的中断源发出的中断请求。在系统中，为了处理上的方便，通常都是针对不同的中断源编制有不同的中断处理子程序(陷阱处理子程序)。这些子程序的入口地址(或陷阱指令的入口地址)存放在内存的特定单元中。需要说明的是，不同的中断源也对应着不同的处理器状态字 PSW。这些不同的 PSW 被放在相应的内存单元中，与中断处理子程序入口地址一起构成中断向量。显然，根据中断或陷阱的种类，系统可由中断向量表迅速地找到该中断响应的优先级、中断处理子程序(或陷阱指令)的入口地址和对应的 PSW。

(5) 执行中断处理子程序。在有些系统中的陷阱是通过陷阱指令向当前执行进程发出软中断信号后，调用对应的处理子程序执行。

(6) 退出中断，恢复被中断进程的现场或调度新进程占据 CPU。

(7) 开中断，CPU 继续执行。

5．设备管理程序与中断方式

高速处理器和低速 I/O 设备之间的矛盾，是设备管理要解决的一个重要问题。为了提高整体效率，减少在程序直接控制方式中的 CPU 等待时间以及提高系统的并行工作效率，很有必要采用中断方式来控制 I/O 设备和内存与 CPU 之间的数据传送。

在硬件结构上，中断方式要求 CPU 与 I/O 设备(或控制器)之间有相应的中断请求线，而且在 I/O 设备控制器的控制状态寄存器上有相应的中断允许位。

在中断方式下，CPU 与 I/O 设备之间数据传输的大致步骤如下：

(1) 首先，某个进程需要数据时，发出指令启动 I/O 设备准备数据。同时该指令还通知 I/O 设备控制状态寄存器中的中断允许位打开，以便在需要时中断程序可以被调用执行。

(2) 在进程发出指令启动设备后，该进程放弃处理器，等待相关 I/O 操作完成。此时，进程调度程序会调度其他就绪进程使用 CPU。另一种方式是该进程在能够运行的情况下将继续运行，直到中断信号来临。

(3) 当 I/O 操作完成时，I/O 设备控制器通过中断请求线向 CPU 发出中断信号。CPU 收到中断信号之后，转向预先设计好的中断处理程序对数据传送工作进行相应的处理。

(4) 得到了数据的进程，转入就绪状态。在随后的某个时刻，进程调度程序会选中该进程继续工作。

显然，当 CPU 发出启动设备和允许中断指令之后，CPU 已被调度程序分配给其他进程。也可以启动不同的设备和允许中断指令，从而做到设备与设备间的并行操作以及设备和 CPU 间的并行操作。中断方式使 CPU 的利用率提高且能支持多道程序和设备的并行操作。

当然中断方式仍存在一些问题。首先，在 I/O 控制器的数据缓冲寄存器装满数据之后将会发生中断。如果数据缓冲寄存器比较小，那么，在数据传送过程中发生中断的次数较多。这将耗去大量的 CPU 处理时间。其次，现代计算机系统通常配置有各种各样的 I/O 设备。如果这些 I/O 设备都通过中断处理方式进行并行操作，那么中断次数的急剧增加会造成 CPU 无法响应中断和出现数据丢失现象。

7.2.3　设备驱动程序

设备驱动程序是直接同硬件打交道的软件模块。一般而言，设备驱动程序的任务是接受来自与设备无关的上层软件的抽象请求，进行与设备相关的处理。

1．设备驱动程序的功能

设备驱动程序主要有以下四个方面的处理工作：

(1) 向有关 I/O 设备的各种控制器(寄存器)发出控制命令，并且监督它们的正确执行，进行必要的错误处理。

(2) 对各种可能的有关设备排队、挂起、唤醒等操作进行处理。

(3) 执行确定的缓冲区策略。

(4) 进行比寄存器接口级别层次更高的一些特殊处理，如代码转换、ESC 处理等。它们均是依赖于设备的，所以不适合放在高层次的软件中处理。

2．设备驱动程序的特性

设备驱动程序的最突出的特点是，它与 I/O 设备的硬件结构密切联系。设备驱动程序中全部是依赖于设备的代码。设备驱动程序是操作系统底层中惟一知道各种 I/O 设备的控制器细节及其用途的部分。

例如，只有磁盘驱动程序具体了解磁盘的区段、磁道、柱面、磁头、磁臂的运动、交错访问系数、马达驱动器、磁头定位次数以及所有保证磁盘正常工作的机制，其他软件根本不过问这些硬件操作的细节。

3．设备驱动程序的结构

不同的操作系统中，对设备驱动程序结构的要求是不同的。一般而言，在操作系统的相关文档中，都有对设备驱动程序结构方面的统一要求。

设备驱动程序的结构同 I/O 设备的硬件特性有关。一台彩色监示器的设备驱动程序的结构，显然同磁盘设备驱动程序的结构不同。通常，一个设备驱动程序对应处理一种设备类型，或者至多一类密切联系着的设备。系统往往对略有差异的一类设备提供一个通用的设备驱动程序。例如，在 Microsoft Windows 9x 中，为 CD-ROM 提供一个通用的设备驱动程序。对不同品牌或不同性能的 IDE CD-ROM，用户都可以用这个 CD-ROM 设备驱动程序。但是，为了追求更好的性能，用户往往放弃使用这个通用的设备驱动程序，而使用厂家提供的，专门为该 CD-ROM 编写的设备驱动程序。

可见对于某一类设备而言，是采用通用的设备驱动程序，还是采用专用的设备驱动程序，取决于用户在这台 I/O 设备上追求的目标。如果把设备安装的便利性放在第一位，那么建议考虑使用该类设备的通用驱动程序；如果优先考虑设备的运行效率，那么当然应该使用专门为这台设备编写的驱动程序。

4. 设备驱动程序层的内部策略

设备驱动程序层的内部策略包括以下几方面。

(1) 确定是否发请求。典型的请求是读磁盘第 n 块数据。如果驱动程序在一个请求到来时空闲，它就立即开始实施该请求；然而，倘若它已经忙于应付另一个请求，则通常就把这个新的请求排进请求队列，尽快予以处理。

(2) 确定发什么。譬如说对于磁盘，实际应答 I/O 请求的第一步，是把它的调用从抽象向具体转换。对一个磁盘驱动程序来说，这意味着弄清楚被请求的块在磁盘上的实际位置，检查驱动器的马达是否在运转，确定磁臂是否放在相应的柱面上，诸如此类。总而言之，它必须决定需要控制器的哪些操作，以及按照什么样的次序进行。

(3) 发布命令。一旦明确向控制器发布哪些命令，设备驱动程序就通过写入该控制器设备寄存器，着手把命令发出去。有些控制器一次只能处理一条命令；另一些控制器则可接受一张命令链接表，然后自行执行所有命令，不用操作系统干预。

(4) 发后处理。在一条或多条指令发出以后，存在着两种做法。在多数情况下，设备驱动程序必须等待控制器为它扫清道路，所以它本身阻塞，直至中断来把它唤醒；在另一些情况下，操作毫不拖延地完成，所以驱动程序无需阻塞。一个例子是，滚动某些终端的屏幕只需将几个字节写入终端控制器的寄存器即可，无需任何机械的运动，整个操作可以在几微秒中完成。第二个例子是采用缓冲的输出过程，只需向缓冲区写入即可返回，无需阻塞，真正的输出由中断处理程序完成。在操作完成之后，不管哪种做法都必须检查错误。只不过对于阻塞的情况，将在中断处理中检查；对于不阻塞的情况，在此处马上检查。

(5) 中断时被调用的驱动程序的事后处理：

① 检查结果状态和传送结果数据。如果正确，驱动程序可令数据流向与设备无关的软件(例如刚读过的一块)。

② 可能的错误处理。它返回一些错误状态信息，汇报给它的调用者。

③ 可能的唤醒。即如果有因等待此操作完成而阻塞的进程，则唤醒之。

④ 可能启动下一个 I/O 操作，或者因无请求而阻塞。倘若有其他请求在排队，现在即可挑选其一加以启动；如果没有，该驱动程序将阻塞，需等候下一请求的到来。

7.2.4 与设备无关的系统软件

除了一些 I/O 软件与设备相关之外，大部分软件是与设备无关的。至于设备驱动程序与设备无关的软件之间的界限如何划分，则随操作系统的不同而不同。具体划分原则取决于系统的设计者怎样权衡系统与设备的独立性、驱动程序的运行效率等诸多因素。对于一些按照设备独立方式实现的功能，出于效率和其他方面的考虑，也可以由设备驱动程序实现。图7.4 给出了常见的设备无关软件层实现的一些功能。

一般而言，所有设备都需要的 I/O 功能可以在与设备独立的软件中实现。这类软件面向应用层并提供一个统一的接口。

设备驱动程序的统一接口
设备命名
设备保护
提供一个与设备无关的逻辑块
缓冲
存储设备的块分配
独占设备的分配和释放
错误处理

图 7.4　与设备无关 I/O 软件的功能

1. 统一命名

我们曾经说过，在操作系统的 I/O 软件中，对 I/O 设备采用了统一命名。那么，谁来区分这些命名同文件一样的 I/O 设备呢？这就是与设备无关的软件，它负责把设备的符号名映射到相应的设备驱动程序上。

例如，在 UNIX 系统中，像/dev/tty00 这样的设备名，惟一确定了一个特殊文件的 i 节点，这个 i 节点包含了主设备号和从设备号。主设备号用于寻找对应的设备驱动程序，而从设备号提供了设备驱动程序的有关参数，用来确定要读写的具体设备。

2. 设备保护

对设备进行必要的保护，防止无授权的应用或用户的非法使用，是设备保护的主要作用。设备保护是与设备命名的机制密切相关的。那么，在操作系统中如何防止无授权的用户存取设备呢？这也取决于具体的系统，比如在 MS-DOS 中，操作系统根本没有对设备设计任何保护机制。不过在大型的计算机系统中，用户进程对 I/O 设备的直接访问是完全禁止的。而 UNIX 系统则采用一种存取权限的模式，对于系统中的 I/O 设备，这类特殊文件提供"rwx"位进行保护，系统管理员可以根据需要为每一个设备设置适当的存取权限。

3. 提供与设备无关的逻辑块

在各种 I/O 设备中，有着不同的存储设备，其空间大小、读取速度和传输速率等各不相同。比如，当前台式机和服务器中常用的硬盘，其空间大小在若干吉字节，而在掌上电脑和数码相机这一类设备中，则使用闪存这种存储器，其容量一般在数十兆字节。又如，目前高档的打印机都自带缓冲存储器，它们可能是一个硬盘，也可能是随机存储芯片或者闪存，它们的空间大小、读取速度和传输速率都极不相同。因此，与设备无关的软件就有必要向较高层软件屏蔽各种 I/O 设备空间大小、处理速度和传输速率各不相同的这一事实，只向上层提供大小统一的逻辑块尺寸。这样，较高层的软件只与抽象设备打交道，不考虑物理设备空间和数据块大小而使用等长的逻辑块。这些差别在这一层都隐藏起来了。

4. 缓冲

对于常见的块设备和字符设备，一般都使用缓冲区。对块设备，硬件一般一次读写一个完整的块，而用户进程是按任意单位读写数据的。如果用户进程只写了半块数据，则操作系统通常将数据保存在内部缓冲区，等到用户进程写完整块数据才将缓冲区的数据写到磁盘上。对字符设备，当用户进程把数据写入系统的速度快于系统输出数据速率时，也必须使用缓冲。

5．存储设备的块分配

在创建一个文件并向其中填入数据时，通常在硬盘中要为该文件分配新的存储块。为完成这一分配工作，操作系统需要为每个磁盘设置一张空闲块表或位图，这种查找一个空闲块的算法是与设备无关的，因此可以放在设备驱动程序上面与设备无关的软件层中处理。

6．独占设备的分配和释放

有一些设备，如打印机驱动器，在任一时刻只能被单个进程使用。这就要求操作系统对设备使用请求进行检查，并根据申请设备的可用状况决定是接收该请求还是拒绝该请求。一个简单的处理这些请求的方法是，要求进程直接通过 OPEN 打开设备的特殊文件来提出请求。若设备不能用，则 OPEN 失败，在关闭这种独占设备的同时释放该设备。

7．出错处理

一般来说，出错处理是由设备驱动程序完成的。大多数错误是与设备密切相关的，因此，只有驱动程序知道应如何处理(比如，重试、忽略或放弃)。但还有一些典型的错误不是 I/O 设备的错误造成的，如由于磁盘块受损而不能再读，驱动程序将尝试重读一定次数。若仍有错误，则放弃重读并通知与设备无关的软件，这样，如何处理这个错误就与设备无关了。如果在读一个用户文件时出现错误，操作系统会将错误信息报告给调用者。若在读一些关键的系统数据结构时出现错误(比如磁盘的空闲块位图)，操作系统则需打印错误信息，并向系统管理员报告相应错误。

7.2.5　用户空间的 I/O 软件

一般来说，大部分 I/O 软件都包含在操作系统中，但是用户程序仍有一小部分是与库函数连接在一起的，甚至还有在内核之外运行的程序。通常的系统调用，包括 I/O 系统调用，是由库函数实现的。例如，一个用 C 语言编写的程序可包含如下的系统调用：

        count=write(fd, buffer, nbytes);

在这个程序运行期间，该程序将与库函数 write 连接在一起，并包含在运行时的二进制程序代码中。显然，所有这些库函数是设备管理 I/O 系统的组成部分。通常这些库函数所做的工作主要是把系统调用时所用的参数放在合适的位置，由其他的 I/O 过程去实现真正的操作。在这里，输入/输出的格式是由库函数决定的。标准的 I/O 库包含了许多涉及 I/O 的过程，它们都是作为用户程序的一部分运行的。

下面以 C 语言中的 Printf 为例说明。Printf 以一个格式串和可能的一些变量作为输入，构造一个 ASCII 字符串，然后调用 WRITE 这个系统调用输出这个串。对输入而言，类似的过程是 gets，它读入一行并返回一个字符串。

但是，并非所有的用户层 I/O 软件都是由库函数组成的。SPOOLing(假脱机)系统是另一种重要的处理方法。SPOOLing 系统是多道程序设计系统中处理独占 I/O 设备的一种方法。

假设有一种典型的假脱机设备——行式打印机，一个进程打开了它，然后很长时间不使用，这样就导致了其他进程都无法使用这台打印机打印。

其解决方法是创建一个特殊进程，称为守护(Daemon)进程，以及一个特殊目录，称为

spooling 目录。当一个进程要打印一个文件时，首先要生成打印的整个文件，将其放在 spooling 目录下。然后由守护进程完成该目录下文件的打印工作，该进程是惟——个拥有使用打印机特殊文件权限的进程。而且，通过保护特殊文件以防止用户直接使用，可以解决进程空占打印机的问题。

需要指出的是，SPOOLing 技术不仅仅只适用用于打印机这类 I/O 设备，还可应用到其他一些情况。例如，在 Internet 上的 USENET 电子邮件系统中，成千上万台计算机连在一起。如果要通过 USENET 向某人发送邮件，先调用一个称为 send 的程序，send 接到要发出的信件，然后将它送入一个 spooling 目录，待以后发送。整个邮件系统是运行在操作系统之外的。

图 7.5 总结了 I/O 软件的所有层次及每一层的主要功能。

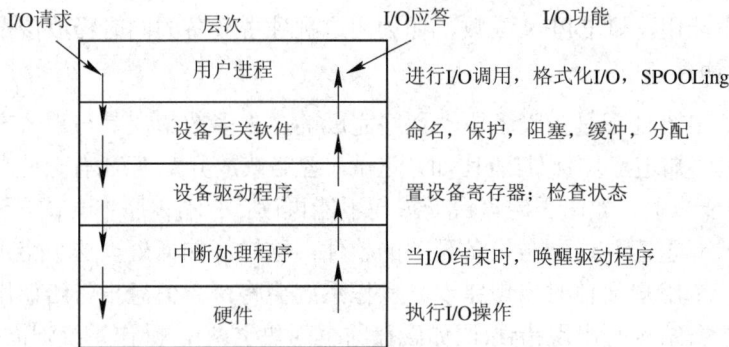

图 7.5　I/O 系统的层次结构及每层的主要功能

图中的箭头给出了 I/O 部分的控制流。这里我们举一个读硬盘文件的例子。当用户程序试图读一个硬盘文件时，需要通过操作系统实现这一操作。与设备无关软件检查高速缓存中有无要读的数据块。若没有，则调用设备驱动程序，向 I/O 硬件发出一个请求。然后，用户进程阻塞并等待磁盘操作的完成。当磁盘操作完成时，硬件产生一个中断，转入中断处理程序。中断处理程序检查中断的原因，认识到这时磁盘读取操作已经完成，于是唤醒用户进程取回从磁盘中读取的信息，从而结束此次 I/O 请求。用户进程在得到了所需的硬盘文件内容之后，继续运行。

7.3　具有通道的设备管理

引入通道的目的是使数据的传输独立于 CPU，使 CPU 从繁琐的 I/O 工作中解脱出来。设置通道后，CPU 只需向通道发出 I/O 指令，通道收到命令后，从内存中取出本次 I/O 要执行的通道程序，并执行，仅当通道完成了 I/O 任务后，才向 CPU 发出中断信号。

7.3.1　通道的类型

根据信息交换方式的不同，可将通道分为以下三类。

1. 字节多路通道(Byte Multiplexor Channel)

在字节多路通道中，通常都含有许多非分配型子通道，每一个子通道连接一台 I/O 设备。主通道采用时间片轮转法，轮流地为各个子通道服务。只要字节多路通道扫描子通道的速率足够快，而连接到子通道的设备速率不太高时，便不会丢失信息。因此这些子通道连接的是慢速外围设备，如纸带输入机、纸带输出机、卡片输入机、卡片输出机、行式打印机等设备。

2. 数组选择通道(Block Selector Channel)

由于字节多路通道不适于连接高速设备，因此引入数组选择通道。这种通道的传输速率高，可以连接多台高速设备，但由于该通道仅含有一个可分配型通道，因此，在某一段时间内只能执行一个通道程序，为一台设备进行输入输出。这样，便一旦某设备占用了通道，一直由它独占，即使无数据传输也只能被闲置，直到该设备自动释放通道。可见这种通道的利用率很低。

3. 数组多路通道(Block Multiplexor Channel)

数组选择通道虽然已有很高的传输速率，但它每次只允许一台设备传输数据。成组多路通道是结合了数组选择通道传输速率高和字节多路通道能使各个子通道分时并行操作的优点。该通道中含有多个非分配型子通道，因而该通道既具有很高的数据传输速率，又能获得令人满意的通道利用率，其数据传输是按数组方式进行的。

7.3.2 "瓶颈"问题

由于通道价格昂贵，导致计算机系统中的通道数是有限的，这往往会成为输入/输出的"瓶颈"问题。例如，图 7.2 所示即是一个单通路的 I/O 系统，该系统中计算机和设备之间只有一条通路。一旦通道 1 被打印机占用，即使通道 2 空闲，连接通道 1 的其他设备也只有等待。

解决"瓶颈"问题的最有效的方法是增加设备到主机之间的通路，如图 7.6 所示。

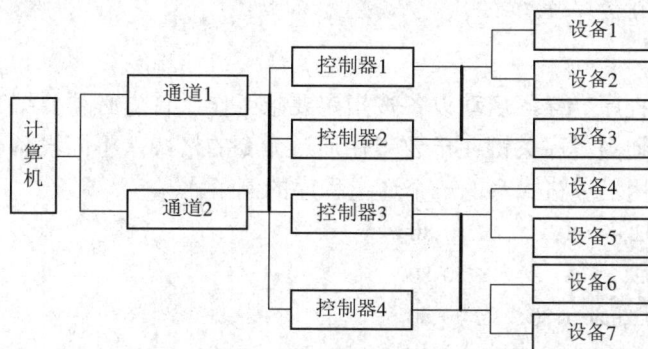

图 7.6 多通路的 I/O 系统

7.3.3 通道命令与通道程序

在有通道的计算机系统中，输出/输出程序的设计涉及到 CPU 执行 I/O 指令，通道执行通道命令，以及 CPU 和通道之间的通信等一系列问题。

1. 通道命令

通道又称为 I/O 处理机，具有自己的指令系统，常常把 I/O 处理机的指令称为通道命令。

通道命令(Channel Command Word，CCW)是存放在主存中的，由通道从主存取出并执行。用通道命令编写的程序称通道程序，通道通过执行通道程序控制 I/O 设备运行。例如，IBM370 系统的通道命令为双字长，其格式如图 7.7 所示。

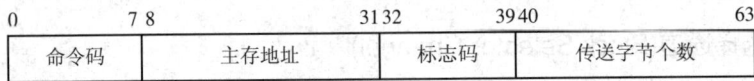

0	7 8	31 32	39 40	63
命令码	主存地址	标志码	传送字节个数	

图 7.7   IBM370 通道命令格式

通道命令字为双字长，各字段的含义如下：

- 命令码，规定了外围设备所执行的操作。通道命令码分三类：数据传输类(读、反读、写、取状态)，通道转移类(转移)，设备控制类(随设备类不同执行不同控制)。
- 主存地址，对数据传输类命令，规定了本条通道命令访问的主存数据区起始(或结束)地址，而"传送字节个数"指出了数据区的大小。对通道转移类命令，用来规定转移地址。
- 标志码，用来定义通道程序的链接方式或标志通道命令的特点，32～36 位依次为：数据链、命令链、禁发长度错、封锁读入主存、程序进程中断。32 和 33 位为 00 时，表示该通道程序结束，是通道程序的最后一条通道命令；32 和 33 位为 01 时，称命令链，表示本命令的操作已是最后一条，后面还有通道命令但为其他命令；32 位为 1 时，称数据链，表示下一条通道命令将沿用本条的命令码但由下一条通道命令指明新的主存区域。34 位为 1 时，表示执行本条通道命令时禁止发长度错中断。35 位为 1 时，表示虚拟读操作，并不将数据读入主存。36 位为 1 时，执行到该条通道命令将发出程序进程中断，将通道程序操作沿链推进的程度用中断方式通知操作系统。
- 传送字节个数，对数据传输类命令，规定了本次交换的字节个数；对通道转移类命令，规定填一个非 0 数。

2．通道程序

与编写计算机程序一样，启动设备按指定要求工作，首先必须要编写出实现指定功能的通道程序。编制通道程序关键在于要记住通道命令的格式，不同设备有不同的命令码，不能混用。下面是用汇编格式写的一个通道程序的例子。

```
CCW    X '02',inarea ,      X '40',80
CCW    X '02',   * ,        X '50',80
CCW    X '02',inarea+80 ,   X '40',80
CCW    X '02',   * ,        X '50',80
CCW    X '02',inarea+160,
                ⋮

inarea      DS     CL240
```

该通道程序把磁带上三个不连续的信息读入主存的连续区域，其中，*表示不用主存地址，X '50'表示使用了"封锁读入主存"标志位。

3．通道地址字和通道状态字

以通道方式工作时，要使用以下两个主存固定存储单元：

(1) 通道地址字(Channel Address Word, CAW)。用来存放通道程序的首地址的单元称通道地址字。编好的通道程序放在主存中，为了使通道能取到通道命令去执行，在主存的一个固定单元中存放当前启动的外围设备要求的通道程序的首地址，以后每当执行一条命令时便通过修改地址获得。

(2) 通道状态字(Chanel Status Word, CSW)。它是通道向操作系统报告工作情况的状态汇集。通道也可以利用通道状态字提供通道和外围设备执行 I/O 操作的情况。IBM 系统中的通道状态字也采用双字表示。其中各字段的含义为：

- 通道命令地址：一般指向最后一条执行的通道命令地址加 8。
- 设备状态：是由控制器或设备产生、记录和供给的信息，包括注意、状态修正位、控制器结束、控制器忙、通道结束、设备结束、设备出错和设备退出。
- 通道状态：由通道发现、记录和供给的信息，包括程序进程中断、长度错误、程序出错、存储保护错、通道数据错、通道控制错、接口操作错和链溢出。
- 剩余字节个数：最后一条通道命令执行后还剩余多少字节未交换。

7.3.4 通道的工作原理

1. I/O 指令和主机 I/O 程序

不同的计算机系统会提供一组 I/O 指令，以便完成 I/O 操作。I/O 指令一般有：启动 I/O(Start I/O, SIO)，查询 I/O(Test I/O, TIO)，查询通道(Test Channel, TCH)，停止 I/O(Halt I/O, HIO)和停止设备(Halt Device, HDV)。它们都是特权指令，只能在管态下使用，以防止用户擅自使用而引起 I/O 操作错误。

例如，"SIO X '00E'" 将启动 0 号通道、0E 号设备工作，而根据系统的约定可把通道程序的首地址存放在主存中的通道地址字单元中。CPU 执行 I/O 时只是简单地将 I/O 指令发给通道就行了，SIO 指令发出后，如果条件码为 0，表示设备已被成功启动，通道从 CAW 取通道程序首地址开始工作，CPU 可返回去执行计算任务；如果条件码为 1，或表示启动成功(对于立即型命令)，或启动不成功，通道有情况要报告，对此要进一步检查通道状态字 CSW；如果条件码为 2，表示通道或设备忙碌，启动不成功，本指令执行结束；如果条件码为 3，表示指定通道或设备断开，因而，启动不成功，本指令执行结束。

每次执行 I/O 操作，要为通道编制通道程序，以及为主机编制主机 I/O 程序。CPU 执行驱动外围设备指令的同时，将首地址放在 CAW 中的通道程序交给通道，通道将根据 CPU 发来的 I/O 指令和通道程序对外围设备进行具体的控制。正确执行一次 I/O 操作的步骤可归纳如下：

(1) 确定 I/O 任务，了解使用何种设备，属于哪个通道，操作方法如何等。

(2) 确定算法，决定例外情况处理方法。

(3) 编写通道程序，完成相应的 I/O 操作。

(4) 编写主机 I/O 程序，对不同条件码进行不同处理。

2. 通道启动和 I/O 操作过程

以通道方式进行 I/O 时，CPU 是计算机系统中的主设备，通道是计算机系统中的从设备,因此,需要相互协调配合才能完成 I/O 操作。但是,CPU 如何通知通道应该做什么?
通道又如何将自己的工作情况告诉 CPU 呢?

事实上,以通道方式进行 I/O 的过程分成三个阶段:

(1) I/O 启动阶段。用户在 I/O 主程序中调用文件操作请求传输信息,文件系统根据用户给予的参数可以确定哪台设备、传输信息的位置、传送个数和信息主存区的地址。然后,文件系统把存取要求通知设备管理,设备管理按规定组织好通道程序并将首地址放入 CAW。CPU 向通道发出 SIO,命令通道工作,通道根据自身状态形成条件码作为回答,若通道可用,则 CPU 传送本次设备地址,I/O 操作开始。这一通信过程发生在操作开始期,CPU 根据条件码便可决定转移方向。

(2) I/O 操作阶段。启动成功后,通道从主存固定单元取 CAW,根据该地址取得第一条通道命令,通道执行通道程序,同时将 I/O 地址传送给控制器,向它发出读、写或控制命令,控制外围设备进行数据传输。控制器接收通道发来的命令之后,检查设备状态,若设备不忙,则告知通道释放 CPU,并开始 I/O 操作,向设备发出一系列动作序列,设备则执行相应动作。之后,通道独立执行通道程序中各条 CCW,直到通道程序执行结束。从通道被启动成功开始,CPU 已被释放可执行其他任务并与通道并行工作,直到本次 I/O 结束,通道向 CPU 发出 I/O 操作结束中断,再次请求 CPU 干预。

(3) I/O 结束阶段。通道发现通道状态字中出现通道结束、控制器结束、设备结束或其他能产生中断的信号时,就应向 CPU 申请 I/O 中断。同时,把产生中断的通道号和设备号以及 CSW 存入主存固定单元。中断装置响应中断后,CPU 上的现行程序才被暂停,调出 I/O 中断处理程序处理 I/O 中断。

图 7.8 是通道方式 I/O 的示意图。

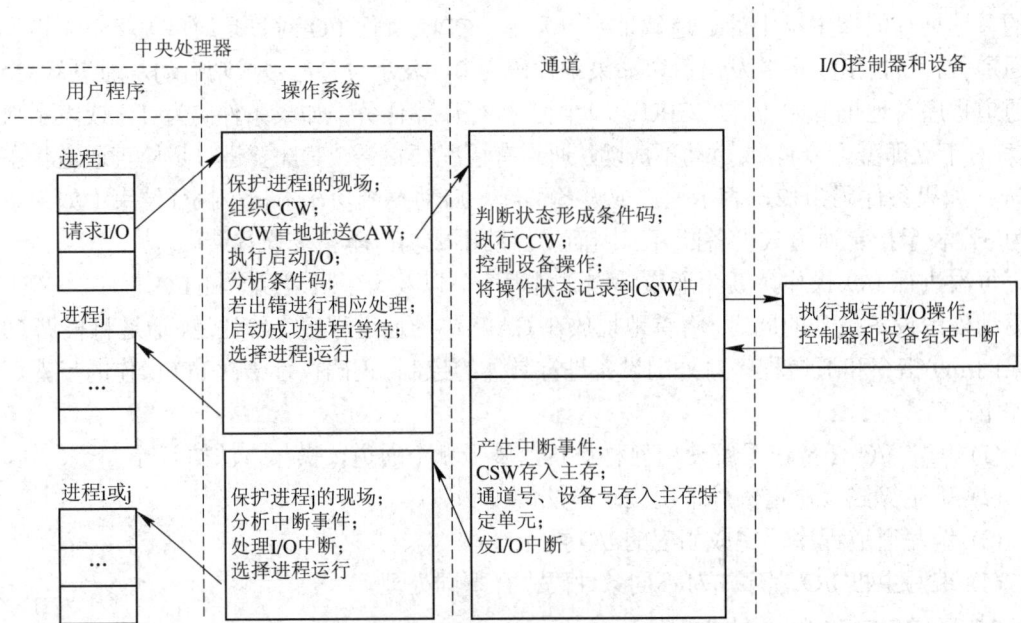

图 7.8　输入/输出操作过程

7.4 与设备管理有关的技术

7.4.1 DMA 技术

1. DMA 的概念和作用

直接内存存取(Direct Memory Access，DMA)是指数据在内存与 I/O 设备间的直接成块传送，即在内存与 I/O 设备间传送一个数据块的过程中，不需要 CPU 的任何干涉，只需要 CPU 在过程开始启动(即向设备发出"传送一块数据"的命令)与过程结束(CPU 通过轮询或中断得知过程是否结束和下次操作是否准备就绪)时的处理，实际操作由 DMA 硬件直接执行完成，CPU 在此传送过程中可做别的事情。例如，在非 DMA 时，打印 2048 个字节，至少需要执行 2048 次输出指令，并加上 2048 次中断处理的代价。而在 DMA 情况下，若一次 DMA 可传送 512 个字节，则只需要执行 4 次输出指令和处理 4 次打印机中断；若一次 DMA 可传送字节数大于等于 2048 个字节，则只需要执行一次输出指令和处理一次打印机中断。

2. DMA 的实现

DMA 的实现需要增加辅助硬件，这些硬件是 I/O 设备控制器的一部分。具有 DMA 功能的控制器称为 DMA 控制器。现在的大多数控制器(尤其是块设备的控制器)都具有 DMA 功能。

例如，没有 DMA 的读磁盘过程为：控制器先从驱动器中串行地逐位读一块(一个或多个区段)，直至完整的块到达控制器的内部缓冲区。然后，进行校验计算，以核实没有读错误发生。这时，控制器产生一个中断。当操作系统开始运行时，它能够凭借一个循环，一次一个字节(或字)地从控制器的缓冲区中读取磁盘块。具体做法是每循环一次，把控制器设备寄存器里的一个字节或一个字取出，再把它存入存储器中。这种程序化的 CPU 循环一次从控制器读一个字节，自然是浪费了 CPU 的时间。

DMA 的发明使 CPU 摆脱了这种低效率的工作。使用 DMA 时，除了块的磁盘地址之外，CPU 还给控制器两项信息：块要存放的存储地址和待转移的字节数。在把整个块从设备读进它的缓冲区，并且核准和校验以后，控制器按照 DMA 存储器地址所指定的存储地址，把第一个字节或字写入主存。然后，它用刚刚传送的字节数增加 DMA 的地址，减少 DMA 的计数。此过程一直重复到 DMA 的计数等于 0 为止，此刻控制器才引发一个中断。当操作系统来处理该中断时，无需把块复制到内存，因为块已经由 DMA 存放在内存中了。图 7.9 所示的是 I/O 控制下的 DMA 方式的一种计算机系统的结构。

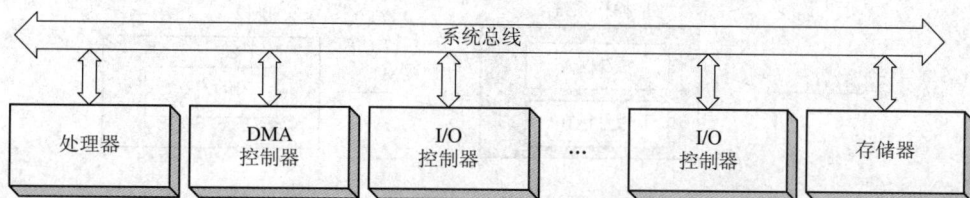

图 7.9 I/O 控制的 DMA 方式

7.4.2 缓冲技术

缓冲技术可提高外设利用率，尽可能使外设处于忙状态；但有一个限制：进程的 I/O 请求不能超过外设的处理能力。引入缓冲的主要原因有以下几个方面：

(1) 缓和 CPU 与 I/O 设备间速度不匹配的矛盾。

(2) 减少对 CPU 的中断频率，放宽对中断响应时间的限制。

(3) 提高 CPU 和 I/O 设备之间的并行性。

在所有的 I/O 设备与处理机(内存)之间，都使用了缓冲区来交换数据。所以操作系统必须组织和管理好这些缓冲区。

1．单缓冲(Single Buffer)

在单缓冲技术中 CPU 和外设轮流使用一个缓冲。每当一个用户进程发出一个 I/O 请求时，OS 便在主存中为之分配一个缓冲区。

例如，CPU 要从磁盘上读一块数据进行计算，采用单缓冲机制的工作过程。先从磁盘把一块数据读入到缓冲区中，所花费的时间为 T；然后由操作系统将缓冲区的数据传送到用户区，所花费的时间为 M；最后由 CPU 对这一块数据进行计算，所花费的时间为 C。如果不采用缓冲，将数据直接从磁盘读入用户区，每批数据的处理时间约为 T+C。采用单缓冲技术数据读入缓冲与计算 C 是可以并发执行的，每批数据的处理时间为 MAX(C，T)+M。通常 M 远小于 T 或 C，这样就提高了 CPU 和外设的利用率。但是对缓冲区中数据的输入和提取是串行工作的。图 7.10 显示了单缓冲的工作过程。

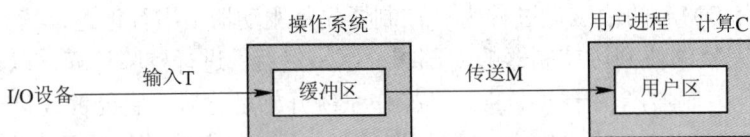

图 7.10　单缓冲工作示意图

2．双缓冲(Double Buffer)

双缓冲工作方式的基本方法是在设备输入时，先将数据输入到缓冲区 A，装满后便转向缓冲区 B。此时操作系统可以从缓冲区 A 中提取数据传送到用户区，最后由 CPU 对数据进行计算。其工作过程如图 7.11 所示。系统处理一块数据的处理时间可粗略地认为是 MAX(C，T)。若 C<T，可使块设备连续输入；若 C>T，可使 CPU 不必等待设备输入。也即采用双缓冲区，CPU 和外设都可以连续处理而无需等待对方。但是，要求 CPU 和外设的速度相近。

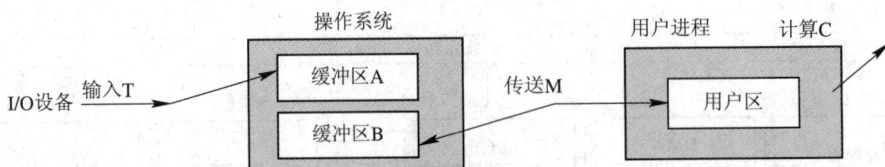

图 7.11　双缓冲工作过程示意图

3．环形缓冲(Circular Buffer)

双缓冲可以实现对缓冲区中数据的输入和输出，以及 CPU 的计算，这三者并行工作。因此双缓冲进一步加快了 I/O 的速度，提高了设备的利用率。当输入、输出或生产者—消费者的速度基本匹配时，采用双缓冲能获得较好的效果，可使生产者和消费者基本能并行操作。但是，当 CPU 和外设的处理速度相差较大时，采用双缓冲就不太理想。但随着缓冲区数量的增加，情况有所改善。例如采用环形缓冲技术。

1) 环形缓冲的组成

环形缓冲由多个缓冲区和多个指针组成。在循环缓冲中含有多个缓冲区，每个缓冲区的大小相同。缓冲区可分成三种类型：空缓冲区 R，用于存放输入数据；已装满数据的缓冲区 G，其中的数据提供给计算进程使用；现行工作缓冲区 C，这是计算进程正在使用的缓冲区。多个指针对应于输入的多缓冲，应设置这样三个指针：Nextg，指示计算进程下一个可用的缓冲区 G；Nexti，指示输入进程下次可用的空缓冲区 R；Current，指示计算进程正在使用的缓冲区单元。循环缓冲的组成如图 7.12 所示。

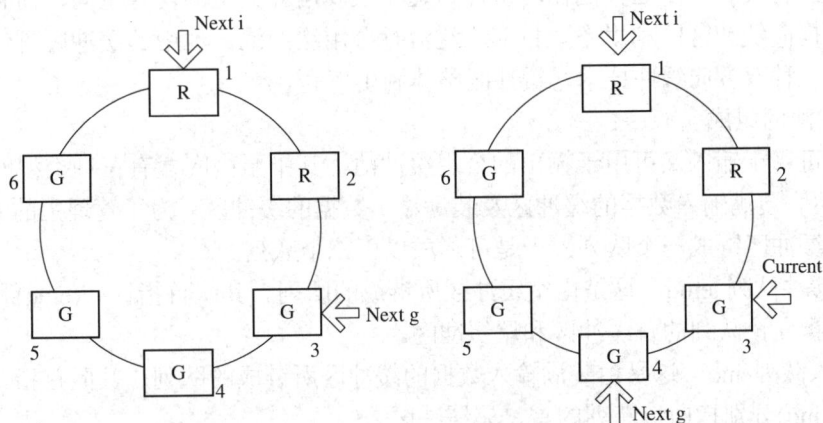

图 7.12 循环缓冲

开始时，它指向第 1 个单元，随计算进程的使用，它将逐次地指向第 2、3、4 等单元，直至缓冲区的最后一个含数据的单元。

2) 缓冲区的使用

计算进程和输入进程可利用下述两个过程来使用循环缓冲区。

(1) Getbuf 过程：每当计算进程要使用缓冲区中的数据时，可调用 Getbuf 过程。该过程将指针 Next g 所指的缓冲区提供给进程使用，相应地，需把它改为现行工作缓冲区，用 Current 指针指向该缓冲区的第 1 个单元，同时将 Next g 移向下一个 G 缓冲区。类似地，每当输入进程要使用空缓冲来装入数据时，也可调用 Getbuf 过程。由该过程将指针 Next i 所指缓冲区提供给输入进程使用，同时将 Next i 指针移向下一个 R 缓冲区。

(2) Releasebuf 过程：当计算进程把 G 缓冲区中的数据提取完时，便可调用 Releasebuf 过程，将该缓冲区释放。此时，把该缓冲区由当前(现行)工作缓冲区 C 改为空缓冲区 R。类似地，当输入进程将缓冲区装满时，也调用 Releasebuf 过程，将该缓冲区释放，并改为 G 缓冲区。

3) 进程的同步

使用输入缓冲可使输入进程和计算进程并行执行。相应地，指针 Next i 和指针 Next g 将不断地沿顺时针方向移动，这样就可能出现下述两种情况：

(1) Next i 指针追赶上 Next g 指针。这意味着输入进程输入数据的速度大于计算进程处理数据的速度，已把全部缓冲区(可用空缓冲)装满。此时，输入进程应该阻塞，直至计算进程把某个缓冲区中的数据全部提取完，使之成为空缓冲 R，并调用 Releasebuf 过程将它释放时，才去唤醒输入进程。这种情况被称为"系统受限计算"。

(2) Next g 指针追赶上 Next i 指针。这意味着输入数据的速度低于计算进程处理数据的速度，使全部缓冲区(已有数据的)都已被抽空。这时，计算进程只能阻塞，直至输入进程又装满某个缓冲区，并调用 Releasebuf 过程将它释放时，才去唤醒计算进程。这种情况被称为"系统受限 I/O"。

4. 缓冲池(Buffer Pool)

上述循环缓冲区仅适用于某特定的 I/O 进程和计算进程，因而它们属于专用缓冲。当系统较大时，将会有许多这样的循环缓冲，这不仅要消耗大量的内存空间，而且其利用率不高。为了提高缓冲区的利用率，目前广泛流行公用缓冲池，池中的缓冲区可供多个进程共享。这是一种双方向缓冲技术，缓冲区整体利用率高。

1) 缓冲池的组成

对于既可用于输入又可用于输出的公用缓冲池，其中至少应含有三种类型的缓冲区：空(闲)缓冲区，装满输入数据的缓冲区及装满输出数据的缓冲区。为了管理上的方便，可将相同类型的缓冲区链成一个队列，于是可形成以下三个队列。

(1) 空缓冲队列 emq。这是由空缓冲区所链成的队列。其队首指针 F(emq)和队尾指针 L(emq)分别指向该队列的首缓冲区和尾缓冲区。

(2) 输入队列 inq。这是由装满输入数据的缓冲区所链成的队列。其队首指针 F(inq)和队尾指针 L(inq)分别指向该队列的首、尾缓冲区。

(3) 输出队列 outq。这是由装满输出数据的缓冲区所链成的队列。其队首指针 F(outq)和队尾指针 L(outq)分别指向该队列的首、尾缓冲区。

除了上述三种队列外，还应具有四种工作缓冲区：用于收容输入数据的工作缓冲区，用于提取输入数据的工作缓冲区，用于收容输出数据的工作缓冲区及用于提取输出数据的工作缓冲区。

2) Getbuf 过程和 Putbuf 过程

在数据结构课程中，曾介绍过队列和对队列操作的两个过程，即 Addbuf (type，number)和 Takebuf(type)。Addbuf(type, number)过程用于将由参数 number 所指示的缓冲区挂在 type 队列上；Takebuf(type)过程用于从 type 所指定的队列的队首摘下一缓冲区。这两个过程能否用于对缓冲池中的队列进行操作呢？答案是否定的。因为队列本身是临界资源，多个进程在访问一个队列时应该互斥且需要同步。为此，需要对这两个过程加以改造，以形成可用于对缓冲池中的队列进行操作的 Getbuf 和 Putbuf 过程。

为使诸进程能互斥地访问缓冲池队列，可为每一队列设置一个互斥信号 MS(type)。此外，为了保证它们同步地使用缓冲区，又为每个缓冲队列设置了一个资源信号量 RS(type)。既可实现互斥，又可保证同步的 Getbuf 过程和 Putbuf 过程描述如下：

Procedure Getbuf(type)

Begin

    Wait(RS(type));

    Wait(MS(type));

    B(number):＝Takebuf(type);

    Signal(MS(type));

 end

Procedure Putbuf(type，number)

Begin

    Wait(MS(type));

    Addbuf(type,Number);

    Signal(MS(type));

    Signal(RS(type));

 end

3) 缓冲区的工作方式

缓冲区的工作方式有四种：设备输入，CPU 读入，设备输出，CPU 写出。上述操作访问各个缓冲区队列时，需要进行相应的互斥操作。

(1) 设备输入工作方式：在输入进程需要输入数据时，便调用 Getbuf(emq)过程，从 emq 队列的队首摘下一空缓冲区，把它作为收容输入工作缓冲区 hin。然后，把数据输入其中，装满后再调用 Putbuf (inq，hin)过程，将该缓冲区挂在输入队列 imq 的队尾。

(2) CPU 输入工作方式：当计算进程需要输入数据时，便调用 Getbuf(inq)过程，从输入队列取得一缓冲区作为提取输入工作缓冲区，计算进程从中提取数据。计算进程用完该数据后，再调用 Putbuf(emq，sin)过程，将该缓冲挂到空缓冲队列 emq 上。

(3) 设备输出工作方式：当计算进程需要输出时，便调用 Getbuf(emq)过程，从空缓冲队列 emq 的队首取得一空缓冲，作为收容输出工作缓冲区 hout。当其中装满输出数据后，又调用 Putbuf(outq，hout)过程，将该缓冲区挂在 outq 末尾。

(4) CPU 输出工作方式：要输出时，由输出进程调用 Getbuf(outq)过程，从输出队列的队首取得一装满输出数据的缓冲区，作为提取输出工作缓冲区 sout。在数据提取完后，再调用 Putbuf(emq，sout)过程，将它挂在空缓冲队列的末尾。

缓冲区工作在设备输入，CPU 输入，设备输出及 CPU 输出四种工作方式下的情形如图 7.13 所示。

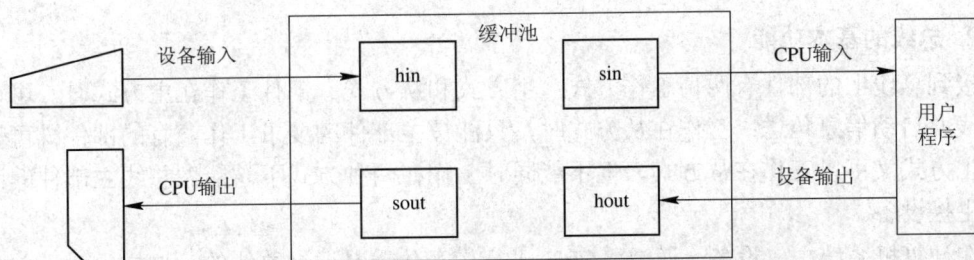

图 7.13 缓冲区的工作方式

7.4.3 总线技术

任何一个处理器都要与一定数量的部件和外围设备连接，但如果将各部件和每一种外围设备都分别用一组线路与 CPU 直接连接，那么连线将会错综复杂，甚至难以实现。为了简化硬件电路设计与系统结构，常用一组线路，配置以适当的接口电路，与各部件(如 CPU、内存)和外围设备连接，这组可共享连接的传输通道称为总线。采用总线结构便于部件和设备的扩充，尤其制定了统一的总线标准则容易使不同设备间实现互连。

1. 总线结构

不同的计算机系统，其总线结构也不同。对于单机系统主要有三种结构：单总线、双总线和三总线结构。

单总线结构是指用一条系统总线将各个部件连接起来(如图 7.1 所示)。由于所有部件挂在一条总线上，故总线只能分时工作，使信息传送的吞吐量受到限制，因此产生了双总线结构。

双总线结构是在单总线结构的基础上，又在 CPU 和主存之间专门架设了一组高速的存储总线，这种总线结构又称为双总线结构。在双总线结构中，因为 CPU 可以通过存储总线访问主存，故减轻了系统总线的负担，同时加大了信息传送的吞吐量。另外，在这种结构中，主存和外设之间可以通过系统总线传送信息，不必经过 CPU，故提高了 CPU 的工作效率。

三总线结构在双总线结构的基础上增加了 I/O 总线，这种结构称为三总线结构，如图 7.14 所示。在三总线结构中，I/O 总线是外设与通道的数据传送的公共通路。因为三总线结构采用了通道(I/O 处理机)，它减轻了 CPU 的数据的 I/O 控制，使整个系统的效率得到了很大的提高，所以，在中型、大型计算机系统中往往采用三总线结构。

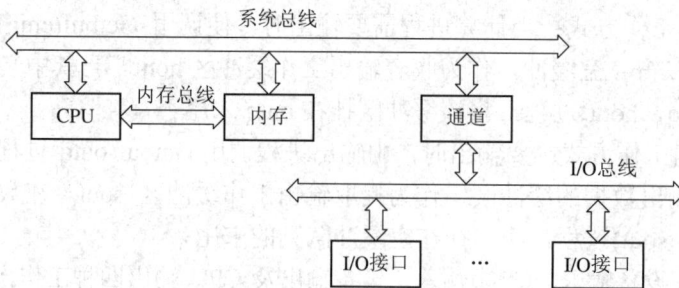

图 7.14　三总线结构

2. 总线的基本功能

接到总线上的部件有两种工作方式：主方式和从方式。部件工作在主方式时，可以控制总线并启动信息传送；工作在从方式时，只能按主部件的要求工作。有的部件既可以工作在主方式又可以工作在从方式，但不能同时工作在两种方式下。能做总线主部件的叫做总线主控设备。

在计算机系统中，设备、通道、CPU 进行信息传送是通过总线的。这样，对于单总线结构的计算机系统，在某一时刻只能有一个总线主部件控制总线，即 CPU 从内存读数据，或向内存写数据；通道从内存读数据，或向内存写数据。对于多总线结构，要视具体多总线结构而定，在此，我们不再赘述。

从总线主部件申请使用总线到数据传送完毕的整个过程，要经过几个步骤：总线请求，总线仲裁，寻址，传送数据，检错和发出信息出错信号。总线控制线路包括总线仲裁逻辑、驱动器和中断逻辑等。总之，总线有如下几个方面的基本功能：

(1) 总线数据传送。为使信息正确传送，防止丢失，需对总线通信进行定时，根据定时方式不同分为同步和异步两种数据传输方式。

(2) 总线仲裁控制。在总线上某一时刻只能有一个总线主部件控制总线，为避免多个部件同时发送信号到总线的矛盾，需要有总线仲裁机构。总线控制方式有链接查询方式、计数查询方式和独立请求方式。

(3) 出错处理。数据传送过程中可能产生错误，有些部件有自动纠错能力，可以自动纠正错误；有些部件无自动纠错能力但能发现错误，则发出"数据出错"信号，通常是向 CPU 发出中断请求信号，CPU 响应中断后，转入出错处理程序。

(4) 总线驱动。总线驱动能力是有限的，在扩充时要加以注意。

3. 总线的类型

在微型计算机系统中，总线一般有内部总线、系统总线和外部总线三类。内部总线是微机内部各外围芯片与处理器之间的总线，用于芯片一级的互连；系统总线是微机中各插件板与系统板之间的总线，用于插件板一级的互连；外部总线则是微机与外部设备之间的总线，微机作为一种设备，通过该总线和其他设备进行信息与数据交换，它用于设备一级的互连。另外，从广义上说，计算机通信方式可以分为并行通信和串行通信，相应的通信总线被称为并行总线和串行总线。并行通信速度快、实时性好，但由于占用的口线多，不适于小型化产品；而串行通信速率虽低，但在数据通信吞吐量不是很大的微处理电路中则显得更加简易、方便、灵活。串行通信一般可分为异步模式和同步模式。

随着微电子技术和计算机技术的发展，总线技术也在不断地发展和完善，从而使计算机总线技术种类繁多，各具特色。下面仅对微机各类总线中目前比较流行的总线技术分别加以介绍。

1) 内部总线

(1) I^2C 总线。I^2C(Inter-IC)总线 10 多年前由 Philips 公司推出，是近年来在微电子通信控制领域广泛采用的一种新型总线标准。它是同步通信的一种特殊形式，具有接口线少，控制方式简化，器件封装形式小，通信速率较高等优点。在主从通信中，可以有多个 I^2C 总线器件同时接到 I^2C 总线上，通过地址来识别通信对象。

(2) SPI 总线。串行外围设备接口(Serial Peripheral Interface，SPI)总线技术是 Motorola 公司推出的一种同步串行接口。Motorola 公司生产的绝大多数 MCU(微控制器)都配有 SPI 硬件接口，如 68 系列 MCU。SPI 总线是一种三线同步总线，因其硬件功能很强，所以，与 SPI 有关的软件就相当简单，使 CPU 有更多的时间处理其他事务。

(3) SCI 总线。串行通信接口(Serial Communication Interface，SCI)也是由 Motorola 公司推出的。它是一种通用异步通信接口 UART，与 MCS-51 的异步通信功能基本相同。

2) 系统总线

(1) ISA 总线。ISA(Industrial Standard Architecture，ISA)总线是 IBM 公司 1984 年为推出 PC/AT 机而建立的系统总线标准，所以也叫 AT 总线。它是对 XT 总线的扩展，以适应8/16 位数据总线要求。它在 80286 至 80486 时代应用非常广泛，以至于现在奔腾机中还保留有 ISA 总线插槽。ISA 总线有 98 只引脚。

(2) EISA 总线。EISA 总线是 1988 年由 Compaq 等 9 家公司联合推出的总线标准。它是在 ISA 总线的基础上使用双层插座，在原来 ISA 总线的 98 条信号线上又增加了 98 条信号线，也就是在两条 ISA 信号线之间添加一条 EISA 信号线。在实用中，EISA 总线完全兼容 ISA 总线信号。

(3) VESA 总线。VESA(Video Electronics Standard Association，VESA)总线是 1992 年由 60 家附件卡制造商联合推出的一种局部总线，简称为 VL(VESA Local Bus)总线。它的推出为微机系统总线体系结构的革新奠定了基础。该总线系统考虑到 CPU 与主存和 Cache 的直接相连，通常把这部分总线称为 CPU 总线或主总线，其他设备通过 VL 总线与 CPU 总线相连，所以 VL 总线被称为局部总线。它定义了 32 位数据线，且可通过扩展槽扩展到 64 位，使用 33 MHz 时钟频率，最大传输率达 132 MB/s，可与 CPU 同步工作。它是一种高速、高效的局部总线，可支持 386SX、386DX、486SX、486DX 及奔腾微处理器。

(4) PCI 总线。PCI(Peripheral Component Interconnect，PCI)总线是当前最流行的总线之一，它是由 Intel 公司推出的一种局部总线。它定义了 32 位数据总线，且可扩展为 64 位。PCI 总线主板插槽的体积比原 ISA 总线插槽还小，其功能比 VESA、ISA 有极大的改善，支持突发读写操作，最大传输速率可达 132 MB/s，可同时支持多组外围设备。PCI 局部总线不能兼容现有的 ISA、EISA、MCA(Micro Channel Architecture)总线，但它不受制于处理器，是基于奔腾等新一代微处理器而发展的总线。

(5) Compact PCI。以上所列举的几种系统总线一般都用于商用 PC 机中，在计算机系统总线中，还有另一大类为适应工业现场环境而设计的系统总线，比如 STD 总线、VME总线、PC/104 总线等。这里仅介绍当前工业计算机的热门总线之一 Compact PCI。

Compact PCI 的意思是"坚实的 PCI"，是当今第一个采用无源总线底板结构的 PCI 系统，是 PCI 总线的电气和软件标准加欧式卡的工业组装标准，是当今最新的一种工业计算机标准。Compact PCI 是在原来 PCI 总线基础上改造而来的，它利用 PCI 的优点，提供满足工业环境应用要求的高性能核心系统，同时还考虑充分利用传统的总线产品，如 ISA、STD、VME 或 PC/104 来扩充系统的 I/O 和其他功能。

3) 外部总线

(1) RS-232-C 总线。RS-232-C 是美国电子工业协会 EIA(Electronic Industry Association)制定的一种串行物理接口标准。RS 是英文"推荐标准"的缩写，232 为标识号，C 表示修改次数。RS-232-C 总线标准设有 25 条信号线，包括一个主通道和一个辅助通道，在多数情况下主要使用主通道，对于一般双工通信，仅需几条信号线就可实现，如一条发送线、一条接收线及一条地线。RS-232-C 标准规定的数据传输速率为 50、75、100、150、300、600、1200、2400、4800、9600、19200 波特/秒。RS-232-C 标准规定，驱动器允许有 2500 pF 的电容负载，通信距离将受此电容限制。例如，采用 150 pF/m 的通信电缆时，最大通信距离为 15 m；若每米电缆的电容量减小，通信距离可以增加。传输距离短的另一原因是

RS-232 属单端信号传送，存在共地噪声和不能抑制共模干扰等问题，因此一般用于 20 m 以内的通信。

(2) RS-485 总线。在要求通信距离为几十米到上千米时，广泛采用 RS-485 串行总线标准。RS-485 采用平衡发送和差分接收，因此具有抑制共模干扰的能力。加上总线收发器具有高灵敏度，能检测低至 200 mV 的电压，故传输信号能在千米以外得到恢复。RS-485 采用半双工工作方式，任何时候只能有一点处于发送状态，因此，发送电路须由使能信号加以控制。RS-485 用于多点互连时非常方便，可以省掉许多信号线。应用 RS-485 可以联网构成分布式系统，其允许最多并联 32 台驱动器和 32 台接收器。

(3) IEEE-488 总线。上述两种外部总线是串行总线，而 IEEE-488 总线是并行总线接口标准。IEEE-488 总线用来连接系统，如微计算机、数字电压表、数码显示器等设备及其他仪器仪表均可用 IEEE-488 总线装配起来。它按照位并行、字节串行双向异步方式传输信号，连接方式为总线方式，仪器设备直接并联于总线上而不需中介单元，但总线上最多可连接 15 台设备。最大传输距离为 20 m，信号传输速度一般为 500 KB/s，最大传输速度为 1 MB/s。

(4) USB 总线。通用串行总线 USB(Universal Serial Bus)是由 Intel、Compaq、Digital、IBM、Microsoft、NEC、Northern Telecom 等 7 家世界著名的计算机和通信公司共同推出的一种新型接口标准。它基于通用连接技术，实现外设的简单快速连接，达到方便用户、降低成本、扩展 PC 连接外设范围的目的。它可以为外设提供电源，而不像普通的使用串、并口的设备需要单独的供电系统。另外，快速是 USB 技术的突出特点之一，USB 的最高传输率可达 12 Mb/s，比串口快 100 倍，比并口快近 10 倍，而且 USB 还支持多媒体。

4. SCSI 接口技术

SCSI 即小型计算机系统接口(Small Computer System Interface)。一个 SCSI I/O 设备控制器可将新型高速 I/O 设备增加到计算机系统中。SCSI 设备控制器的智能化 I/O 控制降低了计算机系统的负担，使计算机系统具有更高的 I/O 能力。

7.4.4　即插即用技术

即插即用(Plug and Play，PnP)是计算机系统 I/O 设备与部件配置的应用技术。顾名思义，PnP 是指插入就可用，不需要进行任何设置操作。

由于一个系统可以配置多种外部设备，设备也经常变动和更换，它们都要占有一定的系统资源，彼此间在硬件和软件上可能会产生冲突，因此在系统中要正确地对它们进行配置和资源匹配。当设备撤除、添置和进行系统升级时，配置过程往往是一个困难的过程。为了改变这种状况，出现了 PnP 技术。

PnP 技术主要有以下特点：

(1) PnP 技术支持 I/O 设备及部件的自动配置，使用户能够简单方便地使用系统扩充设备；

(2) PnP 技术减少了由制造商造成的种种用户限制，简化了部件的硬件跳线设置，使 I/O 附加卡和部件不再具有人工跳线设置电路；

(3) 利用 PnP 技术可以在主机板和附加卡上保存系统资源的配置参数和分配状态，有

利于系统对整个 I/O 资源的分配和控制;

(4) PnP 技术支持和兼容各种操作系统平台，具有很强的扩展性和可移植性;

(5) PnP 技术在一定程度上具有"热插入"、"热拼接"功能。

PnP 技术的实现需要多方面的支持，其中包括具有 PnP 功能的操作系统、配置管理软件、软件安装程序和设备驱动程序等，另外还需要系统平台的支持(如 PnP 主机板、控制芯片组和支持 PnP 的 BIOS 等)以及各种支持 PnP 规范的总线、I/O 控制卡和部件。

在 Windows 2000/XP 中的 PnP 管理器提供了识别并适应计算机系统硬件配置变化的能力。PnP 支持需要硬件、设备驱动程序和操作系统的协同工作才能实现。关于总线上设备标识的工业标准是实现 PnP 支持的基础，例如，USB 标准定义了 USB 总线上识别 USB 设备的方式。Windows 2000/XP 的 PnP 支持提供了以下能力:

(1) PnP 管理器自动识别所有已经安装的硬件设备。在系统启动的时候，一个进程会检测系统中硬件设备的添加或删除。

(2) PnP 管理器通过一个名为资源仲裁(Resource Arbitrating)的进程收集硬件资源需求(中断，I/O 地址等)来实现硬件资源的优化分配，满足系统中的每一个硬件设备的资源需求。PnP 管理器还可以在启动后根据系统中硬件配置的变化对硬件资源重新进行分配。

(3) PnP 管理器通过硬件标识选择应该加载的设备驱动程序。如果找到相应的设备驱动程序，则通过 I/O 管理器加载，否则启动相应的用户态进程请求用户指定相应的设备驱动程序。

(4) PnP 管理器也为检测硬件配置变化提供了应用程序和驱动程序的接口。在硬件配置发生变化的时候，相应的应用程序和驱动程序也会得到通知。

Windows 2000/XP 的目标是提供完全的 PnP 支持，但是具体的 PnP 支持程度要由硬件设备和相应驱动程序共同决定。如果某个硬件或驱动程序不支持 PnP，整个系统的 PnP 支持将受到影响。一个不支持 PnP 的驱动程序可能会影响其他设备的正常使用。一些比较早的设备和相应的驱动程序可能都不支持 PnP。在 Windows NT4 下可以正常工作的驱动程序一般情况下在 Windows 2000/XP 中也可以工作，PnP 能通过这些驱动程序完成设备资源的动态配置。

为了支持 PnP，设备驱动程序必须支持 PnP 调度(Dispatch)例程和添加设备的例程，总线驱动程序必须支持不同类型的 PnP 请求。在系统启动的过程中，PnP 管理器向总线驱动程序访问得到不同设备的描述信息，包括设备标识、资源分配需求等，然后 PnP 管理器就加载相应的设备驱动程序并调用每一个设备驱动程序的添加设备例程。

设备驱动程序加载后已经做好了开始管理硬件设备的准备，但是并没有真正开始和硬件设备通信。设备驱动程序等待 PnP 管理器向其 PnP 调度例程发出启动设备(Start-device)的命令，启动设备命令中包含 PnP 管理器在资源仲裁后确定的设备的硬件资源分配信息。设备驱动程序收到启动设备命令后开始驱动相应设备并使用所分配的硬件资源开始工作。

设备启动后，PnP 管理器可以向设备驱动程序发送其他的 PnP 命令，包括把设备从系统中卸载，重新分配硬件资源等。把设备从系统中移开包括的 PnP 命令有 Query-remove，Remove 等，重新分配硬件资源涉及的 PnP 命令有 Query-stop，Stop，Start-device 等。

7.5 设备管理中的数据结构

计算机系统中的资源是有限的，为了提高系统中资源的利用率，需解决进程间资源的共享问题。当进程提出使用外部设备时，设备管理程序需要进行管理。通常有两种做法：① 在进程间切换使用外设，如键盘和鼠标；② 通过一个虚拟设备把外设与用户进程隔开，只由虚拟设备来使用设备。在设备管理中，通常是将设备、控制器、通道的工作状态管理信息记录在表格中，这些表格包括设备控制表、控制器控制表、通道控制表和系统设备表等。

7.5.1 设备管理中的数据结构

系统对外设的使用涉及以下数据结构：

(1) 设备控制表(Device Control Table, DCT)：每个设备一张，描述设备特性和状态，反映设备的特性、设备和控制器的连接情况。DCT 的内容主要包括：

- 设备标识：用来区别不同的设备。
- 设备类型：反映设备的特性，如块设备或字符设备。
- 设备配置：I/O 地址等。
- 设备状态：当设备自身处于"忙"状态时，将设备的忙标志置"1"。若与该设备相连接的控制器或通道处于"忙"状态而不能启动该设备时，则将设备的等待标志置"1"。
- 等待队列指针：等待使用该设备的进程队列。凡因请求本设备而未得到满足的进程，其 PCB 都应按照一定的策略排成一个队列，称为设备请求队列或简称为设备队列。其队首指针指向队首 PCB，在有的系统中还设置了队尾指针。
- 与设备连接的控制器表指针：该指针指向与该设备相连接的控制器的控制表。在具有多条通路的情况下，一个设备可与多个控制器相连接。此时，在 DCT 中应设置多个控制器表指针。
- 重复执行次数：外部设备在传送数据时，若发生信息传送错误，系统并不立即认为传送失败，而是允许它重新传送。只要在规定的重复次数或时间内恢复正常传送，则仍认为传送成功，否则才认为传送失败。

(2) 控制器控制表(COntroller Control Table，COCT)：每个设备控制器一张，描述 I/O 控制器的配置和状态。如 DMA 控制器所占用的中断号、DMA 数据通道的分配。

(3) 通道控制表(CHannel Control Table, CHCT)：每个通道一张，描述通道工作状态。

(4) 系统设备表(System Device Table, SDT)：系统内一张，反映系统中设备资源的状态，记录所有设备的状态及其设备控制表的入口。SDT 表项的主要组成包括：

- DCT 指针：指向相应设备的 DCT。
- 设备使用进程标识：正在使用该设备的进程标识。
- DCT 信息：为引用方便而保存的 DCT 信息，如设备标识、设备类型等。

在设备管理中数据结构之间的关系如图 7.15 所示。

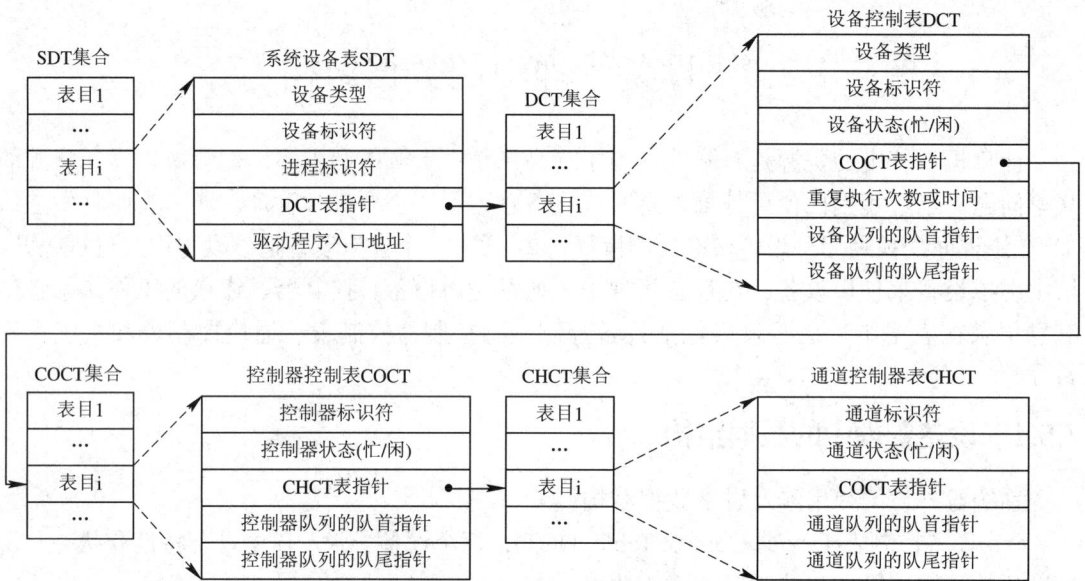

图 7.15　设备管理中数据结构之间的关系图

7.5.2　设备的分配与回收

设备分配的原则是合理使用外设(公平和避免死锁),提高设备使用率;还要考虑与分配有关的设备的属性:独享设备(如打印机等)还是共享设备(如磁盘、网卡等)。

设备分配方式分为静态分配和动态分配两种。静态分配是指在进程创建时分配,在进程退出时释放。该方式不会出现死锁,但设备利用率不高。动态分配是指在进程执行过程中根据需要分配,使用结束后释放。该方式需要考虑死锁问题,算法复杂,但有利于提高设备利用率。

设备分配算法主要有以下两种:

(1) 先来先服务(FCFS):系统根据进程对某设备提出的 I/O 请求的先后顺序,排成 I/O 请求命令队列,分配时总是将设备分配给队首的进程。

(2) 基于优先级:系统依据进程的优先级,指定 I/O 请求的优先级,排成不同优先级队列。分配时系统按优先级高低分配设备,对优先级相同的 I/O 请求则按先来先服务的原则进行分配。

7.5.3　设备的处理

设备处理程序又称设备驱动程序,它是 I/O 进程与设备控制器之间的通信程序。

1. 设备处理程序的功能

通过前面的讨论我们知道,设备处理程序的功能应包括如下五个方面:

(1) 接收上层软件发来的抽象要求(如 read 命令等),再把它转换成具体要求。

(2) 检查用户 I/O 请求的合法性,了解 I/O 设备的状态,设置工作方式。

(3) 对于设置有通道的计算机系统,驱动程序还应能够根据用户的 I/O 请求,自动地构成通道程序。

(4) 由驱动程序向设备控制器发出 I/O 命令，启动分配到的 I/O 设备，完成指定的 I/O 操作。

(5) 及时响应由控制器或通道发来的中断请求，并根据其中断调用相应的中断处理程序进行处理。

事实上，根据在设备处理时是否设置进程，以及设置什么样的进程，设备处理方式可分为以下三类：

(1) 为每一类设备设置一个 I/O 进程，它专门执行这类设备的 I/O 操作。比如为所有的交互终端设置一个交互式终端进程。

(2) 整个系统中设置一个 I/O 进程，全面负责系统的数据传送工作，I/O 请求处理模块，设备分配模块以及缓冲器管理模块和中断原因分析、中断处理模块和后述的设备驱动模块都是 I/O 进程的一部分。由于现代计算机系统设备十分复杂，I/O 负担很重，因此，又可把 I/O 进程分为输入进程和输出进程。

(3) 不设置专门的设备处理进程，而是只为各类设备设置相应的设备处理程序，供用户进程和系统进程调用。

2. 设备处理程序的处理过程

设备处理程序的处理过程可简述如下：

(1) 将用户和上层软件对设备控制的抽象要求转换成对设备的具体要求，如对抽象要求的盘块号转换为磁盘的盘面、磁道及扇区。

(2) 检查 I/O 请求的合理性。

(3) 读出和检查设备的状态，确保设备处于就绪态。

(4) 传送必要的参数，如传送的字节数，数据在主存的首址等。

(5) 设置工作方式。

(6) 启动 I/O 设备，并检查启动是否成功，如成功则将控制返回给 I/O 控制系统，在 I/O 设备忙于传送数据时，该用户进程把自己阻塞，直至中断到来才将它唤醒，而 CPU 可干别的事。

在设备控制器控制下，I/O 设备完成了 I/O 操作后，控制器(或通道)便向 CPU 发出一个中断请求，CPU 响应后便转向中断处理程序。中断处理程序执行包含如下步骤：

(1) 在设置 I/O 进程时，当中断处理程序开始执行时，都必须去唤醒阻塞的驱动(程序)进程。在采用信号量机制时，可通过执行 V 操作，将处于阻塞状态的驱动(程序)进程唤醒。

(2) 保护被中断进程的 CPU 现场。

(3) 分析中断原因，转入相应的设备中断处理程序。

(4) 进行中断处理，判别此次 I/O 完成是正常结束中断还是异常结束中断，分别做相应处理。

(5) 恢复被中断进程或由调度程序选中的进程的 CPU 的现场。

(6) 返回被中断的进程，或进入新选中的进程继续运行。

在 UNIX 中将以上对各类设备处理相同的部分集中起来，形成中断总控程序，每当要进行中断处理时，都要首先进入中断总控程序，再按需要转入不同的设备处理程序。

7.6　UNIX 设备管理实例分析

UNIX 系统包括两类设备：块设备和字符设备。用户可以通过文件系统与设备接口，因为每个设备有一个文件名，可以向文件那样存取。设备特殊文件有一个索引节点，在文件系统目录中占据一个节点，但其索引节点上的文件类型与其他文件不同，是"块"或"字符"特殊文件。文件系统与设备驱动程序之间的接口是通过设备开关表。硬件与驱动程序之间的接口是控制寄存器与 I/O 指令，一旦出现设备中断，便根据中断矢量转相应的中断处理程序，完成用户所要求的 I/O 任务。UNIX 设备管理的主要特点如下：

(1) 块设备与字符设备具有相似的层次结构。这是指对它们的控制方法和所采用的数据结构、层次结构几乎相同。

(2) 将设备作为一个特殊文件，并赋予一个文件名。这样，对设备的使用类似于对文件的存取，具有统一的接口。

(3) 采用完善的缓冲区管理技术。引入"预先读"、"异步写"和"延迟写"方式，进一步提高系统效率。

在 UNIX 系统的设备管理中，设计得比较有特色的是缓冲区管理，本小节将重点介绍 UNIX 系统的缓冲区管理方案。

7.6.1　UNIX 块设备管理的主要数据结构

UNIX 系统采用多种缓冲技术平滑和加快文件信息在内存与磁盘间的传输。缓冲管理模块处于文件系统与块设备驱动模块之间。当从盘上读数据时，如果数据已在缓冲区中，则直接从缓冲区读数据，而不必从磁盘上读；如果数据不在缓冲区中，则先将数据读入缓冲区，然后再从缓冲区读数据。操作系统尽量使数据在缓冲区中停留较长的时间，以减少磁盘 I/O 次数。

1．缓存与缓存控制块 buf

UNIX 块设备管理设置了 NBUF(200)个缓冲存储区，构成了缓冲池。每个缓冲区的容量为 SBUFSIZE 字节，SBUFSIZE 可取 512 或 2048，具体值由文件系统类型 FSTYPE 的值而定，在系统生成时选择。系统为每个缓存设置了一个缓存控制块 buf，以便记录缓存的使用情况，系统通过管理 buf，对相应的缓冲存储区进行管理。UNIX 缓冲控制块的定义如下：

```
struct buf
    {
        int      b_flage;              /*缓冲区标志*/
        struct buf *b_forw;            /*设备队列前向指针*/
        struct buf *b_back;            /*设备队列后向指针*/
        struct buf *av_forw;           /*自由队列前向指针*/
        struct buf *av_back;           /*自由队列后向指针*/
        dev_tb_dev;                    /*逻辑设备号*/
        unsigned b_bcount;             /*传送数据字节数*/
```

```
        union{
            caddr_t        b_addr;                /*缓冲区内存首地址*/
            int        b_words;                   /*要刷新的起始地址*/
            struct filsys *b_filsys;              /*超级块*/
            struct dinode *b_dino;                /*磁盘 inode 表*/
            daddr_t        *b_daddr;              /*间接块*/
        }b_un;
        daddr_t        b_blkno;                   /*磁盘上数据的块号*/
        char    b_error;                          /*返回给调用者的出错信息*/
        unsigned int b_resid;                     /*因出错而未被传送的数据字节数*/
        time_t b_start;                           /*I/O 请求起始时间*/
        struct proc *b_proc;                      /*执行物理或兑换 I/O 的进程*/
    }buf[NBUF];
```

　　从 buf 的组成可见，它不仅包含了与使用缓冲区有关的信息，也记录了 I/O 请求及其执行的结果。所以 buf 既是缓冲控制块，同时又可以是针对该缓存进行的 I/O 请求块。

2. 块设备表

　　为了管理上的方便，UNIX 系统 V 为每个块设备控制器设置了块设备表，其结构如下：

```
    struct iobuf
        {
            int        b_flags;                   /*设备队列的状况标志*/
            struct buf *b_forw;                   /*指向本设备的第一个缓冲区*/
            struct buf *b_back;                   /*指向本设备的最后一个缓冲区*/
            struct buf *b_actf;                   /*指向本设备 I/O 请求队列中的第一个缓冲区*/
            struct buf *b_actl;                   /*指向本设备 I/O 请求队列中的最后一个缓冲区*/
            dev_t b_dev;                          /*设备名*/
            char_b_active;                        /*设备正在执行一个 I/O 请求的标志*/
            char_b_errcnt;                        /*出错计数*/
            struct eblock *io_erec;               /*指向块设备错误记录块*/
            int io_nreg;                          /*设备寄存器的个数*/
            physadr io_addr;                      /*设备控制状态寄存器地址*/
            physadr io_mba;                       /*MBA 配置结构寄存器地址*/
            struct iostat *io_stp;                /*指向部件 I/O 统计块*/
            time_t io_start;                      /*输入/输出启动时间*/
            int io_s1;                            /*驱动程序留用位数*/
            int io_s2;                            /*驱动程序留用位数*/
        };
```

3. 块设备开关表

　　在 UNIX 系统中，每类设备都有一个驱动程序，用它来控制该类设备。任何一个驱动程序通常都包含了用于执行不同操作的多个函数，如打开、关闭、启动设备、读和写等函数。为使核心能方便地转向各函数，系统为每类设备提供了一个设备开关表。开关表是每个设备驱动程序的一系列接口过程的入口表，给出了一组标准操作的驱动程序入口地址，文件系统可通过开关表中的各函数入口地址转向适当的驱动程序入口，如图 7.16 所示。图中显示了 UNIX 设备驱动程序通过相应的块设备开关表和字符设备开关表描述向上与文件系统的接口。

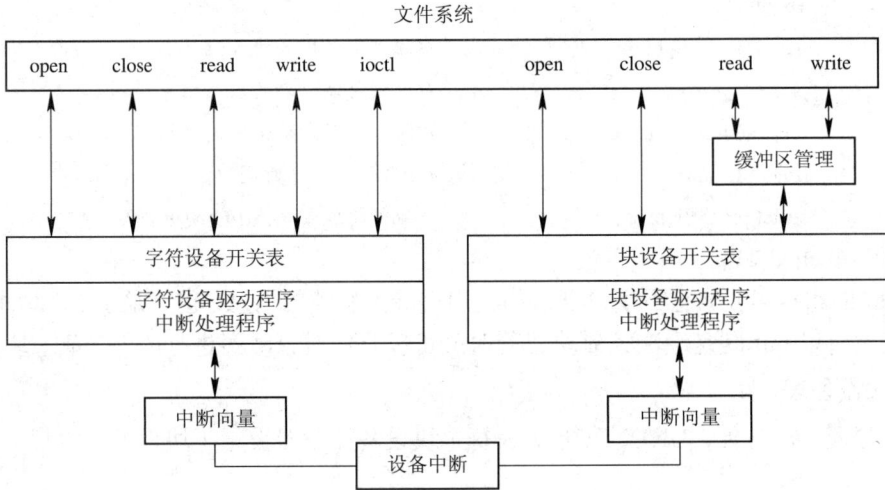

图 7.16　UNIX 系统中的设备开关表

每类设备有自己的设备处理程序，但大体上它们都可再分成两部分，即用于启动设备的设备驱动程序和负责处理 I/O 完成工作的设备中断处理程序。

块设备开关表的数据结构如下所示：

```
struct bdevsw
    {
        int (*d_open)();            /*打开函数入口*/
        int (*d_close)();           /*关闭函数入口*/
        int (*d_strategy)();        /*启动函数入口*/
        int (*d_print)();           /*打印函数入口*/
    }
```

系统管理员用 mknod 命令建立特殊文件。命令中提供文件类型(块设备或字符设备)和主次设备号，mknod 命令调用系统调用产生设备文件。例如，下述命令：

　　　mknod /dev/tty13 c 2 13

其中，/dev/tty13 是设备的文件名；c 规定是一个字符设备特殊文件(b 规定是一个块设备特殊文件)；2 是主设备号；13 是次设备号。主设备号指示一种设备类型，它相应于块设备或字符设备开关表中适当的表项。次设备号指示该类设备的一个单元。

如果进程打开块设备特殊文件 "/dev/dsk1"，其主设备号为 0，则内核调用块设备开关表中的表项为 0 的子程序 gdopen(如表 7.1 所示)。

表 7.1 块设备开关表实例

操作 表项	open	close	strategy
0	gdopen	gdclose	gdstrategy
1	gtopen	gtclose	gtstrategy

如果进程打开字符设备特殊文件"/dev/mem",其主设备号为 3,则内核调用块设备开关表中的表项为 3 的子程序 mmread(如表 7.2 所示)。

表 7.2 字符设备开关表实例

操作 表项	open	close	read	write	ioctl
0	conopen	conclose	conread	conwrite	conioct
1	dzbopen	dzbclose	dzbread	dzbwrite	dzbioct
2	syopen	nulldev	syread	sywrite	syioct
3	nulldev	nulldev	mmread	mmwrite	nodev
4	gdopen	gdclose	gdread	gdwrite	nodev
5	gtopen	gtclose	gtread	gtwrite	nodey

表中子程序 nulldev 是"空子程序",当不需要一个特殊的驱动程序时使用它。许多外围设备可以与一个主设备号相联系,次设备号用来将它们彼此分开。设备特殊文件只有当系统发生改变时产生一次即可,如将设备添加到系统装备中时才需改变。

7.6.2 UNIX 的缓冲区管理

UNIX 系统设置了三种队列,以便对所有的缓冲区进行管理。由于 buf 记录了与缓冲存储区有关的各种管理信息,因此缓冲区管理队列实际上就是对缓存控制块 buf 队列的管理。

1. 自由 buf 队列

在 UNIX 系统中,一个可被分配作它用的缓冲存储区,其相应的 buf 位于自由 buf 队列中。在自由队列的所有 buf 的 b_flag 标志不为 B_BUSY。自由 buf 队列的控制块是 Bfreelist。Bfreelist 与队列中的各缓冲控制块相互用指针 av_forw 和 av_back 双向勾连,如图 7.17 所示。

自由 buf 队列采用 FIFO 管理算法。一个缓存被释放时,其相应的 buf 被送入自由 buf 队列的队尾;当要求分配一个缓存时,从队首取出一个 buf,它所管理的缓存就可被"移作它用"。

2. 设备 buf 队列

在 UNIX 系统中,每类设备都有一个 buf 队列,其队首与队尾分别用指针 b_forw 和 b_back 双向勾连,如图 7.18 所示。

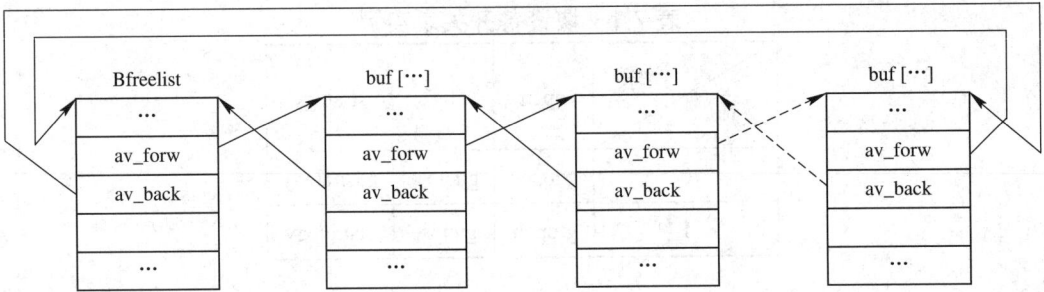

图 7.17　自由 buf 队列

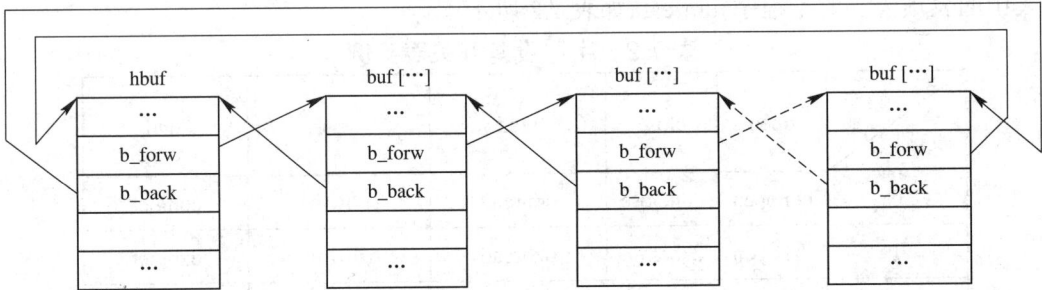

图 7.18　设备 buf 队列

一个缓存被分配用于读、写某类块设备上的某一字符块时，其相应的 buf 就进入该类设备的 buf 队列，除非被"移作它用"，否则一直保留在该队列中。

3．NODEV 设备队列

在 UNIX 系统中，还设置了一种特殊的设备队列"空设备队列"，也称"NODEV 设备队列"。当系统需要使用缓存，但不与特定的设备字符块相连时，则将分配到的缓存控制块 buf 送入 NODEV 设备队列。其队列的控制块也是 Bfreelist，但它与自由 buf 队列不同，其队首与队尾分别用指针 b_forw 和 b_back 双向勾连。在 UNIX 系统中，有两种情况将缓存控制块 buf 送入 NODEV 设备队列：第一种，在进程执行目标程序的开始阶段，它用缓存存放传向该目标程序的参数；第二种情况是用缓存存放文件系统的资源管理块。在系统初启时，所有的空闲 buf 既在自由 buf 队列又在 NODEV 设备队列中。

4．缓冲区管理算法

系统中有限的缓冲区资源是要被所有的进程共享的，为了提高系统的效率，选择合理的算法是非常关键的。UNIX 缓冲区管理采用的是 LRU 算法，但与内存的页式 L 管理是有差别的，因为二者的数据结构不同。

一个缓存刚被分配用于读、写某类块设备上的某一字符块时，其相应 buf 的 b_flag 中包含了 B_BUSY 标志，所以它一定在相应的设备队列中，而不在自由 buf 队列中。

一旦读写结束，就清 b_flag 中的 B_BUSY 标志，释放缓存，将其插入自由 buf 队列中，表示它可以"移作它用"。但是要注意，该缓存仍在设备队列中。当进入该类设备的 buf 队列后，除非该缓存被"移作它用"，否则一直保留在该队列中。

所谓"读"操作结束，是指将所需要的字符块已由缓存读入了用户指定的内存区。如果所需的字符块已在缓存，则不需要进行读块设备操作；如果所需的字符块不在缓存，则应先将字符块读入缓存，然后再由缓存读到用户工作区，如图 7.19 所示。

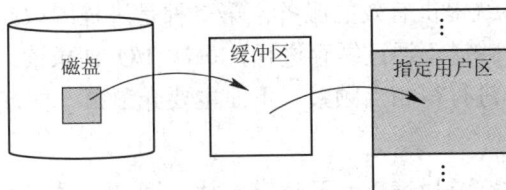

图 7.19 读操作

所谓"写"操作结束，是指经由缓存用户指定的内存区的信息写到某设备的字符块上。如果缓存未写满(512 或 2048 字节)，有可能还会继续写，所以系统将置 b_flag 中的 B_DELWRI 标志，表示要"延迟写"。写操作如图 7.20 所示。

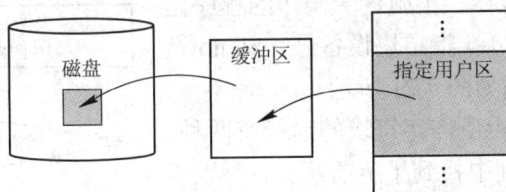

图 7.20 写操作

考虑到缓冲区资源非常宝贵，所以也要清 B_BUSY 标志，将它放入自由队列中。

一个可以"移作它用"的缓存 buf，既在原设备 buf 队列，又在自由 buf 队列，这样做的好处是：

(1) 在自由 buf 队列的缓存，只要还没有重新分配就保持原内容不变，因此，如果需要，只要简单地将相应 buf 从自由 buf 队列中抽出，就可以继续使用。这样对于读/写操作就避免了重复而又费时的 I/O 操作过程，从而大大提高了系统的效率。

(2) 如果要将一个缓存重新分配，只需要简单地将它从自由 buf 队列和设备 buf 队列中同时抽出，送入新的设备 buf 队列。这样便可实现进程对有限缓存的共享。

为了使一个已被释放的缓存尽可能长地保持原来的使用状态，可将它送入自由 buf 队列尾部，而分配缓存时又从自由 buf 队列首部取出。当一个 buf 在自由 buf 队列内移动时，只要有按原状使用的要求，就可以立即将其从自由 buf 队列中抽出。当它再次被释放时，又将其插入自由 buf 队列的尾部。这样，就保证了在所有自由 buf 队列中淘汰的总是最近未被使用过的 LRU 算法。在页式管理中，LRU 算法的开销是很大的，但在缓冲区管理中，因为数据传输是以块为单位的，相比之下，开销不算很大。

设置了 B_DELWRI 标志的缓存，尽管已在自由 buf 队列中，实际上尚未写到相应的块设备上。当它已经移到自由队列的队首准备"移作它用"时，不应将其按一般缓存处理，即不能立即对它重新分配，而是要提出 I/O 请求，以便将其内容写到相应设备指定的字符块上。为此，需将它从自由 buf 队列中抽出，而只留在原设备的 buf 队列中。写操作结束后，这种缓存又被释放进入自由队列末尾，同时又保留在原设备队列中。

7.6.3 块设备管理

在 UNIX 系统中对块设备主要有两种使用方式：第一种是文件系统使用的，可以说这是块设备管理和文件系统之间的界面，每次 I/O 请求读、写一字符块，它使用前面介绍的缓存技术，以便为文件系统提供有效的服务；第二种是进程图像在内存和盘交换区之间进行信息交换时用的，这种传送不通过缓存进行，每次 I/O 请求读、写字节数按图像长度确定。在系统中，这种操作进行得相当频繁。下面主要介绍第一种方式。

1. 读盘

读盘分为两种：基本字符块读入和预读字符块。通过基本字符块读入可以了解读字符块的基本工作原理，缓存技术及块设备驱动程序的基本应用；通过预读字符块可以了解到一种提高 CPU 和块设备并行工作程度所采用的技术。

1) 基本字符块读入

基本字符块读入是指从块设备上用同步的方式将一个指定的字符块读入缓存。实施这一操作的程序是 bread(dev, blkno)。参数 dev 指定块设备号，blkno 是字符块号。其工作流程图如图 7.21 所示。

根据 dev 和 blkno 获得所需字符块的途径有两种：① 在 dev 设备的 buf 队列中找到了所需缓存，所以不必进行读块操作；② 在 dcv 设备的 buf 队列中没有找到所需缓存，于是必须先申请分配一个缓存。由于该缓存中的信息并非用户所需的，所以先要构成请求块，并将其插入设备 I/O 请求队列中，然后调用 iowait()等待读操作结束。当读操作结束时，rkintr 程序调用 iodone 程序将睡眠等待进程唤醒。

可见，通过第一种途径比第二种途径的速度要快得多。但前提是请求访问的字符块事先已经读或写过，而且缓存资源竞争不激烈，没有被"移作它用"。

2) 预读字符块

对字符块进行预读的目的是力争重复使用原先已经读写过，现尚存在缓存的字符块，这是 UNIX 缓存技术中的一个重要目的。但是，对块设备的读操作是不可避免的。

図 7.21

```
          bread(dev,blkno)
                │
                ▼
    ┌───────────────────────────┐
    │ 根据dev,blkno申请缓存        │
    │ (rbp=getblk(dev,blkno))    │
    └───────────────────────────┘
                │
                ▼
          所需信息在缓存吗？ ──Y──┐
                │ N              │
                ▼                │
    ┌───────────────────────────┐│
    │ 构成请求块                  ││
    │ rbp→b_flags=B_READ         ││
    │ rbp→b_wcount＝－256         ││
    └───────────────────────────┘│
                │                │
                ▼                │
    ┌───────────────────────────┐│
    │ 将该请求块送入设备I/O请求队列，││
    │ 如无其他I/O请求，则立即启动设备，││
    │ 否则等待其他请求执行完毕后，由中││
    │ 断处理程序启动执行此请求        ││
    │ ((*bdevsw[dev.d-major].     ││
    │   d_strategy)(rbp))        ││
    └───────────────────────────┘│
                │                │
                ▼                │
    ┌───────────────────────────┐│
    │ 等待读操作结束               ││
    │ (iowait(rbp))              ││
    └───────────────────────────┘│
                │◄───────────────┘
                ▼
          返回 (rbp)
```

图 7.21 bread 工作流程图

以同步方式读块设备时，进程不得不进入睡眠状态等待数据传输结束，这是非常低效的。为了加快进程的推进速度，提高 CPU 和块设备工作的并行程度，UNIX 采用异步方式提前将字符块读入缓存，使用时直接从缓存读而无需等待。这种方式称为预读。

预读的原则是：根据程序现在和过去一段时间内使用字符块的情况推测将来时刻的行为。UNIX 系统在对文件顺序读时才进行字符块预读。假如文件逻辑块号为 0, 1, 2, …, i, i+1, …, n，那么文件顺序读是指本次读的文件逻辑块号是 i，上一次读的逻辑块号为 i-1。根据现在的行为推测将来的行为，系统认为下一次也可能进行顺序读，因此申请预读下一块。

实施字符块预读的程序是 breada(adev, blkno, rablkno)，其中 adev 为设备号，blkno

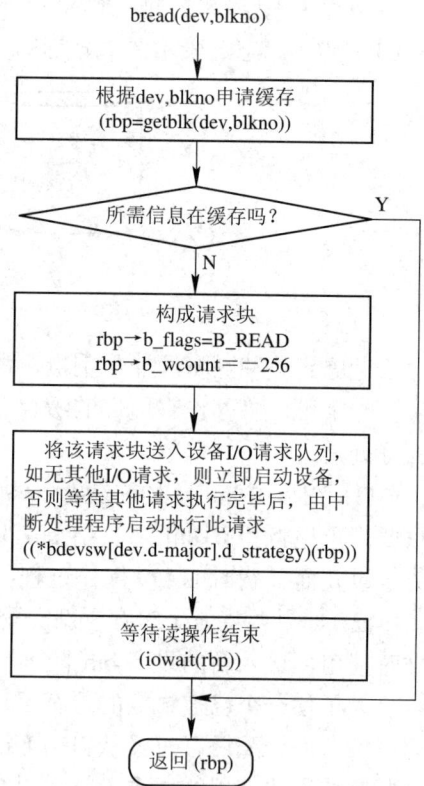

是当前要读的字符块号(breada 以同步方式读此块)，rablkno 是要预读的字符块号(breada 以异步方式读此块)。breada 的基本工作过程如图 7.22 所示。

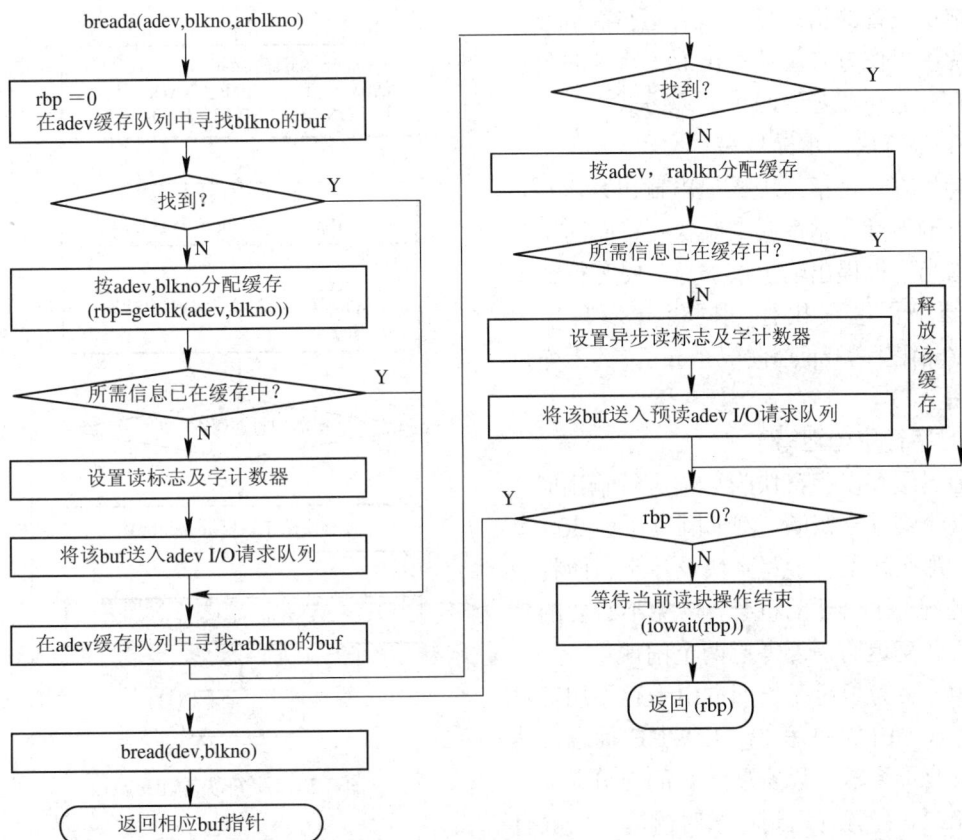

图 7.22　breada 工作流程图

　　breada 程序包括三部分：第一部分和第二部分的工作是使当前块和预读块各在一个缓存中，第三部分的工作是返回一 buf 指针，该 buf 控制的缓存包含了当前块的内容。

　　第一、第二部分工作过程基本相同，但是有如下两点区别：

　　(1) 在预读块处理部分，如果检查到所需字符块已在缓存，则立即释放该缓存。初看起来似乎有问题，实际是非常必要的。因为缓存的数量有限，使用又很频繁，所以应当尽量使它们为各进程共享。预读的问题是预读块只是一种预测，不一定会访问，因此，一旦预读字符块读入缓存应立即释放，而自由 buf 队列采用 FIFO 算法，使得缓存竞争不太激烈，且实际要用到预读字符块时，仍能从缓存获得。

　　(2) 在请求块的构成上。breada 当前请求块的构成与 bread 相同；对预读块，进程并不调用 iowait 程序等待读操作结束。当该字符块读入后，设备中断处理程序调用 iodone 程序，它检测到这是用异步方式进行的 I/O 操作，则不唤醒有关睡眠进程，而立即释放相应缓存。在 breada 程序的开始部分，如果检测到当前块已在缓存，则立即进行预处理。但是，对预读字符块进行处理时，原先包含当前块的缓存有可能"移作它用"，所以在最后部分要调用 bread(dev，blkno)，否则立即返回。

2. 写盘

写盘是指将字符块缓存的内容写到一个指定块设备的指定盘块上。写盘有同步、异步两种工作方式。从提出 I/O 请求的角度考虑有延迟和非延迟两种处理方式。

1) 字符块同步异步写

异步方式是指当进程提出输出请求后，不等待输出操作结束就继续执行；而同步方式是指当进程提出输出请求后，要等待输出操作结束再继续执行。同步异步写采用 bwrite(bp)程序，bp 指向一个 buf，其工作过程见图 7.23。

2) 字符块延迟写

通过缓存以字符块为单位进行输出时，如果某个缓存未写满，例如刚写了前 300 个字符，那么就不急于写到块设备上，而将操作延迟到一个合适的机会，以免不必要的重复操作。延迟写需要考虑两个问题：

第一，为了避免长期占用缓存不用，对 buf 置 B_DELWRI 和 B_DOWNE 标志，然后将其立即释放，以实现缓存的充分共享。

第二，究竟延迟到什么时候写？一般有两个时机：① 延迟写缓存被再次按原状态使用，并全部写满后；② 如果延迟写缓存要"移作它用"时。

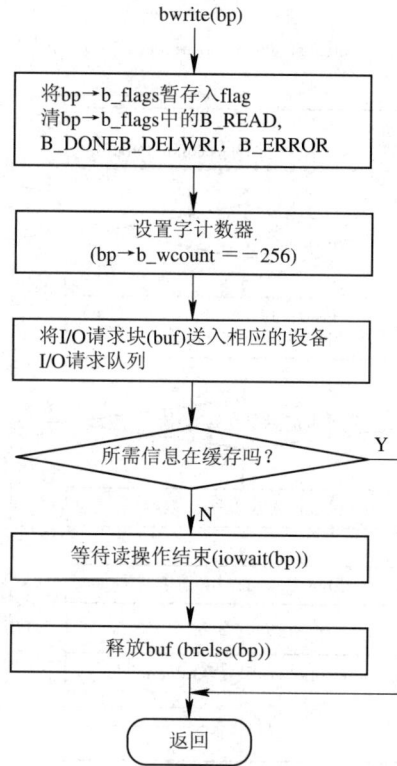

图 7.23　字符块输出 bwrite

7.6.4　字符设备管理

在 UNIX 系统中，字符设备管理和块设备管理所用的具体技术虽有区别，但基本思想是相同的。在此，主要介绍 UNIX 字符设备中采用的缓存技术。

1. 字符设备缓存队列

字符缓存用于解决 CPU 与字符设备间速度不匹配的矛盾，由于字符缓存很短，因而 UNIX 在实现上没有设置专门的缓存控制块。其字符缓存的结构如下：

```
struct cblock
    {
    struct cblock *c_next;              /*字符缓存指针*/
    char info[6];                       /*字符缓存信息区*/

    };
```

cblock 由 8 个字符组成，其中前两个为字符缓存指针，后 6 个为字符缓存信息区。系统 NCLIST 设置了 100 个字符缓存，从而构成了字符缓冲池，其说明为：

     struct cblock cfree[NCLIST];

1) 自由字符缓存队列

字符缓存根据不同的用途构成多个队列，但每一个缓存一定只在一个队列中。c_next 为队列的勾连字，若其值为"null"，则表示是相应队列的最后一个缓存。

空闲的字符缓存构成自由队列，其队首指针为 struct cblock *cfreelist。自由队列如图 7.24 所示。

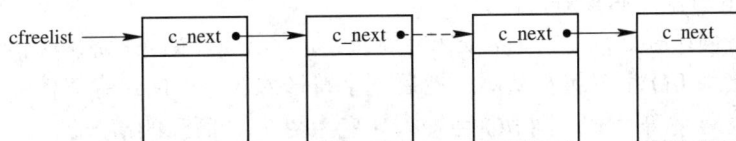

图 7.24 自由字符缓存队列

字符缓存的分配和释放都是在队首进行的。

2) I/O 字符缓存队列

字符设备通过字符缓存进行输入或输出。各个正被使用的字符缓存按照它们的不同用途形成多个 I/O 队列，每个队列设置一个控制块，其结构如下：

     struct list
       {
       int c_cc;   /*字符计数器*/
       int c_cf;   /*缓存队列首指针*/
       int c_cl;   /*缓存队列尾指针*/
       };

其形式如图 7.25 所示。

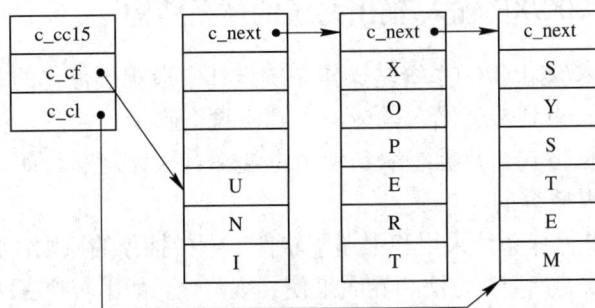

图 7.25 I/O 字符缓存队列

2. 字符缓存管理

1) 取字符和释放字符缓存

根据缓存队列首指针 c_cf 顺次取出字符，图 7.25 取出字符 U、N、I 后，就释放缓存，将其归还自由队列，原设备队列变为图 7.26 所示。

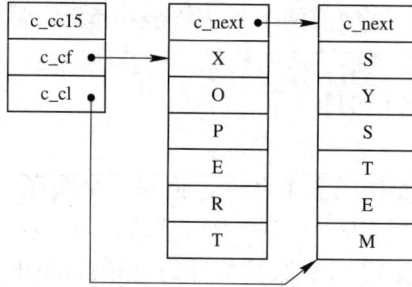

图 7.26　取出 U、N、I 后 I/O 字符缓存队列

2) 送字符和分配字符缓存

当 I/O 设备向缓存送入字符时，先检查 c_cl 是否已满，如果已满，则应先分配自由字符缓存，将其接入 I/O 字符缓存队尾，然后把字符送入新分配的缓存。例如，图 7.26 所示的队列，若要送入字符"F"，则 I/O 字符队列变为图 7.27 所示的情况。

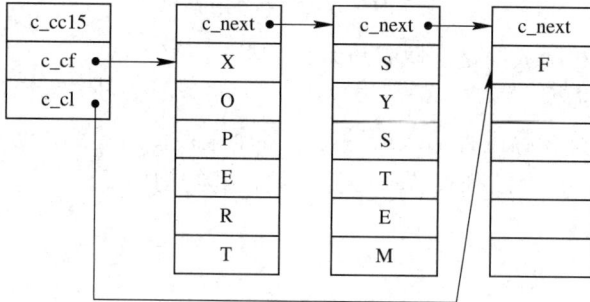

图 7.27　送入新字符 F 后 I/O 字符缓存队列

7.7　Windows 2000/XP 设备管理机制实例分析

7.7.1　Windosw 2000/XP 输入/输出系统的体系结构

传统上认为，输入/输出(I/O)系统是操作系统设计中最难规范化的领域，因为 I/O 设备五花八门、种类繁杂，小到传感器、鼠标，大到磁盘、磁带、绘图仪等等，它们的性能截然不同。总之，其数据格式、数据组织到使用方法都有很大差别。如何规范化设计，这对操作系统设计也是需要研究的。

Windows 2000/XP 操作系统采用和强调了软件工程中抽象的原则，在设计中全力找出各种事务的共性，用一致的模型、方法和界面来使其规范化，如用客户/服务器模型来规范各个用户进程之间的关系。尤其突出的是建立了广义的资源管理概念，并统一地用对象模型来描述和规范化，这样使得系统的复杂性降低。在输入/输出设计上，建立了一个统一一致的高层界面——I/O 设备虚拟界面，即将所有的读写数据看成直接送往虚拟文件的字节流。

Windows 2000/XP 的 I/O 系统体系结构如图 7.28 所示，它由几个可执行模块和大量设备驱动程序组成。

通过这张图我们可以看到，Windows 2000 的 I/O 体系的设计使用了分层结构，这有利于实现其平台无关性，也为其他目标的实现带来了便利。在整个体系的最底层也就是直接与硬件交互的层是硬件抽象层(HAL)，它隐藏了不同硬件平台之间的差异，使得上层的驱动程序、各可执行模块的实现可以与平台无关。从具体实现的角度上讲，HAL 实际是系统提供的许多总线设备驱动程序的集合，尽管具体的总线不同，但它们向上层提供了统一的接口。

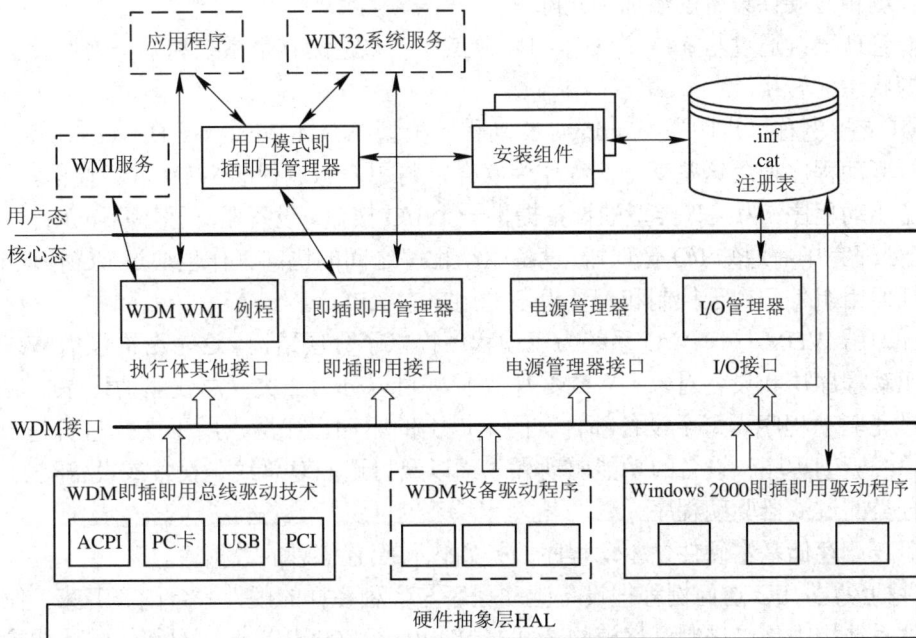

图 7.28　Windows 2000/XP 的 I/O 系统体系结构

在 HAL 层之上的是设备驱动层，在这个层次上，各驱动程序利用总线驱动程序提供的 I/O 端口访问函数，访问并控制对应的硬件设备。事实上，设备驱动层又可分为许多更细的层次，具体可参见 6.8.2 小节。

在设备驱动层之上是 I/O 系统层，它由一系列的管理器组成，如 I/O 管理器、电源管理器、即插即用(PnP)管理器、WMI(Windows Management Instrument)等。它们负责用户模式程序与核心模式驱动程序的交互控制，即插即用资源分配等一系列工作。图中使用了双箭头表示 I/O 系统层与设备驱动层的关系，但实际上 I/O 系统层也可直接与 HAL 通信，例如 PnP 管理器就直接与总线驱动合作，来检测并响应设备的加入和移除。

以上这些模块都运行在 Windows 2000/XP 的核心态，它们是操作系统执行体的一部分，操作系统对它们的错误操作没有保护机制，也就是说，如果这些模块出现问题，整个系统就会崩溃。一般情况下，在这三层中，开发者只可编写驱动程序模块加入核心，因此我们主要讨论驱动程序模型。

7.7.2　核心态模块

大部分 I/O 操作并不会涉及所有的组件，一个典型的 I/O 操作从应用程序调用一个与 I/O 操作有关的函数开始，通常会涉及 I/O 管理器、一个或多个设备驱动程序以及硬件抽象层。I/O 系统相关的核心态模块的主要功能如下。

I/O 管理器：把应用程序和系统组件连接到各种虚拟的、逻辑的和物理的设备上，并定义了一个支持设备驱动程序的基本构架，负责驱动 I/O 请求的处理，为设备驱动程序提供核心服务。它把用户态的读写转化为 I/O 请求包 IRP。

即插即用管理器：通过与 I/O 管理器和总线驱动程序的协同工作来检测硬件资源的分配，并检测相应硬件设备的添加和删除。

电源管理器：通过与 I/O 管理器的协调工作，来检测整个系统和单个硬件设备，完成不同电源状态的转换。

WMI 支持例程：也叫做 Windows 驱动程序模型 WDM(Windows Driver Model)的提供者，运行驱动程序使用这些支持例程作为媒介，与用户态运行的 WMI 服务通信。

设备驱动程序：为某种类型的设备提供一个 I/O 接口。设备驱动程序从 I/O 管理器接收命令，当处理完毕后通知 I/O 管理器。设备驱动程序之间的协同工作也通过 I/O 管理器进行。

即插即用组件：用于控制和配置设备的用户态 API。

即插即用 WDM 接口：I/O 系统为驱动程序提供了分层结构，这一结构包括 WDM 驱动程序、驱动程序层和设备对象。WDM 驱动程序可以分为三类：总线驱动程序、功能驱动程序和过滤驱动程序。每个设备都含有两个以上的驱动程序层，用于支持它所基于的 I/O 总线的总线驱动程序、设备的功能驱动程序，以及可选的对总线、设备或设备类的 I/O 请求进行分类的过滤器驱动程序。

注册表：存储基本硬件、驱动程序的初始化和配置信息的数据库。

硬件抽象层：I/O 访问例程把设备驱动程序与多种多样的硬件平台隔离开来，使它们在给定的体系结构中是二进制可移植的，并在 Windows 2000/XP 支持的硬件体系结构中是源代码可移植的。

在 Windows 2000/XP 中，所有的 I/O 操作都通过虚拟文件执行，隐藏了 I/O 操作目标的实现细节，为应用程序提供了一个统一的到设备的接口。虚拟文件是指用于 I/O 的所有源或目标，它们都被当作文件来处理(例如文件、目录、管道和邮箱)。所有被读取或写入的数据都可以看作是直接读写到这些虚拟文件的流。用户态应用程序(不管它们是 WIN32，POSIX 或 OS/2)调用文档化的函数(公开的调用接口)，这些函数再依次调用内部 I/O 子系统函数来从文件中读取、对文件写入和执行其他操作。I/O 管理器动态地把这些虚拟文件请求指向适当的设备驱动程序。一个典型的 I/O 请求流程如图 7.29 所示。

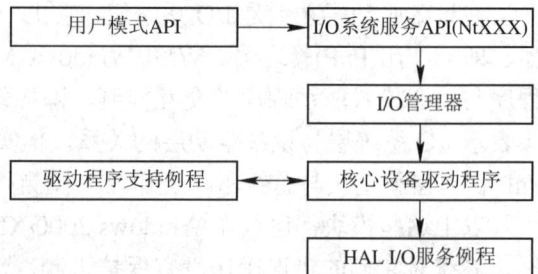

图 7.29　一个典型的 I/O 请求流程

7.7.3　输入/输出系统的数据结构

Windows 2000/XP 的 I/O 请求有四种主要结构：文件对象、驱动程序对象、设备对象和 I/O 请求包(IRP)。

1. 文件对象

文件对象提供了基于内存的共享物理资源的表示法(除了被命名的管道和邮箱外，它们虽然是基于内存的但不是物理的)。在 Windows 2000/XP 的 I/O 系统中，文件对象也代表这些资源。当调用者打开文件或单一设备时，I/O 管理器将为文件对象返回一个句柄。文件对象的主要属性如表 7.3 所示。

表 7.3 文件对象属性

属 性	目 的
文件名	标识文件对象指向的物理文件
字节偏移量	在文件中标识当前位置(只对同步 I/O 有效)
共享模式	表示当调用者正在使用文件时，其他调用者是否可以打开文件进行读、写操作或删除操作
指向设备对象的指针	表示文件在其上驻留的设备类型
指向卷参数块的指针	表示文件在其上驻留的卷或分区
指向区域对象的指针	描述一个映射文件的根结构
指向专用高速缓存映射的指针	表示文件的哪一部分由高速缓存管理器管理，以及它们驻留在高速缓存的什么地方

图 7.30 说明打开一个文件时系统所发生的情况。在这个实例中，C 程序调用库函数 fopen，由它去调用 WIN32 的 CreatFile 函数。然后由系统 DLL 在 NTDLL.DLL 中调用本地 NTCreatFile 函数，在 NTDLL.DLL 中的例程包含引发到核心态系统服务调度程序转换适当的指令。最后，系统服务调度程序在 NTOSKRNL.EXE 中调用真正的 NTCreatFile 例程。

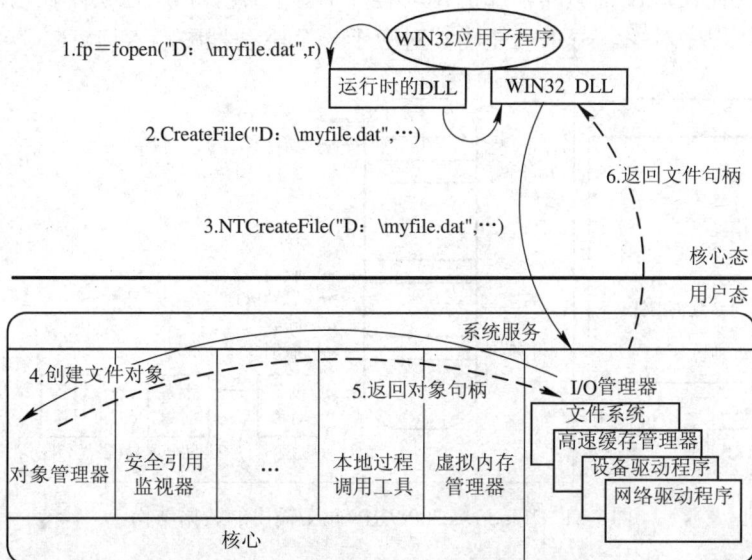

图 7.30 打开一个文件对象的过程

2．驱动程序对象和设备对象

当线程为一个文件对象打开一个句柄时，I/O 管理器必须根据文件对象名称来决定它将调用哪个驱动程序来处理请求。而且，I/O 管理器必须在线程下一次使用同一个文件句柄时可定位这个信息。

驱动程序对象代表系统中一个独立的驱动程序，I/O 管理器从这些驱动程序对象中获得并为 I/O 记录每个驱动程序的调度例程的入口。

设备对象在系统中代表一个物理的、逻辑的或虚拟的设备，并描述它们的特征，如缓冲区的对齐方式和它用来保存即将到来的 I/O 请求包的设备队列的位置。

当驱动程序被加载到系统中时，I/O 管理器将创建一个驱动器对象，然后调用驱动程序的初始化例程，该例程将驱动程序入口点填放到驱动程序对象中。初始化例程还创建用于每个设备的设备对象，这样使设备对象脱离了驱动程序对象。

当打开一个文件时，文件名包括文件驻留的设备对象的名称。例如，名称 \Device\Floppy0\myfile.dat 引用软盘驱动器 A 上的文件 myfile.dat。子字符串 \Device\Floppy0 是 Windows 2000/XP 内部设备对象的名称，代表哪个软盘驱动器。当打开文件 myfile.dat 时，I/O 管理器就创建一个文件对象，并在文件对象中存储一个 Floppy0 设备的指针，然后，给调用者返回一个文件句柄。以后，当调用者使用文件句柄时，I/O 管理器能够直接找到 Floppy0 设备对象。注意，在 WIN32 应用程序中不能使用 Windows 2000/XP 内部设备名称。相反，设备名称必须出现在对象管理器的名字空间中的一个特定的目录中，这个目录包括到实际的 Windows 2000/XP 内部设备名称的符号链接。在该目录中，设备驱动程序负责创建链接，以使它们的设备能在 WIN32 应用程序中被访问。通过使用 WIN32 的 QueryQosDevice 和 DefineDosDevice 函数，可以检查和用编程的方式改变这些链接。

图 7.31 显示了一个设备驱动器对象。从图中可以看出，设备对象反过来指向自己的驱动程序对象，这样 I/O 管理器就知道在接收一个 I/O 请求时应该调用哪个驱动程序，即它使用设备对象找到代表该设备驱动程序的驱动程序对象，然后利用在初始化请求中提供的功能码来索引驱动程序对象。每个功能码都对应于一个驱动程序的入口。

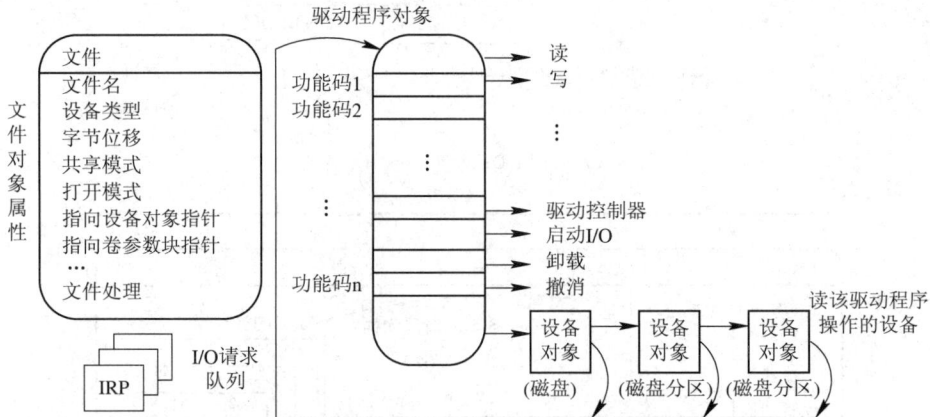

图 7.31　Windows 2000/XP 输入/输出的数据结构

3．IO 请求包

IRP 是 I/O 系统用来存储处理 I/O 请求所需信息的地方。当线程调用 I/O 服务时，I/O 管理器就构造一个 IRP 来表示在整个 I/O 过程中要进行的操作。I/O 管理器在 IRP 中保存一个指向调用者的文件对象指针。IRP 由两部分组成：固定部分(标题)和一个或多个堆栈单元。

固定部分包括请求的类型和大小、请求方式(同步或异步)、缓冲区指针以及状态信息。堆栈单元包括功能码、参数、指向调用者文件的指针。

为了便于理解 Windows2000/XP 各数据结构(文件、设备和驱动程序对象)之间的关系,在此介绍一个对于单层驱动程序中一个 I/O 请求涉及的数据结构的例子。该例子中,应用程序首先将文件写到打印机,将一个句柄传给该文件的对象;然后,I/O 管理器创建一个 IRP,并初始化一个堆栈单元;接着,I/O 管理器用驱动程序对象来定位 WRITE 调度例程并调用它,同时将 IRP 传给它。此过程如图 7.32 所示。需要说明的是,大多数 I/O 操作都涉及多个分层的驱动程序。

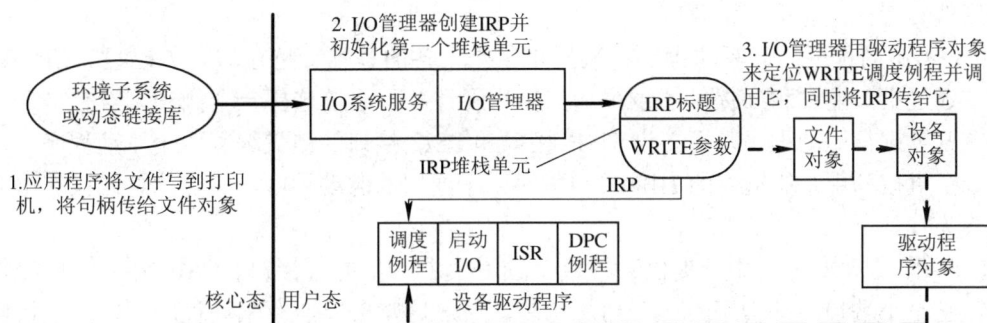

图 7.32 单层驱动程序中一个 I/O 请求涉及的数据结构

7.7.4 Windows 2000/XP 的设备驱动程序

Windows2000/XP 支持多种类型的设备驱动程序和编程环境,同一种驱动程序也存在不同的编程环境中。这里主要介绍核心模式的驱动程序。

1. 核心驱动程序

核心驱动程序主要分为如下几种:

(1) 文件系统驱动程序:接收访问文件的 I/O 请求,主要针对大容量的设备和网络设备。

(2) PnP 管理器和电源管理器设备驱动程序:包括大容量存储设备、协议栈和网络适配器等。

(3) 为 NT 编写的驱动程序:可在 Windows 2000/XP 下工作,但一般不支持电源管理和 PnP。

(4) WIN32 子系统显示和打印驱动程序:把与设备无关的图形(GDI)请求转换为设备专用请求。这些驱动的集合称为"核心态图形驱动程序"。

(5) WDM 驱动程序:包括对 PnP、电源管理和 WMI 的支持。有三种类型的 WDM 驱动:总线驱动程序,管理逻辑和物理总线,如 PCI、ISA、USB 总线等,它向上层提供特定类型总线的读写和控制接口并负责该总线的即插即用功能;功能驱动程序,管理某种特定类型的设备,通常功能驱动程序懂得如何去操控一个外设,如打印机,声卡等;过滤器驱动程序,在逻辑层次上可能位于功能驱动程序之上或之下,它主要起到增加和改变某驱动程序的功能的作用。例如网络防火墙驱动程序可将其自身安置在网卡驱动程序的上方,使得每次对网卡的读写都先经过它,这样就可以起到监视网络中数据包的功能了。

2．Windows 2000/XP 支持的其他驱动程序

Windows 2000/XP 支持的其他驱动程序主要有：

(1) 虚拟设备驱动程序：用于模拟 16 位的 MS DOS 的驱动程序，它们捕获 MS DOS 应用程序对端口的引用，并将其转化为本机 WIN32 I/O 函数。

(2) WIN32 子系统的打印驱动程序：把与设备无关的图形(GDI)请求转换为打印机相关命令，这些命令再发给核心模式的驱动程序，例如，并口驱动(Parprot.sys)、USB 打印机驱动 (Usbprint.sys)等。

3．硬件支持的驱动程序

硬件支持的驱动程序主要有：

(1) 类驱动程序：该驱动程序一般提供某类设备的基本支持接口，如磁盘、CD-ROM 等，它通过端口驱动程序提供的逻辑端口操作硬件。可通过这样一个例子来看它带来的好处：在开发键盘驱动程序时不必为 USB 接口和 PS/2 接口的键盘编写两个驱动程序，可以编写一个直接利用系统提供的 HID 接口编写一个通用的驱动程序，具体的总线操作由 HID 驱动代为管理。

(2) 端口驱动程序：用于提供某种接口(如串行接口、并行接口、USB 接口等)的操作例程库，它是小端口驱动程序的一个功能包装，通过这些接口，类驱动程序可以直接访问接口而不必去和连接它们的总线交互了。

(3) 小端口驱动程序：该驱动程序用于对实际硬件适配器的 I/O 请求映射，它负责最后驱动硬件工作。

当文件系统收到一个特定文件"写"数据的请求时，如何转换为磁盘上的柱面/磁道/扇区？图 7.33 便说明了数据"写"到磁盘上的过程。

因为所有的驱动程序(包括设备驱动程序和文件系统驱动程序)对于操作系统来说都呈现相同的结构，所以一个驱动程序可以不经过转换当前的驱动程序或 I/O 系统，就很容易地被插入到分层结构中。

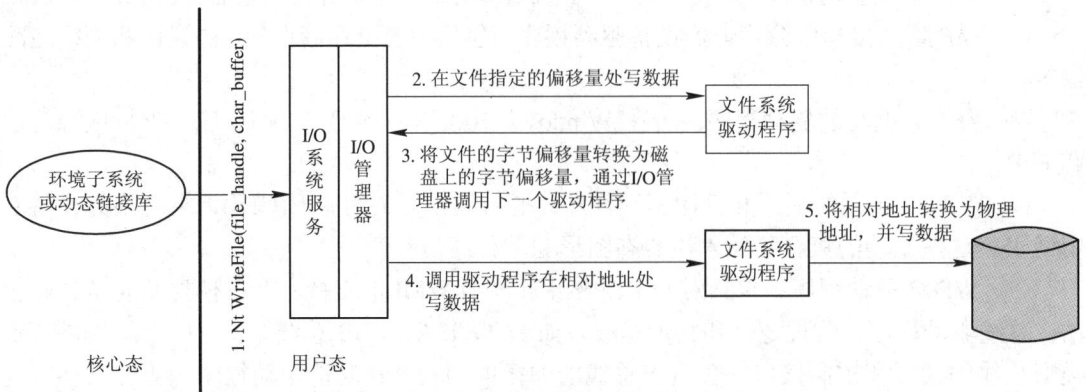

图 7.33　文件驱动和磁盘驱动的层次

7.7.5　Windows 2000/XP 的 I/O 处理

Windows 2000/XP 允许用户以同步或异步的方式进行 I/O 操作。若是同步方式，设备执

行数据传输并在 I/O 完成时返回一个状态码，然后程序就可以立即访问被传输的数据。若是异步方式，则允许应用程序发布 I/O 请求，在设备传输数据的同时，应用程序继续执行。这类 I/O 能提高应用程序的吞吐率，因为它允许在 I/O 操作期间应用程序进行其他工作。

快速 I/O 是一个特殊的机制，它允许 I/O 系统不产生 IRP 而直接到文件系统驱动程序或高速缓存管理器去执行 I/O 请求。

映射文件 I/O 是 I/O 系统的一个重要特性，是由 I/O 系统管理器和内存管理器共同产生的。"映射文件"是指把磁盘中的文件视为进程的虚拟内存的一部分，程序可以将文件作为一个大数组来访问，而无需做缓冲数据或执行磁盘 I/O 的工作。程序访问内存，同时内存管理器利用页面调度机制从磁盘文件中加载正确的页面，如果应用程序要向它的虚拟地址空间写数据，内存管理器就把更改作为正常页面调度的一部分写回到文件中。

下面通过对单层驱动程序的同步 I/O 请求例子，来介绍 Windows 2000/XP 是如何进行 I/O 处理的。对单层驱动程序的同步 I/O 请求处理有如下六个步骤：

(1) I/O 请求通过子系统 DLL。

(2) 子系统调用 I/O 管理器的 NTWriteFile 服务。

(3) I/O 管理器以 IRP 的形式给设备驱动程序发送请求。

(4) 驱动程序驱动 I/O 操作。

(5) 在设备完成 I/O 操作，中断 CPU 时，设备驱动程序服务于中断。

(6) I/O 管理器完成 I/O 请求。

总之，I/O 系统定义了 Windows 2000/XP 上的 I/O 处理机，并且执行公用的或被多个驱动程序请求的功能。它主要负责创建 I/O 请求的 IRP 和引导通过不同驱动程序的包，在完成 I/O 时向调用者返回结果。I/O 管理器通过使用 I/O 系统对象来定位不同的驱动程序和设备，这些对象包括驱动程序对象和设备对象。内部的 Windows 2000/XP 的 I/O 系统以异步方式获得高性能，并且向用户提供同步或异步 I/O 功能。

在 Windows 2000/XP 中，设备驱动程序不仅包括传统的硬件设备驱动程序，还包括文件系统、网络和分层过滤驱动程序。通过公用机制，所有的驱动程序都具有相同的结构，并以相同的机制在彼此之间与 I/O 管理器通信。I/O 系统接口允许用高级语言写驱动程序，以节省开发时间并增强它们的可移植性。

习 题

1. 为什么要引入缓冲技术？设置缓冲区的原则是什么？

2. SPOOLing 技术如何使一台打印机虚拟成多台打印机？

3. 按资源分配管理技术，I/O 设备类型可分为哪三类？

4. 设备驱动程序是什么？为什么要有设备驱动程序？用户进程怎样使用驱动程序？

5. UNIX 系统中将设备分为块设备和字符设备，它们各有什么特点？

6. 什么叫通道技术？通道的作用是什么？

7. 设备管理中的技术有哪些？简述这些技术的特点。

8. 有一个字符缓存队列如图 7.34 所示，取出字符 T 后，原设备队列如何变化？如果又送入三个字符 T、W、O 后，字符设备队列如何变化？请画图说明。

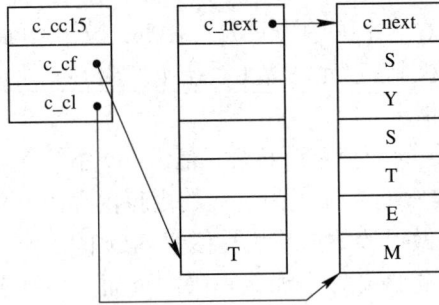

图 7.34 I/O 字符缓存队列

9. 请解释 Windows 2000/XP 中 I/O 请求包、I/O 管理器、设备驱动程序的含义及作用。

10. Windows 2000/XP 中同步 I/O 和异步 I/O 有哪些区别？

11. 请给出 Windows 2000/XP 中，用户访问一个文件 Text.c 的 I/O 请求流程。

第 8 章 网络操作系统

本章的主要内容包括：
- 网络操作系统的组成与功能结构。
- Windows NT/2000/XP 网络结构。
- UNIX 网络文件系统。
- Linux 操作系统的网络特性。
- 对等式局域网。

8.1 网络操作系统的功能

8.1.1 网络操作系统简介

网络操作系统(Network Operating System，NOS)是使网络上各计算机能方便而有效地共享网络资源，为网络用户提供所需的各种服务的软件和有关规程的集合。网络操作系统实质上就是具有网络功能的操作系统。

8.1.2 网络操作系统的功能和特性

在 20 世纪 90 年代初期，NOS 的功能还十分简单，只提供了基本的数据通信和资源共享服务。随着 NOS 的迅速发展，到 20 世纪 90 年代末期 NOS 的功能已相当丰富，性能也有大幅度提高，因而对环境的要求也有所提高。

1. 网络操作系统的功能

网络操作系统的基本任务是用统一的方法管理各主机之间的通信和共享资源的利用。网络操作系统作为操作系统应提供单机操作系统的各项功能：进程管理、存储管理、文件管理和设备管理。除此之外，网络操作系统还应具有以下主要功能：

1) 网络通信

网络通信的主要任务是提供通信双方之间无差错的、透明的数据传输服务，主要功能包括：建立和拆除通信链路；对传输中的分组进行路由选择和流量控制；传输数据的差错检测和纠正等。这些功能通常由链路层、网络层和传输层硬件，以及相应的网络软件共同完成。

2) 共享资源管理

采用有效的方法统一管理网络中的共享资源(硬件和软件)，协调各用户对共享资源的使用，使用户在访问远程共享资源时能像访问本地资源一样方便。

3) 网络管理

网络管理最基本的是安全管理，主要反映在通过"存取控制"来确保数据的安全性，以及通过"容错技术"来保证系统故障时数据的安全性上。此外，还包括对网络设备故障进行检测，对使用情况进行统计，以及为提高网络性能和记账而提供必要的信息。

4) 网络服务

直接面向用户提供多种服务，例如电子邮件服务，文件传输、存取和管理服务，共享硬件服务以及共享打印服务。

5) 互操作

互操作就是把若干相像或不同的设备和网络互联，用户可以透明地访问各服务点、主机，以实现更大范围的用户通信和资源共享。

6) 提供网络接口

向用户提供一组方便有效的、统一取得网络服务的接口，以改善用户界面，如命令接口、菜单、窗口等。

2．网络操作系统的特征

NOS 除具备单机操作系统的四大特征——并发、资源共享、虚拟和异步性之外，还引入了开放性、一致性和透明性。

1) 开放性

为了便于把配置了不同操作系统的计算机系统互联起来形成计算机网络，使不同的系统之间能协调地工作，实现应用的可移植性和互操作性，而且能进一步将各种网络互联起来组成互联网，国际标准化组织 ISO 推出了开放系统互连参考模型 OSI-RM。各大计算机厂商为此纷纷推出其相应的开放体系结构和技术，并成立多种国际性组织以促进开放性的实现。例如，由 IBM，DEC，HP 等组成了开放软件基金会 OSF，并为开放系统制定了一套应用环境规范 AES。又如国际性组织 X/OPEN 也依据事实上的标准和相应的国际标准定义了 X/OPEN 的公共应用环境 CAE。

2) 一致性

由于网络可能由多种不同的系统所构成，为了方便用户对网络的使用和维护，要求网络具有一致性。所谓网络的一致性，是指网络向用户，低层向高层提供一个一致性的服务接口。该接口规定了命令(服务原语)的类型、命令的内部参数及合法的访问命令序列等，并不涉及服务接口的具体实现。例如，功能的实现是采用过程方式还是进程方式，或者其他方式，可由程序自行确定，正因为如此，在 OSI-RM 中规定了各个层次的服务接口，各种协议也都规定了服务接口，通过对这些接口的定义确保网络的一致性。例如，在不同的系统间交换文件时，尽管各系统的文件子系统可能采用不同的文件结构和存取方法，但只要利用 FTAM(File Transfer Access and Management，文件传送存取与管理)中所提供的一套文件服务原语，就可实现不同系统之间的文件传输。换句话说，FTAM 屏蔽了不同文件系统之间的差异，网络用户可以用一致的方法访问网络中的任何文件。

3) 透明性

一般来说，透明性即指某一实际存在的实体的不可见性，也就是对使用者来说，该实体看起来是不存在的。在网络环境下的透明性，表现得十分明显，而且显得十分重要，几乎网络提供的所有服务无不具有透明性，即用户只需知道他应得到什么样的网络服务，而无需了解该服务的实现细节和所需资源。事实上，由于用户通信和资源共享的实现都是极其复杂的，因此，如果 NOS 不具有透明性这一特征，用户将很难甚至根本不可能去使用网络提供的服务。例如，一个网络工作站用户访问远程资源时就像访问本地资源一样方便，两者采用同样的方法，使用户感觉不到他在访问远程资源时所提出的请求，可能跨越了千山万水，网络为实现该服务而执行了大量的操作(从源主机的应用层逐层下达至物理层后，再经过网络到达目标主机，然后又由目标主机的物理层逐层上传到应用层，最后才访问到远程资源。访问结果又再以相反的传递过程回馈给用户)。

3. 网络操作系统的安全性

网络操作系统的安全性非常重要，主要表现在以下几个方面。

1) 用户账号的安全性

使用网络操作系统的每一个用户都有一个系统账号和有效的口令字。在一些早期版本中，口令字是以非加密方式在局域网中传输的，随着协议分析仪的广泛应用，非加密口令字具有明显缺陷，协议分析仪可以检测局域网中的每一个信息包，很容易查看到用户工作站在注册过程中所发送的口令字。为此，必须在用户工作站发送口令字之前，对口令字加密。

2) 时间限制

系统管理员对每个用户的注册时间进行限定，限定方式以一定的时间间隔为单位。如半小时间隔方式，星期几的方式等。时间限制功能主要应用在要求具有严格安全机制的网络环境中。

3) 站点限制

系统管理员对每一用户注册的站点进行限定。站点限定了每个用户只能在指定物理地址的工作站上进行注册。这样就阻止了企图从其他区域使用并不同于自己的工作站而进行注册的行为，在一定程度上确保了安全性。

4) 磁盘空间限制

系统管理员对每个用户允许使用的磁盘服务器磁盘空间加以限定，以防止可能出现的某些用户无限制侵占服务器磁盘的情况发生，确保其他用户磁盘空间的安全性。

5) 传输介质的安全性

由于局域网的传输介质——同轴电缆和双绞线很容易被窃听，并将数据读走，因此网络传输介质的安全性也是十分重要的。为此在一些机密环境中，可以将网络电缆安装在导管内，防止由于电磁辐射而使数据被窃听。也可将网络电缆线预埋在混凝土内，避免对网络电缆的物理挂接。从安全性考虑，网络传输介质应是光缆，因为对光缆的窃听非常困难。

6) 加密

对数据库和文件加密是保证文件服务器数据安全性的重要手段。一般在关闭文件时加密，在打开文件时解密。加密后具有超级用户特权的网络管理员才能读取服务器上的目录和文件。很多数据库系统都具有对数据文件进行加密的功能。平常所遇到的许多加密程序是与某些软件工具一起提供的。

7) 审计

网络的审计功能可以帮助网络管理员对那些企图对网络操作系统实行窃听行为的用户

进行鉴别。当对网络运行机理熟练的某用户通过多次重复敲入口令字来试探其他用户的口令字时，很多网络就采取一定措施来制止这种非法行为。

8.1.3　网络操作系统的功能结构

单机操作系统的最大特点是封闭性。也就是说，它有自己的用户、自己的资源、自己的规程和协议，用户只能利用特定的语言和操作命令，并按照系统的协议去控制作业的运行和调动各种资源。但是，计算机系统一旦加入计算机网络后，为了适应同一网络中多系统、多用户信息交换的新局面，就要适当地改变封闭性的特性，于是就出现了面向网络的开放式的计算机系统。由于入网后的计算机系统连到通信网并与网中各种资源相连，因此不但大大地扩大了本机用户可用资源的范围，而且也使本身的用户范围从本机用户扩大到网际用户。这一新的情况实际上为原来的单机操作系统提供了一个网络环境，于是要求操作系统既要为本机用户提供简便有效地使用网络资源的手段，又要为网络用户提供使用本机资源的服务，即单机操作系统必须向网络环境下的操作系统发展。

为了实现这一要求，网络环境下的操作系统除了原计算机操作系统所具备的模块(比如核、文件管理、作业控制、操作管理)外，还需配置一个网络通信管理模块。该模块是操作系统和网络之间的接口，它有两个界面，一个与网络相接，另一个与本机系统相接，分别称为网络接口界面和系统接口界面。其模型如图 8.1 所示。

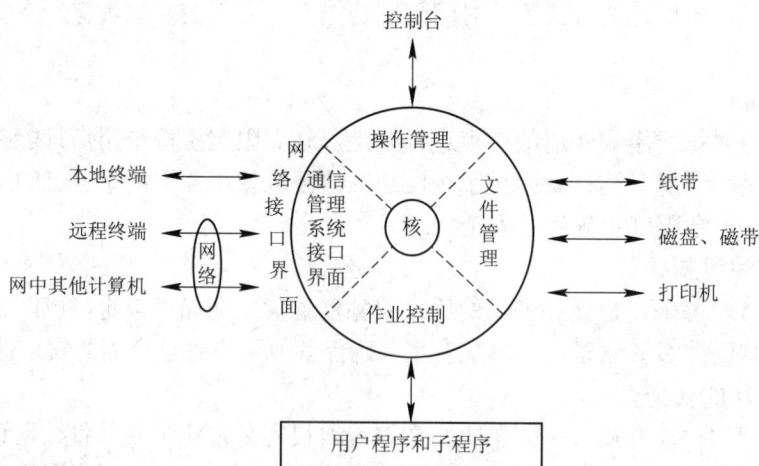

图 8.1　网络环境下的操作系统

网络接口界面的主要功能是使本机系统和网中其他系统之间实现资源共享，因此需要配置一套支持网络通信协议的软件，称为网络协议软件。系统接口界面的主要功能是实现本机系统中的系统进程或用户进程，以便简便地访问网中各种资源，同时还要实现网络中其他用户访问本机资源，因此需要配置一套与原系统相一致的原语和系统调用命令。

8.1.4　网络操作系统的逻辑构成

目前所存在的 NOS 大都是网络环境下的 OS，它们全部采用了层次结构，其分层方式与 ISO/OSI-RM 大体相对应。大多数 NOS 采用客户/服务器模式,在网络服务器上配置 NOS

的核心部分，对客户配置工作站网络软件。这样一来，就其配置而言，NOS 可分为四部分：

- 网络环境软件；
- 网络管理软件；
- 工作站网络软件；
- 网络服务软件。

1．网络环境软件

网络环境软件配置于服务器上，它使高速并发执行的多任务具有良好的网络环境；它管理工作站与服务器之间的传送；它提供高速的多用户文件系统。因此网络环境软件包括以下几种：

(1) 多任务软件：用于支持服务器中多个进程(网络通信进程、多个服务器进程、磁盘进程、假脱机打印进程)的并发执行。

(2) 传输协议软件：配合网络硬件，支持工作站与服务器之间的交互。传输协议软件分布于多个网络阶层上，目前用得最多的是 TCP/IP 协议软件。

(3) 多用户文件系统形成软件：将 DOS 环境下的单用户文件系统形成多用户文件系统，以支持多用户对文件的同时访问和共享。

总之，网络环境软件是强化网络环境所需的操作软件。

2．网络管理软件

顾名思义，网络管理软件是用于网络管理的操作软件。它分为以下几种：

(1) 安全性管理软件：通过对用户赋予不同的访问权限，对文件和目录规定不同的访问权限来实现对数据的保护，这种为管理所配置的软件就是安全性管理软件。

(2) 容错管理软件：当采用容错技术保证数据不因系统故障而丢失或出错时采用的软件。

(3) 备份软件：实现数据保护而备份时采用的软件。

(4) 性能监测软件：对网络运行情况及网络性能进行监测而采用的软件。性能监测的是网络中分组的流量、服务器性能、硬盘性能、网络接口的操作情况等。

3．工作站网络软件

工作站网络软件配置于工作站上，它能实现客户与服务器的交互，使工作站上的用户能访问文件服务器的文件系统、共享资源。工作站网络软件主要有重定向程序和网络基本输入/输出系统。

1) 重定向程序(Redirector)

对客户/服务器模式而言，为了使用户能以相同的方式访问本地 DOS 系统与文件服务器，在工作站上配置了 DOS/网络请求解释程序，以正确导向工作站发出的请求，或导向到本地 DOS(对本地请求)或导向到服务器(对服务器服务请求)。为了对 DOS/网络请求解释程序标准化，1984 年 IBM 公司推出了 IBM PC 网络的重定向程序 Redirector，其目的是使该程序成为 IBM PC 网的 DOS 请求解释程序的标准。Redirector 很快被各大计算机公司所接受，已成为一个事实上的工业标准。

2) 网络基本输入/输出系统(NetBIOS)

对客户/服务器模式来说，为了使客户能与服务器进行交互，使工作站对服务器的请求数据单元传送给服务器，使服务器的响应返送给工作站，就必须在工作站的网络应用软件和计算机网络的硬件之间配置按协议传输信息的传输协议软件。1984 年 IBM 公司宣布 Redirector 的同时，还宣布了 NetBIOS，目的是使该程序成为 IBM PC 网的传输协议软件的标准。由于 NetBIOS 具有与硬件、软件无关的特性，因而具有较好的移植性。NetBIOS 主要支持 ISO/OSI-RM 的两个阶层：其一是支持数据链路层在网络的相邻工作站之间传送数据单元；其二是支持会话层，以协调两工作站应用层之间的相互作用。应用程序可利用 NetBIOS 所提供的会话支持命令来请求开始会话、交换信息或结束会话等。

4. 网络服务软件

网络服务是面向用户的，它是否受到用户的欢迎，主要取决于 NOS 所提供的网络服务软件是否完善。网络服务软件配置在系统(或专用)服务器上或工作站上。NOS 提供的网络服务软件主要有以下几种：

(1) 多用户文件服务软件：它为用户程序对服务器中的目录和文件进行有效访问提供了手段，即先由用户向服务器提出文件服务请求，然后由工作站网络服务软件将该请求传送给服务器。该软件既能保证多用户共享目录和文件，又保证两个以上工作站不能同时访问某一存储空间，保证数据的安全性。

(2) 名字服务软件：用于管理网络上所有对象的名字，比如进程名、服务器名以及各种资源名、文件名和目录名等。当用户要访问某一对象时，只需给出该对象的名字即可，并不需要知道该对象的物理地址，名字服务软件能实现寻址和定位服务。

(3) 打印服务软件：将用户的打印信息在服务器上生成假脱机文件，并送打印机队列中等待打印的软件。

(4) 电子邮件服务软件：工作站用户利用该软件把邮件发送给网中其他工作站的用户，实现多地、多址、广播式电子邮件服务。

8.1.5 网络操作系统与 OSI-RM

对计算机网络(比如 LAN)，人们往往从三个侧面(功能特性、系统构成、体系结构)进行讨论，对网络操作系统的讨论也是如此。我们前面已从功能特性、系统构成方面对 NOS 进行了简略介绍，这里就 NOS 和 OSI-RM 的对应关系进行论述。目前操作系统的发展，使 NOS 在 OSI-RM 中的分布大致如图 8.2 所示。这种分布并未标准化。

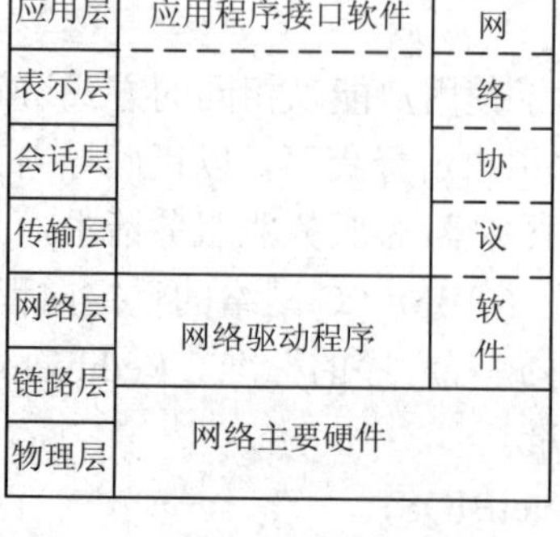

应用层	应用程序接口软件	网
表示层		络
会话层		协
传输层		议
网络层	网络驱动程序	软
链路层		件
物理层	网络主要硬件	

图 8.2　NOS 在 OSI-RM 中的分布

从分层的角度讲，NOS 主要包括三大部分：

- 网络驱动程序；
- 网络协议软件；
- 应用程序接口软件。

NOS 几乎占据了 OSI-RM 的所有层，其中网络驱动程序与网络主要硬件(分布于物理层和链路层)进行通信，驱动网络运行。如在局域网中网络驱动程序介于网络接口板(NIC，即网卡)与网络协议软件之间，起着中间联系作用。网络协议软件是在整个网络范围内传送数据单元所必需的通信协议软件，主要分布于 OSI-RM 的第 2~7 层。应用程序接口操作软件用于应用软件与网络协议软件的通信，支持 NOS 实现高层服务。下面就局域网的 NOS 分层结构予以说明。

1．网络驱动程序

就局域网标准(IEEE802 标准)而言，网络接口板生产厂商必须提供每种网络接口板对应的驱动程序，以确保各种接口板都采用国际标准协议。通常厂商随同网络接口板提供一张软盘，其中包括适用于不同操作系统的各种驱动程序。网络驱动程序屏蔽了网络接口板接收和发送数据单元的复杂处理过程，它直接对网络接口板的各种控制/状态寄存器、DMA(直接存储器存取)、I/O(输入/输出)端口进行硬件级操作。

2．网络协议软件

由于网络协议软件几乎分布在网络的所有层，因此它直接关系到网络操作系统的性能。如高速网络协议的软件会实现 NOS 的高速处理。

3．应用程序接口(API)软件

应用层提供多种应用协议和服务，其中应用服务与应用程序之间的接口软件完成本地系统与网络环境的联系。这种软件也属于 NOS。

8.2 Windows NT/2000/XP

8.2.1 Windows NT/2000/XP 网络基本概念

1．工作组

工作组是一种将资源、管理和安全性都分布在整个网络里的网络方案。工作组中的所有计算机之间是一种平等的关系，没有从属之分，也没有主次之分。工作组中的每一台计算机都要管理自己的用户账号，也包括大量由较多成员组成的工作组的管理。Windows NT 中把组分为全局组和本地组，组使得授予权限和资源许可更加方便。

工作组网络方式的优点是，对少量较集中的工作站很方便，且工作组中的所有计算机之间是一种平等的关系；管理员的维护工作少，实现简单。

工作组网络方式的缺点是，对工作站较多的网络管理方案不合适，无集中式的账号管理、资源管理、安全性策略，从而使得网络效率降低，管理混乱，网络资源的安全性难以保证。

2．Windows 域

1) 域的概念

域也称为域模型，是网络管理和安全性策略都集中的网络方案。一个域可以包含一个或多个 Server 及工作站，而一个网络可以由多个域组成。域控制器主要管理域的登录信息及一些域的资源。

2) 域的组成

一个域由以下服务器和工作站组成：

(1) 主域控制器(PDC)：它必须是一台运行 Windows NT Server 的服务器，负责审核(Authenticate)登录者的身份。域上所有用户账号、组以及安全设置等数据都保存在"主域控制器"的目录数据库中。注意，一个域中只能够有一个主域控制器。

(2) 备份域控制器(BDC)：保存了域账户数据库的拷贝。所以，所有的备份域控制器以及主域控制器，均可处理来自域用户账户的登录请求。

主域控制器会定期地将其中的目录数据库复制一份到备份域控制器中。域内一般最少有一台备份域控制器，特别是大型的网络，更需要多台备份域控制器。这样做的优点是，可分担审核登录者身份的负荷及增加系统的可靠性。

3) 域模型

域模型主要分为以下几种：

(1) 单域模型：在这个模型中，网络只有一个域。由于网络中只有一个域，也不需要信任关系。

(2) 主域模型：网络中存在若干个域，但在这个模型中，只在一个域中创建网络中所有的用户，所有其他的域信任这个域。可以认为主域是一个账户域，它的主要目的是管理网络的用户账户。

(3) 多主域模型：在这个模型中，有小数目的主域。主域作为账户域，所有网络账户建立在其中一个主域上。每个主域信任所有其他的主域。

(4) 完全信任模型：在此模型中，网络中所有的域相互信任。

3．用户组

1) 用户

每一个登录到 NT Server 上的用户，必须有一个账号，称之为用户账号(User Account)。用户账号包含用户名、密码、用户的说明、用户权限等信息。

2) 用户组

具有相同性质的用户归结在一起，统一授权，组成用户组(Group)。用户组可分成全局组、本地组和特殊组。

(1) 全局组：可以通行所有域的组。组内的成员可以到其他的域登录，它只能包含所属域内的用户，不可包含其他域内的用户或组。

(2) 本地组：可以包含本域中的用户、本域中的全局组用户、受托域的用户账号、受托域的全局组账号及本地计算机的用户账号。

(3) 特殊组：在系统安装完毕后，自动建立几个特殊组，如 INTERACTIVE 组(任何在本机登录的用户)、NETWORK 组(任何通过网络连接的用户)、SYSTEM 组(操作系统本身)、CREATOR OWNER 组(目录、文件及打印工作的经理者/所有者)、EVERYONE 组(任何使用计算机的人员)。

4. 用户账号

使用网络，必须在网络的某个域中有用户账号。用户账号保存用户的信息，包括名字、密码以及用户权力、访问权限。用户账号分为两类：全局账号和本地账号。

NT Server 系统自动建立两个账号：Administrator 与 Guest。其中，Administrator 是管理整个域的账号，不能删除，但可改名，称为"系统管理员"；Guest 是供临时用户使用的，可以改名，也可以删除。

5. 支持的网络协议

1) NetBEUI 协议

NetBEUI(NetBIOS Extended User Interface，NetBIOS 扩展用户接口协议)是一种小型且快捷的协议，不能很好地运用于较大型的网络。

NetBEUI 不是一种具有路由选择功能的协议，所以它实现起来很简单，但是较难扩展，也就是说无法建立广域网。

2) IPX/SPX 协议

IPX/SPX 是 Novell Netware 的协议，在 NetWare 的 LAN 上提供传输服务，支持中小型网络。IPX(Internetwork Packet Exchange)对应于 OSI 的网络层，负责从发送者向接收者传送消息包，这些包也包括路由包。SPX(Sequenced Packet Exchange)对应于 OSI 的传输层，通过对包传送的确认来监视包传送的过程，它也提供差错控制能力，如果包内容不可用，可以负责包的重新发送。

3) TCP/IP 协议

TCP/IP 由两种重要的协议组成：TCP(Transmission Control Protocol)即传输控制协议，对应 OSI 模型的传输层；IP(Internet Protocol)即网际协议，对应 OSI 模型的网络层。TCP/IP 已成为一个标准的、可路由选择的、可靠的协议，并已成为广域网和 Internet 访问的标准。

TCP/IP 网络中的每台机器都有一个 IP 地址，作为网络中的一个标识。常用的 IP 地址分为 A、B、C 三类，每类均规定了网络标识和主机标识在 32 位(4 字节)中所占的位数。

4) DHCP

DHCP 是 BOOTP 的扩展，它提供了一种动态指定 IP 地址和配置参数的机制，主要用于大型网络环境和配置比较困难的地方。

DHCP 有两种工作方式：自动分配方式和动态分配方式。

5) WINS

WINS(Windows Internet Name Service)的功能是在路由网络的环境中对 IP 地址和 NetBIOS 名进行映射、注册与查询，实现 NetBIOS 名与 IP 地址之间的转换。WINS 是基于客户/服务器模型的，它有两个重要的部分，即 WINS 服务器和 WINS 客户。WINS 的另外一个重要特点是可以和 DNS 进行集成，使得非 WINS 客户可通过 DNS 服务器解析获得 NetBIOS 名。

6. 活动目录

1) 活动目录概述

Windows 2000 放弃了 Windows NT 中的域管理方式，采用了目录管理技术——活动目录服务(Active Directory Service)，它是 Windows 2000 中的核心组件。活动目录采用基于 LDAP(Light Directory Access Protocol，轻型目录访问协议)格式的系统设计，通过建立层次化的目录结构，对网络资源进行集中管理，大大提高了系统的可靠性和易用性。

活动目录包括两方面：目录和与目录相关的服务。目录(Directory)是存储有关网络上的对象信息的树状层次结构，如用户、计算机、文件和打印机等资源。目录服务(Directory Service)提供目录数据存储及网络用户和系统管理员访问目录数据的方法，使目录中所有的信息和资源发挥作用。

2) 活动目录的逻辑结构

活动目录以对象的形式存储关于网络元素的信息，提供了对象的完全树状层次结构视图。

(1) 对象。活动目录以对象的形式存储网络元素的信息，如计算机、用户等。一个对象就是一个类的实例。面向对象的存储机制保证了对象数据的安全性。

每个对象类都有很多属性，这些属性描述了对象类的特征，创建对象时，属性存储着描述对象的信息。

(2) 架构(Schema)。它是活动目录中的对象模型。通过建立对象模型来实现对 LDAP 的支持。定义对象种类和对象信息类型的定义集，是存储在活动目录中的对象的类别和属性的描述，包括在活动目录中的所有对象的定义。

架构中有两种类型的定义：属性和类。架构存储在活动目录中，在整个域林中是惟一的。

(3) 目录结构。在活动目录服务中，目录是指可以复制的数据存储区，它包含特定对象的一些相关信息，比如用户、组、计算机、组织单位和安全策略等。目录结构为树状层次结构，相对于 Windows NT 4.0 的名字空间使用一个平铺列表结构，具有很大的灵活性。Windows NT 4.0 的存储能力最大可以达到 40 MB 的对象每域，这一存储能力允许在安全账目管理器(Safe Account Manager，SAM)中最大达到 40000 个用户每域。

(4) 逻辑单元。Windows 2000 的活动目录逻辑单元包括域(Domain)、组织单元(OU)、域树(Tree)和域林(Forest)，它们构成了层次的结构。

域为活动目录的核心单元，为容器对象，它是一些基本对象(如计算机、用户)的容器，而这些对象有相同的安全需求、复制过程和管理。活动目录中采用 DNS 域名来对域进行标记，如 reskit.com。活动目录为每个域建立一个目录数据库的副本，这个副本只存储用于这个域的对象。在域控制器之间，活动目录以多主域复制模型实现目录复制。

组织单元为一逻辑概念。由于管理上的需要，把域内的对象组织成逻辑组，如用户组、打印机组等。OU 也是一个对象的容器，用来组织、管理一个域内的对象，但 OU 不能包括来自其他域的对象。OU 可以包含各种对象，比如用户账户、用户组、计算机、打印机等，甚至可以包括其他的 OU，所以可以利用 OU 把域中的对象形成一个完全逻辑上的层次结构。

由域所组成的集合构成域树。在域树中，每个域都拥有自己的目录数据库副本来存储自己的对象。如果从根域开始，每加入一个域，则新的域就成为树中的一个子域。域树的第一个域是该域树的根(Root)，域树中的每一个域共享共同的配置、模式对象、全局目录(Global Catalog)。具有公用根域的所有域构成连续名称空间，域树上的域共享相同的 DNS 域名后缀，这就意味着子域的域名就是添加到父域域名中的那个子域的名称。

由域树所组成的集合，用信任关系相关联，共享一个公共的目录模式、配置数据和全局目录。域林中的每一个域树具有自己惟一独立的命名空间。在域林中创建的第一棵树缺省地被创建为该域林的根树(Root Tree)。域树和域林的结构，可帮助活动目录使用容器层次结构来模拟一个企业的组织结构。

总之，域林由域树组成，域树又由域组成，域中的对象可以按 OU 划分。OU 负责把对象组织起来。

(5) 域间的信任关系。在缺省情况下，一个在域 A 中的用户，其身份的有效性也只限于域 A。通过在域 A 和域 B 之间建立域信任关系(Domain Trusts)，从而使得域 A 的用户在本域登录后能够获得域 B 的信任。

域间的信任关系总是涉及到两个域：施信域和受信域。施信域将自己对用户等对象的验证委托给受信域，而受信域对用户身份有效性验证的结果要得到施信域的认可。域间的信任关系只影响用户身份有效性范围。

域间的信任关系分为单向信任、双向信任、可传递信任和不可传递信任。

单向信任：域 A(施信域)信任域 B(受信域)，但域 B 不信任域 A。

双向信任：域 A 信任域 B，域 B 信任域 A。

可传递信任：延伸到一个域的信任关系也自动延伸到该域所信任的任何一个域上。例如，域树中父子域之间的信任关系即为可传递信任。

不可传递信任：信任关系只限于施信域和受信域两个域，并且缺省是单向信任，不能通过域之间上下传递。

3) 活动目录的物理结构

在活动目录中，物理结构与逻辑结构是彼此独立的两个概念。逻辑结构侧重于网络资源的管理，而物理结构则侧重于网络的配置优化。活动目录的物理结构主要着眼于活动目录信息的复制和用户登录网络时的性能优化。

(1) 站点(Site)。活动目录中的站点与域是两个完全独立的概念。站点反映网络的物理结构，而域通常反映单位的逻辑结构。一个站点可以有很多个域，多个站点也可以位于同一域中。站点与域名之间也没有必然的联系。

站点由一个或多个 IP 子网组成，这些子网通过网络设备连接在一起。依据站点结构配置活动目录的访问和复制拓扑关系，这样能使网络更有效地连接，并且使复制策略更合理，用户登录的速度更快。

(2) 域控制器。为运行 Windows 2000 Server，并存放活动目录的计算机，域控制器可以有多个。域控制器管理着目录信息的变化，并把这些变化复制到同一个域中的其他域控制器上。域控制器保存着目录信息并管理用户域的交互以及其他与域有关的操作，其中包括用户登录过程、身份验证和目录搜索。

(3) 操作主机。操作主机是活动目录域中负责一个或多个功能的域控制器。按照功能可以把操作主机划分为 5 个功能角色：架构主机、域名主机、相对 ID 主机、主域控制器仿真程序和基础主机，它们分别承担着相应的功能。其中，架构主机和域名主机在整个域林中是惟一的，分别负责表结构的更新以及域名的管理；相对 ID 主机、主域控制器仿真程序和基础主机在每个域中都应该由某个域控制器来承担，分别负责分配相对 ID、模拟 PDC、更新用户组与用户之间的引用关系。

(4) 多主域复制。多主域复制是将数据从数据存储区或文件系统复制到多个计算机来同步数据的过程。使用多主域复制，可以在域中的任何一个域控制器上对目录进行修改，然后，这个域控制器把修改复制给它的复制伙伴。

在 Windows 2000 中采用了多主机的复制模式，多个域控制器没有主次之分。域中每个域控制器既可以接收来自域中其他域控制器的变化信息，也可以把变化信息复制到其他的域控制器上。Windows NT 4.0 为一个单主复制模型。主域控制器(PDC)是惟一具有域数据库读写功能的域控制器，其他的域控制器都是备份域控制器(BDC)。PDC 把域数据库中的所有变化复制给 BDC。

4) 活动目录与 Internet

(1) 活动目录所支持的标准协议。活动目录广泛采用 Internet 标准，把众多的 Internet 服务集成在一起，提供了很高的使用价值。

(2) 活动目录与 DNS。DNS 是一种域名解析服务，它将域名解析为 IP 地址。DNS 是建立在 TCP/IP 基础之上的标准协议。在活动目录中使用 DNS 可以使 Windows 2000 域与 Internet 上的域统一起来，即 Windows 域名也是 DNS 域名。例如，MyDomain.com 既是一个 Windows 域名，也是一个 Internet 域名；同样地，MyName@MyDomain.com 既是一个 Internet 电子邮件地址，也是 Windows 域 MyDomain.com 中的一个用户名。

5) 活动目录与 LDAP

LDAP 为一种目录服务的标准，Windows 2000 的活动目录采用了 LDAP 作为它与其他应用或者目录服务交换信息的手段。

活动目录中采用的命名格式有两种：

(1) RFC822 命名法。这种命名法的标准格式为：object_name@domain_name，形式类似于 E-mail 地址。

(2) LDAP URL 和 X.500 名字。LDAP 名使用 X.500 命名规范，也称为属性化命名法，包括活动目录服务所在的服务器以及对象的属性信息，例如，LDAP://MyServer.MyDomain/CN=MyName，OU=Market，DC=MyDomain，DC=com。

6) 活动目录的优点

Windows 2000 Server 集成的活动目录使网络管理员可以少花一点时间完成更多、更安全的管理任务，而且提高了互操作性。

活动目录主要有以下几个方面的优点：
- 可伸缩性；
- 活动目录对管理的简化；
- 灵活的查询；
- 安全性。

8.2.2　Windows NT/2000 网络结构

1. Windows NT 网络结构

Windows NT 的网络结构包括 I/O 管理器组件、NDIS 兼容的网卡驱动程序、NDIS 4. 0、传输协议、传输驱动程序接口(TDI)及文件系统驱动程序。

Windows NT 的网络功能有别于其他的操作系统，如 MS-DOS，Windows 3.x，这些操作系统网络能力是单独安装的，而 Windows NT 的网络能力是内置的，这些网络功能使得 Windows NT 计算机能与其他计算机共享文件、打印机和应用程序。

1) I/O 管理器组件

I/O 管理器中的组件被组织为以下几个结构层次：

(1) NDIS 4.0 兼容的网卡驱动程序：它通过在网卡传输协议之间起作用，将基于 Windows NT 的计算机连接到网络中。

(2) 传输协议：它使得计算机之间可靠的数据流传输成为可能。

(3) 文件系统驱动程序：它使应用程序能够访问本地和远程的系统资源。

每个组件之间都通过叫做边界层的程序接口来通信(比如 TDI 和 NDIS 4.0，这将在后面讨论)，这些边界层将 Windows NT 的网络结构模块化，并且为开发者提供一个创建分布式应用程序的平台。

2) NDIS 兼容的网卡驱动程序

NDIS 可兼容的网卡驱动程序在网卡和计算机的硬件、固件和软件之间协调通信。网卡是计算机和网络之间的物理接口。

每个网卡都有一个或者多个相关的驱动程序。要想在运行 Windows NT 4.0 的计算机上正常工作，网卡驱动程序必须和网络驱动程序接口规范(NDIS 4.0)兼容。有了 NDIS，一个或多个传输协议可以独立绑定到一个或多个网卡驱动程序上，网卡与之相应的驱动程序独立于系统的传输协议，因此，更改了协议的配置并不要求对网卡进行重新配置。

3) NDIS 4.0

NDIS 4.0 用于将 Windows NT 网络结构模块化，并且使得一个服务能从一个组件传到另一个组件。比如，一个传输协议中没有必要包括为网卡驱动程序所写的代码块，相反地，传输协议是为 NDIS 4.0 而编写的。NDIS 4.0 将向协议要求提供一个服务。

Windows NT 的网络结构包括两个接口，这将允许网络组件能通过这两个边界层来通信。这两个接口分别为网络驱动程序接口规范(NDIS 4.0)和传输驱动程序接口(TDI)。TDI 在本章后面将会讨论。

NDIS 4.0 定义了协议用于和网卡驱动程序通信的软件接口。任何与 NDIS 4.0 兼容的协议能够同任何 NDIS 4.0 兼容的网卡驱动程序通信。绑定就是用于在协议和网卡驱动程序之间建立初始通道的过程。

NDIS 4.0 为基于 Windows NT 的计算机提供了以下一些功能：

(1) 在网卡和网卡驱动程序之间建立通信连接。

(2) 允许传输协议和网卡驱动程序之间保持相互独立。

(3) 允许一台计算机中有多个网卡。

(4) 允许多种协议绑定到同一个网卡上。

4) 传输协议

位于 NDIS 4.0 接口之上的是传输协议，它控制在多台主机之间的通信。这些协议通过 NDIS 4.0 可兼容的网卡驱动程序同网卡通信。Windows NT 支持多个协议同时绑定到一个或多个网卡上。Windows NT 支持以下一些协议：

(1) TCP/IP 协议是一个可路由的支持广域网的协议。它是 Internet 的基础。

(2) Nwlink IPX/SPX 兼容协议是一个 NDIS 4.0 兼容协议，用户可以使用 Nwlink 和 MS-DOS，OS/2，Windows 或基于 Windows NT 的计算机进行通信。这需要通过远程过程调用(RPC)、Windows Sockets 或 Novell NetBIOS IPX/SPX 来进行。

(3) NetBEUI 支持现存的 LAN Manager，LAN Server，Windows 95 和 Windows for Workgroups。尽管 NetBEUI 是一个非常快速而有效的协议，但由于它不可路由，并且很大程度上依赖于广播，因此通常用于一个较小的网络中。

(4) DLC 用于 SNA 主机和网络打印机通信的接口，因此它不能用于和其他系统建立文件和打印机连接。

(5) 当 Apple Macintosh 客户连接到一台运行 Windows NT Server 的主机上时，Apple TALK 用作 Macintosh 服务。

5) 传输驱动程序接口

传输驱动程序接口(TDI)提供了文件系统驱动程序，例如，Workstation 服务(转发器)或 Server 服务(服务器)和各种协议之间通信的通用应用程序接口。TDI 也是一种让 Redirector 和 Server 与协议保持独立的标准。因为 TDI 允许网络组件之间互相独立，所以协议的改变不会导致对整个网络系统的重新配置。为了实现这个目的，要安装新的协议，并将之绑定到合适的网卡驱动程序和服务上。

6) 文件系统驱动程序

文件系统驱动程序位于 TDI 上层，它允许用户模式的应用程序访问系统资源，例如，从 I/O 操作到 NTFS 分区的读调用，或使用 Workstation 服务对远程资源进行读操作。

一些重要的网络组件都以文件系统驱动程序的形式来实现，比如 Workstation 服务和 Server 服务。I/O 管理器控制着文件系统驱动程序，这允许我们能使用一个文件系统驱动程序将文件保存在本地硬盘上，或者使用 Redirector 文件系统驱动程序将文件保存到远程计算机上。

2. Windows 2000 网络结构

Windows 2000 的网络构架的各类组件包含以下几方面：

(1) 网络 API：为应用程序提供一种独立于协议的方式，用于网络通信。网络 API 既能在用户态实现，也可以同时在用户态与核心态实现，并且有时将其他实现一些特定的程序模型或者额外服务的网络 API 包装在一起(注意：网络 API 也可以用来描述一些相关网络软件的编程接口)。

(2) 传输的驱动程序接口(TDI)客户：是核心态的设备驱动程序，而设备驱动程序通常实现了网络 API 的核心态部分。TDI 客户从发送至协议驱动程序的 I/O 请求分组(IRP)来获得自己的名称，这些 IRP 的格式符合 Windows 2000 传输驱动程序接口标准(可查询 DDK 的文档资料)。这个标准为核心态设备驱动程序定义了公共编程接口。

(3) TDI 传送器(TDI Transport)：又称为传送器、NDIS 协议驱动程序以及协议驱动程序，是工作在核心态的协议驱动程序。它们接收从 TDI 客户传来的 IRP，然后处理这些 IRP 中的请求。为了让 TDI 传送器根据不同的协议(例如 TCP，UDP，IPX)将协议头加入到 IRP 的数据中，这一过程可能需要与一个对等实体进行网络通信，而且需要使用 NDIS 函数(可查询 DDK 的文档资料)与适配驱动程序通信。通过透明的消息操作，如分段与重组、序列化、确认和重传，TDI 传送器简化了应用程序的网络通信。

(4) NDIS 库(Ndis.sys)：为适配驱动程序提供了封装，隐藏了 Windows 2000 核心态环境下的具体细节。NDIS 库为适配驱动程序提供支持函数，而且也为 TDI 传送器的使用提供了函数接口。

(5) NDIS 小端口驱动程序(NDIS Miniport Driver)：是工作在核心态的驱动程序，它负责将 TDI 传送器接入特定的网络适配器。NDIS 小端口驱动程序被封装在 Windows 2000 NDIS 库中。这种封装提供了与微软的 Consumer Windows 跨平台的兼容性。NDIS 小端口驱动程序并不处理 IRP，而是将调用表接口注册到 NDIS 库中，而 NDIS 库含有指向从库中输出给 TDI 传送器的函数指针。NDIS 小端口驱动程序与网络适配器通信时使用 NDIS 库函数，这些函数是被映射到硬件抽象层(HAL)的函数。

8.3 UNIX 网络文件系统

网络文件系统(NFS)是一种非常流行的网络操作系统，它可以在基于 TCP/IP 的网络上共享文件和目录。NFS 是 Sun Microsystems 公司开发的，是使用底层传输层协议 TCP/IP 的应用层协议。

NFS 的功能是通过 NFS 协议使用户能访问一个远程目录及该目录中的文件，如同这个目录在本地 UNIX 计算机上一样。用户的 UNIX 应用程序可以使用远程目录结构中的文件，如同这些文件是本地文件一样。通过文件重定向，NFS 使用户能透明地使用远程机器 UNIX 的文件系统。在用户使用 UNIX 的 mount 命令来访问远程计算机的目录时，用户的计算机就成了一台客户机。如果一台远程计算机允许它的目录被其他计算机使用，那么这台计算机就是一台服务器。一台主机可以是多台计算机的服务器，同时又可以是多台服务器的客户机。用户可以从本地目录 stubs 来安装远程目录，stubs 目录是一些仅仅为了进行远程访问而存在的空白目录。

NFS 的设计是建立在远程过程调用(RPC)这一概念基础之上的，RPC 使不同机器上的软件之间能进行通信。用户编制的不同程序模块存放在不同类型的计算机上，通过 RPC 可使这些程序模块之间进行通信。网络文件系统 NFS 使用 RPC 在网络中对文件的输入、输出操作进行重定向。

8.4 Linux 操作系统

Linux 操作系统是 UNIX 操作系统在微机上的实现，它是由芬兰赫尔辛基大学的 Linus

Torvalds 于 1991 年开始开发的，并在网上免费发行。Linux 的开发得到了 Internet 上许多 UNIX 程序员和爱好者的帮助，大部分 Linux 上能用到的软件均来源于美国的 GNU 工程及免费软件基金会。Linux 操作系统从一开始就是一个编程爱好者的系统。它的出发点在于核心程序的开发，而不是对用户系统的支持。

8.4.1 Linux 的特点

Linux 操作系统是 UNIX 在微机上的完整实现，它性能稳定、功能强大、技术先进，是目前最流行的微机操作系统之一。

Linux 有一个基本的内核(Kernel)。一些组织或厂商将内核与应用程序、文档包装起来，再加上安装、设置和管理工具，就构成了直接供一般用户使用的发行版本。

与传统的网络操作系统相比，Linux 具有以下特点：

(1) 源代码公开。从诞生之日起，Linux 的源代码就是公开的，这是它与 UNIX、Windows NT 等传统网络操作系统最大的区别，这使它一直得到并将继续得到全世界范围的程序员的共同完善。

(2) 完全免费。Linux 从内核到设备驱动程序、开发工具等，都遵从 GPL(General Public License，通用公共许可)协议，Internet 上有大量关于 Linux 的网站和技术资料，可以免费下载，其中不包含任何有专利的代码，不存在"使用盗版软件"的问题。

(3) 完全的多任务和多用户。Linux 允许在同一时间内运行多个应用程序，允许多个用户同时使用主机。

(4) 适应多种硬件平台。Linux 可运行的硬件平台较多，如 IBM PC 及其兼容机、Apple Macintosh 机(苹果机)、Sun 工作站等。

(5) 稳定性好。运行 Linux 的服务器有公认的极好的稳定性，很少出现在其他一些常用操作系统上常见的死机现象。

(6) 易于移植。Linux 符合 UNIX 的标准，这使 UNIX 下的许多应用程序可以很容易地移植到 Linux 下，相反也是这样。

(7) 用户界面良好。Linux 的 X Windows 系统具有图形用户界面，它可以进行 Windows 9x 下的所有操作，甚至还可以在几种不同风格的窗口之间来回切换。

(8) 具有强大的网络功能。实际上，Linux 就是依靠 Internet 才迅速发展起来的，Linux 具有强大的网络功能也是自然而然的事情。它支持 TCP/IP 协议、网络文件系统 NFS、文件传送协议 FTP、超文本传送协议 HTTP、点对点协议 PPP、电子邮件传送和接收协议 POP/IMAP 和 SMTP 等，可以轻松地与 Novell Netware 或 Windows NT 等网络集成在一起。

8.4.2 Linux 系统结构及文件组织

Linux 与 UNIX 相比，要简洁和小巧得多，但这并不妨碍它成为一个高效、可靠而功能复杂的现代操作系统。Linux 操作系统的指导思想和设计原理与现代操作系统原理有许多一致的地方。在很大程度上，它遵从了 UNIX 操作系统的设计原则，符合 POSIX 标准。作为一种实用的操作系统，它在实现技术上更为精巧和灵活。

1．Linux 系统结构

　　从操作系统的角度来分析 Linux，它的体系结构总体上属于层次结构，见图 8.3。从内到外包括三层：最内层是系统核心，中间是 Shell、编译编辑实用程序、库函数等，最外层是用户程序，包括许多应用软件。

　　从操作系统的功能角度来看，它的核心由五大部分组成：进程管理、存储管理、文件管理、设备管理和网络管理。各子系统实现其主要功能，同时相互之间是合作、依赖的关系。进程管理是操作系统最核心的内容，它控制了整个系统的进程调度和进程之间的通信，是整个系统合理高效运行的关键。比如，各管理模块以进程方式运行，进程又用到文件、内存、外设等其他各种资源。存储管理为其他子系统提供内存

图 8.3　Linux 系统结构

管理支持，同时其他子系统又为内存管理提供实现支持，例如要通过文件和设备管理实现虚拟存储器和内外存的统一利用。网络管理也离不开另外几个子系统的支持。其中进程管理、存储管理、文件管理中的一些模块和数据结构使用更为频繁。另外，存储管理、文件管理、设备管理和网络管理各子系统都有一个共同的特征：整个子系统分为与硬件相关部分和与硬件无关部分。其中，与硬件相关部分被嵌入了系统内核，与硬件无关部分则建立在内核基础上，同时该部分为用户和其他模块提供了调用接口。这种设计思想有许多优点，也是 Linux 系统兼容性好、可靠、高效、易扩展的原因之一。

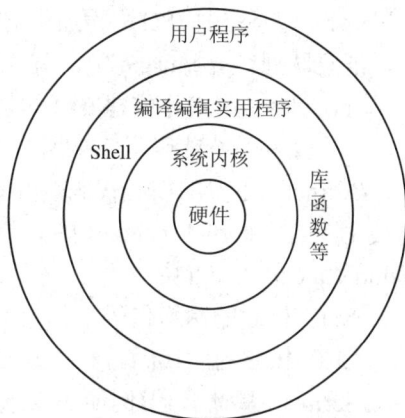

2．Linux 源文件组织

　　Linux 不同的发行版，在/src 下的目录名还有所不同。以 Red Hat 6.1 为例，Linux 源文件位于/usr/src/Linux-2.2 目录下。在该目录下可以看到以下一些目录：

　　/arch　　包括所有和计算机体系结构相关的核心代码。它下面的子目录每一个代表一种支持的体系结构，如 386 和 Spare。如果在另一种体系结构的计算机上运行 Linux，就需要编辑核心的 makefile，重新运行 Linux 的核心配置程序。

　　/include　　包括编译核心所需要的大部分 include 文件。

　　/init　　　包括核心的初始化代码，这是研究系统如何启动的一个非常好的起点。

　　/mm　　　包括所有的内存管理代码，与计算机体系结构相关的内存管理代码位于 arch/*/mm/，例如 arch/i386/mm/。

　　/Drivers　　包括系统所有的设备驱动程序。下面的每一个子目录代表一种设备类型。

　　/block　　块设备驱动程序，例如 ide (ide.c)。

　　/char　　基于字符的设备，例如 tty、串行口等。

　　/cdrom　　Linux 所有的 CD-ROM 代码。ide CD 驱动程序是 drivers/block 中的 ide-cd.c，而 SCSI CD 驱动程序在 drivers/scsi/scsi.c 中。

　　/pci　　PCI 驱动程序。

　　/scsi　　Linux 支持的 SCSI 设备的驱动程序和代码。

　　/net　　网络设备驱动程序。

/sound 所有的声卡驱动程序。

/ipc 包括三种 IPC 进程通信方式的代码。所有 System V IPC 对象在 include/linux/ipc.h 中，消息队列在 ipc/msg.c 中，共享内存在 ipc/shm.c 中，信号量在 ipc/sem.c 中。

/modules 用来存放建立好的模块。核心模块代码部分在核心，部分在 modules 中。

/fs 文件系统代码。包括所有的文件系统，每一个子目录代表一种支持文件系统。

/Kernel 主要的核心代码。和计算机体系结构相关的核心代码放在 arch/*/kernel 中。调度程序在 kernel/sched.c 中，fork 代码在 kenel/fork.c 中，task_struct 数据结构在 include/linux/sched.h 中。

/Net 核心的网络代码。包括支持的各种协议。

/Lib 核心的库代码。和体系结构相关的库代码在 arch/*/lib/中。

/Scripts 脚本代码(例如 awk 脚本)。

8.4.3 Linux 系统启动和初始化

当我们开机引导 Linux 时，内核在控制台上输出许多信息，并且同时存入到 /var/log/boot.log 和/var/log/message 中。这里不详细描述它们的内容，我们用流程图来表示系统启动的过程，如图 8.4 所示。

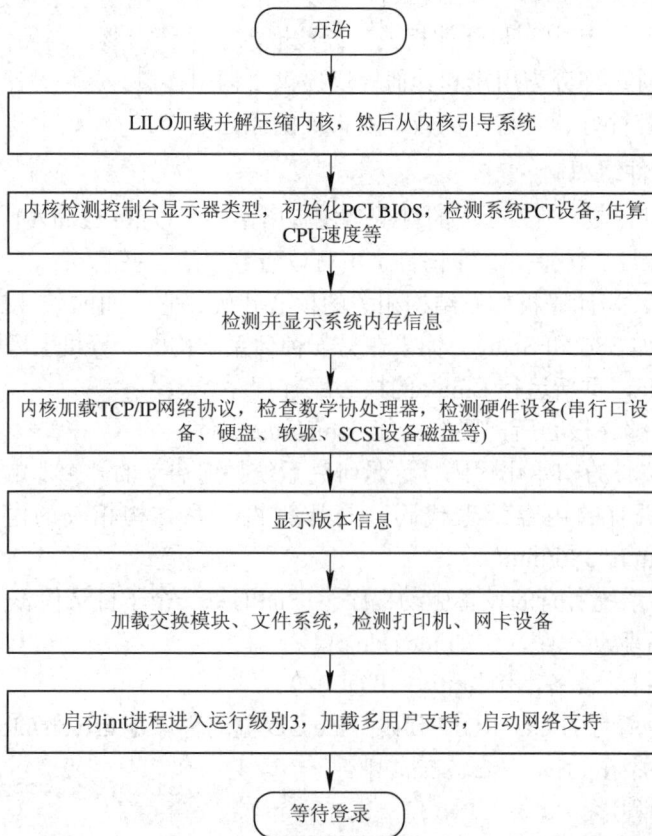

图 8.4 Linux 系统启动的过程

8.4.4　Linux 的常用软件

下面列出 Linux 的部分应用程序和一些常用的计算功能。

1．基本命令和工具

在标准的 UNIX 系统上可以找到的应用软件大多都已移植到 Linux 上了。在 Linux 上可以运行多种 Shell，不同的 Shell 之间最大的差别就在于命令语言。对 Shell 的选择是基于对命令语言的选择，最广泛采用的是 Bash，它是 Bourne Shell 的一个变体。Linux 上有许多文本编辑程序，包括 vi，ex，pico，jove 以及 GUN Emacs 等，这里仅简要介绍 vi 文本编辑器。

虽然 Linux 系统中有很多功能强大和界面友好的编辑器，但是用户还是应当学习一下如何使用 vi。这是因为，不管你使用任何 Linux 系统，你总是可以使用 vi 的，而别的你所喜欢的编辑器可能没有安装。另外，vi 也是相对来说较小的但功能较强的编辑器。不过，使用 vi 确实有些不太方便。vi 编辑器有两种模式：一是命令模式，一是输入模式。在命令模式中，键击的是命令，这些命令有的是移动光标的，有的是打开或保存文件的，有的是进入输入模式的，有的是用以查找或替换的，等等。在输入模式中，键击的内容直接作为文本。在任何模式下，只要按 Esc 或 Escape 键，就可进入命令模式。

2．文本与文字处理程序

Linux 可支持多种文本处理程序。其一是 grofft，这是一个 GUN 版的格式文本处理程序 nroff。另一个比较现代化的文本处理程序是 TEX。还有一个文本处理系统是 Texinfo，它是 TEX 的扩充。

3．程序设计语言和辅助软件

Linux 提供了一个完整的 UNIX 编程环境，包括在 UNIX 上可找到的所有的标准程序库、编程工具、编译器及调试器。在 Linux 上的标准 C 或 C＋＋编译器是 GUN 的 gcc。此外，许多其他的编译器和解释器都已经移植到 Linux 上了。还有先进的调试器 gdb、用于监视程序运行的工具 gprof，也都可运行在 Linux 上。

Linux 实现了共享程序库的动态链接机制，简称 DLL。Linux 还是一个开发 UNIX 应用程序的理想系统，它提供了各种先进的环境及工具，支持诸如 POSIX.1 等标准。

4．X 窗口系统

X 窗口系统是 UNIX 机器上的标准的图形界面，它是一个有效地支持多种应用的环境。Linux 上现在使用的是 X Free86 版，这是一个免费的专为以 80386 为基础的 UNIX 系统移植的版本。X Free86 支持多种显示器硬件，它是一个完整的 X 窗口软件。

5．网络设置

Linux 支持两种基本的 UNIX 上的网络协议，即 TCP/IP 和 UUCP。Linux 支持多种以太网卡与个人电脑的接口。Linux 也支持 SLIP 串行线网络互连协议。Linux 支持的网络功能有网络文件系统 NFS、电子邮件 SMTP 以及各种以 TCP/IP 为基础的应用程序和协议。

8.5　对等式局域网

8.5.1　对等式局域网操作系统

对等式局域网操作系统和基于客户/服务器模式的网络操作系统不同。对等网不需要专用的服务器，网络中的每台机器既是服务器也是工作站。因此，在这种网络中每台微机不但有单机的所有自主权，而且可共享网络中各计算机的处理能力和存储容量，并进行信息交换。尤其在硬盘容量较小(仅有 40 MB)、计算机的处理速度比较低的情况下，对等网还具有建网容易、成本较低、易于维护的独特优势。

对等网的缺点是网络中的文件存放非常分散，不利于数据的保密，同时网络的数据带宽受到很大的限制，不易于升级。对等网适用于一些小单位，如微机数量较少(30 台以下)且较集中的情况。

对等网采用的操作系统通常有 Windows 95/98、Personal Netware、Lan Manager 等。Personal Netware 基于 DOS 操作系统，可将现有的 PC 机直接相连而不需购置专用服务器。它是一种投资少、性能好、见效快的 PC 联网方法，而且简单灵活、方便实用。下面我们重点介绍 Windows 98 操作系统。

8.5.2　Windows 98 的网络技术

1998 年 6 月 Microsoft 公司在不断完善 Windows 95 的基础上推出了 Windows 98。它不仅保留了 Windows 95 的优秀性能与特点，而且还进一步改进并增强了这些特性，使得操作更加简便快捷。Windows 98 在熟悉的界面背后增强了网络意识。它主要在如下几个方面进行了较大的改进：硬件支持技术，网络与通信技术，Internet 集成和系统支持工具等。

在众多对等网操作系统中，Windows 98 对等网可以说是简单实用、灵活方便、兼容性好的操作系统，具有以下几方面的突出优点：

(1) 用户界面友好，使用者不必掌握很多网络技术，即可使用 Windows 98 中所见即所得的界面，轻松地进行网络操作。例如，在 Windows 98 对等网中，复制文件时，只要用鼠标将文件拖到相应位置即可，不用记忆任何命令和术语。还有其他许多功能用鼠标拖动即可完成。

(2) 建立的网络不能是永远不变的，随着公司业务的发展变化，网络的设置也要随之进行相应的变化。Windows 98 对等网有良好的可扩展性，添加网络计算机等设备时，只要简单地添加网卡、网线和集线器即可完成。

(3) 可以轻松地与其他网络连接，相互访问。具体连接方式如下：

- 添加 TCP/IP 协议，可连接互联网。
- 添加 IPX/SPX 协议，可连接 Novell 网络。
- 添加 NetBEUI 协议，可连接 LAN Manager、LAN Server、Windows for Workgroups 和 Windows NT 等网络。

更重要的是，这些协议都集成在 Windows 98 中，用户不必使用第三方协议。

习　题

1. 什么是网络操作系统？网络操作系统的特征是什么？网络操作系统应包含哪些功能？

2. 简述 Windows NT/2000/XP 网络的结构及特点。

3. Windows NT 支持的网络协议有哪些？

4. 简述 UNIX 网络文件系统的功能。

5. 网络操作系统有几种工作模式？这几种模式有什么区别？

6. 网络操作系统的资源管理主要包含哪些部分？

7. 网络文件系统有哪几种实现方法，各有何特点？

8. 在网络环境下，可采用哪几种文件和数据的共享方式？并论述其具体实现方式。

9. 为方便应用程序访问网络，Windows NT 提供了哪些应用程序接口？

10. 简述 Linux 的网络功能。

11. 什么是对等式局域网？

第 9 章　分布式计算机系统

本章的主要内容包括:

- 分布式系统的特征与结构。
- 分布式系统的设计。
- 分布式系统中的通信。
- 远程过程调用与进程迁移。
- 分布式系统中的进程同步与进程互斥。
- 分布系统的资源管理。
- 死锁处理。

9.1　分布式计算机系统

9.1.1　概述

网络技术的发展使一些计算机系统从集中式走向分布式,那么什么是分布式系统呢?分布式计算机系统(Distributed Computer Systems)是由多个分散的计算机经互连网络连接而成的计算机系统。其中各个资源单元(物理的或逻辑的)既相互协同又高度自治,能在全系统范围内实现资源管理,动态地进行任务分配或功能分配,并能并行地运行分布式程序。

分布式计算机系统是多机系统的一种新形式,它强调资源、任务、功能和控制的全面分布。就资源分布而言,既包括处理机、I/O 设备、通信接口、后援存储器等物理设备资源,也包括进程、文件、目录、表、数据库等逻辑资源。它们分布于物理上分散的若干场点中,而各场点经互连网络沟通,彼此通信,构成统一的计算机系统。

分布式计算机系统的工作方式也是分布的,其中各场点之间可根据两种原则进行分工。一种是把一个任务分解成多个可并行执行的子任务,分散给各场点协同完成,这种方式称为任务分布。另一种是把系统的总功能划分成若干子功能,分配给各场点分别承担,这种方式称为功能分布。不论是任务分布还是功能分布,分配方案均可根据处理内容动态地确定。在分布式操作系统控制下,各个场点能较均等地分担控制功能,独自地发挥自身的控制作用,但又能相互配合,在彼此通信协调的基础上实现系统的全局管理。

然而,分布式系统有别于我们常说的网络系统。从操作系统的角度来看,分布式操作系统和网络操作系统是有很大区别的。

网络操作系统是为计算机网络配置的操作系统,网络中的每台计算机配置各自的操作系统,通过网络操作系统把它们有机地联系起来。因此,它除了具有一般操作系统所具备的存储管理、处理机管理、设备管理、信息管理和作业管理等功能外，还应具有以下网络管理功能：

(1) 高效可靠的网络通信能力。

(2) 多种网络服务功能，包括远程作业录入、分时系统服务和文件传输服务等。

分布式操作系统则是为分布式计算机系统配置的操作系统，除了最低级的 I/O 设备资源外，所有的系统任务都可以在系统中任何别的处理机上运行，并提供高度的并行性和有效的同步算法和通信机制，自动实现全系统范围的任务分配并自动调度各处理机的工作负载，为用户提供一个方便、友善的操作环境。其主要特点是：

(1) 进程通信不能借助公共存储器，因而常采用信息传递方式。

(2) 系统中的资源分布于多个场点，因而进程调度、资源分配及系统管理等必须满足分布处理要求，并采用保证一致性的分散式管理方式和具有强健性的分布式算法。

(3) 不失时机地协调各场点的负载，使其达到基本平衡，以充分发挥各场点的作用。

(4) 故障检测与恢复及系统重构和可靠性等问题的处理和实现都比较复杂。

9.1.2　分布式系统的特征

由分布式系统的定义可知，分布式系统是由多台计算机组成的系统。更确切地说，分布式系统是具有以下特点的多计算机系统。

(1) 分布性：组成系统的部件在物理上是分散的，这些部件包括处理机、数据、算法和操作系统。

(2) 自治性：系统所有的软硬件资源都是高度自治的，它们能够独立执行任务、提供或拒绝提供服务。

(3) 透明性：系统的分布性、操作和实现对用户完全透明，用户只需提出所需服务，而不必要指明由哪一台设备在什么位置用什么方法来提供这些服务。

(4) 共享性：系统中的资源为系统中所有用户所共享，在某台计算机终端上的用户，不仅可以使用位于该机上的资源，而且还可以使用位于它机上的资源。例如，用户可以使用它机上的行式打印机来输出信息，可以访问它机上的磁盘文件等。分布式系统提供了资源共享的功能，使得用户往往只需了解系统是否具有所需资源，而无需了解资源位于哪台计算机上。

(5) 协同性：系统中的若干台计算机可以相互协作来完成一个共同任务，或者说，一个程序可以分布在几台计算机上并行运行。

分布式系统应具备以下三种基本功能：

(1) 通信。系统提供某种通信机制，使得运行在不同计算机上的用户程序可以利用网络来交换信息。

(2) 资源共享。系统提供访问它机资源的功能，使得在某机或其终端上的用户或用户程序可以访问位于它机的资源。

(3) 协同工作。系统提供某种程序设计语言，使得用户可以用它编写能够分布在若干台计算机上并行执行的应用程序，同时系统提供这些应用程序(进程)之间的协调和通信。

因此，分布式操作系统就是管理分布式系统软硬件资源，提供具有分布式系统特征的功能和服务的软件系统。

9.1.3 分布式系统的结构

分布式系统中的场点可用不同的方式将它们从物理上连接起来，每种方式都有其优缺点，下面简单讨论几种常用的连接方式并按以下标准来比较它们的性能。

- 基本开销：连接系统中的各个场点需要多少花费？
- 通信开销：从场点 Ai 发送信息到场点 Aj 需要多少时间？(i, j=1，2，3，…，n)
- 可靠性：若系统中某场点或通信线路出现故障，余下的场点是否仍能彼此通信？

为方便讨论，我们把各种拓扑结构用图形示出，其中的节点对应于场点，从节点 Ai 到节点 Aj 的连线对应于这两个场点之间的直接链路。如果一个系统被称之为分割的，那么它应该已被分划成两个或多个子系统，且不同子系统中的场点已不再能彼此通信。

1. 全互连结构

在一个全互连结构中，每个场点都直接与系统中所有其他的场点相连，如图 9.1 所示。这种构形的基本开销很高，因为每对场点之间都必须有一条直接通信链路。但在这种环境中，场点间的消息传递非常快，因为任何两场点间的消息传递只需要经由一条通信线路就可直达。此外，这种结构是很可靠的，因为只有在相当多的通信链路故障的情况下，才可能分割该系统。

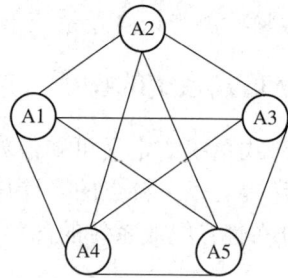

图 9.1　全互连结构

2. 部分互连结构

在一个部分互连结构中，有些场点间存在直接通信链路，但有些则没有，如图 9.2 所示。因此这种构形的基本开销比全互连结构要低，但场点间的消息传递可能经由若干中间的场点，以致延缓了通信速度。例如，在图 9.2 中，从场点 A1 发送一消息到场点 A5 必须经由场点 A2 和 A3。此外，部分互连系统也不如全互连系统可靠，因为其中的一个通信链路出现故障就可能分割该系统。例如，在图 9.2 中，若从场点 A2 到场点 A3 的通信链路出现故障，则该系统便被分割成两个子系统，一个包括 A1，A2 和 A4，另一个包括 A3 和 A5，而且这两个子系统中的场点彼此不能再通信。

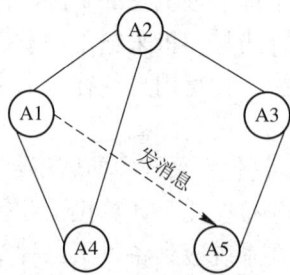

图 9.2　部分互连结构

为了减少这种情况的发生，通常让每个场点至少与另外两个场点连接。例如，如果我们在图 9.2 中增加一条从场点 A1 到场点 A5 的通信链路，那么任何单条通信链路故障都不可能导致对该系统的分割。

3．层次结构

层次结构中的各场点组织呈树形结构，如图9.3所示。其中，每一场点(根除外)有一个惟一的父节点和若干个(或0个)子节点。这种结构的基本开销一般小于部分互连结构。在这种环境中，父子之间可直接通信；子节点之间只能经由它们的共同父节点进行通信；从某个子节点向另一子节点发送消息，需先向上发送给它们的父节点，然后再由其父节点向下发送给相应的子节点。

若父节点故障，那么，它的子节点彼此就不能相互通信，也不能与其他进程通信。一般而言，其中的任何中间节点故障(端末节点除外)都可能将这种结构分割成若干不相交的子树。

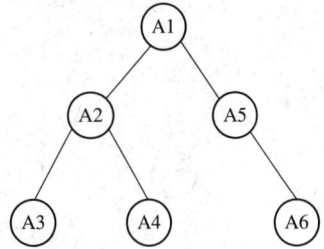

图 9.3　层次结构

4．星形结构

在星形结构中，系统中的场点之一与系统中所有其余场点相连，其他的场点之间彼此不直接相连，如图9.4所示。这种结构的基本开销是场点个数的线性函数，其通信速度看起来也不会很慢，因为从场点 Ai 向场点 Aj 传递消息至多需要两次转接(从 Ai 到中央场点，再从中央场点到 Aj)。但这种通信速度却是难以预测的，因为中央场点可能变成瓶颈，虽然传递消息所需的转接次数不多，但传递消息所花的时间可能不少。在一些星形结构系统中，中央场点完全担负着消息转接的任务。如果中央场点出现故障，那么该系统就完全地被分割了。

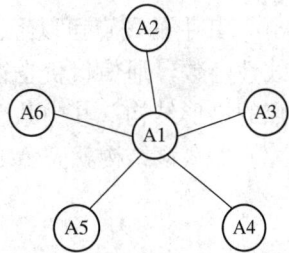

图 9.4　星形结构

5．环形结构

在环形结构中，每个场点物理上恰好与另外两个场点相连，如图9.5(a)所示。这样的环形结构可以是单向的，也可以是双向的。在单向环形结构中，其中的一个场点只能给它的邻近场点之一直接传递消息，且所有的场点必须按相同的方向传递消息。在双向环形结构中，其中的一个场点可将信息传递给它的两个邻近场点。这种结构的基本开销不会很高，但通信代价可能较高，因为从一个场点向另一场点传递消息需沿环按预定方向传递直至到达目的地。在单向环形结构中，最多可能需要 n-1 次转接，而在双向环形结构中，则最多可能需要 n/2 次转接，其中 n 是网络中场点的个数。

在双向环形结构中，其中两条通信链路故障就可能导致分割整个系统。在单向环形结构中，单个场点或单条通信链路故障，就可能分割整个系统。一种补救的办法是通过提供双通信链路来扩充这种结构，但这显然会增加基本开销，如图9.5(b)所示。

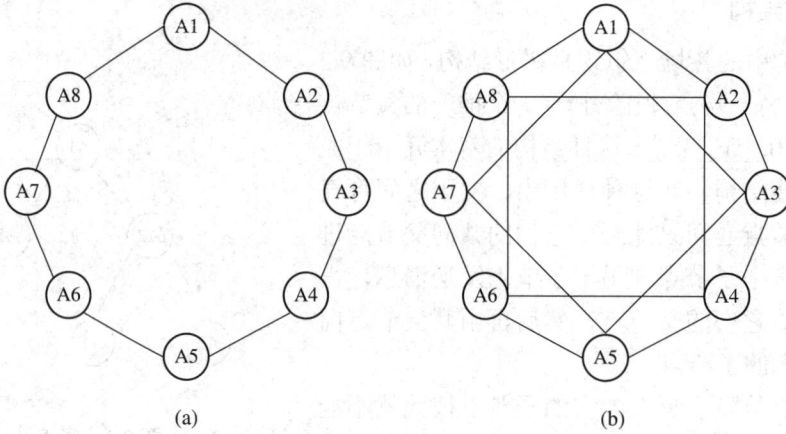

图 9.5　环形结构

(a) 单通信链路；(b) 双通信链路

6. 多存取总线结构

在多存取总线结构(简称总线结构)中，有一条共享的通信链路(即总线)。系统中所有的场点都直接与这条通信链路相连，它可以组织成直线状(见图 9.6(a))，也可以组织成环形(见图 9.6(b))，其中的场点可以经由这条总线彼此直接进行通信。这类结构的基本开销是场点个数的线性函数，通信代价也很低，除非这条总线变成了瓶颈。这类结构类似于带有一个中央场点的星形结构，其中某个场点故障不会影响其他场点间的通信，但是，若这条总线出现故障，那么该结构就完全地被分割了。

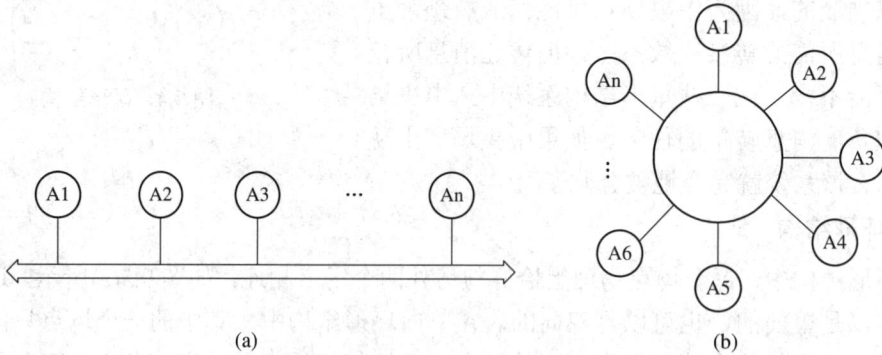

图 9.6　总线结构

(a) 线形总线；(b) 环形总线

7. 立方体结构

立方体结构又称 n 维立方体分布式网络结构。这种结构把 $2^n = N$ 个计算机互连起来，各计算机分别位于该立方体的角顶。立方体的每条边把两个场点连接起来，而每个场点则有 n 个全双向通路把它和 n 个其他计算机相连。例如，n＝3 和 n＝4 时立方体互连结构分别如图 9.7(a)、(b)所示，其中，n 为立方体的维数。

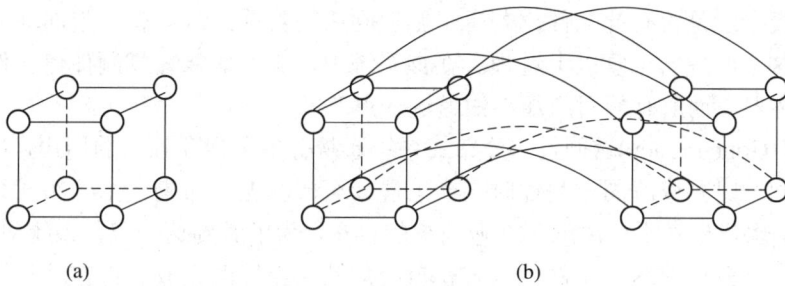

图 9.7　立方体结构

(a) n=3, N=8；(b) n=4, N=16

分布式系统的拓扑结构除上面介绍的以外，还有交叉开关网、树形网、网状网、立方体网及超立方体结构等。

9.1.4　分布式系统的设计方法

传统上，分布式操作系统是按面向进程的方法设计的，近年来提出了面向对象的分布式操作系统的设计方法，它与面向进程的分布式操作系统的设计方法的主要区别是：前者将操作系统视为对象的集合，而且有关用户(进程)对象和系统状态的同步及控制是通过权限(Capability)的管理和分配完成的；而后者则把操作系统看作是进程的集合，有关用户进程和系统状态的同步及控制是通过消息传递实现的。

对象的概念把数据和处理数据的过程结合为一个整体，是一个由信息及对其进行处理的描述所组成的抽象数据类型。对象既可以像数据一样被处理，又可以像过程一样去描述处理的流程。可见，面向对象的设计方法将成为研制分布式操作系统的重要发展方向之一。

9.2　分布式系统的设计

系统设计人员如何让用户感觉一群机器和一台普通的单处理器分时系统一样？达到这种目标的系统被称为是透明的。也就是说，分布系统的操作和实现对用户完全透明。当用户在一个分布式系统中执行程序或访问数据库时，呈现在他面前的仿佛不是一个分布式系统，而是单一的计算机系统。在设计分布式系统时应考虑如下问题。

1. 透明性(Transparency)

分布式系统的透明性具体表现在：

(1) 位置透明性。在一个分布式系统中，用户不必知道硬件或软件资源的具体位置。资源的名字不能用资源的位置编码。例如，machine1:prog.c 或/machine1/prog.c 这样的名字是不允许的。

(2) 迁移(Migration)透明性。迁移透明性是指资源可以随意从一个计算机(节点)迁移到另一个计算机上，而无需改变资源的名字。

(3) 复制(Replication)透明性。复制透明性是指用户不知道系统拥有多少副本。例如，设想在一个环上有许多服务器，每个服务器上都有一个完整的树型文件目录。在采用 C/S 模式的系统中，客户方要读一个文件，先要发一个含有完整路径名的消息给一个服务器。

该服务器检查自己是否有此文件，若有，则返回所需数据；若没有，就向环上一个服务器提出请求，这个服务器重复以上过程。在该系统中，服务器能够复制任何文件到一些服务器或所有服务器，而所有的用户却不知道这一点。

(4) 并发(Concurrency)透明性。分布式系统通常有多个相互独立的用户，当两个或多个用户试图在同一时刻修改同一文件时，会出现什么情况呢？如果一个分布式系统具有并发透明性，一个用户根本不会注意到其他用户的存在。为了做到这一点，系统应有一种机制，一旦某一用户试图修改这一文件，系统就自动加锁，当修改完成后再自动解锁。在这种情况下，所有资源只能顺序访问，而不能并发地被访问。

(5) 并行(Parallelism)透明性。用户所看到的一个分布式系统是一个单机形式。假设一个程序员知道分布式系统有 1000 台计算机，他想使用一部分计算机并行地执行一个程序，结果会怎样呢？理论上说，这可以靠并行编译程序、操作系统以及运行时间库一起来挖掘程序的潜在并行性，使程序员无需知道这一点。事实上，目前还做不到这一点，若程序员希望多处理机来解决问题，则必须显式地说明程序的并行性。

2. 灵活性(Flexibility)

分布式系统设计的第二个关键问题是灵活性。灵活性涉及到分布式操作系统的结构。分布式操作系统结构有两种不同的形式：一种是单内核(Monolithic Kernel)，另一种是微内核(Micro Kernel)，如图 9.8 所示。

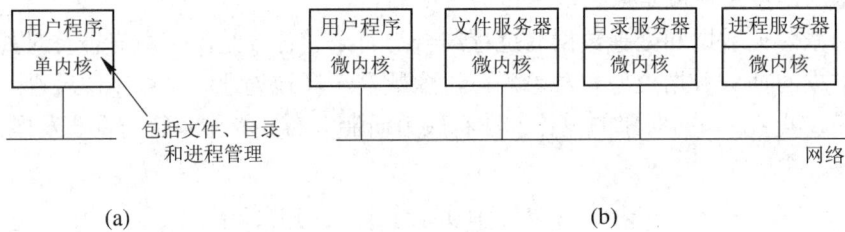

图 9.8　分布式操作系统结构

(a) 单内核；(b) 微内核

采用的单内核结构是基于传统的集中式操作系统的内核结构，许多系统调用是通过执行陷入指令转内核实现的，在内核完成所需要的服务，最后将结果返回给用户进程。许多基于 UNIX 扩展或仿真的分布式系统都是采用这种方法，因为 UNIX 本身就具有一个大的单内核。

微内核结构更加灵活，是一种新的结构，仅仅提供以下四种服务：

(1) 进程间通信机制；

(2) 某些内存管理；

(3) 有限的低级进程管理和调度；

(4) 低级的输入输出。

让内核保持尽可能地小是微内核的总体设计目标。它不像单内核那样提供文件系统、目录系统、全部的进程管理以及大多数的系统调用处理。微内核提供的仅仅是那些在别处很难提供，或者开销很大的服务。许多其他的操作系统服务都作为用户级服务器来实现，如找一个名字、读文件或获得其他服务，用户都是发送消息给相关的服务器，由该服务器完成相应的工作并返回结果。

　　另外，对于微内核系统，易于实现、安装和调试新的服务程序，因为增加或改变一个服务程序不必像单内核那样需要停止系统和启动一个新的内核。正是因为它所具有的添加、删除和修改服务的功能，才使得微内核具有很高的灵活性。此外，若用户不满足于现有的系统服务，也可以重新编写和定义新的服务。

　　单内核的潜在优势是陷入内核比向远程服务器发送消息要快。然而，这一优势实际上是不存在的，因为其他一些因素占支配地位，而使消息传送时间可以忽略不计。因此，未来微内核系统很可能会占主导地位。

3. 可靠性(Reliability)

　　最初分布式系统的设计原因之一是它比集中式系统可靠性更高，即一台机器坏了，其他机器能够接替它的工作。换句话说，在理论上系统可靠性是所有部件可靠性的布尔"或"。例如，有 4 台文件服务器，假设每台能使用的概率为 0.95，所有 4 台同时故障的可能性是 $0.05^4 = 0.000\,006$，所以至少有一台能正常工作的可能性是 0.999 994，这比任意一个单独的服务器可靠性高得多。

　　这仅仅是理论上的考虑，实际上现存的分布式系统有时会依赖于一些特定的服务器，这些服务器中的任何一个都是为特定功能而建立的。在这种情况下，整个系统不能正常工作的概率是布尔"与"，而不是布尔"或"。

　　与可靠性相关的是可用性(Availability)。高可靠性系统一定是高可用性的系统，但仅仅这样还不够，因为在系统中的信息可能被破坏、被篡改或丢失。如果系统中文件冗余地存放在多个服务器上，则所有副本很难保持一致。

　　可靠性的另一个问题就是系统的安全性，必须保护文件或系统其他资源不被非法使用。尽管在单处理机系统中也存在同样问题，但在分布式系统中尤为严重。在单处理机系统中，用户登录进入系统，同时被授权可在用户权限范围内进行操作。从用户进入系统起，系统就知道用户是谁并且能检查每一操作的合法性。在分布式系统中，当一个消息到达服务器时，服务器没有简单的办法来检查消息来自哪里，消息上的名字也是不可轻信的，因为发送者可能会欺骗服务器。

　　另一个与可靠性有关的问题是容错性。设想，如果一台服务器崩溃了，然后它又重启，会出现什么情况呢？服务器崩溃会让所有的用户都不能正常工作了吗？如果服务器没有一张记录系统当前活动的重要信息表，恢复将是一件很难做的事。

4. 性能(Performance)

　　性能是设计任何一个系统都需要重视的问题。一个分布式系统的透明性再好，灵活性再强，可靠性再高，而它的性能很差，速度很慢，也就失去了建立分布式系统的意义。如何衡量分布式系统性能的好坏是一个有待进一步研究的问题。目前操作系统常用的性能指标有周转时间、吞吐率和响应时间。这些单机系统性能指标对分布式系统而言也是有意义的。但是，在分布式系统中，由于不同计算机间的通信，在网络中传送一个报文(Message)所花费的时间主要用在两端通信协议处理上，而不是花费在传输上。要想优化性能，一个经常使用的办法是尽量减少节点之间的通信次数和通信量。

5. 可扩展性(Expansibility)

　　在建立一个分布式系统之前，分布式系统的规模也是必须考虑的问题，即所设计的系统应是可扩展的，应避免潜在的瓶颈：集中式部件、集中式表格和集中式算法。

例如，在一个由数千甚至上万台计算机构成的大型分布式系统中，如果只设置了单一的一个服务器，那么由于节点数过多，使得通过服务器的网络吞吐能力难以承受。另外，整个系统也不能很好地容错，服务器将成为系统的单故障点。

9.3　分布式系统中的通信问题

在分布式系统中的通信应注意以下几个方面的问题：

- 发送策略：如何通过通信网发送消息？
- 连接策略：如何去连接彼此希望通信的进程？
- 竞争处理：由于通信网是共享资源，应注意解决在利用它的过程中哪些有冲突的要求和冲突现象。
- 保密：如何保住消息内容的秘密？
- 通信机制：研究分布式操作系统中的基本通信机制。

9.3.1　发送策略

当场点 A1 上的一进程希望同场点 A2 上的另一进程进行通信时，如何发送消息呢？若从 A1 到 A2 之间只有一条物理信道(好像在一个星形结构或层次结构中)，那么，该消息只能经由这条信道发送。若从 A1 到 A2 存在多条物理通路，那么，发送该消息就有选择性了。

每个场点有一个发送表，它登录可用来发送消息到其他场点的所有可能的信道，该表还可以包括各种信道的速度和开销。常用的几种发送策略是固定发送、虚拟线路和动态发送。

(1) 固定发送：从 A 到 B 的信道事先已规定好且不得更改，除非硬件方面的故障影响到它的通信能力。通常是选择(物理上长度)最短的信道，以减少通信开销。

(2) 虚拟线路：从 A 到 B 的信道在一段时间内是固定的，在不同时期，从 A 向 B 发送的信息可能经由不同的信道发送。

(3) 动态发送：用于从 A 到 B 发送信息的信道仅当该消息发送之时才被确定。由于这种选择是自动进行的，因而单一的消息可能分给不同的信道。一般一个场点发送消息给另一场点时所选定的信道是当时最少使用的那条通路。

上述几种方案各有利弊。固定发送方式不太适用于通信负载的改变。换言之，如果已在场点 A 和 B 之间确立了一条信道，那么消息只能经由这条信道传送，哪怕这条信道已超载而其他通路还处于尚未满载的状态。这个问题可以利用虚拟线路策略进行改善，也可能通过动态发送策略予以完全地解决。固定发送和虚拟线路方式可确保按消息所发送的次序从 A 向 B 传送消息。采用动态发送策略时，消息到达的次序不一定与发送该消息的次序一致，这一点可通过给每条消息赋一顺序号来补救。

9.3.2　连接策略

为了连接一对彼此希望通信的场点(或进程)，可以采用许多不同的方法，常用的方法有线路转换、消息转换和消息包转换。

1．线路转换

假设两个进程之间需要通信，那么在它们通信期间应建立一永久性的物理通信链路，在这段时间其他进程不能使用这条链路。这种方案与电话系统类似，一旦一通话线路已对两方开放(如甲方给乙方打电话)，其他的人就不可能使用这条信道，除非甲、乙两方的通话结束(如一方已挂上听筒)。

2．消息转换

假设两个进程之间需要通信，那么确定一临时通信链路供其消息传递期间使用。物理通信链路则根据需要在用户间动态地进行分配，而且只允许使用较短的一段时间。每条消息由一个数据块再附加一些系统信息(如发送地、接收地、错误校正码等)组成，这些系统信息辅助通信网络正确地将消息传递到目的地。这种方案与邮局系统类似，每封信可看作是包含发送地和接收地的一条消息，而且来自不同用户的信件(消息)可在相同通信线路上传递。

3．分组转换

消息(也称报文)一般是可变长度的。为了简化系统的设计，常常在传输的过程中将传送的消息设计成定长的形式，并把这种定长的形式称为消息包(或称分组)。一条逻辑消息由传输层送到网络层之前，应将逻辑消息分解成若干消息包，按序送至网络层。每个消息包都可以经由网络中不同的路径单独发送到其目的地，当这些消息包都到达其目的地后，还得组装起来组成一条完整的消息。

线路转换需要较长的安装时间，但传递每条消息的开销较少；消息转换和消息包转换需要较少的安装时间，但传递每条消息的开销较大。此外，在采用消息包转换方法时，每条消息可能需要拆分，到达目的地后再组装。

9.3.3　竞争处理

由于一条通信链路往往连接多个场点，而这些场点有可能希望同时在这条通信链路上传递信息，从而发生竞争现象。这种情况在环形结构或多存取总线结构中表现得尤为突出。目前，已研究出了不少解决竞争现象的技术，常用的有冲突检测、令牌传递和消息槽。

1．冲突检测

一个场点要在某条通信线路上传递消息之前，必须进行监测以确定当前在该通信线路上是否正在传递另外的消息。若该通信线路空闲，则这个场点可以开始发送，否则它必须等待(同时继续监测)，直到这条线路空闲。如果两个或多个场点恰好都要在这条线路上同时开始传递信息(它们各自都认为该线路是空闲的)，那么，它们必须停止传递。每个场点都在某个随机的时间片后再继续传递其信息。注意，当场点在一条线路上开始了消息传递后，还得继续监测，以便及早发现来自其他场点的消息冲突。采用这种途径的主要问题是，当系统非常忙时，可能发生许多冲突现象，因此整个系统的性能由于冲突检测方面的工作而受到衰减。这种方法已成功地用在以太网系统中(Metcalfe and Boggs 1976)。

2．令牌传递(Token Passing)

令牌是一个特殊的消息类型，它不停地在系统(通常在一个环形结构)中循环。希望传递消息的场点必须等待令牌到达。当令牌到达后，该场点就从环中取走令牌并开始传递它的消息。当它完成了相应的消息传递后，再重新发送令牌，这就给另一个场点提供了占有令牌的机会，一旦占有，就可开始它的消息传递。如果令牌丢失，那么系统应能发现这种情况并产生一个新令牌。该方法已在 Priment 系统中采用(Nelson and Gordon 1978)。

3. 消息槽(Slot)

若干定长的消息槽连续不断地在系统(通常是一个环形结构)中循环。每个消息槽可以容纳一定长的消息和有关的控制信息(如发送处、接收处、消息槽满/空等)。希望传递消息的场点必须等待直到一个空消息槽到达，然后，该场点将它的消息插入这个空消息槽并附上适当的控制信息，此消息在网络中继续流动，当它到达某个特定的场点时，该场点就查看此消息槽的控制信息，以确认此消息槽是否包含了发送给它的消息。若没有，它就放过此消息槽；否则，它将取走消息槽中的消息，重新设置控制信息以指明该消息槽为空，然后，这个场点便利用此消息槽去发送它自己的消息或释放该消息槽。由于一个消息槽只能包含定长的消息，因此，一条逻辑消息可能不得不分成若干组，每组用单一的消息槽发送。这种方法已在剑桥数字通信环中采用(Wilkes and Wheeler 1979)。

9.3.4 保密

系统必须提供适当的措施让用户保护他们的信息(数据)。编码是保护信息的常用方法之一。信息在发送之前先予以编码，当信息到达目的地后就进行译码。问题在于如何研制一个不可能(或很难)破译的编码系统。对此，有许多解决办法，常用的一种就是提供一个通用的编码算法 E 和一个通用的译码算法 D，并对每次应用提供一个密钥。令 E_k 和 D_k 分别表示具有密钥 k 的那个特定应用的编码和译码算法，那么，对于任何消息 m，该编码系统必须满足下面的特性：

(1) $D_k(E_k(m))=m$；

(2) D_k 和 E_k 都能有效地计算；

(3) 该系统的保密性只依赖于密钥 k 的保密性而不依赖于算法 E 和 D 的保密性。

美国国家标准局采用称之为"数据编码标准"(Data Encryption Standard)的编码系统。不过，该方案还存在"钥分布"问题，即开始通信之前，密钥必须秘密地传递给发送者和接收者，但在一个通信网络环境中很难有效地完成这一点。解决此问题的办法之一是利用一个"公共钥"(Public Key)编码方案(Diffie and Hellman 1976)。每个用户有一个公共钥和一个私有钥。两个彼此知道他们的公共钥的用户才能相互通信。

基于上述思想的编码方案已由 Rivest，Shamir 和 Adleman(1978)设计出来了。这个方案简称 RSA 算法，曾被认为是不可破译的。其中的公共钥是对偶(e，n)，私钥是对偶(d，n)。这里 e，d，n 都是正整数。每条消息用 0～n-1 之间的一个整数表示(较长的消息可分成若干较短的消息，它们每一个都可用这样的一个整数表示)。函数 E 和 D 定义为

$$E(m)=m^e \bmod n=C$$

$$D(C)=C^d \bmod n$$

这里的主要问题是选择编码和钥。整数 n 可用下式计算：

$$n=p \times q$$

其中，p 和 q 是随机选取的两个较大的素数(例如，它们是由 100 位或更多位数字组成的)；d 是随机选取的一个与(p-1)×(q-1)互质的较大整数，即 d 满足

$$GCD[d, (p-1) \times (q-1)] = 1$$

而 e 满足　　　　　　　　　　　　　　$$e \times d \bmod (p-1) \times (q-1) = 1$$

应指出的是，虽然 n 可能是大家知道的，但 p 和 q 却很难为他人所知，因为对这里的 n 进行因式分解是比较困难的。因此，d 和 e 也是不易被试探出来的。

例如，令 p=5，q=7，那么 n=35，(p-1)×(q-1)=24。由于 11 与 24 互质，因而可选取 d=11。因为 11×11 mod 24=121 mod 24=1，所以 e=11。假定 m=3，那么 C=m^e mod n=3^{11} mod 35=12，而 C^d mod n=12^{11} mod 35=3=m。因此，如果我们利用 e 对 m 进行编码，那么，我们就能用 d 对它进行译码。

分布式操作系统中的通信以消息传递为基础，其基本通信机制可分为消息传递和远程过程调用两大类。

9.4　消 息 传 递

在单机操作系统中，进程通信十分简单。进程之间可以借助于共享存储器进行直接通信。而在多机条件下，相互合作的进程可能在不同的处理机上运行，进程间的通信涉及处理机的通信问题。在松散耦合系统中，进程间通信还可能要通过较长的通信信道，甚至网络。因此，在多机条件下，广泛采用间接通信方式，即进程间是通过消息传递进行通信的。一个消息是从一进程发往另一些进程的信息单位。一般说来，可用系统提供的任何设施来发送消息。消息通常是用消息包或帧的形式发送的，源进程通过执行 send 操作发送消息，宿进程则通过执行 receive 操作来获取消息；如果必要，在其获取消息后再通过执行 reply 操作给发送者一个回复。因此，分布式操作系统通常提供 send、receive 和 reply 等基本通信原语来实现进程间的通信和同步。消息传递原语分为两类：异步型和同步型。

9.4.1　异步型

在这类通信机制中，发送消息的进程不等待接收者的回复，即允许发送方任意超前于接收方，因而它具有下面的特征：

(1) 接收方收到的消息与发送方目前的状态是无关的。换言之，接收消息中反映的发送状态一般不是发送方的当前状态。

(2) 由于通信机制与同步机制几乎被截然分开，因此，系统应具有"无限"的缓冲空间来容纳任意超前发出而尚未处理的消息，以此来解决消息发送速度和消息处理速度之间的差异。

(3) 能比较充分地利用系统的潜在能力，但实现时需解决许多实际的控制问题。

9.4.2　同步型

同步型与异步型消息传递正好相反，总是要求发送方等待接收方的回复，然后发送方与接收方同步继续向下执行。其主要特征如下：

(1) 消息的发送方和接收方在完成信息交换后彼此知道对方的状态。

(2) 同步机制和通信机制合二为一，一般无需大的缓冲区。

(3) 实现容易，但效率较低。

消息本身要占用存储空间，并常常存放在系统的缓冲区中。当使用异步消息传递机制时，系统中的每个进程在某一时刻可能有多个尚未处理的消息。由于消息缓冲区是一个有限的资源，因此，当使用异步消息传递方式传递消息时，可能会发生缓冲区溢出的情况。因此，异步消息传递需要特定的消息缓冲区管理算法来处理这方面的问题。但在采用同步消息传递方式时，系统中的每个进程决不可能存在一个以上尚未处理的消息，因此，其消息缓冲区的管理算法比较简单。

9.4.3　组通信

1．组通信的用途

如果一个进程想和另一组进程进行通信，单个的消息交换并非最好的模式。比如，一个服务是由多个计算机上的多个进程完成的时候，就会出现一个进程和一组进程间的通信。我们称之为组播(Multicast)消息，因为它是一条由一个进程发往一组进程中的各个成员的消息。组播消息是为在分布式应用程序中提供容错性而设计的一个有用的基本结构。在组播消息的实现中有多种选择，最简单的就是一种不可靠的组播，它不提供对消息发送和次序的保障。

如果需要设计一个具有如下特征的分布式系统，则组播消息是一个非常有用的方式。

(1) 以重复服务为基础的容错性。每当一个客户发出一个请求消息时，它实际上是将这条消息发送给一组服务器。这组服务器中的每一个都执行同等的操作，这样，即使某个服务器失效了，客户的请求仍然可以完成。

(2) 定位分布式服务中的对象。组播消息可以用来在一个分布式服务中寻找一个对象，例如在分布式文件服务中寻找一个文件。在分布式操作系统 X 中，客户如果需要寻找一个给定文件名的文件，它就向所有的服务器发一条文件名查询的组播消息，但是只有拥有所需文件的服务器才会作出响应。为了将查询的组播消息的数量减少，X 系统中采用了一个文件名前缀缓存的方式，这样在所有的文件存取操作中，需要使用组播查询的次数不会超过 1/100。

(3) 通过保留数据的副本来提高性能。分布式系统可以使用数据的副本来提高服务的性能，有时候副本就保存在用户的本地机之中。每当一个数据被改变时，新的值就被组播到其他拥有其副本的进程。

(4) 多重刷新。对一个组的组播可在发生某些事件时通知该组中的进程。例如，在一个新闻系统中，当一条新的消息加到某个新闻组中时，系统可以通知那些感兴趣的用户。

从上面列出的组通信的用途中，我们可以得出组通信协议中非常有用的一些特性。

2．组通信的特性

1) 原子性(Atomicity)

在上面提到的第(1)种"将这条消息发送给一组服务器"的情况中，每个服务器都收到所有的请求，因此每个服务器执行的操作都是相同的，并且在任一时刻每个服务器的状态都是一样的。要实现这样的目标，必须使用原子组播。

所谓原子组播(Aatomic Multicast)，就是指任何一条以原子组播方式发送的消息，要么被接收的服务器组中的所有成员全部收到，要么其中的成员一个也收不到。这里我们规定，失效的进程不可能是任一个服务器组中的成员。

但是原子组播并不总是必需的。比如，在向一个服务器组发出一个查询请求，并且该组中的每个成员都有该数据同样的副本时，客户只需要收到其中某个成员的应答消息即可。这里并不需要每个拥有同样副本的服务器都收到请求信息。对于这样的查询，可靠组播(Reliable Multicast)就可以满足需要。所谓可靠组播，就是尽力将消息传送给一个组中的所有成员，但并不保证一定实现这一点。一个不可靠组播则仅仅发出消息就行了。当数据被分割时，我们必须保证请求消息到达了那个知道答案的服务器，使用可靠组播可以达到这个目的，因为在没有收到回答的情况下它会不停地重发请求消息。

2) 定序(Ordering)

原子组播和可靠组播在进程对之间都提供 FIFO 式的定序。在 FIFO 式的定序中，从任一个客户发送到某个服务器的次序也就是它们发出时的次序，我们可以在消息中加上一个序列号来实现这一目的。

在前面提到的第(1)种"将这条消息发送给一组服务器"的情况中，在组播消息是由多个客户发出的情况下，我们要求每个服务器都以同样的次序完成所有的操作。如果不提供一个确定消息发送次序的机制，当两个客户同时向一个组发出组播消息时，则组内的各服务器收到这两个消息的次序可能是不一样的。例如，当消息传到某个服务器时被丢失，那么它就必须重发，这就可能造成到达次序的不一致。图 9.9 显示了这种情况。

图中，P1 组播消息 A 给 P2 和 P3，在同一时刻 P4 组播消息 B 给 P2 和 P3，A 首先到达 P2，B 首先到达 P3，使得 P2 和 P3 收到这两个消息的次序是不一样的。

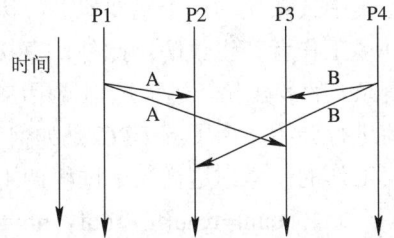

图 9.9　无定序限制的组播

最强的定序形式是全定序组播(Totally-ordered Multicast)，也就是说，当以全定序组播的方式向一个组发送任意组播消息时，可以保证组内的各服务器以同样的次序接收到这些组播消息。全定序组播在通信中使用时可能开销很大。因果定序(Causal Ordering)是一种较弱的定序方式，它以因果关系为基础定序，开销较小，也可以满足大部分应用的需要。

9.5　远程过程调用

9.5.1　概述

在单处理机系统中，不同进程之间可以通过过程(函数)调用方式实现进程通信。在调用时，调用进程必须给出被调用的过程名，传送所需参数和提供返回参数的缓冲区。由于进程间的这种通信方式已得到了广泛的应用，因此人们自然会想到，在分布式系统中，不同计算机的进程之间也可以采用过程调用方式进行通信。这种通信方式也是在消息传递通信原语的基础上发展起来的。

远程过程调用这一通信方式，虽然其思想很简单，但涉及的内容却很细。提出这一方法的是 Birrell 和 Nelson，他们在 1984 年发表了关于远程调用的第一篇论文。简要地说，Birrell 和 Nelson 所建立的远程过程调用的基本思想是，允许程序调用位于其他节点机上的过程。当节点机 A 上的进程调用节点机 B 上的一个过程时，A 上的调用进程被挂起，在 B 上执行被调用过程。信息以参数的形式从调用进程传送到被调用进程，并且将调用过程执行的结果返回给调用进程。对程序员来说，他看不到消息传递过程和 I/O 处理过程。这种通信方式称为远程过程调用(Remote Procedure Call，RPC)。

远程过程调用存在许多细微问题。首先，由于调用和被调用进程位于不同的计算机上，而这些计算机又在不同的地址空间上运行，这就给问题的解决带来了复杂性。其次，由于参数和结果都需要传递，又进一步带来了复杂性，尤其是当两台机器不一致时，更是如此。最后，两台机器都可能出现故障，每一种可能的失效都会引发不同的问题。尽管如此，这些问题大都可以解决，而且 RPC 是一种广泛使用的通信方式，它是许多分布式系统的基础。

9.5.2 基本 RPC 操作

在分布式操作系统中，为实现进程间的通信，通常要设计一些通信原语(如前述的 send、receive)。这些原语是按照通信协议所规定的规则实现的，这些通信原语就构成了分布式系统基本的通信机制。然而像 send 和 receive 这些原语基本上是在做 I/O 操作，由于 I/O 并不是集中式系统的一个主要概念，因此，若在分布式计算中将它作为基础，会使此领域中的许多工作者产生误解；此外，直接使用基本的通信原语实现进程之间的通信很烦琐，编程复杂，容易出错。远程过程调用(RPC)被认为是一种易于理解的分布式通信机制，下面简单地进行介绍。为了解 RPC 是如何工作的，首先要了解清楚传统的(即单机上)过程调用是如何工作的。考虑这样一个过程调用：

count=read(fd，buf，nbytes);

这里 fd 是一个整数，buf 是一个字符型数组，nbytes 也是一个整数。若主程序调用该过程，调用前堆栈的情况如图 9.10(a)所示。调用开始时，调用者按序将参数压入堆栈，后进入的

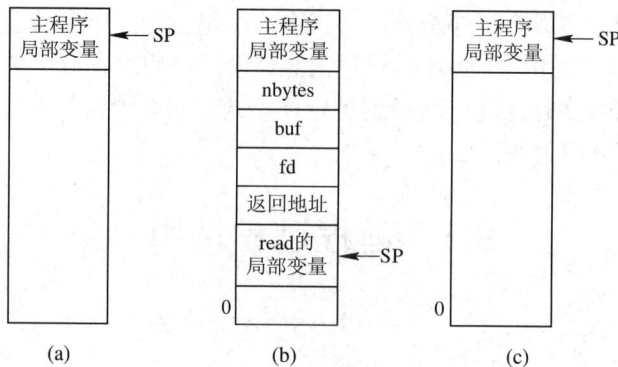

图 9.10　基本的 RPC 操作

(a) 调用之前的栈状态；(b) 过程执行中的栈；(c) 返回到调用者之后的栈

先弹出，如图 9.10(b)所示。(编译器将 printf 的参数按逆序压入堆栈的原因是使 printf 在执行时总能找到它的第一个参数，即格式串。) 在过程 read 执行后，它将返回值送入寄存器中，从栈中取出返回地址并将控制权交给调用者，然后调用者从堆栈中取出参数，返回到调用

点，如图 9.10(c)所示。

　　RPC 的主要思想是使远程过程调用看上去就像在本地过程调用一样。换句话说，希望
实现 RPC 的透明性——调用者不知道所调用的过程是在其他机器上执行的。设想一个程序
需要从某个文件中读取一些数据，程序员在代码中调用库函数 read 即可取得数据。在一个
传统的(单处理器)系统中，连接程序将 read 例程从函数库中装入并插到目标程序中。这是
一个较短的过程，通常用汇编语言编写，它将参数放入寄存器，然后发出一个系统调用 read
进入内核。本质上，read 例程就是用户代码和操作系统之间的接口。

　　尽管 read 激活了内核陷阱，但它仍然是通过将参数压入堆栈这种常规的方式来调用的，
如图 9.10 所示，因此程序员感觉不到 read 调用是如何进行的。RPC 使用与本地调用相似的
方法获得透明性。当 read 为一远程过程调用(例如，它运行在文件服务器上)时，read 的代
理(亦称为客户存根，Client Stub)被放入库中。与前面的本地调用一样，它采用如图 9.10 所
示的调用顺序并同样激活了内核陷阱。不同的是，RPC 不是将参数放入寄存器中并要求内
核返回结果，而是将参数打成信包，请求内核将该消息发送到服务器，如图 9.11 所示。在
发送消息后，客户代理调用 receive 原语，然后阻塞直至收到服务器来的应答。

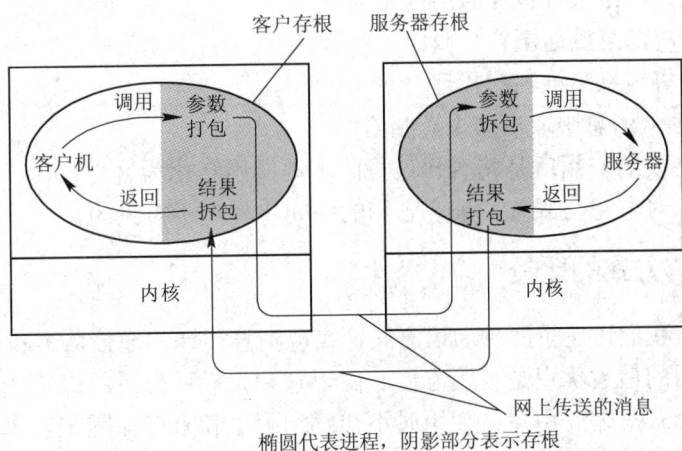

图 9.11　RPC 调用和消息

　　当消息到达服务器后，服务器内核将消息传送给与该服务器进程相捆绑的服务器代理
(亦称为服务器存根，Server Stub)。通常，服务器代理调用 receive，然后将自己阻塞等待消
息的到达。服务器代理拆开信包并从消息中取出参数，然后以一般方式调用服务器进程(即
与图 9.10 所示的一样)。从服务器进程的角度来看，就像由本地的客户进程直接调用一样，
所有参数和返回地址都在它们的堆栈中，没有任何异常。服务器执行它的工作并以正常方
式将结果返回调用者。例如，在 read 的例子中，服务器将在第二个参数所指向的缓冲区内
填入数据(这个缓冲区是在服务器代理内的)。

　　当调用完成后，服务器代理获得控制权，它将结果(缓冲区)打包，然后调用 send 原语
将消息返回客户，最后服务器回到 receive 状态，等待下一条消息。

　　消息送回客户机后，内核按地址找到发送请求的客户进程(实际上是该客户进程的代理
部分，但内核并不知道)。消息被拷贝到等待的缓冲区后，客户进程解除阻塞。客户代理检

查并拆开信包，取出结果，将它拷贝到调用者进程的缓冲区中，然后以一般方式返回。当调用者在调用 read 后又得到了控制权，它所知道的只是得到了所需的数据，并不知道该过程的执行是在远端而不是在本地内核。

客户方忽略消息传递的细节是整个方案中最完美的部分。远程服务可以通过一般(即本地)的过程调用来访问，而不用通过调用 send 和 receive 原语。所有消息传递的细节都被隐藏于两个库过程中，就像在本地的库函数调用掩盖了系统中断调用的具体细节一样。这就是该机制最主要的优点。

归纳起来，RPC 的主要步骤是：
(1) 客户过程以普通方式调用相应的客户代理。
(2) 客户代理建立消息并激活内核陷阱。
(3) 内核将消息发送到远程内核。
(4) 远程内核将消息送到服务器代理。
(5) 服务器代理取出消息中的参数后调用服务器的过程。
(6) 服务器完成工作后将结果返回至服务器代理。
(7) 服务器代理将结果打包并激活内核陷阱。
(8) 远程内核将消息发送至客户内核。
(9) 客户内核将消息交给客户代理。
(10) 客户代理从消息中取出结果返回给客户。

这些步骤最主要的作用就是将客户过程的本地调用转化为客户代理，再转化为服务器过程的本地调用，对客户与服务器来说它们的中间步骤是不可见的。

9.5.3 两种通信方式的比较

在前两节中，我们讨论了两种通信方式：实现消息传递的通信原语和远程过程调用。

远程过程调用的最大优点是使用方便。由于它和人们所熟悉的经常使用的子程序调用方式具有相同的形式，因此用户在使用时不会感到陌生和有任何困难。执行远程过程调用的程序编码是由编译程序自动生成的，从而减轻了用户编程的负担。

用于消息传递的通信原语的优点是它具有较大的灵活性。例如，在执行某一操作的程序中，send 和 receive 可以成对也可以不成对地出现。也就是说，可以在发送一个 send 之后，再发一个 receive，也可以连续发出几个 send 以后再使用 receive 接收回答消息。因此，对某一操作而言，每次可以送不同的参数，而且送的参数的次序也可以变化，从而大大提高了灵活性。

远程过程调用在广泛的应用中，也暴露了一些缺点，不能满足某些方面的要求，主要有：

(1) 远程过程调用的参数在系统内不同机种之间通用的能力有所不足。有时会出现这样的情况：节点机 A 上的进程向节点机 B 上的进程提出一个远程调用的请求，并把有关参数传给节点机 B，在节点机 B 执行该被调用的过程时，又向节点机 C 中的进程提出一个远程过程调用。于是，要把所接收到的某些参数转送到节点机 C 上的被调用的过程。在节点机 A、B、C 之间，如果没有一个统一的格式或约定，则无法进行参数的传送。

(2) 缺乏在一次调用过程中多次接收、返回的能力。在远程过程调用中，常常会遇到这样的情况，在服务器上进行被调用过程的计算时，会产生一连串的结果，随着计算的进行，不断地向调用进程送回结果，但是在远程过程调用中，请求调用和返回结果一定是成对出现的。因此，对于上述情况，要求请求调用进程必须反复发出远程过程调用请求，才能取得一连串的结果。显然这样做增加了系统的开销。

(3) 远程过程调用缺乏传送大量数据的能力。为了优化远程过程调用，一般对于在一个调用过程中传送的最大数据量有一定的限制(一般不大于 1000 字节)。当传送大量数据时，就必须进行多次传送，这就增加了系统开销。例如每次调用传送大量数据的最大量为 1000 字节，网络的启动延时是 50 ms，那么通信的最高传输率只能达到 20 kb/s，从而限制了网络的通信速度。

综上所述，远程过程调用的优点是格式化好、使用方便、透明性好，但其缺乏灵活性，因而带来了许多不便之处。为了解决灵活性问题，许多系统进行了大量的改进，其主要途径是降低格式化要求，以增加灵活性。但和消息传递原语相比，其灵活性差一些，格式化程度高一些。

除此之外，还有基于 CORBA(Common Object Request Broker Architecture)的公共对象代理 ORB，以及基于 JAVA 的远程方法引用 RMI 等分布式通信机制。有兴趣的读者，可进一步参阅有关参考资料。

9.6　进程迁移

在单处理机系统中，由于所有进程都处于同一系统中，因而不存在进程迁移(Process Migration)问题。在计算机网络中，通常允许程序或数据从一个系统迁移到另一个系统中。在分布式系统中，则是更进一步地允许将一个进程从一个系统迁移到另一个系统中。本节先扼要地介绍数据和计算的迁移，然后再重点介绍进程的迁移。

9.6.1　数据和计算的迁移

1. 数据迁移(Data Migration)

假如系统 A 中的用户希望去访问系统 B 中的数据，比如一份文件，可采取以下两种方法来实现数据的传送。

第一种方法是将系统 B 中的整个文件送到系统 A。这样，以后凡是系统 A 中的用户要访问该文件时，都变成本地访问。当用户不再需要此文件时，如果文件拷贝已被修改，则需将已修改的拷贝送回系统 B；若未修改，则不必将它返回给系统 B。如果系统 A 中的用户仅需对系统 B 中的某个文件进行少量的修改，采用这种方法时，仍需来回传送整个文件，这显然是比较低效的。

第二种方法是把文件中用户当前需要的那一部分从系统 B 传送到 A。如果以后用户又需要该文件中的一部分，可继续将另一部分从 B 传送到 A。当用户不再需要此文件时，则只需把所有被修改的部分传回 B。这种方式类似于存储管理中的请求调段方式。在 SUN Microsystem 的网络文件系统(NFS)协议中，便利用了该方法。

对于一份大文件，如果只需访问其中的很小一部分，显然第二种方法比较有效；但如果是要访问该文件中的大部分，则第一种方法更有效。应当指出，如果两个系统是不相同的，则在进行数据传输的过程中，还可能需要进行数据变换。例如，将一种代码形式转换为另一种代码形式。

2．计算迁移(Computation Migration)

在某些情况下，传送计算要比传送数据更有效。例如，有一个作业，它需访问多个驻留在不同系统中的大型文件，以获得这些文件的摘要。此时，若采取数据迁移方式，便需将驻留在不同系统上的所需文件传送到作业驻留的系统中。这样，所传送的数据量相当大。但如果采用计算迁移的方式，则只需将各个驻留发大文件的系统分别发送一远程命令，然后，各系统将所需结果返回，此时，经过网络所传输的数据量相当小。一般来说，如果传输数据所需的时间长于远程命令的执行时间，则计算迁移的方式更可取；反之，则数据迁移方式更有效。

至于作业所驻留的系统 A，如何向驻留文件的系统 B(或 C、D 等)发送远程命令，去执行对远地文件的访问，这里介绍两种实现方法。第一种方法是利用远程过程调用 RPC，这一方法将在后面作详细介绍。第二种方法是由系统 A 中的进程 P 向系统 B 发送一消息，系统 B 的 OS 收到该消息后，便创建一新进程 Q，由 Q 去执行 P 所指定的任务，Q 执行完后便发回一结果给系统 A 中的 P。这里，Q 和 P 可以并行执行。

9.6.2 引入进程迁移的原因

进程迁移是计算迁移的一种逻辑延伸。一个新进程开始执行后，并不一定始终都在同一个处理机上运行。在分布式系统中，由于下列原因需要引入进程迁移。

1．负荷均衡(Load Balancing)

在分布式系统中，各个系统中的负荷，经常会是不均匀的。此时，可通过进程迁移的方法来均衡各个系统的负荷，即将重负荷系统中的进程迁移到轻负荷系统中去，以改善系统的性能。但此时必须按照某种负载均衡算法来迁移进程，以防止由于进程的迁移而导致通信量的剧增。

2．通信性能

对于那些分布在不同系统中，而彼此交互性又非常强的一些进程，应将它们迁移到同一系统中，以减少由于它们之间频繁地交互而加大的通信费用。类似的，当某进程在执行数据分析时，如果它所需的文件远远大于进程本身，则此时应将进程迁移到文件所驻留的系统中去，这样更有利于节省通信费用。

3．加速计算

对于一个大型作业，如果始终运行在一台处理机上，可能会花费较多的时间，使作业的周转时间很长；但如果能为该作业建立多个进程，并将这些进程迁移到多个处理机上，使它们并行执行，就会大大加速该作业的完成，从而缩短作业的周转时间。

4．需要特殊资源

当某进程必须在具有某种特殊功能的处理机上运行才能完成其任务时，就需要将该进程迁移到该处理机上去运行。又如，某进程在处理时需要某种特殊软件，而该软件仅在某台处理机上才有，显然，这时也需要将该进程迁移到含有该软件的处理机上去运行。

5．提高可利用性

在分布式系统中，如果某个系统发生了故障，而在该系统中的进程又希望能继续运行下去，则分布式 OS 便可将这些进程迁移到其他系统中去运行。如果有进程可以推迟运行，则分布式 OS 应保证使故障系统尽快恢复，并使该进程重新启动运行。

9.6.3　进程迁移机制

为了实现进程迁移，在分布式系统中必须建立相应的进程迁移机制。该机制应该解决以下几个问题：

(1) 由谁来发动进程迁移？

(2) 应迁移进程的哪些部分？

(3) 如何进行进程迁移？

(4) 对尚未完成的报文和消息应如何处理？

1．进程迁移的启动

由谁来启动进程迁移，取决于在设计进程迁移机制时所要达到的目标。如果其目标是为了均衡负荷，则在进程迁移机制中，应为各个系统配置系统负荷监视模块，并指定其中之一为主控模块。主控模块定时地与各系统中的监视模块交互有关系统负荷情况的信息。当它发现有些系统非常忙碌，有许多进程在等待处理，而同时又有些系统的处理机却空闲着，此时主控负载监视模块便可启动进程迁移，即由它向负载沉重的系统发出命令，令该系统将其中的若干个进程迁移到负载较轻的系统中去。在这种情况下的进程迁移，对用户是透明的。

如果进程迁移的目标是为了迁移的进程能获得其所需的特殊资源，则可由需要特殊资源的进程来启动迁移。这时需由该进程明确能获得其所需的特殊资源，并由需要特殊资源的进程来启动迁移。这种由进程本身来决定是否要进行的迁移称为自迁移(Self-migration)。

2．进程迁移前后

在进程进行迁移时，应将源系统中的已迁移的进程撤消，在目标系统中建立一个相同的新进程，此时是所谓的进程迁移而不是进程复制。在进程迁移时，所迁移的是进程实体或称进程映像(Process Image)。通常它都包含进程控制块、程序、数据和栈。此外，被迁移的进程与其他进程之间的链应做适当修改。

3．如何进行迁移

进程控制块的迁移是比较简单的。对程序和数据的迁移可采取两种方式。其中一种方式需花费较多的通信费用，而另一种方式虽可减少通信费用，但比较复杂。下面分别介绍。

(1) 传送整个地址空间。它是指一次性地将程序、数据等全部从源系统传送到目标系统。这是最简单的一种方法。但当地址空间很大，且进程只需要其中的很小一部分时，便会造成浪费。

(2) 仅传送在内存中的那部分地址空间。在程序运行时若还需要附加的部分，则可通过请求方式予以传送。在这种方式下所传送的数据量显然是最小的，但源系统仍然必须保存被迁移进程的数据、段(页)表等，并进行有关操作。这样，并未把源系统从该进程的管理中解脱出来。当然，如果被迁移的进程不用或很少再去访问未迁移的地址空间，则这种方法是可取的。

如果被迁移的进程还打开了源系统中的某些文件(且已被该进程锁住)，则进程迁移时对这些文件可有两种处理方法。第一种方法是将它已打开的文件随进程一起迁移，但如果进程已经访问过该文件且以后不再需要它，若将文件与进程一起迁移，显然是不可取的。第二种方法是暂时不迁移文件，仅当迁移后的进程又提出对该文件的访问请求时，再进行迁移。

4．对未完成报文的处理

在一个进程由源系统向目标系统迁移期间，可能会有其他进程继续向源系统中已迁移的进程发来报文和信号，我们把这些报文和信号称为未完成报文和信号。此时应如何处理呢？一种可行的方法是在源系统中提供一种机构，用于暂存这种未完成报文和信号，还需保存被迁移进程在目标系统中的新地址。当被迁移进程已在目标系统中被创建成新进程后，源系统便可将已收到的未完成报文和信号转发至目标系统。

9.6.4　迁移的协商

在某些情况下进程是否要进行迁移，可由一个实体决定。例如，前面所介绍的以负载为目标的进程迁移，可由负载均衡监督模块做出决定。又如自迁移，同样可由要迁移的进程自身做出决定。但在有些系统中也允许指定的目标系统参与，共同决定，以便了解与迁移进程后是否仍能保证对用户有合理的响应时间。例如，当要将某进程迁移到系统 A 中时，尽管这种迁移可使系统负载更加均衡，但可能会严重地影响系统 A 对用户的响应时间。因此，用户 A 可以表示不同意这种迁移，系统便不能进行这种迁移。

为了实现这种迁移协商(Negotiation of Migration)，在 Charlatte 系统中设置了一进程迁移机构。它由若干个 Starter 来决定应将哪些进程迁移到目标系统中去；同时，这些 Starter 还负责作业调度和内存分配，并使这三项任务协调起来。每一个 Starter 进程可以管理一组机器(系统)，每当要进行进程迁移时，都需有两个 Starter 进程参与决定。图 9.12 是进程迁移的协商示意。进程迁移是按照下述步骤进行协商的。

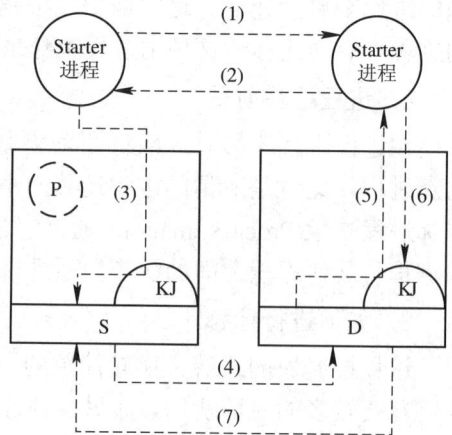

图 9.12　进程迁移的协商示意图

(1) 当 Starter 已决定将系统 S 中的进程 P 迁移到指定的系统 D 时，便发送一个要求传送进程的报文给系统 D 的 Starter。

(2) 系统 D 的 Starter 若准备接受该进程，便返回一同意接收的报文。

(3) 由系统 S 的 Starter 向系统 S 的内核通知这个决定。可采用两种方式进行通知：如果 Starter 是运行在系统 S 上，可采用服务调用方式；如果 Starter 是运行在其他系统上，则应采用报文发送方式。

(4) 当系统 S 的内核接到通知后，先向 D 发送一份含有被迁移进程 P 有关信息的报文。

(5) 在 D 接收到该报文后，如果本系统的现有资源尚不能满足 P 的运行需要，便拒绝进程 P 的迁移；否则，由 D 向本系统的 Starter 转发报文 F。

(6) 由系统 D 的 Starter 利用迁入调用(Migration Call)通知 D：决定迁入进程 P。

(7) D 准备好进程 P 所需要的资源，然后向 S 发送同意接收的报文。

9.7　分布式操作系统中的进程同步

在单处理机系统中，所有的进程都驻留在同一系统中，它们共享内存，因而也就可以共享信号量和锁等。然而，在分布式系统中，各处理机相互隔离，没有共享内存，因此，在单处理机系统中所采取的进程同步方式已不再适用。实现分布式进程同步，要比实现集中式进程同步复杂得多，它必须对不同处理机所发生的事件进行排序，还应配有性能较好的分布式同步算法，以保证为实现进程同步所付出的开销较小。

1．事件排序

在分布式操作系统中，为了实现进程的同步，首先要对系统中发生的事件进行排序，还要有良好的分布式同步算法。

在单处理机系统及紧密耦合的多处理机系统中，由于共用一个时钟又共享存储器，因而确定两个事件的先后次序比较容易。而在分布式系统中，既无共用时钟，又无共享存储器，自然也就难于确定两个事件发生的先后次序了。这里所说的排序，既包括要确定两个事件的偏序，也要包括所有事件的全序。

首先定义一个"发生在前"关系(Happened Before，简称为 HB，记为"→")：若 a 和 b 是同一进程内的两个事件且 a 在 b 之前发生，或者 a 是一个进程中的发送消息的事件，而 b 是另一个进程中接收同一消息的事件，那么 a→b。显然，"→"具有传递性和非自反性。并且，若 a、b 不存在"→"关系，则 a、b 可同时执行，即 a、b 之间互不影响，称这样的事件为并发事件。

为了确定分布式系统中的事件次序，需要引入一个逻辑时钟。所谓逻辑时钟，是指能为本地启动的所有事件赋予一个序号的机构，这通常可以用计数器来实现。假定每个进程 Pi 都有一个逻辑时钟 Ci，赋予进程 Pi 中事件 a 的逻辑时钟记为 Ci(a)。假定 C 为系统时钟，为使 C 能正确计值，应满足如下条件：对于任何事件 a 和 b，如果 a→b，则相应的逻辑时钟 Ci(a) < Cj(b)。其中 i、j 表示处于不同物理位置的进程。为了满足上述条件，必须遵循以下规则：

第一，根据事件发生的先后，赋予每个事件惟一的逻辑时钟值。

第二，若事件 a 是进程 i 发送的一条消息 m，消息 m 中应包含一个时间邮戳 T(m)=Ci(a)；当接收进程 j 在收到消息时，如果其逻辑时钟 Cj< Ci(a)，则应当重置 Cj 大于或等于 Ci(a)(通常置 Cj= Ci(a) +1)。

对于第一个规则，由于每个进程都拥有自己的逻辑时钟，无法保证它们的运行在任何时刻都绝对同步，因此可能出现这种情况：进程 i 发送的消息中所含的逻辑时钟 T(m)=100，而接收进程 j 在收到此消息时的逻辑时钟 Cj=96，这显然违背了全序的要求，因为发送消息事件 A 和接收事件 B 之间一定存在着 A→B 的关系。因而提出了第二项规则，用于实现逻辑时钟的同步。根据这个规则，应该调整进程 j 的时钟，使 Cj≥T(m)，例如 Cj= T(m)+1=101。

其次，看同步算法。在所有的同步算法中，都包含以下四项假设：

(1) 每个分布式系统具有 N 个节点，每个节点有惟一的编号，可以从 1 到 N。每个节点中仅有一个进程提出访问共享资源的请求。

(2) 按序传送信息，即发送进程按序发送消息，接收进程也按相同顺序接收消息。

(3) 每个消息能在有限的时间内被正确地传送到目标进程。

(4) 在处理机间能实现直接通信，即每个进程能把消息直接发送到指定的进程，不需要通过中转处理机。

2. Lamport 算法

在 Lamport 算法中，利用事件排序方法，对要求访问临界资源的全部事件进行排序，并按照先来先服务原则，对事件进行处理。该方法规定，每个进程 Pi 在发送请求消息 Request 时，应为它打上时间邮戳(Ti, i)(其中 Ti 是进程 Pi 的逻辑时钟值)；而在每一进程中都保持一个请求队列，队列中包含了按逻辑时钟排序的请求信息。Lamport 算法用下述五个规则定义：

第一，当进程 Pi 请求访问某个资源时，该进程把请求信息挂在自己的请求队列中，也送一 Request(Ti, i)消息给所有其他进程。

第二，当进程 Pj 收到 Request(Ti, i)消息时，形成一个打上邮戳的 Reply(Tj, j)消息，将它放在自己的请求队列中。应该说明，若进程 Pj 在收到 Request(Tj, j)前也已提出过对同一资源的访问请求，那么其邮戳时间应比(Ti, i)小。

第三，若满足以下两个条件，则允许进程 Pi 访问该资源：

(1) Pi 自身请求访问该资源的消息已处于请求队列的最前面。

(2) Pi 已接收到从所有其他进程发来的响应消息，这些响应消息上邮戳的时间晚于(Ti, i)。此条件表明，所有其他进程或者都不访问该资源，或者要求访问，但时间较晚。

第四，为了释放该资源，Pi 从自己的请求队列中消去请求信息，且发送一打上时间邮戳的 Release 消息给其他所有进程。

第五，当进程 Pj 收到进程 Pi 的 Release 消息后，从自己的队列中消去 Pi 的 Request 消息。

每当一进程要访问一共享资源时，本算法要求该进程发送 3(N-1)个消息，其中(N-1)个 Request 消息，(N-1)个 Reply 消息及(N-1)个 Release 消息。

9.8 分布式操作系统中的进程互斥

实现分布式互斥的几点要求如下：

(1) 安全性：在某一时刻至多只有一个进程在临界区内执行。

(2) 可用性：请求进入临界段的进程终将准入(只要在临界区执行的进程最终离开临界区)。可用性要求还隐含这种实现能避免死锁且不会发生饥饿现象。

(3) 定序：按关系排定的次序进入临界区。

当进程等待进入临界区时，可继续执行其他的处理，在此期间，它可以向另一进程发送消息，后者在接到此消息后也试图进入临界区。要点(3)指明，第一个进程将获准在第二个进程之前进入临界区。

已经提出了许多实现分布式系统中互斥的算法(Lamport 1978；Thomas 1979；Gifford 1979；Ricart and Agrawala 1981；Maekawa 1985，等等)。尽管它们的要求和目的各不相同，但这些分布式算法都有如下的基本假定：

(1) 一个分布式系统由 n 个场点组成，它们从 1 到 n 惟一地编号，每个场点含有一个进程，而且进程和场点间存在一一对应的关系。

(2) Pipeline 特性成立，即从一个进程发送给另一个进程的消息是按它们发送的次序接收的。

(3) 每条消息在有穷的时间间隔内都能正确地传送到它的目的地。

(4) 系统是全互连的，因而每个进程都可直接给其他的进程发送消息。

在假定的分布式系统模型中，每个进程不仅能发送存取所需资源的请求消息，也可作为一个仲裁者(Arbitrator)去解决那些在时间上重叠的请求。

为了解决分布式系统中的同步问题，我们必须提供类似分布式信号量的机制。为简化讨论，下面只考虑初值为 1 的二元信号量的实现问题，这也就等价于解决互斥问题。下面以临界区问题为对象进行讨论。

1. 集中式算法

用于解决分布式互斥问题的集中式算法中，通常选定某个进程负责协调进入临界区的工作，每个希望进入临界区(引用互斥)的进程都得给协调者进程发送一 Request 消息，仅当此进程接收到协调者的 Reply 消息时，它才可以进入它的临界区。当它退出临界区时，此进程发送一 Release 消息给协调者进程，然后继续它的执行。

在接收到一个 Request 消息后，协调者进程检查是否有某个进程位于临界区。若没有进程位于它的临界区，协调者进程马上回送一个 Reply 消息；否则，便将该 Request 消息排队。当协调者进程接收到一个 Release 消息后，它(用某种调度策略)从 Request 队列中取出一个 Request 消息，并发送一条 Reply 消息给该请求服务的进程。

不难看出，该算法确保了互斥。此外，若协调者的调度策略是公平的(如 FCFS 策略)，则不会发生饥饿现象。这种方案在每进出一次临界段时需要三条消息：一条 Request 消息，一条 Reply 消息及一条 Release 消息。

如果协调者进程故障，必须要有新的进程取代它。后面我们将讨论如何检测这种故障及如何选择新的协调者的算法。一旦选定了新的协调者，它必须重新登记系统中的所有进程，以重构它的 Request 队列，当 Request 队列重构好之后便可恢复执行这一工作。

2. Ricart and Agrawla 算法

Lamport 发表的时钟同步算法中给出了第一个互斥算法。Ricart 和 Agrawala 1981 年改进了 Lamport 算法，而且可以为分布式算法提供时间戳。

Ricart and Agrawala 算法的描述如下：

(1) 当进程 Pi 要求访问某个资源时，它发送一个 Request(Ti, i)消息给所有其他进程。

(2) 当进程 Pj 收到 Request(Ti，i)消息后，执行如下操作：

- 若进程 Pj 正处在临界区中，则推迟向进程 Pi 发出 Reply 响应；
- 若进程 Pj 当前并不要求访问临界资源，则立即返回一个有时间戳的 Reply 消息；
- 若进程 Pj 也要求访问临界资源，而在消息 Request(Ti，i)中的邮戳时间早于(Tj，i)，同样立即返回一个有时间戳的 Reply 消息，否则 Pj 保留 Pi 发来的消息 Request(Ti，i)并推迟发出 Reply 响应。

(3) 当进程 Pi 收到所有其他进程发来的响应时，便可访问该资源。

(4) 当进程释放该资源后，仅向所有推迟发来 Reply 消息的进程发送 Reply 消息。

该算法能够获得较好的性能：能够实现诸进程对共享资源的互斥访问；能够保证不发生死锁，因为在进程-资源图中没有环路；不会出现饥饿现象，因为对共享资源的访问是按照邮戳时间排序的，即按照 FCFS 原则服务的；每次对共享资源访问时，只要求发 2(N-1) 个消息。图 9.13 说明了进程在访问共享资源时的状态转换。

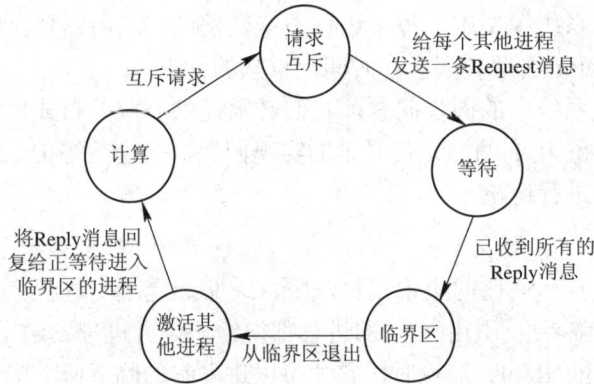

图 9.13　进程在访问共享资源时的状态转换图

为了说明该资源的功能，先考虑一个只有三个进程 P1，P2，P3 的系统。假定 P1 和 P3 要访问共享资源，P1 发送一 Request(10，1)消息给 P2 和 P3，P3 也发送一 Request(4，3)消息给 P1 和 P2。P2 在收到 P1 发来的 Request 消息后，应立即返回 Reply 消息；P1 收到 P3 发来的 Request 消息后，将 Request(4，3)中的邮戳时间与自己发送消息的邮戳时间比较后，也应立即发回 Reply 消息。反之，当 P3 收到 P1 发来的 Request(10，1)消息后，则将该消息排在队列上，暂不回送响应。当 P3 收到 P1 和 P2 的响应后，便可进入临界区。

该算法也存在这样两个问题：第一，每个要求访问共享资源的进程必须知道所有进程的名字，因此一旦有新进程进入系统，它就将通知系统中所有进程，这在分布式系统中是难以实现的；第二，如果系统中有一个进程故障，则必然会使发出 Request 消息的进程无法收到全部响应，从而使算法失效。因此，系统还应该具备故障检测与恢复功能，才能保证算法的正确应用。

3．令牌传送法

1) 令牌传送法的基本原理

为了实现进程互斥，在系统中设置了象征存取权利的令牌(Token)。令牌本身是一种特定格式的报文，通常只有一个字节长，它不断地在由进程所组成的逻辑环(Logical Ring)中循环。环中的每一个进程都有惟一的前趋者(Predecessor)和惟一的后继者(Successor)。这样的逻辑结构并不意味任何特定的物理拓扑。

当逻辑环中的令牌循环到某进程并被接收时，如果该进程希望进入其临界区，它便保持该令牌，进入临界区。退出临界区时，又把令牌传送给后继进程。如果接收到令牌的进程并不要求进入临界区，便将其令牌传送给后继站。由于逻辑环中只有一个令牌，因而每次也只能有一个进程临界区，实现了进程互斥。

2) 令牌传送法的性能及基本要求

利用令牌传送法实现进程互斥所需的消息数目是不定的。因为不管是否有进程要求进入其临界区，令牌总是在逻辑环中循环。当逻辑环中所有进程都要求进入其临界区时，平均每个进程访问临界资源只需一个消息。但如果在令牌循环一周的时间内，只有一个进程要求进入其临界区，则等效地需要 N 个消息(N 是逻辑环中的进程数)。即使无任何进程要求进入临界区，仍需不断地传送令牌。在令牌传送法中，存在着自然的优先级关系，即上游站具有更高的优先级，它能优先进入临界区。如同 FCFS 队列一样，环路中的进程可依次进入自己的临界区，因而不会出现饥饿现象。

使用令牌传送法时，必须满足下述两点要求：

(1) 逻辑环应能够及时发现环路中某进程失效或退出以及通信链路的故障。一旦发现了这种进程或故障，便应立即撤消该进程，并重构逻辑环。

(2) 必须能保证逻辑环中在任何时候都有个令牌在循环。一旦发现令牌丢失，应立即选定一个进程来产生新令牌。

9.9　分布式系统的资源管理

资源的调度和管理是操作系统的一项主要功能。单机操作系统通常采用一类资源由一个管理者来管理的集中式管理方法。但在分布式系统中，系统的资源分布于系统的各台计算机上，这时采用一类资源归一个管理者来管理的办法往往性能很差。假定各台计算机的存储资源都由位于某一台计算机上的存储管理者来管理，那么不论谁申请存储资源，即便申请自己所在计算机上的存储资源，都必须发信给存储器管理者，这就增加了系统开销。此外，存储管理者还必须保存系统中各台计算机存储资源的分配信息，这将花费管理者较多的存储资源。特别是当存储管理者所在的那台计算机失效时，系统将很可能因没有存储管理者而瘫痪。由此可见，分布式操作系统如采用集中式管理资源，不仅开销大而且坚定性差。分布式操作系统采用一类资源有多个管理者的分布式管理方式。例如，系统中有若干个位于不同计算机上的文件管理者，他们可以共同管理，也可以分别管理系统中的文件。

分布式管理方式又可分为集中分布式管理和完全分布式(也称分散)管理两种方式。采用集中分布式管理，一类资源由多个管理者来管，但每个具体资源只存在一个管理者对其负责。比如上述的文件管理，尽管系统有多个文件管理者，但每个文件只依属于一个文件管理者。换言之，在集中分布管理方式下，使用某个文件必须仅需通过一个文件管理者。然而，如果一个文件有若干副本，则这些副本受管于不同的文件管理者。为了保证各副本的一致性，当一份文件在修改时，其余各副本应被禁止使用。因此，当一个文件管理者接到使用文件的申请时，只有与该文件其他副本的管理者进行协调，才能决定是否让申请者使用文件。在这种情形下，一个具有多副本的文件资源是由多个文件管理者共同管理的。我们把这种一个资源由多个资源管理者共同来管的方式称为完全分布管理方式。

分布管理方式与集中管理方式的主要区别是对同类资源采用多个管理者还是一个管理者。

集中分布管理方式让资源管理者对他所管理的资源拥有全部控制权，而完全分布管理方式只允许资源管理者对资源拥有部分控制权。采用集中式管理时，一类资源只有一个管理者，他控制这类全部资源。采用集中分布管理方式时，一类资源由多个管理者来管，但每一个资源只受控于一个管理者。采用完全分布管理方式时，不仅一类资源存在多个管理者，而且这类中每个资源都由多个管理者对其控制。

集中分布管理方式较易实现，因为每个管理者管理资源的方式与集中管理方式基本相同。完全分布管理方式的实现比较复杂。为了保证系统的坚定性，对某些资源(如共享文件)必须采用完全分布管理方式。从两种管理方式的角度来考虑，资源可划分为两类：一类是与处理机紧密相联的资源，另一类是与处理机关系不太密切的资源。对前一类资源，如存储资源、显示器以及与一台计算机相连的打印机等，当与它们相连的处理机失效时，这些资源也就不能使用了。对于这一类资源，往往采用集中分布管理方式。资源的管理者就在被管理的资源相连的那台计算机上。对于后一类资源 (如多副本文件、与多台处理机相连的打印机等)，当一台处理机失效时，通过别的处理机仍可使用这类资源。对于这一类资源，往往采用完全分布管理方式。因此，一般说来，一个分布式操作系统往往兼有两种管理方式。

由于分布式操作系统中对一类资源有多个资源管理者，因此申请资源的过程就与集中管理方式很不一样。在分布管理方式下，一个申请者先向某个管理者提出申请，当申请者得知暂时不能获得所需资源后，应向另一个管理者提出申请。这样，有可能出现如下现象：申请者 A 向资源管理者 R1 申请资源，R1 的资源不空，从而 A 转向资源管理者 R2；此时 R1 的资源被释放，且正逢另一个申请者 B 向 R1 申请，因而 B 获得资源。再看 A 的情形，A 向 R2 申请资源又被拒绝；而当 A 第二次向 R1 申请资源时，R2 的资源恰好空了，但又被另一申请者 C 占用了。自然 R1 仍不能满足 A 的要求，因为它的资源已被 B 占用。如此下去，B 和 C 不断地从 R1 和 R2 处获得资源，使用资源，归还资源，而 A 交替地向 R1 和 R2 提出申请，却永远得不到资源。这种现象和死锁不同。

当发生死锁时，一定有一个资源被无限期地占用而得不到释放。而现在的情形是，每个资源占有者都在有限的时间内释放他所占有的资源，但是仍然存在有的申请者永远得不到资源的现象，我们把这种现象称为"饿死"。在完全分布管理方式下，资源的分配是通过几个管理者协商而定的。如果协商的原则定得不好，也有可能产生"饿死"现象，即某个申请者经过每次协商后都得不到所要的资源。因此，设计分布式操作系统时，不仅要考虑如何防止死锁，还要考虑如何避免"饿死"。

由此看来，资源分配算法应满足如下条件：如果任何资源的占有者总能在有限的时间内释放所占用的资源，则任何资源的申请者总能在有限时间内获得所需的资源。

9.10　死　锁　处　理

分布式系统中的死锁问题与单机系统类似，只是更为复杂，原因是所有与死锁有关的信息都分布在多台机器上。有些人把分布式死锁分为两类：通信死锁与资源死锁。实际上也没有这个必要，因为与通信死锁有关的信道、缓冲区等也是资源，所以完全可以将其归并到资源死锁中。

对死锁问题的处理通常采取如下的策略：

(1) 鸵鸟算法(不考虑死锁问题)。

(2) 死锁检测(允许死锁发生，检测并恢复)。

(3) 死锁预防(静态地使死锁在结构上不可能发生)。

(4) 死锁避免(通过精心分配资源，避免死锁)。

1．死锁举例

在两段加锁协议中，某一事务请求为一数据项加锁时，如果该数据项已被别的事务加了锁，该事务必须等待。如果这种等待不加控制，就有可能出现死锁。

例如，在一个分布式事务处理系统中，有三个处理机分别运行三个事务 T1、T2 和 T3：

T1	T2	T3
BEGIN—TRANS	BEGIN—TRANS	BEGIN—TRANS
Read x	Read y	Read z
Write Y	Write z	Write x
END—TRANS	END—TRANS	END—TRANS

上面三个事务，它们各自执行读操作，为此，它们分别对数据项 x、y、z 进行读加锁。接着它们又都开始执行写操作。T1 要求对 y 实施写加锁，T2 对 z 实施写加锁，T3 对 x 实施写加锁，但由于 y、z 和 x 已被 T1、T2 和 T3 进行了读加锁，因此 T3 要等待 T2 释放对 y 的读加锁，T2 要等待 T3 释放对 z 的读加锁，T3 要等待 T1 释放对 x 的读加锁。但是根据两段加锁法规则，这三个事务在完成各自的写加锁之前不能释放已取得的读加锁，形成了循环等待的现象，即出现了死锁，死锁状态可用等待图来描述，如图 9.14 所示。

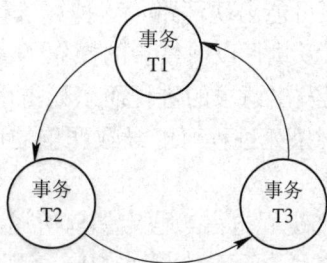

图 9.14　事务处理等待图

2．死锁的预防

在单机系统中，为了预防死锁的发生，我们可以通过破坏产生死锁的四个必要条件(互斥控制，非剥夺控制，逐次请求和环路条件)之一来实现。资源的顺序分配法就是破坏其中的逐次请求这一条件的。这一方法经修改后，也可适用于分布式系统。可在分布式系统中通过简单地定义全系统资源的序号，即整个系统的所有资源都被赋给一个惟一的序号。在任何节点上的进程，可以请求一个具有惟一序号 i(在任一节点上)的资源，仅当它不占有一个序号大于 i 的资源。这种算法不允许进程在占用一个序号大的资源时申请序号比它小的资源，因此不会产生环路。

事实上，有另外两种实际的算法，其基本思想都是在事务启动时为它指定一个时间戳。与许多基于时间戳的算法一样，在采用这种算法的系统中，任何两个事务都不能指定完全相同的时间戳。前面介绍的 Lamport 算法可以保证时间的惟一性(有效地利用进程号可以区分)。

第一种算法的基本思想是，进程要阻塞等待另一个进程正在使用的资源时，先检查它们的的时间戳哪个大(哪个更年轻)，如果等待进程的时间戳比被等待进程的时间戳更小(即更老)，就允许进程阻塞等待。按照这种算法，沿任何等待链、时间戳都是增加的，因此不可能出现环路。第二种算法的基本思想是，让等待进程的时间戳比被等待进程的时间戳更大(即更年轻)时允许进程阻塞等待。按照这种算法，沿任何等待链、时间戳都是不断减少的。等待-死亡死锁预防算法如图 9.15 所示。

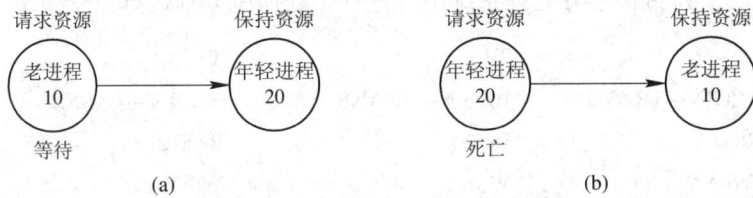

图 9.15　等待-死亡死锁预防算法

尽管上述两种算法都能预防死锁，但是为年轻进程指定高的优先级更明智。这些进程的执行时间较长，占用的系统时间较多，而且可能占用较多的资源。对于被杀死的年轻进程可能会成为系统中最老的一个，这样的选择就消除了饥饿。考虑两种情况：图 9.15(a)，老进程请求年轻进程占有的资源；图 9.15(b)，年轻进程请求老进程占有的资源。第一种情况允许进程等待，另一种情况就要将进程杀死。假定确定第一种死，第二种等待，接着杀死试图使用新进程占用的资源的老进程，这种方法的效率不高。这两种情况下，箭头总是指向事务号增加的方向，因此不可能出现环路。这种算法称为等待-死亡算法。

一旦使用事务的机制，就可以执行以前禁止的操作了：从正在运行的进程中抢占资源。实际上是在发生冲突时，不杀死发出请求的进程而杀死占用资源的进程，没有使用事务时，由于进程可能修改过文件，直接杀死进程可能导致严重的后果。但使用事务后，杀死事务的这些后果便魔术般地消失了。

对于图 9.16 中的情况，允许进程抢占。假定如前所述，系统不允许年轻进程抢占老进程，那么，应是图 9.16(a)标为抢占，而不是图 9.16(b)。我们将图 9.16(b)标为等待。这种算法称为负伤-等待算法，这是假定一个事务负伤(实际上是被杀死)，另一个事务等待而得名的。

如果一个老进程请求的资源被年轻进程占用，老进程就可以抢占年轻进程的资源，这样对应的事务也就被杀死了，如图 9.16(a)所示。年轻进程可能会立即再次启动，并试图获得资源，而被迫等待，如图 9.16(b)所示。该算法与等待-死亡算法比较，情况有所不同：在等待-死亡算法中，如果老进程想要一个年轻进程的资源，老进程必须等待，但年轻进程想要老进程的资源就会被杀死。被杀死的进程会再次启动，并再次被杀死。在老进程释放资源之前，这个循环要进行多次。对负伤-等待死锁预防算法，则不会出现这种情况。

图 9.16　负伤-等待死锁预防算法

习　　题

1. 指出分布式系统相对于集中式系统的优点和缺点。

2. 微内核相比强内核有哪些优点？

3. 什么是系统的透明性？为什么说它是分布式系统的一个主要设计目标？分布式系统的透明性表现在哪几个方面？

4. 什么是分布式系统？它与计算机网络系统的根本区别是什么？它与集中式计算机系统的主要区别是什么？

5. 在分布式系统中如何检测硬件故障？

6. 分布式操作系统在设计上有何特点？

7. 分布式操作系统的结构由几部分组成？

8. 什么是客户/服务器模式？分布式系统为什么可以采用这一模式？

9. 在客户/服务器模式下，客户与服务器通信过程中如何进行寻址？

10. 在资源管理上，集中管理方式、集中分布管理方式和完全分布管理方式各有何特点？各适合于何种场合？

11. 什么叫死锁？什么叫饿死？在分布式系统中为什么会出现"死锁"和"饿死"的现象？

第 10 章　应用开发篇

现代操作系统不仅仅是一个单一的管理系统硬件和软件资源的系统软件，更是一个大的软件工具箱，它们大多数都提供了非常丰富的工具。通过前面的学习，可以看出操作系统不但是理论性很强的课程，而且也是技术性和实践性很强的一门课程。掌握操作系统向用户提供的主要实用程序、库函数、系统接口以及软件开发工具，对于熟练地在操作系统环境下开发系统软件和应用软件都是十分重要的，也是提高软件开发水平和能力的关键。

本章的主要内容包括：

- UNIX Shell。
- Shell 程序设计。
- UNIX 实用程序。
- UNIX 程序设计。
- Windows 应用程序设计。

10.1　UNIX　Shell

10.1.1　Shell 基础

1. Shell 的历史

Shell 是 UNIX 操作系统的外壳，是一个功能强大的命令处理器，它是用户与操作系统交互的界面。它接受用户输入的命令，分析、解释和执行该命令，并将结果显示出来。由于 Shell 发展的历史问题，有两种主流的 UNIX 操作系统，分别是 Berkeley UNIX 和 System V UNIX，因此在 UNIX 系统中也有多种风格的 Shell 程序存在，最常见的有以下三种。

(1) Bourne Shell(B Shell)：是现代 UNIX 系统中的标准 Shell，通常会把它设置成系统默认的命令解释程序，它的命令提示符是"$"。B Shell 是由 AT&T 贝尔实验室的 S.R.Bourne 于 1975 年开发的，它的程序名为 sh。

(2) C Shell：是由加州伯克利分校的学生 Bill Joy 开发的，其程序名为 csh(由于它的编程类似于 C 语言形式而得名)，它的提示符是"%"。

(3) Korn Shell(K Shell)：是 B Shell 的一个扩展集，在 B Shell 中编写的脚本程序无需修改即可在 K Shell 中运行，它的提示符是"$"。

不同的 Shell 程序虽然在使用方式和命令格式上有所差异，但是它们的功能是类似的，都可以完成用户命令的解释和执行，完成用户环境的设置，完成 Shell 程序的设计与执行。总的来说，C Shell 提供了某些比 B Shell 更高级的特性，包括历史命令、别名机制和作业控制。C Shell 的控制结构和运算符与 C 程序语言语言十分相似。而 B Shell 是三个 Shell 中使用最常用的，几乎所有的 UNIX 操作系统都将 B Shell 作为它们的标准配置；此外，它比其他两个 Shell 要小，执行效率也高。K Shell 保留了 B Shell 的全部功能，并且吸取了 C Shell 的许多高级功能。

2．Shell 的基本功能

Shell 的功能如图 10.1 所示，主要包括：

(1) 命令的解释执行：接受用户的命令输入，解释分析命令含义，执行用户命令。

(2) 环境变量的设置：对用户工作环境进行修改和设定，根据规则选择相关的环境变量。

(3) 输入/输出的重定向：完成对系统标准流的修改。

(4) Shell 程序语言的设计：使用 Shell 的脚本语言完成较为复杂的命令执行过程或用户环境设置过程。

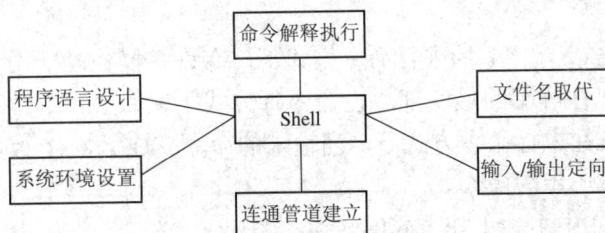

图 10.1　Shell 的基本功能

10.1.2　正文全屏编辑程序 vi

在任何一个操作系统中，都会给用户提供一种或者多种程序编辑工具，利用这些编辑工具可以完成文本文件、数据库文件、源程序文件的编写与建立工作。尽管目前许多可视化的编辑工具已经将编辑功能集成在同一个系统中，但是专用的编辑工具仍然是用户开发软件的好帮手。

在 UNIX 系统中可以支持多种编辑工具，其中有些编辑器的功能简单、界面简陋，而有些功能强大、界面友好。常见的编辑器有：

(1) ed：是早期 UNIX 系统中的行编辑器。

(2) ex：是 ed 的替代产品，也是一个行编辑器。

(3) edit：是 ex 的简化版本。

(4) vi：是全屏幕编辑器，是在 ex 上发展改进而来的编辑工具。

(5) emacs：是可视化的文本编辑工具，是现代 UNIX 系统中配置的功能强大的编辑工具。

(6) xemacs：是可视化的编辑工具，又有图形用户界面，与 emacs 编辑工具功能相似，也是现代 UNIX 系统中配置的编辑工具。

这里将重点介绍全屏幕编辑器 vi。

1．vi 的工作方式

vi(visual interpreter)为使用者提供了一个全屏幕的窗口编辑平台，窗口中一次可以显示一屏的编辑内容，并可进行上下屏的滚动。vi 是全屏幕编辑程序，比 ed 编辑器更友好，更实用。使用 vi 编辑文件有大小限制，这个限制随 UNIX 版本不同而不同。

2．命令行方式中的常用命令

在 vi 环境中，用户可以在三种方式下工作。这三种方式可以帮助用户完成文本输入、文本保存和文本修改等工作。这三种工作方式如下：

(1) 命令行方式。它是用户进入 vi 后的初始状态。在此方式下，可以输入 vi 的命令，使得 vi 完成不同的工作处理(例如，光标移动、删除字符、删除单词等)；也可以进行选定内容的复制、写盘及退出 vi 等工作。从命令行方式下可以切换到其他两种工作方式，在其他两种工作方式下也可以返回到命令行方式。

(2) 插入编辑方式。在插入编辑方式下，可以在编写的文件中添加或者输入文本及程序代码。对于初学者来说应该注意的是，插入编辑方式并非是进入 vi 的初始状态。必须使用 vi 的"i"、"a"等命令进行切换。当完成插入操作后，必须按 Esc 键结束插入编辑方式返回命令行方式。

(3) 末行命令方式。在 vi 的末行命令方式下，有许多操作功能类似于命令行方式，只是它的命令输入出现在屏幕的最底部。在命令行方式下输入"："、"/"、"？"等字符可以进入末行命令方式。在末行命令方式下，当输入的命令完成后，vi 控制程序会自动返回到命令行方式下等待下一步的操作。

图 10.2 所示为 vi 中多种工作方式的转换关系。

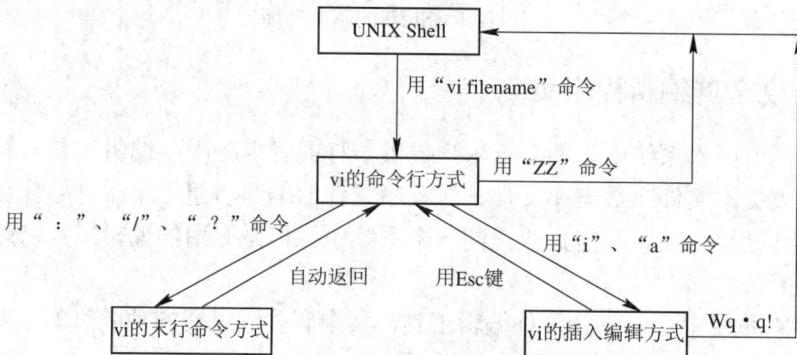

图 10.2　vi 中多种工作方式的转换关系

3．命令行方式的常用命令

在 vi 的命令行工作方式下，可以输入相关的操作命令完成对文本的编辑、调整。vi 中可以使用的命令列表如下。

(1) 以字符为单位移动(包括垂直方向)光标：

操　作　符	操　作　结　果
h(←)	光标左移一个字符
i(→)	光标右移一个字符
k(↑)	光标上移一行
j(↓)	光标下移一行

(2) 以行为单位移动光标：

操 作 符	操 作 结 果
-	光标移至上一行的行首
+或者 RETURN	光标移至下一行的行首
G	光标移至文件最后一行
nG	光标移至文件第 n 行行首

(3) 行首尾移动光标：

操 作 符	操 作 结 果
0	光标移至当前行行首
^	光标移至当前行中第一个非空白字符处
$	光标移至当前行行尾

(4) 以屏幕为单位移动光标：

操 作 符	操 作 结 果
H(Hight)	光标移至屏幕的最上行(顶部)
M(Middle)	光标移至屏幕的中部
L(Low)	光标移至屏幕的底部
Z	将当前行置于屏幕的顶部
^F	下移一屏
^B	上移一屏
^D	下移半屏
^U	上移半屏
^d,^f	屏幕向下(向前)滚动
^u,^b	屏幕向上(向后)滚动

(5) 以单词、句子和段落为单位移动光标：

操 作 符	操 作 结 果
w	光标右移一个单词
nw	光标右移 n 个单词
e	光标移至下一个单词的尾字符处
b	光标左移一个字符
nb	光标左移 n 个字符
)	光标移至下一个句子的开始处
(	光标移至前一个句子的开始处
}	光标移至下一段落的开始处
{	光标移至前一段落的开始处

(6) 删除命令:

操 作 符	操 作 结 果
x	删除光标所在位置的字符
dw	删除光标所在位置的单词
db	删除光标位置前的一个单词
dd	删除光标所在的行
D(d$)	删除至行尾部
d0	删除至行首部
dG	删除至文件尾部
4dd	从光标所在的行开始删除 4 行内容
d1G	从当前行一直删除到第一行

(7) 缓冲区操作:

操 作 符	操 作 结 果
Y	将当前行拷贝至编辑缓冲区
5Y	将从当前行开始的 5 行内容拷贝至编辑缓冲区
p	将编辑缓冲区内容拷贝至光标后一行
P	将编辑缓冲区内容拷贝至光标前一行

(8) 输入方式:

操 作 符	操 作 结 果
i(或 a)	在光标之前(或之后)插入
I(或 A)	在当前行首(或行尾)插入
o(或 O)	在当前行下(或行上)面插入

(9) 修改命令:

操 作 符	操 作 结 果
r 字符	替换光标所在的字符,如 ra 的功能是用字符 a 替换光标所在的字符,3rabc 的功能是用 abc 3 个字符替换自光标起的 3 个字符
R 输入串	用输入串一对一地替换自光标位置起的任意多个字符,直至按 Esc 键退出替换命令
s	替换指定数目的字符,如 3sxyz 的功能是用 xyz 替换自光标起的 3 个字符,按 Esc 键退出替换命令,但输入部分可以多于 3 个字符,也可以少于 3 个字符
S	替换指定数目的行,如 3S 的功能是删除自当前行开始的 3 行,并用输入的若干正文行替换这些行,按 Esc 键退出替换命令
cw	用输入串替换光标处的 1 个单词
c3w	用输入串替换光标处的 3 个单词
cc	用输入行替换当前行
3cc	用输入行替换自当前行开始的 3 个行
C	用输入串替换自光标起至行尾的所有字符
~	将光标处的字母由小写改成大写,或者由大写改成小写

(10) 其他操作：

操 作 符	操 作 结 果
u	取消上一次操作命令
.	重复上一次操作
^G	显示当前编辑文件的相关信息
ZZ	写盘并退出编辑
J	下一行拼接在当前行之后

4．末行命令方式下的常用操作命令

在 vi 的末行命令方式下也可以使用一些操作命令，完成对编辑文本的控制和管理。末行方式下的命令与 vi 的命令行方式下的命令形成互补。命令行方式的命令更多的是对编辑文本在屏幕上的现实格式和位置的修改与调整，而末行命令方式的命令则更多的是对文本全文或者文件本身的操作。末行命令方式下的操作命令列表如下。

(1) 搜索命令：

操 作 符	操 作 结 果
/exp	从光标处向前寻找字符串 exp
?exp	从光标处向后寻找字符串 exp
n	原方向重复前一搜索命令
N	反方向重复前一搜索命令

(2) 字符串替换：

操 作 符	操 作 结 果
:s/old/new	将当前行中碰到的第一个字符串 old 改为字符串 new
:s/old/new/g	将当前行中碰到的所有字符串 old 改为字符串 new
:3,9s/old/new	对第 3～9 行的内容完成 ":s/old/new" 的操作
:%s/old/new	对所有行的内容完成 ":s/old/new" 的操作
:%s/old/new/g	对所有行的内容完成 ":s/old/new/g" 的操作

例如：

:1,$s/ten/10/g 的功能是在整个文件中用字符串 10 替换字符串 ten。

:1,$s^\<ten\>/10/g 的功能是仅对单词 ten 替换成 10。

(3) 行编辑命令：

操 作 符	操 作 结 果
:[地址]d	删除地址部分指定的文件行，地址的定义如下所述
	例如：:., -10 d 的功能是删除当前行至当前行上面 10 行(供 11 行)
:[地址]m[单地址]	将地址部分指定的文件行移到起始位置为单地址的地方
	例如：:10，20 的功能是将第 10 行移到第 20 行之下

地址的定义：在命令中如果不指定地址，则仅仅对当前行操作，否则该命令在指定的地址范围内执行。地址格式举例：

15   第 15 行

5，15   从第 5 行至第 15 行

1, .	从第 1 行至当前行
. , $	从当前行至最后一行
. , +25	从当前行至当前行后 25 行
1, $	文件中的所有行
%	同上，但并非所有 vi 版本都支持

(4) 读写文件：

操 作 符	操 作 结 果
:w	将当前正在编辑的文件存盘
:w file	将当前正在编辑的文件写到文件 file 中
:w >> file	将当前正在编辑的文件内容写到文件 file 原有内容之后
:w! file	强行进行写盘文件 file 的动作
:r file	将文件 file 读入编辑缓冲区

(5) 定义缩写方式：

操 作 符	操 作 结 果
:ab 缩写字符串　长字符串	例如：:ab pq priority queue 的功能是将串 pq 定义为串 priority queue 的缩写
:ab	显示所有的缩写式的命令
:una	取消一个缩写
	例如：:una pq 的功能是取消 pq 的缩写

(6) 设置参数命令：

操 作 符	操 作 结 果
:set nu	设置编辑时在每一行前面显示行号
:set nonu	设置编辑时在每一行前面不显示行号
:set all	显示全部的环境参数设置
:set list	显示不可见字符
:set showmode	在输入方式下时，vi 在屏幕右下方提示 INPUT MODE
:set autoindent	设置自动缩进格式
:set ignorecase	设置字符串搜索时不区分大小写
:set sm(showmatch)	设置显示匹配
:set nu	设置编辑时在每一行前面显示行号

5．进入插入编辑方式的常用操作命令

在 vi 中可以有多种方式从命令行方式或末行命令方式进入到插入编辑方式中，常用的命令有：

a	将命令行添加到光标之后
A	将文本添加到行尾
cw	修改一个单词
c3w	修改三个单词
i	将文本插入在光标之前

　　I　　将文本插入行首

　　o　　在光标所在行下面插入新行

　　O　　在光标所在行上面插入新行

　　r　　在光标所在位置替换一个字符

　　R　　替换若干字符

6. 在 vi 程序中执行 Shell 命令

如果用户在 vi 程序中想执行一条 Shell 命令，可输入命令:!Shell；在 Shell 命令执行完成之后，按回车键返回 vi。如果要执行多个 Shell 命令，可以在 vi 内再次启动 Shell，输入:sh 或者:!sh。特别有意思的是，可以将 vi 的命令和执行 Shell 命令结合起来使用，如:$r !date。也可以通过在 vi 中执行 Shell 命令对编辑缓冲区中的数据进行处理，如 n!!sort。

10.2　Shell 程序设计

10.2.1　Shell 变量及其赋值

与 C 等高级语言类似，在 Shell 程序中也能定义和引用变量。Shell 程序中的变量称为 Shell 变量。Shell 变量可以分为三种类型，即用户定义变量、系统定义变量和 Shell 定义的变量。

1. 用户定义变量

用户定义变量必须以字母或下划线开始，可以包括字母、下划线和数字的字符序列。用户定义的 Shell 变量能用赋值语句置初值或者重置值。例如 UNIX、ux_1、a123 等都是合法的 Shell 变量。变量赋值和申明可以同时进行。举例如下：

　　UNIX=SystemV　表示将字符串"SystemV"赋给名为 UNIX 的变量

　　Val=123

但是要注意的是等号两边不能有空格。一般来说，用户定义的 Shell 变量的值都是字符串。在 C Shell 中对 Shell 变量赋值的方法与 B Shell 相反，等号两边要加空格，即如下所示：

　　set UNIX =　　　SystemV

当赋给变量的值中包含了空格、制表符或者换行符时，则一定要用引号括起来，但是引号不是值的一部分。如下所示：

　　OS="Operating System"

　　set tatill = "UNIX SystemV"

2. 系统定义变量

在用户登录时，Shell 对一些变量进行说明和初始化，这些变量在整个用户工作环境中都起作用，因此也叫做环境变量。

下面先来看一个 K Shell 环境变量设置的.profile 文件：

　　PATH=/usr/bin:/etc:/usr/sbin:/usr/lib:$HOME/bin:/sbin:/bin

　　MAILCHECK=1

　　MAILPATH=/usr/spool/mail/user/

```
MAIL=/usr/spool/mail/user/
MAILMSG="you have new mail/a"
export PATH MAIL MAILCHECK MAILPATH MAILMSG
export PS1= '$pwd>'
export TMOUT=200
export EDITOR=/usr/bin/vi
if test –s "$MAIL"
then echo "$MAILMSG"
fi
set –o ignoreeof
set –o noclobber
set –o vi
alias dir= "ls–l"
alias cls= "clear"
```

这是一个实际中可以使用的".profile"文件,对于它的引用可以确定一种 K Shell 的工作环境。

常用的系统定义变量有:

(1) HOME——存放用户的主工作目录。用户主工作目录由系统管理员确定,并存放在口令文件/etc/passwd 中。当用户登录到系统时,Shell 就从口令文件中获得用户主目录,并把它赋给 Shell 变量 HOME。

(2) PATH——命令查询程序的查询路径名。当用户键入一个不含有路径名的命令时,Shell 按照 PATH 变量所确定的目录顺序查找一个同名的可执行文件。

(3) PS1——Shell 的主提示符。一般 B Shell 的主提示符是"$"后跟一个空格,但是用户可以重置 Shell 变量 PS1 来改变主提示符。

(4) PS2——Shell 的辅助提示符。假如用户键入一个命令在一行内还没有结束,即使按了回车键 Shell 也不会执行。Shell 将在下一行首显示辅助提示符(缺省为符号">"),以要求另外的输入。

(5) MAIL——规定 mail 程序用来存储用户邮件的文件名,通常这个文件是/usr/mail/user,其中 user 是用户注册名。

(6) MAILPATH——用户的电子邮箱路径。

(7) MAILCHECK——检查新邮件的时间间隔,其缺省值为 600 s。

(8) TERM——存放终端的型号。

(9) CDPATH——cd 命令要查找的目录表。

(10) LD_LIBRARY_PATH——连接动态库时的搜索路径。

(11) LOGNAME——用户的注册名。

(12) SHELL——Shell 程序的路径名。

(13) TZ——时区信息。

(14) IFS——内部字段分隔符,通常是空格、制表符和换行符。

(15) PWD——当前工作目录变量。

(16) TMOUT——无命令输入时，Shell 退出等待的时间(以秒计)。

(17) EDITOR——系统默认的编辑器定义。

(18) HISFILE——记录历史命令的文件名。

3．Shell 定义的变量

Shell 定义的变量分为参数变量和状态变量两类，这类变量中的大部分只能被用户读取，而不能用普通方式对它们进行重置，因此也叫做只读 Shell 变量。

(1) Shell 参数变量如下：

$0　　　　命令名，在 Shell 程序内可以用$0 获得调用该程序的名字

$1,$2…　　Shell 程序的位置参数(C Shell 除了这种形式外，还可以使用$argv[n] 表示。)

$#　　　　位置参量的个数，不包含命令

$*　　　　所有位置参量，即相当于$1，$2，$3，…

$@　　　　与$*基本相同，但当用双引号转义时，"$@"还可以分解成多个参数

(2) Shell 状态变量如下：

$?　　　　上一个命令的返回代码，如果命令执行成功则返回真值，否则返回假值。

$$　　　　当前命令的进程标识数

$!　　　　Shell 执行的最近后台进程标识数

$-　　　　Shell 标志位组成的字符串，可以由 Shell 传递而来，或由 set 命令设置

4．引号机制

1) 单引号

单引号中任何字符(单引号本身除外)就是这个字符本身。

2) 双引号

双引号的作用与单引号相似，但是有几个字符还存在特殊的含义，它们是$、\、单引号、双引号和用于命令替换的反撇号。

3) 反撇号(重音符号或者反单引号)

任何一个命令行都可以放在反撇号里。包含在反撇号里的命令由 Shell 执行，使得命令的输入替换在反撇号里的命令包括反撇号本身，而反撇号中的特殊字符的含义不受影响，可以将其他程序的输出值给 Shell 变量赋值。

10.2.2　命令表与命令行

在 Shell 程序中，命令用符号";"分隔，或者用花括号或圆括号括起来，形成顺次执行的命令序列——叫做命令表。命令表可以用花括号括起来，构成复合命令，复合命令在结构上可以看成一个简单命令。用花括号括起来的命令组还将组内各条命令的 stdout 和 stderr 合并成一个流。用圆括号括起来的命令表，即(命令表)在子 Shell 中执行。其作用类似于{命令表}，也能合并命令表中各条命令的 stdout 和 stderr，但是当前 Shell 不是直接执行其中的命令，而是创建一个子 Shell 执行命令表中的命令。

在 Shell 的提示符下输入一个命令和参数并按下回车键后，Shell 将该命令整行读入，然后将其拆分为命令名和参数。若输入中包含了命令的完整路径，则试图运行该命令，否

则要先寻找是否有 Shell 函数对应此命令，然后再在 Shell 内部命令中寻找，若都没有找到，则再使用$PATH 中的路径名去寻找命令对应的可执行代码。

命令行的基本格式是：

      Command arguments

其中，command 是一个 UNIX 命令、程序、工具或者 Shell 脚本；arguments(参数)将送给可执行的代码。

10.2.3　流程控制命令

在 Shell 程序中，流程控制结构除了顺序结构，还有分支结构和循环结构。其中分支结构有 if 和 case 语句两种，而循环结构有 for、while 和 until 三种循环。

1．if 语句

虽然在 Shell 编程中可以使用一些特殊的命令分隔符实现简单的条件控制命令(例如&和||等)，但是在实际应用中，由于它们过于简单，因此不太适合复杂分支结构的构成。

1) 无分支条件语句：if–then 结构

    if [condition]

    then

        commands

        …

        last-command

    fi

说明：

在 Shell 编程中规定 if 语句以字符 fi 作为语句的结束。

与其他高级语言一样，当 if 语句括号中的[condition]条件为真时，在 then 与 fi 之间的所有语句都被执行；当条件不满足时，执行 fi 以后的语句。例如：

    if   [s# = 1]

    then

    cp $1 $HOME/user1

    fi

    vi $1

    exit 0

以上程序运行的结果是：如果条件为真，执行"cp"命令将文件"$1"拷贝到/home/user1中；否则，跳出 if 语句，执行下面的 vi $1 等命令。

2) 二分支条件语句：if–then–else 结构

    if   [condition]

    then

        true-command

        …

        last-true-command

```
    else
        false-command
            ⋮
        last-false-command
    fi
```

这种结构程序在执行时，会出现两个分支选择条件。当 if [condition]中的条件满足时，执行 then 下面的命令语句，执行完退出此条件语句；当条件不满足时，执行 else 下的命令语句，执行完退出此条件语句。例如：

```
    if [ s# = 1]
    then
        cp $1 $HOME/user1
        vi $1
    else
        echo "you must specify a filename.  Try again"
    fi
    exit 0
```

比起上一个无分支条件语句程序例子，此程序更加明确地说明了条件不满足时应该做什么(向用户提示"you must sepecify a filename. Try again")的具体工作。

3) 三分支条件语句：if-then-elif 结构

```
    if   [condition_1 ]
      then
        command_1
    elif  [condition_2]
    then
        command_2
    elif   [ condition_3 ]
    then
        command_3
            ⋮
    else
        command_n
    fi
```

语句中 elif 是 else if 的缩写，是 else 和 if 语句的结合。理论上 elif 可以嵌套多层，但是根据 UNIX 版本的不同，实际有一定的嵌套限制。

2．case 语句(case-in 结构)

使用 case 语句可以实现编程中多选一的控制结构。case 语句的语法为：

```
    case word in
        pattern-1)    pat1－list1；；
```

```
            pattern-2)   pat2-list2;;
               ⋮
            *) default-list  ;;
      esac
```

说明：

(1) 命令中的 word 是即将与 case 中各匹配模式进行比较的变量，pattern-1、pattern-2…是匹配模式。

(2) 每个匹配模式命令的结束用"；；"符号表示，这样可以说明 case 语句的匹配已经完成，word 变量将不再与其他的模式进行匹配，所以"；；"符号类似于 C 语言中使用的 break 语句的功能。

(3) 在 Shell 的条件控制语句中可以使用各种匹配符进行语句描述，遵循的原则与正则表达式中的通配符原则相同，如"＊"可以匹配任何多个字符的字符串，"？"可以匹配任意单一字符，等等。

例如：

```
      case $# in
            1) cat >> $1  ;;
            2) cat >> $2 < $1;;
            *) echo 'default…'
      esac
```

3．循环语句

循环语句在高级语言中的作用是对某一段程序内容进行参变量修改的重复执行。在 Shell 中也有类似的作用，循环语句可以完成对某些命令的重复执行。

1) for 循环：for-in-done 结构

for 循环的语法格式为：

```
      for variable
      in list-of-values
      do commands
            ⋮
            last-command
      done
```

说明：

(1) Shell 扫描 list-of-values，将其中的第一个字存在循环变量(variable)中，然后执行 do 与 done 之间的命令(即循环体)。

(2) 再将第二个字保存在循环变量(variable)中并再次执行循环体，依次循环。

(3) list-of-values 包含着循环体中命令被执行的次数，同时还要将循环变量中存放的内容一一列出，这是与其他语言的循环语句使用不同的地方。

(4) 在 for 循环中还可以根据需要进行嵌套。

2) while 循环：while-do-done 结构

前面介绍的 for 循环的循环次数是由 list-of-values 值的个数所决定的，而 while 循环与 for 循环不同的是只要循环条件为真就继续循环下去。

while 循环的语法结构为：

```
while [ condition ]
do
        commands
        ⋮
        last – command
done
```

说明：

(1) 从功能上讲，可以把 while 循环语句看作是 for 循环和 if 条件语句的功能组合形式。while 循环语句以一个命令表的出口状态作为判别条件，以此来判断循环体中的命令是否执行。

(2) 在完成 while 循环时，通常首先要执行一个 test 命令，根据 test 的执行结果决定下一步循环体是否需要执行。如果 test 的返回值为真，再执行 do 与 done 之间的内容；否则不执行循环体并结束循环。

但是，要特别注意的是，在 while 循环中要设计好 condition 的出口状态，也就是说这一出口状态应该是能够在程序执行中被改变的，否则会出现程序的死循环状态。

3) until 循环：until-do-done 结构

until 循环与 while 循环类似，所不同的是 until 循环只要循环条件为假(非 0 值)，就执行循环体，其语句格式如下：

```
until    [ condition ]
do
        commands
        ⋮
        last-command
done
```

说明：

(1) 如果在第一次执行时，循环条件就为真，则循环体可能会永远不执行。

(2) 必须在程序中设置能够使条件为"真"的因素(注意：对 while 来讲是判别条件为"假"，而 until 是判别条件为"真")，否则该循环会成为一个无限循环的死循环程序。如果出现这种问题，用户必须用系统的 kill 命令去终止这个进程从而终止循环。

4．break、continue、exit 和 return 语句

• break[n]

从 for 或者 while 循环中退出，n 参数说明要退出 n 层循环。

• continue

重新跳转到循环的开始，进行 for 或者 while 循环体的下一次迭代。

- exit[n]

以状态值 n 退出 Shell，如果缺省，最后一条命令执行的状态就是退出状态值。

- return[n]

以返回值 n 退出一个函数，如果 n 缺省，则返回值是最后一条命令执行的状态值。

10.2.4　命令替换与参数替换

1．命令替换

命令替换与输入/输出重定向有点相似，但是命令替换是用一条命令的输出作为另一条命令的参数。例如命令：

　　　$ grep 'wc-l myfiles'　 *

该命令首先计算文件 myfiles 的行数并将其作为 grep 命令的一个参数，然后 grep 命令寻找当前目录中所有包含该数字的文件。

在 Korn Shell 中除了支持 Bourne Shell 的标准形式外，还支持下列形式：

　　　$ (command-list)

其中 command-list 是用分号作为分隔符的命令表。这时在括号中可以随便使用标准的引用格式，而不是使用\去取消引号的特殊意义。同时，该表达式还可以嵌套，即在$()内部可以再次使用$()表达式。例如，'ls'可以用$(ls)替换，'ls；who'可以用$(ls；who)替换。

2．参数替换

参数替换时 Shell 变量的值取决于另一个 Shell 变量的值，有以下几种参数替换的方法：

- ${parameter-word}

如果变量 parameter 已经置值，则取该值，否则取值为 word。参数 parameter 可以是用户定义变量、系统定义变量、位置参数或状态变量。例如：

　　　DIR=${1-$HOME}

当存在位置参数时，变量 DIR 取值为$1，否则 DIR 取值为用户的主目录。

- ${var = word}

如果变量 var 没有置值，则 var 置为 word，最终的替换值也为 word，如 var 已经置值，var 的值就作为替换的值。例如：

　　　cd ${temp = /tmp }

　　　rm –r *

即使变量 temp 没有置值，将只删除/tmp 中属于自己用户的那些文件。

- ${parameter ? message }

如果变量 parameter 已经置值，则取该值，否则在标准错误输出中打印出信息 message，返回 FALSE 代码。如果 message 缺省，则打印出标准信息。

- ${parameter + word}

如果变量 parameter 已经置值，则置换值取 word，否则置换值为空。两种情况都不影响原来 parameter 的值。例如：

　　　V=${flag + value }

如果变量 flag 已经置值，变量 V 取值为 value，否则变量 flag 和 V 都为空。

10.2.5　Shell 过程的运行

运行 Shell 程序的方法有以下三种：

(1) sh < uc：即在当前 Shell 下再运行一个子 Shell 程序，该 sh 程序不是从标准输入读入的命令串，而是用输入转向从文件 uc 中读入命令串，并解释执行 wholwc-l 命令。

(2) sh uc：与大多数 UNIX 命令(如 cat)一样，sh 程序也可以从参数中接受文件名 uc，并从这个文件中读取命令串。

使用以上两种形式执行 Shell 程序时还可以带有调试参数。

(3) 如果对经常要执行的命令文件，用上述两个方法执行还不方便的话，可以采用如下的步骤：

① 为命令文件建立执行许可：chmod a+x uc。

② 在要执行该命令文件时，直接输入 uc 即可。

10.3　UNIX 实用程序

UNIX 中有数百个可以供用户使用的实用程序。本章按照命令的功能分类介绍 UNIX 系统最常用的命令和这些命令中的主要选项。

10.3.1　目录操作与文件操作命令

1．pwd(print working directory)——显示当前工作目录的路径名

pwd 命令用于显示用户当前所处的工作目录，工作目录又称为当前目录。该命令显示从根目录到当前所处目录的完整路径名。这是一个常用的不带参数的最简单的命令。

2．ls (list)——列出目录内容

格式：ls [-RadLCxmlnogrtucpFbqisf] [names]

说明：输出按字母顺序排序。

(1) -l　每个输出行显示一个项，显示方式由 10 个字符组成，其中第一个字符可以是：d(目录)，l(符号连接)，　b(块特别文件)，c(字符特别文件)，p(先进先出特别文件)，-(普通文件)。

(2) 余下的九个字符分三组，每组三位，分别指文件组、用户组中其他成员和其他所有用户的权限。在每组内三个字符分别表示读(r)、写(w)和执行(x) 权限。

(3) 对目录的"执行"权限是指在该目录中查找指定文件的权限。

例如，ls -l 的输出形式如下：

　　　-rwxrwxrwx 1 smith dev 10876 May 16 9:42 part2

从右往左看，可见当前目录下有一个名为 part2 的文件，文件内容最后一次被修改的时间为 5 月 16 日上午 9 时 42 分，文件含有 10 876 个字符或字节。文件主或用户所属的组为 dev，其注册名为 smith，数 1 表示文件 part2 的连接数为 1。

ls -F　标明是可执行文件(*)还是目录(/)。

参见：chmod，find

3．cp(copy)——拷贝文件

格式：　cp [-i][-p][-r] file1 [file2...] target

说明：

(1) cp　将 filen 拷贝到 target 中，filen 和 target 不能相同，如果 target 不是一个目录，则在它前面只可指定一个文件；如果是目录，则可指定多个文件。若 target 不存在，则 cp 创建一个名为 target 的文件；若 target 存在但不是一个目录，则它的内容被盖写；若 target 是目录，则文件被复制到该目录下。

(2) -i cp　将给出提示以确认是否将盖写一个已存在的 target-p 保留修改时间和权限方式。

(3) -r　若 filen 是目录，则 cp 将拷贝该目录及其所有子目录和这些子目录的文件，此时 target 必须是一个目录。

举例：cp file1 file2　将 file1 拷贝到 file2。

4．cat(concatenate)——串接并显示文件

格式：cat [-u][-s][-v[-t][-e] file...

说明：cat 将顺序读入每一个 file 并将其写至标准输出。

举例：

cat file

cat file1 file1 > file3　串接 file1 和 file2，并把结果写到 file3 中。

cat file1 file2 > file1　file1 中的原始数据丢失。

cat filename　显示文件 filename 的内容。

参见：cp, pg, pr

5．cd(change directore)——改变当前工作目录

格式：cd [directory]

说明：

(1) 若未指定目录，则以 Shell 参数$home 中的值作为新的工作目录。

(2) 若 directory 指定一个以"/"、"."或".."开头的完整的路径，则 directory 变成新的工作目录。

举例：cd /home/sys

参见：pwd

6．rm，rmdir(remove)——删除文件或目录

格式：

　　rm [-f] [-i] file...

　　rm [-r][-f] [-i] dirname...[file...]

　　rmdir [-p][-s] dirname...

说明：

(1) -f　使目录中的所有文件都被删去(不论文件是否写保护)，而且不提示用户。

(2) -r　递归地删除实参表中的所有目录和子目录，该目录和目录中的文件都被删除。

(3) -i　对删除任何写保护文件的确任是交互式的。

举例：

rm filename　删除文件 filename。

rmdir dirname　若目录 dirname 下的文件已被删除，则可删除目录。

7．mv(move)——移动文件

格式：mv [-f][-i] file1 [file2...] target

说明：

(1) mv 命令把 filen 移到 target，filen 和 target 可以具有不同的名字。若 target 不是目录，则在其前只可指定一个文件；若 target 不存在，则 mv 创建一个名为 target 的文件；若 target 存在但不是目录，则其内容被盖写，若 target 是目录，则把指定文件移到它下面。

(2) -i　当将盖写现有的 target 时，给出提示信息。

(3) -f　即使可能盖写现有的 target，也不加提示地移动文件。

举例：mv file1 file2　把文件 file1 改名为 file2。

参见：chmod，rm

8．mkdir(make directory)——建立新目录

格式：mkdir [-m mode] [-p] dirname...

说明：

(1) -m　允许用户给新目录指定要使用的方式，方式选择可在 chmod 中找到。

(2) -p　mkdir 在建立新目录 dirname 前先建立所有尚未存在的父目录。

举例：mkdir -p ltr/jd/jan

参见：sh，rm

9．chmod(change mode)——改变文件(和目录)的权限

格式：

chmod [-R] mode file...

chmod [ugoa] {+|-|=} [rwxlstugo] file...

权限任选项有：

u：用户；g：同组用户；o：其他用户；a：所有用户；r：读；w：写；x：执行；l：强制加锁。

举例：chmod +x filename　使文件 filename 变为可执行文件。

参见：ls

10．lp——在行式打印机上打印指定文件的内容，给出文件的纸面拷贝

举例：lp filename　打印文件 filename。

11．banner——在标准输出上以大号字母显示消息(词长可达 10 个字符)

举例：banner student　显示大号字母 student。

12．at，batch——在以后某个时刻执行命令

格式：

at [-f script] [-m] time [date] [+increment]

at -l [job...]

at -r job...

batch

说明：

(1) at 允许用户指定在什么时候执行，而用 batch 排了队的作业则在系统的负荷水平允许时被执行。

(2) -m　在作业完成后向用户发一邮件指出作业已结束。

(3) -r job　删除以前用 at 安排的指定 jobs。

举例：

at 8：45 am Jun 09 &ltcr>

command1 &ltcr>

command2 &ltcr>

输入 ctrl-d

batch &ltcr>

command1 &ltcr>

command2 &ltcr>

输入 ctrl-d

13. cut——剪下文件每一行中所选中的字数

说明：可用 grep 对文件进行水平方向的"裁剪"，或用 paste 对文件进行以栏为单位的合并(即按水平方向)；若要对表中的栏重新排序，可用 cut 和 paste。

格式：

cut -clist [file...]

cut -flist [-d chat] [-s] [file...]

举例：

cut -d：-f1，5 /etc/passwd　建立用户 ID 到名字之间的映射。

name='who am i | cut -f1 -d" "'　把 name 置成当前注册的名字。

14. diff——不同文件的比较程序

格式：

diff [-bitw] [-cl-el-fl-hl-n] file1 file2

diff [-bitw] [-c number] file1 file2

diff [-bitw] [-D string] file1 file2

diff [-bitw] [-cl-el-fl-hl-n] [-l] [-r] [-s] [-s name] dir1 dir2

说明：

(1) diff 指出在对两个文件中的哪些行经过修改后，才使两个文件一致。

(2) -b　忽略结尾的空白，并认为其他空白串相等。

(3) -i　忽略字母的大小写。

(4) -t　在输出行中扩展 TAB 符。

(5) -w　忽略所有空白。

下列任选项用于比较目录：

-l　以长格式产生输出。

-r　对遇到的公共子目录，递归使用 diff。

-s　报告相同的文件，否则不提及这些文件。

举例：diff file1 file2　比较 file1 与 file2。

15．echo——回应实参

格式：

```
echo [arg]...
echo [-n] [arg]
```

说明：

(1) echo 将它的实参写到标准输出上。

(2) echo 可用于在命令文件中产生诊断信息，向管道发送已知数据以及显示环境变量的内容。

举例：echo This is my book　在屏幕上显示 This is my book。

16．kill——按默认情况终止一个进程

格式：

```
kill [-signal] pid...
kill -signal -pid
kill -l
```

说明：

(1) kill 向其指定的进程发送一个信号 signal，信号的值可以是数字或符号。

(2) pid 和 pgid 是无符号数字串，用以指明接收信号的进程。若指明了 pid，则进程 ID 是 pid 的进程被选中；若指明了 pgid，则进程 ID 是 pgid 的所有进程被选中。

(3) 若选用-l，则 kill 将显示出信号的符号名表。

(4) 除超级用户外，被通知的进程必须属于当前用户。

举例：kill pid　终止进程号为 pid 的进程。

参见：ps

17．lex——生成简单词法分析任务的程序

格式：lex [-ctvn -v -Q[y|n] [file]

说明：

(1) lex 命令生成的程序用于对正文进行简单的词法分析，输入文件 file 包含要搜索的字符串和表达式，以及在找到这些串后所要执行的 C 正文。

(2) lex 生成一个名为 lex.yy.c 的文件，当 lex.yy.c 编译并与 lex 库连接后，除非找到了在文件中指定的字符串，否则将把输入复制到输出。

(3) 当指定的字符串找到后，则执行相应的程序正文。

18．lpstat——显示有关 lp 打印服务状态的信息

格式：lpstat [options]

说明：lpstat 命令显示有关 lp 打印服务程序当前状态的信息，　不给出选项时，lpstat

显示 lp 所发出的所有输出请求的状态。

　　-a [list]　报告目标打印机是否在接受请求，list 是一份打印机名和类型名混合的清单。

　　-c [list]　报告所有打印机类型和它们的成员名。list 是类型名清单。

　　-d　报告系统默认的输出请求目标。

　　-f [list] [-l]　显示由 lp 打印服务程序识别 list 中的格式的验证信息。

　　-o [list]　报告输出请求目标。

　　-p [list] [-D][-l]　报告打印机的状态。

　　-r　报告 lp 请求调度程序的状态是 on 还是 off。

　　-R　报告作业在打印队列中位置的编号。

　　-s　显示状态的汇总。

举例：

lpstat -u "user1，user2，user3"

lpstat -o all

lpstat -o

参见：lp

19. mail，rmail——读邮件或给用户发邮件

格式：

发送邮件：　　mail [-tw] [-m message-type] recipient...

　　　　　　　rmail [-tw] [-m message-type] recipient...

读邮件：　　　mail [-ehpPqr] [-f file]

转发邮件：　　mail -f recipient...

调试：　　　　mail [-x debyg-level] [other-mail-options] recipient...

说明：

(1)　-m　用 message-type 的值在消息标题中加上一个 message-type:行。

(2)　-t　在消息标题中加上一个 To：行来表示各个接收者(recipient)。

(3)　-w　将信件发送给远程接收者，不用等待远程传输程序的结束。

举例：

发送邮件：

mail 对方的 e-mail 地址&ltcr>

输入主题行

输入正文

按 ctrl-d 结束。

阅读邮件：

mail

显示收到的消息列表

给出提示符?

输入命令&ltcr>

然后可以进行如下操作：

按 Enter 键查阅当前信息。

输入消息号转到另一条消息。

d　删除当前消息。

u　恢复一条用户不想删除的消息。

m　发送一条新消息。

r　对当前消息作出回答，并在新行输入 . 结束。

q　退出 mail 程序。

?　寻求进一步帮助。

20．mailx——交互式消息处理系统

格式：mailx [options] [name...]

说明：

(1) mailx 命令对发送和接收电子消息提供了一个方便灵活的环境。读邮件时，mailx 提供命令以便对消息保存、删除和回答；发送邮件时，mailx 允许对输入的消息进行编辑、浏览和修改。

(2) mailx 的许多远程特性只有在系统上装有基本网络公用程序时才能工作。对每一个用户，进来的邮件存放在该用户的标准文件 mailbox 中，当调用 mailx 来读消息时，mailbox 是找到这些消息的默认场所。

(3) 消息读过后移到辅助文件 mbox 中存储。

21．make——维护、更新和重新生成程序组

格式：make [−f makefile] [−eiknpqrst] [names]

说明：make 执行 makefile 中的命令，以更新一个或多个目标 names。

22．nohup——运行命令不受挂起和退出的影响

格式：nohup command [arguments]

说明：

(1) nohup 以忽略挂起和退出的方式执行命令 command。

(2) 若用户未用输出改向，则标准输出和标准错误输出都被送到 nohup.out。

23．pr——显示文件

说明：pr 命令对文件进行格式化并显示其内容。

举例：

用隔行，且文件标题为"file list"的形式显示文件 file1 和 file2：

pr −3dh "file list" file1 file2

以双栏都有行号、无头尾列表的方式同时显示 file1 和 file2：

pr −t −n file1 | pr −t −m −n file2 −

24．ps——报告进程状态

格式：ps [option]

说明：

(1) ps 显示有关进程的信息，没有任选项 options 时，ps 仅显示与控制终端相关的进程

的信息。该输出只包含进程 ID、累计执行时间以及命令的名字。

(2) -e　显示当前运行的每一个进程的信息。

(3) -f　产生一个完整的清单。

(4) 与进程有关的标志和进程状态：

00：进程已经终止；o：正在运行。

01：系统进程；s：睡眠。

02：父进程是跟踪进程；r：可运行。

UID：进程所有者的用户 ID 号。

PID：进程的进程 ID。

PPID：父进程的进程 ID。

25．spell——查找拼写错误

格式：spell [-v] [-b] [-x] [-l] [+local-file] [files]

说明：从指定文件收集单词，并在拼写表中查找这些单词。

26．stty——设置终端任选项

格式：stty [-a] [-g] [options]

说明：

(1) stty 为用作当前标准输入的设备设置某些终端 I/O 任选项。

(2) -a　报告所有任选项的设置情况。

(3) -g　报告选项的当前设置。

27．uname——显示当前 UNIX 系统的名字

格式：uname [-amnprsv]

说明：

-a　显示所有信息。

-m　显示机器的硬件名字。

-n　显示节点名。

-s　显示操作系统的名字。

-v　显示操作系统的版本号。

28．wc——词计数

格式：wc [-lwc] [filename]

说明：-l 表示行数；-w 表示词数；-c 表示字符数。

举例：wc -l filename　计算文件 filename 的行数。

29．who——谁在系统中

格式：

who [-uTlHqpdbrtas] [file]

who -qn x[file]

who am i

who am I

30．yacc——另一个编译程序的编译程序

说明：yacc 命令将一个上下文无关的文法转换成一种简单自动机的一组表格，该自动机执行一个 LALR(1)的语法分析算法。

参见：lex

10.3.2　过滤器

一个能从标准输入读取数据，经过选择和处理后将结果写向标准输出的程序，统称为"过滤器"。从广义上讲，像 cat，head 和 tail 等程序都是过滤器。

1．正则表达式

正则表达式(Regular Expression)这个术语来自于计算机科学，它是用于确定字符串模式的一个规则集。正则表达式中能使用很多的特殊符号，还有一些与字符串匹配时有关的规则。

1) 正则表达式中的特殊符号

在正则表达式内某些符号是特殊符号，这些符号及意义如下：

.　能与除换行符之外的行内任何字符相匹配。

*　匹配前一字符的零次或多次出现。*如果紧跟在字符类后，则和该字符类中任何字符组成的串相匹配。

\　用于改变特殊符号的含义，也可以后跟一个字符的八进制表示。

[]　定义字符类，匹配方括号内的任何一个字符。在方括号内还有三个字符有特殊含义："–"指示字符的范围；"\"是转义符；紧跟在左方括号后的"^"是脱字符，匹配所有不出现在方括号内的字符。

^　如出现在正则表达式首，则表示行首^的下一个字符串应当是行首的头一个字符串。如^begin，表示 begin 仅出现在行首才匹配。

$　如果出现在正则表达式末尾，则表示行尾$前面的正则表达式所匹配的字符串仅出现在行尾才匹配。

""　双引号内的字符在匹配时忽略其特殊含义。

\<　字首匹配。

\>　字尾匹配。

举例：

ab*c　　　　　与 a 后面跟零个和多个 b 再紧跟 c 的字符串匹配。

.*　　　　　　与包含空串在内的任何字符串相匹配。

[a–zA–Z]*　　只与字符组成的字符串或者空串相匹配。

"abc"　　　　仅仅匹配 abc。

(.*)　　　　　与在"("和")"之间的尽可能长的字符串相匹配，如匹配((first) and (second))。

([^()]*)　　　与以"("开始和")"结束的最短字符串相匹配。如在上面的字符串中，单匹配(first)和(second)。

2) 正则表达式的匹配规则

正则表达式在匹配字符串时总是遵循以下的原则：

(1) 正则表达式总是尽可能与最长的字符串相匹配。

举例：Th .*is 与 This is a genesis 匹配，(.*)与((This) and (That))匹配，而([^()]*)与(out(in)side)中(in)匹配。

(2) 一个正则表达式不排斥另外一个正则表达式。如果一组正则表达式由两个正则表达式组成，那么第一个表达式与尽可能长的字符串相匹配后，并不排除第二个表达式与第一个表达式已匹配部分的串相匹配。

举例：s.*gs 与 singing songs 匹配，s.*ing 与 singing 匹配。

(3) 正则表达式总是代表最后那次使用的正则表达式。

(4) 在替换字符串中(用于 vi 等程序)，符号"&"取正则表达式所匹配的搜索字符串的值。

3) 加标记的括号和加标记的数字

可以用加标记的括号将正则表达式括起来，正则表达式的匹配规则并不是只与加标记的括号相匹配，所以加括号和不加括号的正则表达式所匹配的内容是相同的。如正则表达式 a\(b*\)c 和 ab*c 匹配的内容相同。

加标记的括号可以嵌套，如：\([a-zA-Z]*\([0-9]*\)\)。

单纯使用加标记的括号并没有什么用处，加标记的括号一般总是与加标记的数字组合起来使用。在正则表达式中，加标记的数字"\n"取第 n 次出现的以"\("开头的加括号的正则表达式所匹配的字符串。

2. 两个使用正则表达式的 Shell 命令

1) sort——用于排序和合并文件

格式：sort [-fdnbri]　[+位置[-位置]] [-o 输出文件]　[输入文件]

说明：sort 命令对指定文件里的所有行进行排序，并把结果写到标准输出上。控制排序次序的选项和参数的意义如下：

f　　表示对字母大小写不做区别。

d　　按字典顺序排列，比较时只有字母、数字、空格和制表符才有意义。

n　　按数值排序。

b　　当指定排序字段时，忽视作为分界符的所有空白字符的值。

r　　表示反序。

i　　在非数值比较时，在 ASCII 码范围 040～0176 之外的字符不予理会。

如果不指定位置选项，则排序参照的是整行，否则排序从"+位置"开始到"-位置"结束。位置指示具有"m.n"的形式，其中 m 表示从行的起点处所要跳过的字段数，n 表示还有跳过的字符数。

举例：sort filename　　按字母顺序排序文件 filename。

2) grep——在文件中查找指定模式的行

格式：grep [options] limited regular expression [file...]

说明：

(1) grep 在文件中搜索一个模式并将包含该模式的行都显示出来。

(2) grep 所用的有限正则表达式(limited regular expression)最好用单引号括起来。

命令任选项有：

-b 在找到的行前加上该行所在的块号。

-c 仅显示出包含该行所在的行数。

-i 在比较时忽略大小写字母的区别。

-h 在搜索多个文件时不显示文件名。

-l 对有匹配行的文件仅显示一次文件名，并用换行符分隔。

-n 在每一行前加上该行所在文件中的行号。

-s 对文件不存在或文件不可读的情况，不输出出错信息。

-v 显示出所有不包含该模式的行。

-w(words) 用于指定只匹配完整的字，不匹配一个字的子串部分。

grep 中所使用的正则表达式与 vi 中使用的相似，都是有限正则表达式，可以使用$、*、[、^、|、(、)和\等元字符。

举例：

grep 'pattern' files 在文件中搜索含有 pattern 的字符串。

grep '^[^:]*::' /tec/password 在当前目录下列出其他用户能读写的文件。

10.4 UNIX 程序设计

在 UNIX 操作系统平台上，C 是第一重要的程序设计语言。但是一般情况下，经常使用的是以输入/输出和文件操作为主的库函数，很少使用 UNIX 的系统调用，而系统调用是用户与操作系统内核的惟一接口，几乎所有的 UNIX 命令都是建立在系统调用的基础之上的。大多数系统调用都返回一个值。

下面重点介绍文件系统程序设计和高级进程间的通信。

10.4.1 文件系统程序设计

1．获取文件的状态

在程序设计中，有的时候需要获得有关文件的类型、大小、文件主和时间信息，这可以通过系统调用 stat 和 fstat 来获取。这两种系统调用所设计的头文件和调用格式为：

```
#include <sys/types.h>
#include <sys/stat.h>
int stat( pathname，sbuf)
char *pathname；
struct stat *sbuf；

int fstat(fd，sbuf)
int fd；
struct stat *sbuf；
```

　　stat 和 fstat 都是从一个文件的 i 节点获得有关状态信息的。stat 是根据参数 pathname 给出的文件路径名，通过搜索目录项来获取文件的外存 i 节点；fstat 是根据参数 fd 给出的打开文件的描述符，通过打开文件结构来获取内存 i 节点，进而获得外存 i 节点信息(内存 i 节点不存放有关的时间信息)。然后 stat 和 fstat 将获得的 i 节点信息重新安排后放入 sbuf 指向的 stat 结构中。

　　stat 结构的定义如下：

```
strct stat{
    dev_t   st_dev;        //i 节点所在的设备号(short)
    ino_t   st_ino;        //i 节点号(ushort)
    ushort st_mode;        //文件模式
    stort st_nlink;        //文件链接数
    ushort st_uid;         //文件主用户标识符
    ushort st_gid;         //文件用户组标识符
    dev_t   st_rdev;       //针对设备特别文件的设备号(short)
    off_t st_size;         //文件的当前大小，特别文件为 0(long)
    time_t st_atime;       //文件的存取时间(long)
    time_t st_mtime;       //文件的修改时间(long)
    time_t st_ctime;       //文件的状态(如文件模式、用户标识符、链接数、时间等)，改变时间(long)
};
```

　　使用 fstat 调用比使用 stat 调用速度快，但是 fstat 不能用于尚未打开的文件。用 fstat 可以通过打开的非命名管道文件描述符，访问"隐藏"的 i 节点，获取其状态信息，而 stat 调用则无能为力。

2. 搜索目录树

　　有时用户需要在一个目录树的范围内对文件和目录执行某些操作。对此，UNIX 提供了例行程序 ftw，它能从指定的目录开始扫描目录树，并对找到的每一个目录项调用用户定义的函数。ftw 函数的格式如下：

```
#include <ftw.h>
int ftw(path，  func，depth)
char *path;            //指向目录路径名
int func();            //用户定义的处理函数
int depth;             //可以同时使用的文件描述符个数，即可以同时打开的文件个数
```

用户定义的函数要符合下面给出的格式：

```
int func( name，  statptr，  type )
char *name;            //存放 ftw 找到的目标名
start stat *statptr;   //指向 stat 结构指针，ftw 在该结构中存放目标的状态信息
int type;              //ftw 指示目标的类型
{
```

```
//bodyu of function


};
```

参数 type 的目标类型在 ftw.h 中定义，类型取值为：

FTW_F   目标是文件

FTW_D   目标是目录

FTW_DNR   目标是不能读的目录

FTW_NS   目标不能被 stat 成功地执行

如果目标是不能读的目录，那么此目录的所有下级目录也不能读。对于 stat 不能成功执行的目标，那么传送给用户的 stat 结构中的内容是无效的。

10.4.2 高级进程间的通信

这里介绍消息通信、共享内存和信号灯三种高级进程间的通信方法。

1. 消息通信

利用消息通信，进程可以将具有一定格式的消息发送给任意进程。UNIX 系统 V 为消息通信提供了四个系统调用，还要涉及以下几个头文件。

```
#include <sys/types.h>

#include <sys/ipc.h>

#include <sys/msg.h>
```

(1) 生成一个消息队列。其格式如下：

```
int msgget(key，flags)        //获取消息队列标识数

key_t key;                    //消息队列关键字，长整型

int flags;                    //操作标志
```

参数 key 是通信双方约定的消息队列关键字，它是一个非负长整型。UNIX IPC 通信机构将根据它生成一个消息队列，并返回一个队列标识数 ID。队列 ID 与文件描述字相似，但是进程只要知道该值就可适应它，不必像文件 ID 那样只有通过继承才能对同一个文件操作。当指定关键字的消息队列存在时，msgget 就简单地返回该队列的 ID。

参数 flags 类似于打开和创建文件时的第二个参数 o_flags 和 mode 的组合。

(2) 向消息队列发送一个消息。其格式如下：

```
int msgsnd(qid，buf，nbytes，flags)

int qid, nbytes, flags;

struct msgbug *buf;
```

参数 qid 是消息队列 ID，nbytes 是消息正文的长度，flags 是发送标志。如果 flags 为 0，当消息队列满时进程阻塞自己；如果 flags 中 IPC-NOWAIT(04000)置位，消息队列满时 msgsnd 返回-1，不阻塞进程。

参数 buf 指定一个由用户定义的消息结构，其基本格式如下：

```
struct msgtype{

    long mtype;
```

```
        char text[NBYTES]'
    };
```

其中 mtype 是正整数，text[]是长度为 **NBYTES** 的正文，其长度是有限制的。

(3) 从消息队列中接收一个消息。其格式如下：

```
        int msgrcv(qid，buf，nbytes，mtype，flags)
        int qid，nbytes，flags；
        long nbytes；
        struct msgbuf *buf；
```

msgrcv 中的参数与 msgsnd 中的类似。如果 flags 中的 MSG_NOERROR 置位，则允许所接收的长度 nbytes 小于消息正文长度。buf 所指的空间大小为不包括 mbyte 的最大消息正文长度，实际接收的消息长度由 msgrcv 返回值指出。当 mtype=0 时，接收消息队列中最早的消息，而不管消息的类型是什么。

(4) 消息队列的控制。其格式如下：

```
        int msgctl(qid，cmd，sbuf)
        int qid，cmd；
        struct msqid_ds *sbuf；
```

msgctl 询问队列 ID 为 qid 的消息队列的各种特性或者对其进行相应的控制。msqid_ds 是消息队列定义的控制结构，其中包括存取权限结构、队列容量、进程标识和时间等信息。参数 cmd 的取值为：

IPC_RMID(值为 0)：删除指定的消息队列，释放消息队列标识符。

IPC_SET(值为 1)：将 sbuf 中的控制信息写到消息队列控制结构中。

IPC_STAT(值为 2)：将消息队列控制结构中的消息写到 sbuf 中。

2．共享内存

在 UNIX 中，进程间传递数据的最快方法是让一些相关进程直接共享某些内存区域，而系统 V 支持任意数据进程对内存的共享。每一个共享内存区域称为共享段，一个进程可以访问多个共享段。共享内存设计的头文件和系统调用如下：

```
        #include <sys/types.h>
        #include <sys/ipc.h>
        #include <sys/shm.h>
```

(1) 创建一个共享内存段。其格式如下：

```
        int shmget(key，nbytes，flags)
        key_t keys；              //共享内存段关键字
        int nbytes，flags；        //长度、标志
```

shmget 中参数的含义与消息通信中的系统调用 msgget 中的类似。key 取值IPC_PRIVATE 时，新创建的共享内存段的关键字由系统分配。shmget 创建共享内存段成功时，初始化相应的控制信息，返回该共享段的描述字 ID。

(2) 将共享内存段映射到进程的虚拟地址空间。其格式如下：

```
        char *shmat(segid，addr，flags)
```

```
        int segid，flags；
        char *addr；
```

shmat 将标识字为 segid 的共享内存段映射到由 addr 参数指定的进程虚拟地址空间。该地址空间可通过 brk 或者 sbrk 系统调用动态分配而得到。如果不关心映射内存的地址，可以置 addr 为 0，让系统选择一个可用地址。shmat 调用成功后返回共享内存段在进程虚拟地址空间的首地址。

(3) 解除共享内存段的映射。其格式如下：

```
        int shmdt(addr)
        char *addr;          //共享内存段虚拟地址
```

参数 addr 是相应的 shmdt 调用的返回值。shmdt 调用成功时，内存段的访问计数减 1，返回值为 0。

(4) 共享内存段控制。其格式如下：

```
        int shmct(segid，cmd，sbuf)
        int segid，cmd;             //标识符，控制字
        struct shmid_ds * sbuf;     //指向共享内存段控制结构指针
```

参数 cmd 的取值为：

SHM_LOCK：将共享段锁定在内存，禁止换出(超级用户才具有此权限)。

SHM_UNLOCK：与 LOCK 相反(超级用户才具有此权限)。

IPC_RMID，ICP_STAT，IPC_SET：类似于 msgctl 中的定义，其中 IPC_RMID 标志所对应的存储段标志成"可释放"。

3．信号灯

进程间的互斥和同步可以利用 P、V 操作实现，但是 UNIX 系统并没有直接向用户提供这两个操作，而是提供了一组有关信号灯的系统调用。在系统 V 中的信号灯机制的功能比一般信号灯要强，管理和使用也比较复杂。用户可以一次对一组信号灯进行相同或者不同的操作。

系统 V 中有关信号灯的头文件和系统调用如下：

```
        #include <sys/types.h>
        #include <sys/ipc.h>
        #include <sys/sem.h>
```

(1) 创建一个信号灯组。其格式如下：

```
        int semget(key，nsems，flags)
        key_t key;                 //信号灯组关键字
        int nsems，flags;          //信号灯个数，操作标志
```

当 key 为 IPC_PRIVATE 时，信号灯组关键字由系统选择。flags 决定信号灯组的创建方式和权限，其取值和含义与 msgget 中的 flags 类似。semget 调用成功时，初始化相应的控制块信息，返回信号灯组标识数。

(2) 对信号灯组的控制。其格式如下：

```
        int semop(sid，ops，nops)
```

```
        int sid;                    //信号灯组标识符
        struct sembuf **ops;        //对信号灯组进行操作的数据结构
        unsigned nops;              //操作个数
```

semop 根据 sembuf 型的结构数组对标识数为 sid 的信号灯组中的信号灯进行块操作。在 sembuf 结构中定义了对编号为 sem_num 的信号灯要进行的操作。

```
        struct sembuf{
            short sem_num;          //信号灯编号，从 0 开始
            short sem_op;           //信号灯操作数
            short sem_flg;          //操作标志
        };
```

sem_op 取正或负值时，一般意义是对应的信号灯的值增加或减少，取值为 0 时仅对信号灯组进行测试。IPC_NOWAIT 是否置位决定在对信号灯进行操作后，如其值小于 0，进程是否要睡眠等待。

(3) 信号灯控制。其格式如下：

```
        int semctl(sid，snum，cmd，arg);
        int sid，snum，cmd;          //信号灯组 ID，信号灯编号，控制信令
        union semun arg;
```

联合 semun 的格式为：

```
        union semun{
            int val;
            struct    semid_ds *buf;    //指针信号灯集控制块的指针
            ushort *array;
        };
```

在 semctl 调用中，系统根据 cmd 的主要取值及相关的 arg 含义为：

GETVAL：将信号灯(sid，snum)的值存入 arg.val。

SETVAL：将信号灯(sid，snum)的值置为 arg.val，用于对信号灯初始化。

GETALL：将信号灯组(sid)中所有信号灯的值取到 arg.array[]中。

SETALL：将信号灯组(sid)中所有信号灯的值设置为 arg.array[]中的值。

IPC_STAT：将信号灯组(sid)的状态信息取到 buf 结构中。

IPC_SET：将信号灯组(sid)的状态信息设置为 buf 结构中的信息。

IPC_RMID：删除信号灯组的标识数。

10.5　Windows 应用程序设计

Windows 应用程序设计比较复杂，这里主要介绍 WIN32 API、Windows 应用程序设计的模式和 Windows 应用程序设计的基本结构。

10.5.1　WIN32 API

WIN32 API 即为 Microsoft 32 位平台的应用程序编程接口(Application Programming

Interface)。所有在 WIN32 平台上运行的应用程序都可以调用这些函数。标准 WIN32 API 函数可以分为七类：窗口管理函数、窗口通用控制函数、Shell 特性函数、图形设备接口函数、系统服务函数、国际特性函数和网络服务函数。下面仅对其中的四类函数予以介绍。

1．窗口管理(Window Management)函数

窗口管理函数向应用程序提供了一些创建和管理用户界面的方法。可以使用窗口管理函数创建和使用窗口来显示输出、提示用户进行输入以及完成其他一些与用户进行交互所需的工作。大多数应用程序都至少要创建一个窗口。

应用程序通过创建窗口类及相应的窗口过程来定义它们所用窗口的外观和行为。窗口类可标识窗口的缺省属性，比如窗口是否接受双击鼠标按钮的操作，是否带有菜单等。窗口过程中包含的代码用于定义窗口的行为，完成所需的任务，以及处理用户的输入。

窗口管理函数还提供了其他一些与窗口有关的特性，比如插入标记(Caret)、剪贴板、光标、挂钩(Hook)、图标以及菜单等函数。

2．图形设备接口(Graphics Device Interface，GDI)函数

图形设备接口提供了一系列的函数和相关的结构，应用程序可以使用它们在显示器、打印机或其他设备上生成图形化的输出结果。使用 GDI 函数可以绘制直线、曲线、闭合图形、路径、文本以及位图图像。所绘制的图形的颜色和风格依赖于所创建的绘图对象，即画笔、笔刷和字体。可以使用画笔来绘制直线和曲线，使用笔刷来填充闭合图形的内部，使用字体来书写文本。

3．系统服务(System Service)函数

系统服务函数为应用程序提供了访问计算机资源以及底层操作系统特性的手段，比如访问内存、文件系统、设备、进程和线程。应用程序使用系统服务函数来管理和监视它所需要的资源。系统服务函数提供了访问文件、目录以及输入/输出(I/O)设备的手段。应用程序使用文件 I/O 函数可以访问保存在指定计算机以及网络计算机上的磁盘和其他存储设备上的文件和目录。这些函数支持各种文件系统，从 FAT 文件系统、CD-ROM 文件系统(CDFS)到 NTFS。

4．网络服务(Internet Service)函数

网络服务函数允许网络上的不同计算机的应用程序之间进行通信。网络服务函数用于在网络中的各计算机上创建和管理共享资源的连接，例如共享目录和网络打印机。

网络接口包括 Windows 网络函数、Windows 套接字(Socket)、NetBIOS、RAS、SNMP、Net 函数，以及网络 DDE。Windows 95 只支持这些函数中的一部分。

10.5.2　Windows 应用程序的设计模式

1．窗口

1) 窗口的概念

窗口是用户界面中最重要的部分。它是屏幕上与一个应用程序相对应的矩形区域，是用户与产生该窗口的应用程序之间的可视界面，如图 10.3 所示。每当用户开始运行一个应用程序时，应用程序就创建并显示一个窗口；当用户操作窗口中的对象时，程序会作出相

应反应。用户通过关闭一个窗口来终止一个程序的运行；通过选择相应的应用程序窗口来选择相应的应用程序。

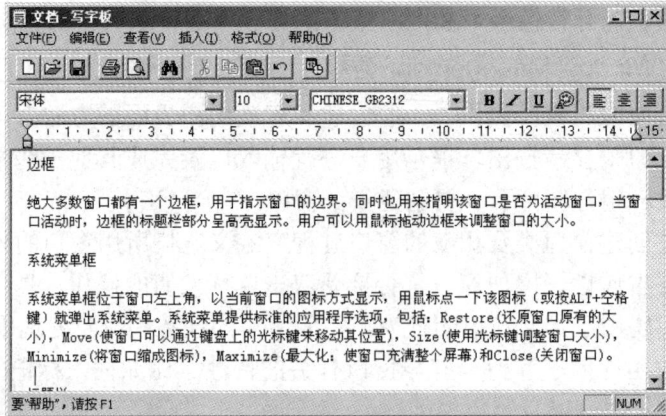

图 10.3　窗口

通常，一个窗口主要由以下几部分组成。

- 边框

绝大多数窗口都有一个边框，用于指示窗口的边界。同时也用来指明该窗口是否为活动窗口，当窗口活动时，边框的标题栏部分呈高亮显示。用户可以用鼠标拖动边框来调整窗口的大小。

- 系统菜单框

系统菜单框位于窗口左上角，以当前窗口的图标方式显示，用鼠标点一下该图标(或按Alt+空格键)就弹出系统菜单。系统菜单提供标准的应用程序选项，包括 Restore(还原窗口原有的大小)、Move(使窗口可以通过键盘上的光标键来移动其位置)、Size(使用光标键调整窗口大小)、Minimize(最小化，将窗口缩成图标)、Maximize(最大化，使窗口充满整个屏幕)和 Close(关闭窗口)。

- 标题栏

标题栏位于窗口的顶部，其中显示的文本信息用于标注应用程序，一般是应用程序的名字，以便让用户了解哪个应用程序正在运行。通过标题栏的颜色可以反映该窗口是否为一个活动窗口，当为活动窗口时，标题栏呈现醒目颜色。用鼠标双击标题栏可以使窗口在正常大小和最大化状态之间切换。在标题栏上按下鼠标左键可以拖动并移动该窗口，按右键弹出窗口系统菜单。

- 菜单栏

菜单栏位于标题栏下方，横跨屏幕，在它上面列出了应用程序所支持的命令。菜单栏中的项是命令的主要分类，如文件操作、编辑操作等。从菜单栏中选中某一项通常会显示一个弹出菜单，其中的项是对应于指定分类中的某个任务。通过选择菜单中的一个项(菜单项)，用户可以向程序发出命令，以执行某一功能。如选择"文件->打开"菜单项会弹出一个打开文件对话框，让用户选择一个文件，然后打开这个文件。

- 工具条

工具条一般位于菜单栏下方，在它上面有一组位图按钮，代表一些最常用的命令。工具条可以显示或隐藏。让鼠标在某个按钮上停一会儿，在按钮下方会出现一个黄色的小窗口，里面显示关于该按钮的简短说明，叫做工具条提示(Tooltip)。用户还可以用鼠标拖动工具条将其放在窗口的任何一侧。

- 客户区

客户区是窗口中最大的一块空白矩形区域，用于显示应用程序的输出。例如，字处理程序在客户区中显示文档的当前页面。应用程序负责客户区的绘制工作，而且只有和该窗口相对应的应用程序才能向该客户区输出。

- 垂直滚动条和水平滚动条

垂直滚动条和水平滚动条分别位于客户区的右侧和底部，它们各有两个方向相反的箭头和一个深色的长度可变的滚动块。可以用鼠标选中滚动条的箭头上下卷滚(选中垂直滚动条时)或水平卷滚(选中水平滚动条时)客户区的内容。滚动块的位置表示客户区中显示的内容相对于要显示的全部内容的位置，滚动块的长度表示客户区中显示的内容大小相对于全部内容大小的比例。

- 状态栏

状态栏一般位于窗口底部，用于对输出菜单的说明和给出其他一些提示信息(如鼠标位置、当前时间、某种状态等)。

- 图标

图标是一个用于提醒用户的符号，它是一个小小的图像，用于代表一个应用程序。当一个应用程序的主窗口缩至最小时，就呈现为一个图标。

2) 窗口对象

对 Windows 用户和程序员而言，窗口对象(简称窗口)是一类非常重要的对象。尤其对程序员，窗口的定义和创建以及对窗口的处理过程最能直接地反映出 Windows 中面向对象的程序设计的四个基本机制(类、对象、方法和消息)。

在 Windows 中，窗口类是在类型为 WNDCLASS 的结构变量中定义的。在 Windows.h 中，结构类型 WNDCLASS 的说明为：

```
typedef struct tagWNDCLASS{
    DWORD style;                    //窗口风格
    WNDCLASS *lpfnWndProc;          //窗口函数
    int cbClsExtra;                 //类变量占用的存储空间
    int cbWndExtra;                 //实例变量占用的存储空间
    HINSTANCE  hInstance;           //定义该类的应用程序实例的句柄
    HICON  hIcon;                   //图标对象的句柄
    HCURSOR hCursor;                //光标对象的句柄
    HBRUSH  hbrBackground;          //用于擦除用户区的刷子对象的句柄
    LPCSTR  lpszMenuName;           //标识菜单对象的字符串
    LPCSTR  lpszClassName;          //标识该类的名字的字符串
}WNDCLASS;
```

WNDCLASS 类型有 10 个域，它们描述了该类的窗口所具有的公共特性和方法。在程序中可以定义任意多的窗口类，每个类的窗口对象可以具有不同的特征。其中：

域 lpszClassName 是类的名字,在创建窗口对象时用于标识核查 ungkouduixiang 属于哪个类。

域 lpfnWndProc 是指向函数的一个指针,所指向的函数应具有如下的函数原型:

LRESULT CALLBACK

WndProc(HWND hWnd,UNIT message,WPARAM wParam,LPARAM lParam);

该函数被称为窗口函数,其中定义了处理发送到该类的窗口对象的消息的方法。

域 hIcon、hCursor、hbrBackground 分别定义了窗口变成最小时所显示的图标对象的句柄。

域 style 规定了窗口的风格。

域 lpszMenuName 用于标识该窗口类的所有队形所使用的缺省菜单对象。如果该域为 NULL,则表示没有缺省菜单。

域 hInstance 用于标识定义该窗口类的应用程序的实例句柄。

2．事件驱动

事件驱动程序设计是一种全新的程序设计方法,它不是由事件的顺序来控制,而是由事件的发生来控制,而这种事件的发生是随机的、不确定的,并没有预定的顺序,这样就允许程序的用户用各种合理的顺序来安排程序的流程。对于需要用户交互的应用程序来说,事件驱动的程序设计有着过程驱动方法无法替代的优点。它是一种面向用户的程序设计方法,它在程序设计过程中除了完成所需功能之外,更多的考虑了用户可能的各种输入,并针对性地设计相应的处理程序。它是一种"被动"式程序设计方法,程序开始运行时,处于等待用户输入事件状态,然后取得事件并作出相应反应,处理完毕又返回并处于等待事件状态。事件驱动程序设计的模型如图 10.4 所示。

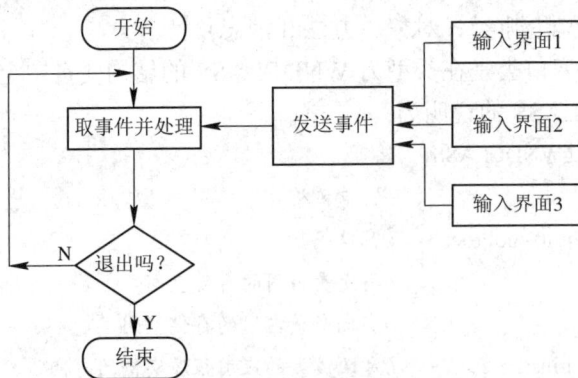

图 10.4　事件驱动模型

事件驱动围绕着消息的产生与处理展开,一条消息是关于发生的事件的消息。事件驱动是靠消息循环机制来实现的。消息是一种报告有关事件发生的通知。

消息类似于 DOS 下的用户输入,但比 DOS 的输入来源要广。Windows 应用程序的消息来源有以下四种:

(1) 输入消息:包括键盘和鼠标的输入。这一类消息首先放在系统消息队列中,然后由 Windows 将它们送入应用程序消息队列中,由应用程序来处理消息。

(2) 控制消息：用来与 Windows 的控制对象(如列表框、按钮、检查框等)进行双向通信。当用户在列表框中改动当前选择或改变了检查框的状态时发出此类消息。这类消息一般不经过应用程序消息队列，而是直接发送到控制对象上。

(3) 系统消息：对程序化的事件或系统时钟中断作出反应。一些系统消息，像 DDE 消息(动态数据交换消息)要通过 Windows 的系统消息队列，而有的则不通过系统消息队列而直接送入应用程序的消息队列，如创建窗口消息。

(4) 用户消息：这是程序员自己定义并在应用程序中主动发出的，一般由应用程序的某一部分内部处理。

在 Windows 下，由于允许多个任务同时运行，因此应用程序的输入/输出是由 Windows 来统一管理的。

Windows 操作系统包括三个内核基本元件：GDI，KERNEL 和 USER。其中，GDI(图形设备接口)负责在屏幕上绘制像素及打印硬拷贝输出，绘制用户界面包括窗口、菜单、对话框等；系统内核 KERNEL 支持与操作系统密切相关的功能，如进程加载、文本切换、文件输入/输出，以及内存管理、线程管理等；USER 为所有的用户界面对象提供支持，它用于接收和管理所有输入消息、系统消息，并把它们发给相应窗口的消息队列。

消息队列是一个系统定义的内存块，用于临时存储消息，或是把消息直接发给窗口过程。每个窗口维护自己的消息队列，并从中取出消息，利用窗口函数进行处理。Windows 应用程序通过执行一段称为消息循环的代码来轮循应用程序的消息队列，从中检索出该程序要处理的消息，并立即将检索到的消息发送到有关的对象上。典型的 Windows 应用程序的消息循环的形式如下：

```
MSG msg;
while ( GetMessage( &msg,NULL,0,0L))
{
    TranslateMessage(&msg);
    DispatchMessage(&msg);


};
```

函数 GetMessage 从应用程序队列中检索出一条消息，并将它赋给 MSG 类型的一个变量，然后交由函数 TranslateMessage 对该消息进行翻译，最后由函数 DispatchMessage 将该消息发送到适当的对象上。

消息驱动模型的框图如图 10.5 所示。

3. Windows 应用程序的开发流程

编写一个典型的 Windows 应用程序，一般需要以下几类文件：

(1) C、CPP 源程序文件。源程序文件

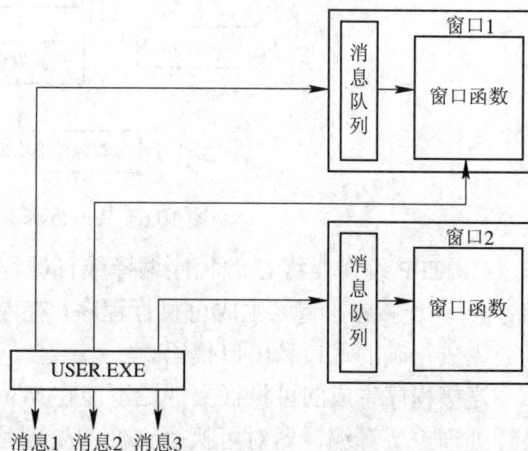

图 10.5　消息驱动模型框图

包含了应用程序的数据、类、功能逻辑模块(包括事件处理、用户界面对象初始化以及一些辅助例程)的定义。

(2) H、HPP 头文件。头文件包含了 CPP、C 源文件中所有数据、模块、类的声明。当一个 CPP、C 源文件要调用另一个 CPP、C 中所定义的模块功能时，需要包含那个 CPP、C 文件对应的头文件。

(3) 资源文件。该文件包含了应用程序所使用的全部资源定义，通常以.RC 为后缀名。注意这里说的资源不同于前面提到的资源，这里的资源是应用程序所能够使用的一类预定义工具中的一个对象，包括字符串资源、加速键表、对话框、菜单、位图、光标、工具条、图标、版本信息和用户自定义资源等。

其中，CPP、C 和头文件同 DOS 下的类似，在 Windows 下需要解释的是资源文件。在 DOS 程序设计过程中，所有的界面设计工作都在源程序中完成。而在 Windows 程序设计过程中，像菜单、对话框、位图等可视的对象均被单独分离出来加以定义，并存放在资源文件中，然后由资源编译程序编译为应用程序所能使用的对象的映像。资源编译使应用程序可以读取对象的二进制映像和具体数据结构，这样可以减轻为创建复杂对象所需要的程序设计工作。

程序员在资源文件中定义应用程序所需使用的资源，资源编译程序编译这些资源并将它们存储于应用程序的可执行文件或动态链接库中。在 Windows 应用程序中引入资源有以下一些好处：降低内存需求；便于统一管理和重复利用；应用程序与界面有一定的独立性。但是，应用程序资源只是定义了资源的外观和组织，而不是其功能特性。

Windows 应用程序的生成同 DOS 下类似，也要经过编译、链接两个阶段，只是增加了资源编译过程，其基本流程如图 10.6 所示。

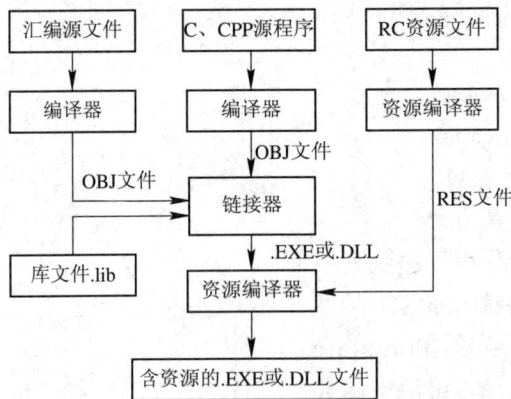

图 10.6　Windows 应用程序的开发流程

C、CPP 编译器将 C 源程序编译成目标程序，然后使用连接程序将所有的目标程序(包括各种库)连接在一起，生成可执行程序。在制作 Windows 应用程序时，编译器还要为引出函数生成正确的入口和出口代码。

连接程序生成的可执行文件还不能在 Windows 环境下运行，必须使用资源编译器对其进行处理。资源编译器对可执行文件的处理是这样的：如果该程序有资源描述文件，它就把已编译为二进制数据的资源加入到可执行文件中；否则，仅对该可执行文件进行相容性标识。应用程序必须经过资源编译器处理才可以在 Windows 环境下运行。

10.5.3 Windows 应用程序的基本结构

1．WinMain 函数

WinMain 函数是 Windows 应用程序开始执行时的入口点，它的返回类型为 int。一个 Windows 程序必须有一个 WinMain 函数。WinMain 函数的作用十分类似于 MS-DOS 中的 C 应用程序的 main 函数。如下所示是一个完整的 Windows 应用程序。

```
LRESULT CALLBACK WndProc(HWND,UINT,WPARAM,LPARAM);

int WINAPI WinMain(HINSTANCE hInstance,        //应用程序的实例句柄
                   HINSTANCE hPrevInst,        //该应用程序前一个实例的句柄
                   LPSTR lpszCmdLine,          //命令行参数串
                   int nCmdShow)               //程序在初始运行时如何显示窗口
{
    HWND hwnd ;
    MSG Msg ;
    HACCEL hAccel;
    WNDCLASS wndclass ;
    char lpszMenuName[]="Menu";
    char lpszClassName[] = "窗口类控件";
    char lpszTitle[]= "窗口类控件示例";

    wndclass.style = 0;
    wndclass.lpfnWndProc = WndProc ;
    wndclass.cbClsExtra   = 0 ;
    wndclass.cbWndExtra = 0 ;
    wndclass.hInstance = hInstance ;
    wndclass.hIcon = LoadIcon( NULL, IDI_APPLICATION) ;
    wndclass.hCursor = LoadCursor( NULL, IDC_ARROW) ;
    wndclass.hbrBackground = GetStockObject( WHITE_BRUSH) ;
    wndclass.lpszMenuName =   lpszMenuName ;
    wndclass.lpszClassName = lpszClassName ;

    if( !RegisterClass( &wndclass))                //判断注册是否成功
    {
        MessageBeep(0) ;
        return FALSE ;
    }
```

```
        hwnd = CreateWindow(lpszClassName,        //对每一个实例，创建一个窗口对象
                            lpszTitle, WS_OVERLAPPEDWINDOW,
                            CW_USEDEFAULT, CW_USEDEFAULT,
                            CW_USEDEFAULT,,CW_USEDEFAULT,
                            NULL, NULL, hInstance, NULL) ;

        ShowWindow( hwnd, nCmdShow) ;
        UpdateWindow(hwnd);

        while( GetMessage(&Msg, NULL, 0, 0))
            {
                if (!TranslateAccelerator(hwnd,hAccel,&Msg))
                {
                    TranslateMessage( &Msg) ;
                    DispatchMessage( &Msg) ;
                }
            }
            return Msg.wParam;

    }
```

WinMain 函数带有四个参数。参数 hInstance 和 hPrevInstance 是程序的实例句柄。在 Windows 环境下，可以运行同一个程序的多个副本，每一个副本都是该应用程序的一个实例，每个实例使用一个实例句柄进行标识。hInstance 是标识当前程序实例的句柄，其值不会为 NULL。如果在此之前 Windows 中已经运行了该程序的另一个实例，则这个实例的句柄才由参数 hPrevInstance 给出。如果在运行该程序时，Windows 环境中不存在该程序的另外一个副本，则 hPrevInstance 为 NULL。

2. 窗口函数

在 Windows 中，使用 CreateWindow 函数来创建窗口对象。CreateWindow 函数的原型定义如下：

```
HWND CreateWindow(
LPCSTR    lpClassName,        //类名，制定该窗口所属的类
LPCSTR    lpwindowsname,      //窗口的名字，即在标题栏中显示的文本
DWORD     dwStyle,            //该窗口的风格
int x,                        //窗口左上角相对于屏幕左上角的初始 X 坐标
int y,                        //窗口左上角相对于屏幕左上角的初始 Y 坐标
int nWidth,                   //窗口的宽度
int nHeight,                  //窗口的高度
HWND hWndParent,              //一个子窗口的父窗口的句柄，若没有则为 NULL
HMENU hMenu,                  //菜单句柄
```

```
        HINSTANCE hInstance,          //创建窗口对象的应用程序的实例句柄
        VOID FAR *lpParam             //创建窗口时指定的额外参数
        );
```

返回值是标识所创建的窗口对象的句柄，如果返回值为 NULL，则窗口没有被创建。例如：

```
        HWND hWnd;
        hWnd = CreateWindow(
        "Window",
        "sample Program",
        WS_OVERLAPPEDWINDOW，
        CW_USEDEFAULT，CW_USEDEFAULT，
        CW_USEDEFAULT，CW_USEDEFAULT，
        NULL，           //没有父窗口
        NULL，           //使用类菜单
        hInstance，       //变量 hInstance 中存储有当前程序实例的句柄
        NULL            //没有额外的数据
        );
```

一个窗口对象对所接收到的消息的响应是由该对象的方法决定的，这些方法被定义在一个称为窗口函数的函数中。同一类的所有对象共用同一个窗口函数。窗口函数决定着对象如何用内部方法对消息作出响应。

下面是一个简单的窗口函数：

```
        LRESULT CALLBACK
        WndProc(HWND hwnd,UNIT message,WPARAM wParam,LPARAM lParam)
        {
        switch(message)
        {
            case WM_CREATE:
                ...
                break;

            case WM_COMMAND:
                ...
                break;
        case WM_NOTIFY:
                ...
                break;
        case WM_DESTROY:
                PostQuitMessage(0);
                break;
```

```
        default:
                return    DefWindowProc(hwnd,message,wParam,lParam);
        }
        return 0;
    }
```

该窗口函数通过调用 Windows 的函数 DefWindowProc(缺省窗口函数)，让 Windows 的缺省窗口函数来处理所有发送到窗口对象上的消息。

习　　题

1. 简述 UNIX 中的三种 Shell 程序的特点及它们各自的优缺点。
2. 简述 vi 的三种常用命令行方式及它们的特点。
3. 简述 UNIX 程序设计的过程和特点。
4. 简述 UNIX 高级进程间通信的三种方法。
5. 什么是 Windows 的 WIN32 API? WIN32 API 有何作用和特点?
6. 简述 WIN32 API 的分类和每一类的内容。
7. 什么是 Windows 中的窗口? 它有哪些属性?
8. 什么是窗口对象? 它是如何定义的?
9. 简述事件驱动的概念和事件驱动程序设计的模型。
10. 什么是消息? 消息分为哪几类?
11. 什么是消息队列? 它的作用是什么?
12. 什么是消息循环? 请描述它的基本形式。
13. 简述 Windows 程序开发的流程。
14. 简述 Windows 应用程序的基本结构，请写出一个基本完整的 Windows 程序。
15. Windows 应用程序设计中的 WinMain 函数的作用如何? 窗口函数 WndProc 的作用是什么? 二者之间的关系如何?
16. 填空题:

(1) 用 cp 将/usr/local/doc 目录下的 exercise 子目录连同目录下的文件拷贝到自己的主目录下，然后进入自己的 exercise 目录。请写出将 exercise 目录拷贝到自己的主目录下的命令(只允许用一条命令): ＿＿＿＿＿＿。

(注意: 以下的所有练习都在 exercise 目录下进行)

(2) 显示文件命令 cat 和 more 练习。

① 利用 cat 命令列出目录下 longtext 文件中的内容，同时请记录下输入的命令: ＿＿＿＿＿＿。

② 用 cat 命令时一定会发现一屏不能显示完 longtext 的所有内容，如果想看到 longtext 的后面一半内容，就必须使用 more 命令。请用 more 命令列出 longtext 的内容，并给出输入的命令: ＿＿＿＿＿＿。

(3) 输出重定向符>和追加重定向符>>练习。

① 请利用输出重定向符 > 将目录下的文本文件 hello.txt 复制为 hello2.txt，并给出使用的命令：_____。

② 现在要把 hello.txt 与 hello2.txt 的内容合并，而且要求把 hello.txt 的内容放在 hello2.txt 的后面，请用追加重定向符 >> 完成这一工作，并记下使用的命令：_____。

(4) 转义字符\练习。\与 C 语言中的相同，UNIX 的 Shell 中也可使用转义符\，当文件名中包含有特殊符号时，可以使用\转义，现在要列出文件[also a text].txt 中的内容，输入 cat [also a text].txt，看看能否打开该文件，若不能，请想一想为什么。(根据 cat 命令的错误提示考虑)_____。如果一定要用 cat 命令打开该文件，该如何输入命令？_____。

(5) 硬连接和符号连接练习。

① 用 ln 命令为目录下的 longtext 文件建立一个硬连接，连接名为 longtext2，记下所使用的命令：_____。然后用 longtext 复制一个新文件 longtext3，将 hello.txt 的内容追加到 longtext 的末尾，再用 diff 命令比较 longtext，longtext2 和 longtext3，请说出 diff 的结论是什么，并作出相应的解释：_____。

② 用 ln 命令给 longtext3 建立一个符号连接 longtext4，并给出使用的命令：_____。用 cat 命令看看 longtext4；然后删去 longtext3，再用 cat 命令看看 longtext4，cat 是否还能显示该文件？如果不能，请根据 cat 的错误信息作出相应的解释：_____。

③ 删去 longtext，看看能否用 cat 命令看到 longtext2？_____。

④ 试着执行 ln -s ./abcde ./nulllink，看看是否能建立关于 abced 这个不存在的文件的符号连接 nulllink？如果可以，请用 cat 命令列出 nulllink 的内容，如果 cat 不能做到，请解释为什么：_____。

⑤ 根据以上四个小题的结果，请总结出硬连接和符号连接在工作方式和构成上的区别：_____。

(6) 查找命令 find。用 find 命令查找当前目录下所有以 del 开头或以 del 结尾的文件，并将其删除，要求删除前征求用户许可。请给出使用的命令：_____。

(7) 文件和目录的访问控制。

① 用 ls -l 列出 exercise 目录下所有的文件和目录，观察其权限位：_____。

② 用 chmod 命令将 hello2.txt 的读权限去掉，并给出使用的命令行：_____。去掉读权限后，还能否用 cat 列出该文件的内容？_____。

③ 将 del 目录的读权限去掉，是否能用 ls 命令看到其中内容？_____。

④ 将 hello2.txt 的写权限去掉，是否还能用 cat hello.txt>>hello2.txt 追加内容？_____。

⑤ 将 del 目录的写权限去掉，试将 del 目录下的 hello.c 文件搬到 exercise 目录下，能否成功？_____。

⑥ 去掉 del 目录的执行权，试用 cat 命令列出 del 目录下的 hello.c 文件，能否成功？_____。

⑦ 给 del 目录加回正确的权限，使之可以正确地执行各种操作：_____。

⑧ del 目录下的 hello.sh 文件是用 BASH 编写的 Shell 脚本，而 hello 是用 C 语言文件 hello.c 编译出来的二进制可执行文件。请执行该目录下的 hello 程序；然后给 hello.sh 文件加上执行权，同样试着执行它；最后把 hello 和 hello.sh 的执行权去掉，请问是否还

能执行 hello 和 hello.sh?　_____。由此，请分析 UNIX 在辨别文件是否是可执行文件的方式上与 DOS 和 Windows 的区别：_____。

⑨ 根据以上八个小题的结果，请分析 UNIX 文件和目录的读、写、执行权分别代表何种操作许可：_____。

(8) 正则表达式和 grep 的使用。

① 在 hello2.txt 中查找含单词 Unix 或 unix 的行：_____。

② 查找不包含单词 Unix 或 unix 的行(在 hello2.txt 中)，并要求指出行号：_____。

③ 若指定要匹配的只是完整的词而不包括一个词的子串，又该如何匹配？_____。

(9) 正则表达式和 sed 的使用。

① 利用 sed 命令将 longtext 中含有单词 many 的行找出来：_____。

② 利用 sed 命令将 longtext 中整篇文章的 long 单词找出来，并打上 "#" 标记，例如，This is a long text 应改为 This is a #long# text。_____。

③ 利用 sed 命令将 longtext 中的在上题中没有做过标记的行找出来。_____。

④ 用 cat 命令打开 longtext 文件，看看文件内容是否有变？_____。由此请问，sed 作为一个编辑器，它的编辑对象是什么？_____。

17. 编写 Shell 程序，解决以下问题：

Shell 是 UNIX 操作环境中最重要的交互界面，虽然它要求记忆大量的命令，而且没有图形界面简单直观，但其所拥有的编程能力使它在完成一些复杂工作时可以拥有图形界面难以企及的高效率。现有一问题如下：

众所周知，UNIX 是大小写敏感的操作系统，但在很多场合下，都要求 UNIX 系统与一些大小写不敏感的系统通信，比如通过网络与 DOS/Windows 互联，这时就常常需要对文件名进行大小写的转换。现在某 UNIX 网络管理员就遇到了这样的问题：他管理的个人主页服务器经常收到网上 "网虫" 上传的个人主页，但其中许多文件都以大写的 ".HTML" 结尾，这在 Windows 下没有任何问题，但 UNIX 下的许多工具却只认识小写的扩展名，管理起来不方便，而如果一个文件一个文件手工改扩展名又太麻烦。请帮这位管理员编写一个 Shell 程序，设法把一个给定目录下所有后缀为 .HTML 的文件改成以 .html 为后缀。

提示：可能用到的知识有：Shell 的命令行参数；for 语句；if 语句；输出重定向；流编辑器 sed 或过滤器 grep；mv 命令。

参 考 文 献

1　孙钟秀. 操作系统教程. 第三版. 北京: 高等教育出版社, 2003

2　徐甲同, 方敏. 操作系统教程. 西安: 西安电子科技大学出版社, 1999

3　方敏, 柯利芳. 计算机操作系统全真试题与解答. 西安: 西安电子科技大学出版社, 2002

4　尤晋元. UNIX 操作系统教程. 西安: 西安电子科技大学出版社, 1985

5　尤晋元, 史美林. Windows 操作系统原理. 北京: 机械工业出版社, 2001

6　马季兰, 冯秀芳等. 操作系统原理与 LINUX 系统. 北京: 人民邮电出版社, 1999

7　Syed Mansoor Sarwar, Robert Koretsky, Syed Aqeel Sarwar. UNIX 教程. 金恩华, 邱敏
　　等译. 北京: 机械工业出版社, 2003

8　陆松年. 操作系统教程. 北京: 电子工业出版社, 2000

9　蒋静, 徐志伟. 操作系统——原理, 技术与编程. 北京: 机械工业出版社, 2004

10　Gary Nutt.. 操作系统——现代观点. 第二版(实验更新版). 孟祥山, 晏益慧译. 北京:
　　机械工业出版社, 2004

11　周良源, 张小强, 邓波等. UNIX 高级系统管理. 北京: 北京希望电子出版社, 2000

12　汤子瀛. 计算机操作系统. 西安: 西安电子科技大学出版社, 2004

13　Tanenbaum A.S. 现代操作系统. 陈向群译. 北京: 机械工业出版社, 1999

14　Tanenbaum A.S. Operating System Design and Implementation(影印版). 北京: 清华大学
　　出版社, 1996

15　Tanenbaum A.S. Modern Operating Systems. 2nd Edition. 北京: 机械工业出版社, 2002

16　张尧学, 史美林. 计算机操作系统教程. 北京: 清华大学出版社, 1993

17　屠立德, 屠祁著. 操作系统基础. 北京: 清华大学出版社, 2001

18　孟庆昌. 操作系统教程. 西安: 西安电子科技大学出版社, 2002

19　Abrahan Silberschatz 等. Applied Operating System Concepts(影印版). 北京: 高等教育
　　出版社, 2001

20　W.Richard Stevens. UNIX 环境高级编程. 尤晋元译. 北京: 机械工业出版社, 2000

21　张红光, 李福才. UNIX 操作系统教程. 北京: 机械工业出版社, 2003

22　David A. Solomon, Mark E. Russinovich. Inside Microsoft Windows 2000.3rd Edition.
　　Microsoft Press, 2000

23　David A. Solomon. Windows NT 技术内幕. 北京: 清华大学出版社, 1999

24　Robert Cowart. Windows NT 百科全书. 虞育新等译. 北京: 电子工业出版社, 1997

25　新编 Windows API 参考大全. 北京: 电子工业出版社, 2001